普通高等教育通识类课程教材

大学计算机基础

主　编　谢江宜　蔡　勇
副主编　黄　艳　朱利红　谢蕖蔓
主　审　曾安平

中国水利水电出版社
www.waterpub.com.cn
·北京·

内 容 提 要

本书是根据教育部高等学校非计算机专业计算机基础课程教学指导委员会提出的《高等院校非计算机专业计算机基础教育大纲》编写的。本书在编写过程中既注重基础知识的系统性，又突出应用性，强化技能，同时涵盖了全国计算机等级考试内容。本书共 7 章：计算机概论、计算机信息技术基础、操作系统及 Windows 应用、字处理软件 Word 应用、电子表格软件 Excel 应用、演示文稿软件 PowerPoint 应用和计算机网络与信息安全。

本书具有很强的实用性和可操作性，可作为高等院校非计算机专业计算机基础课程的教材，也可作为全国计算机等级考试一 / 二级考试参考书，还可作为培训班用书或自学参考书。

图书在版编目（CIP）数据

大学计算机基础 / 谢江宜，蔡勇主编. -- 北京 ：中国水利水电出版社，2020.9（2021.12重印）
普通高等教育通识类课程教材
ISBN 978-7-5170-8846-2

Ⅰ. ①大… Ⅱ. ①谢… ②蔡… Ⅲ. ①电子计算机－高等学校－教材 Ⅳ. ①TP3

中国版本图书馆CIP数据核字(2020)第171207号

策划编辑：寇文杰　责任编辑：王玉梅　加工编辑：张玉玲　封面设计：梁　燕

书　名	普通高等教育通识类课程教材 大学计算机基础 DAXUE JISUANJI JICHU
作　者	主　编　谢江宜　蔡　勇 副主编　黄　艳　朱利红　谢蕤蔓 主　审　曾安平
出版发行	中国水利水电出版社 （北京市海淀区玉渊潭南路 1 号 D 座 100038） 网址：www.waterpub.com.cn E-mail：mchannel@263.net（万水） sales@waterpub.com.cn 电话：（010）68367658（营销中心）、82562819（万水）
经　售	全国各地新华书店和相关出版物销售网点
排　版	北京万水电子信息有限公司
印　刷	三河市德贤弘印务有限公司
规　格	184mm×260mm　16 开本　19.75 印张　475 千字
版　次	2020 年 9 月第 1 版　2021 年 12 月第 3 次印刷
印　数	11501—13000 册
定　价	53.00 元

前　言

习近平总书记在全国高校思想政治工作会议上强调，要坚持把立德树人作为中心环节，把思想政治工作贯穿教育教学全过程，实现全程育人、全方位育人。基于此，编写组在编写过程中，充分融入“课程思政”元素，结合教育部高等学校大学计算机基础课程教学指导委员会编写的《大学计算机基础课程教学基本要求》（2016）以及计算机等级考试大纲，并针对当今计算机新技术、应用新需求的发展变化，充分考虑当今大学生已具备的信息技术基础素养，后继课程学习、科学研究、工作生活等对计算思维、应用技能的需求；同时针对近几年的教学实践及混合式教学的需求，在原有计算机基础教材的基础上，以 Windows 10 和 Office 2016 为平台，编写了本书，以更好地适应计算机基础教学，满足社会发展对高素质人才的需要。

根据计算机应用技术的发展和广大师生提出的意见，基于新的平台和混合式教学，在本书的编写过程中，编写组精选案例，由浅入深、循序渐进地介绍计算机基础知识，以提高学生的理论素养和计算机应用水平。通过对本书的学习，学生可理解计算机系统、信息技术、操作系统、计算机网络、信息安全、多媒体技术等知识，并掌握 Word、Excel、PowerPoint 应用软件的基本操作和应用。

本书由宜宾学院人工智能与大数据学部公共教研室的谢江宜、蔡勇任主编，黄艳、朱利红、谢蕤蔓任副主编，曾安平任主审。其中，谢江宜编写第 1 章和第 2 章，蔡勇编写第 3 章和第 7 章，朱利红编写第 4 章，黄艳编写第 5 章，谢蕤蔓编写第 6 章。本书由谢江宜、蔡勇统稿。

本书在出版过程中得到宜宾学院科研与学科建设处和教材科及中国水利水电出版社的大力支持，在此表示诚挚的谢意！

由于编者水平有限，书中难免有不妥和疏漏之处，恳请各位读者不吝赐教，并与编者交流，联系邮箱：171418358@qq.com、jkx_cy@163.com。

本书编写组

2020 年 7 月

目　录

第 1 章　计算机概论

本章主要介绍计算机的发展简史及应用领域、计算机中所涉及的基本概念、计算机硬件系统和软件系统的组成、计算机的工作原理，以及微型计算机系统的相关基础知识。

- 计算机的概念及计算机的发展阶段。
- 计算机的特点、分类及应用领域。
- 计算机系统构成（硬件、软件）。
- 计算机的工作原理。

作为 20 世纪人类最伟大的科技发明之一，计算机是人类科学技术发展史上的一个重要里程碑，作为 21 世纪信息时代的标志之一，计算机对当今世界产生了深刻影响，还没有哪门学科像计算机学科这样发展得如此迅猛，应用得如此广泛。对当代大学生来说，掌握计算机的相关基础知识和技能是学习其他后续计算机课程及相关学科的重要基础，也是立足于现代信息社会的基本要求。

1.1　计算机概述

计算机是进行科学计算及信息处理的一种工具。随着现代科技的迅猛发展，计算机技术与信息技术已经渗透到人类社会的各个领域，给我们的学习、工作和生活带来全新的理念，并不断推动人类社会文明向前发展。

1.1.1　计算机的概念与特点

1. 计算机的概念

计算机是一种电子设备，其主要任务是进行科学计算和数据处理。在科学计算方面主要是对数值进行加工处理和计算，而在数据处理方面则是对字符（包括文字）、图形、图像、声音等数据信息进行采集、组织、存储、加工、检索及发布。

现代计算机能存储信息，人们把事先写好的程序输入计算机的存储器，电子元器件能在程序指令的控制下完成相应的动作，直到完成程序所要求的任务。因此，计算机是能存储程序和数据并且能在程序的控制下自动完成相应任务的一种电子设备。

2. 计算机的特点

计算机之所以是现代信息社会的主要科学设备，是因为它具备以下几个重要特点：

（1）运算速度快。运算速度是衡量计算机性能的一项重要指标。通常计算机的运算速度是指其每秒能执行的指令条数，一般是以“百万条指令 / 秒”（Million Instructions per Second，MIPS）来描述的。

人类最初设计发明计算机是为了进行高效的科学计算，使人们从繁重的计算工作中解脱出来。第一台计算机 ENIAC（Electronic Numerical Integrator and Computer，电子数字积分计算机）只能达到 5000 次 / 秒加法运算，当今最快的超级计算机 Summit 的运算峰值能达到 20 亿亿次 / 秒（人类要算 36 亿年）。

（2）计算精度高。科学研究和工程设计对计算结果有很高的精度要求。一般的计算工具只能达到几位有效数字，而计算机的计算精度可达到十几位、几十位，甚至更高的精度。超级计算机更是具有天文数字的超高计算精度，如计算圆周率 π 时能精确到 200 万位以上有效数字。

（3）存储容量大。计算机的存储器可以存储大量的数据和程序，并将计算结果保存起来，这使得计算机具有“记忆”功能。“记忆”功能是计算机与传统计算工具的一个重要区别。借助外部辅助存储器及“云”存储技术扩展的存储容量几乎可达到无限存储。

（4）逻辑判断能力强。逻辑判断是计算机的一个基本能力，在程序执行过程中，计算机能够进行各种基本的逻辑判断，并根据判断结果来决定下一步执行哪条指令。这种能力保证了计算机信息处理的高度自动化。随着人工智能的发展，未来的计算机甚至可以模拟人脑思维，从而和人的大脑一样具有分析问题和解决问题的能力。

（5）自动化程度高。计算机利用存储器存储程序，在程序的控制下自动完成相应的任务，过程中无需人为干预，这使计算机实现了高度自动化。

1.1.2 计算机的发展

1. 计算机的诞生

计算机的诞生源自人类对计算工具的需求，从人类开始计数起，就在不断探索使计算变得更容易的工具，这些计算工具经历了从简单到复杂、从低级到高级的发展过程，如绳结、算筹、算盘、计算尺、手摇机械计算机、电动机械计算机等。它们在不同的历史时期发挥了各自的作用，也孕育了电子计算机的设计思想和雏形。

在计算机历史中，英国科学家艾伦·麦席森·图灵（Alan Mathison Turing）（图 1-1）在 1936 年提出了现代计算机的理论模型（这个模型对现代数字计算机的一般结构、可实现性和局限性产生了深远的影响），被称为计算机科学的奠基人。

另一个现代计算机科学的奠基人是美籍匈牙利科学家约翰·冯·诺依曼（John Von Neumann）（图 1-2），他被公认为现代电子计算机之父。由名字命名的冯·诺依曼原理（又称存储程序原理）确立了现代计算机的基本结构。该原理的基本思想是将需要由计算机处理的问题，按确定的解决方法和步骤，编成程序，将计算机指令和数据以二进制形式存放在存储器中，由处理部件完成计算、存储、通信工作，并对所有计算进行集中的顺序控制，重复寻找地址→取出指令→翻译指令→执行指令这一过程。冯·诺依曼体系结构的计算机由运算器、存储器、控制器、输入设备和输出设备五大部分组成。

图 1-1 艾伦·麦席森·图灵

图 1-2 约翰·冯·诺依曼

在第二次世界大战中，美国政府力图开发计算机的潜在战略价值，这促进了计算机的研究与发展。1943 年，宾夕法尼亚大学电子工程系教授约翰·莫克利（John Mauchly）和其研究生约翰·普雷斯伯·埃克特（John Presper Eckert）计划采用真空管建造一台通用电子计算机（图 1-3），帮助军方计算弹道轨迹，这个计划被军方采纳了。1946 年 2 月 14 日，世界上第一台计算机 ENIAC 在费城问世[①]，如图 1-4 所示。ENIAC（埃尼阿克）的主要元件是电子管，最初用于炮弹的弹道计算，经多次改进后成为可以进行各种科学计算的通用计算机。这台机器可以存储程序，并能在程序的控制下完成相应的计算工作，基本具备了现代计算机的主要特征，在计算机历史上通常被称为第一台计算机，但它仍然采用外加式程序，并不具备现代计算机的全部特征。

图 1-3 ENIAC 的两位发明人莫克利（左）和埃克特（右）

图 1-4 ENIAC 计算机

① 计算机基础教科书普遍认为 ENIAC 是世界上第一台电子数字计算机，事实上在 1973 年根据美国最高法院的裁定，最早的电子数字计算机应该是由美国爱荷华州立大学物理系副教授约翰·阿坦那索夫和其研究生克利夫·E. 贝瑞（Clifford E. Berry）于 1939 年 10 月制造的“ABC”（Atanasoff-Berry-Computer）。之所以会有这样的误会，是因为 ENIAC 研究小组中的一个叫莫克利的人于 1941 年剽窃了约翰·阿坦那索夫的研究成果，并在 1946 年申请了专利。由于种种原因直到 1973 年这个错误才被纠正过来。

ENIAC 使用了 18800 个真空管（真空电子管），长 50 英尺（1 英尺≈ 0.305 米），宽 30 英尺，占地 170 平方米，重达 30 吨，功率达 150 千瓦，内存容量约 17K 位（2KB），字长 12 位。它计算速度快，每秒可进行 5000 次加法运算。ENIAC 的诞生是计算机发展史上的里程碑，它通过不同部分之间的重新接线编程，且拥有并行计算能力。

1955 年 10 月 2 日，ENIAC 宣告“退役”后被陈列在华盛顿的一家博物馆里。

在 ENIAC 计算机被研制的同时，冯・诺依曼参加了宾夕法尼亚大学的小组，于 1945 年设计出电子离散可变自动计算机（Electronic Discrete Variable Automatic Computer，EDVAC）（图 1-5），将程序和数据以相同的格式一起存储在存储器中，并首次采用二进制方式。这使得计算机可以在任意点暂停或继续工作，机器结构的关键部分是中央处理器（Central Processing Unit，CPU），它使得计算机的所有功能通过单一的资源统一起来。EDVAC 于 1949 年 8 月交付给弹道研究实验室。在发现和解决许多问题之后，直到 1951 年 EDVAC 才开始运行，而且局限于基本功能。EDVAC 所采用的存储程序方案把程序和数据存储在内存中，此种方案一直沿用至今，所以现在的计算机都被称为以存储程序原理为基础的冯・诺依曼机。

图 1-5　安装在弹道研究实验室的 EDVAC

2. 计算机的发展阶段

从第一台计算机 ENIAC 发明至今，只有短短的七十多年，但计算机的发展却突飞猛进，主要经历了电子管、晶体管、集成电路、大规模集成电路 4 个发展阶段。

（1）第一代计算机（1946—1957 年）。第一代计算机主要以电子管为基本电子元件，主存储器使用水银延迟线、阴极射线示波管静电存储器、磁鼓以及磁心存储器等。电子管体积大、能耗高且易损坏，ENIAC 在运行时几乎每 15 分钟就要烧坏一支电子管，而维护人员则需要 15 分钟才能找到烧坏的电子管，第一代计算机运算速度慢，存储容量小，再加上可靠性差，因此性价比低。在软件方面，仅初步确定了程序设计的概念，尚无系统软件可言，计算机几乎没有任何软件配置，用机器语言和汇编语言编写程序，主要应用在科学计算方面。

（2）第二代计算机（1958—1964 年）。第二代计算机用体积更小、能耗更低的晶体管取代了第一代的电子管作为计算机的基本电子元件，从而提高了系统的可靠性；在存储器方面采用了磁芯，不仅大幅提高了存储容量，也提高了数据交换的速度；在软件方面，高级语言开始出现，如 BASIC、FORTRAN 等，同时操作系统也在逐步成型，计算机的使用方式也由手工操作改变为自动作业管理。

（3）第三代计算机（1965—1970 年）。第三代计算机采用小规模集成电路和中规模集成电路作为基本电子元件，计算机的体积进一步缩小，能耗进一步降低，存储器由半导体存储器代替了原来的磁芯存储器，外存方面磁盘（软盘、硬盘）得以应用，使得计算机的计算速度和存储容量都有了显著提高，计算机性价比进一步提高。集成电路技术在计算机中的应用也为计算机的微型化打下了基础。在软件方面，操作系统被普遍应用，更多高级语言开发工具出现并得到应用，计算机网络开始兴起，各种应用软件和网络软件更加丰富，计算机正在从实验室走向大众，走进人类生活的各个领域。

（4）第四代计算机（1971 年至今）。第四代计算机采用大规模或超大规模集成电路作为主要电子元件，主存储器也采用了更高集成度的半导体存储器，由于集成度的大幅提高，计算机运算速度可达到每秒上亿次，甚至每秒上万亿次。

综上所述，各阶段计算机的比较见表 1-1。

表 1-1　各阶段计算机的比较

阶段	起止年份	基本电子元器件	特点
第一代	1946 － 1957 年	电子管	硬件方面使用穿孔卡片、磁鼓；软件方面只有机器语言和汇编语言
第二代	1958 － 1964 年	晶体管	主存储器采用磁芯，磁鼓和磁盘作为辅助存储器；软件方面开始使用高级语言
第三代	1965 － 1970 年	小规模集成电路和中规模集成电路（晶体管集成度达 100 ～ 1000 个）	计算机向大型化发展，采用集中式计算、远程终端；软件方面开始使用操作系统、编译程序、网络软件
第四代	1971 年至今	大规模集成电路和超大规模集成电路（晶体管集成度达 1000 ～ 100 万以上）	计算机向超大型化、微型化发展，采用嵌入式系统，网络应用成熟，操作系统多样化且进一步完善，各种开发工具、应用软件丰富多样

3. 微型计算机发展概要

微型计算机（Micro Computer），俗称“电脑”，又称个人计算机（Personal Computer，PC），简称微机，是一个相对的概念，没有绝对的定义。一般用于个人或办公的体积相对较小的计算机称为微机。第一台相对成型的微机是由一位名叫爱德华 • 罗伯茨（Edward Roberts）的美国人发明的，他在 1975 年 1 月出版的 *Popular Electronics* 的封面上登出了其发明的微机新产品广告，这台微机叫“牛郎星”（Altair 8800），如图 1-6 所示。Altair 8800 包括一个 Intel 8080 处理器、一个 256 字节的存储器、一个机箱（含一个电源）及一个有若干开关和显示灯的面板。它没有现代微机的显示器和键盘，操作时必须用手按下面板上的开关，将二进制编码输入机器，以面板后灯泡的亮和灭来显示输出结果。1975 年 4 月，微型仪器与自动测量系统公司（MITS）正式推出了首台通用型 Altair 8800 微机，售价 375 美元，带有 1KB 存储器，这是世界上第一台具有真正意义的微型计算机。

1981 年 8 月 12 日，美国 IBM 公司推出了第一台 16 位个人计算机 IBM PC 5150，如图 1-7 所示。这台计算机的微处理器 MP（Micro Processor）是 Intel 公司的 8088，时钟频率为 4.77MHz，主存为16KB，主机箱上配了一个160KB的5.25英寸（1英寸≈2.54厘米）的软盘驱动器，外接一个11.5英寸的单色显示器，没有硬盘，操作系统是微软（Microsoft）公司的DOS 1.0，售价为3045美元。IBM将这台计算机命名为PC。

图1-6 Altair 8800微机

图1-7 IBM PC 5150

可以说微型计算机是随着中央处理器（Central Processing Unit，CPU）的发展而发展的。它是以大规模、超大规模集成电路为主要部件，以集成了计算机主要部件——控制器和运算器的微处理器MP为核心构造出来的。经过30多年的发展，微处理器大致经历了以下几个阶段：

- 第一阶段（1971－1973年）。这代微处理器主要以4位处理器Intel 4004、Intel 8008为代表，如图1-8和图1-9所示。Intel 4004的功能有限，主要用在计算器、电动打字机、照相机、台秤、电视机等家用电器上，使这些电器设备实现智能化，从而提高它们的性能。

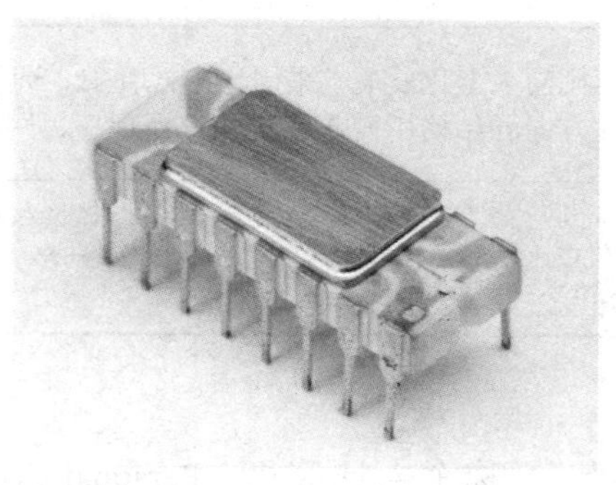
图1-8 Intel 4004微处理器

图1-9 Intel 8080微处理器

- 第二阶段（1974－1977年）。这代微处理器是8位处理器，典型的微处理器有Intel 8080/8085、Zilog公司的Z80、Motorola公司的M6800和Apple 6502等。值得注意的是，在1977年4月清华大学、安徽无线电厂和中国电子信息产业集团有限公司第六研究所组成联合设计组，研制成功了DJS-050微型计算机，这是国内最早研制生产的8位微型计算机。
- 第三阶段（1978－1984年）。1978年，Intel公司率先推出16位微处理器8086，同时，为了方便原来的8位机用户，Intel公司又提出了一种准16位微处理器8088。在Intel公司推出8086、8088 CPU之后，各公司也相继推出了同类产品，如Zilog公司的Z8000和Motorola公司的M68000等。1982年，Intel公司又推出16位高级微处理器80286，如图1-10所示。20世纪80年代中后期至1991年初，80286一直是微型机的主流 CPU。

图 1-10　Intel 80286 微处理器

- 第四阶段（1985 年至今）。此阶段以 32 位处理器和 64 位处理器为代表，现在微型机的处理器以 64 位处理器为主，且外部总线宽度达到了 64 位。此时期的 CPU 主要有 Intel 公司的 80386、80486、Pentium、Pentium 2、Pentium 3、Pentium 4 和酷睿 i7（图 1-11），AMD 公司的 K6 系列、Athlon 系列及现在的一些多核 CPU（图 1-12 所示的 AMD FX-8120 处理器已达到 8 核）等。现在的微处理器，主频都在 2GHz 以上，内部集成的晶体管数量达到几千万个，其运算能力达到甚至超过以前的中小型计算机，微处理器正在向多核、多流水线方向发展。

图 1-11　Intel 酷睿 i7 处理器

图 1-12　AMD FX-8120 处理器

1.1.3　计算机的分类

计算机的种类很多，可根据处理的数据类型、适用领域和功能强弱来划分。

1. 按处理的数据类型可分为模拟计算机和数字计算机两大类

- 模拟计算机：这种计算机在内部使用电信号模拟自然界的各种信号，处理一些模拟连续的信息，如温度的变化。这种计算机处理问题的精度较低，处理过程需要由模拟电路来实现，电路结构复杂，抗干扰能力差，应用范围窄，目前已很少生产。
- 数学计算机：这种计算机是计算机的主流，平时所用的计算机多为此种。这种计算机内部处理的是数字信号或数字信息，它们的主要特点是“离散”，在相邻的两个符号之间没有第三种符号存在，所以稳定性好、精度高。

2. 按适用领域可分为通用计算机和专用计算机两大类

- 通用计算机：这种计算机适用于各种应用场合，功能齐全、通用性好。其运行效率、速度和经济性依据不同的应用对象会受到不同程度的影响。平常用的计算机都是通用计算机，没有什么特殊的限制。
- 专用计算机：这种计算机是为解决某种特定问题专门设计的计算机，如工业控制机、银行专用机、超市收银机（POS 机）等。

3. 根据计算机的性能指标和应用对象分为六大类

（1）巨型机。这种计算机也称为超级计算机，具有超强的计算和数据处理能力，高速度、大容量，配有多种外部和外围设备及丰富的高性能软件系统，主要用来承担重大科学研究、国防尖端技术和国民经济领域的大型计算课题及数据处理任务，如进行大范围天气预报，整理卫星照片，探索原子核物，研究洲际导弹、宇宙飞船等。

这些巨型计算机一向被视为国家竞争力的象征，世界运算速度最快的计算机近年来一直被美国、中国和日本这三个国家的计算机交替占据。2010 年中国“天河 1 号”超级计算机成为世界运算速度最快的计算机。但在 2011 年“天河 1 号”被日本超级计算机“京”超越。2012 年美国田纳西州橡树岭国家实验室的一台代号为“泰坦”的超级计算机因浮点运算速度达到了每秒 2 亿亿次而排名第一。但超级计算机的竞争并没有中止，令人振奋的是，我国继天河一号后，在 2013 年 6 月 17 公布的全球超级计算机 500 强排行榜中，我国“天河二号”成为全球最快超级计算机，其双精度浮点运算峰值速度达到每秒 5.49 亿亿次。

然而到 2016 年 6 月 20 日，在德国法兰克福举行的国际超算大会发布的超级计算机 TOP500 榜单中，我国“神威·太湖之光”（图 1-13）计算机首次亮相，一举夺冠。此前，由我国国防科学技术大学研制的“天河二号”已创下“六连冠”的辉煌战绩。这标志着我国超级计算机研制能力已位居世界前列。2018 年 6 月，由美国田纳西州橡树岭国家实验室研制的 Summit（巅峰，也译作峰会、顶点）超越我国的“神威·太湖之光”成为世界上最快的计算机。但在世界超算 500 强中，我国仍是拥有最多超算的国家，占据 200 多席。中美两国在体现综合国力的超算领域中的竞争将日趋激烈。

图 1-13 我国“神威·太湖之光”（左）和美国 Summit（右）

（2）大中型机。大中型计算机是计算机发展史中具有最长历史的、最有代表性的产品，它的发展与计算机工业的进步紧密相关。大中型计算机能支持一些需要同时支持上万台客户机（个人计算机、工程工作站或终端等），存储上千亿数据字符，管理数百条通信线路的网络等任务，这是其他计算机难以完成的复杂而又艰巨的任务。大中型机（如IBM 4300、IBM 3090等）主要用于大中型企业。

（3）小型机。为了适应应用的需要，针对巨型机和大型机价格昂贵的缺点，出现了以字长短、存储容量较小、速度较快（尽管不如巨型机和大型机，但是足以完成相应的计算处理任务）、价格低廉、与外围设备连接容易为特征的一类计算机，称为小型计算机。小型机功能虽不及大中型机，但它结构精巧，功能强大，造价不高且维护方便，所以很受中小型企业及教育机构的青睐，我国很多大学及科研院所常用这种小型机。这类机型很多，如DEC公司的VAX系列、IBM公司的AS/400等。

（4）工作站。工作站是为适应工程技术人员从事工程设计和科学计算的需要而设计的，它具有独立的、丰富的系统资源和外部设备资源，但它的目标是为个别用户独用，而不像大中型机那样为多用户提供分时操作。它以微型计算机为基础，着重发挥和提高高速运算能力，特别是高速的浮点数运算能力，并以提高图形处理能力为主要目标，特别注意图形硬件（如图形处理加速器和图形显示器）以及图形输入/输出能力的提高，以便适应工程技术、科学计算和辅助设计等应用的需求。所以工作站一经推出就受到业界的普遍欢迎。

（5）微型计算机。微型计算机又称PC机，是由具有运算器和控制器功能的大规模集成电路微处理器、存储器、外部接口电路及系统总线构成的。微型计算机按性能和外形大小可分为台式计算机、笔记本电脑和掌上计算机。因其性价比高、使用方便，广泛被个人、家庭、企事业单位使用，或被用作联网的工作站。

（6）单片计算机。单片计算机又称“单片机”，单片机就是在一片集成电路上制作了完整的计算机系统，包括中央处理器、小容量的存储器（指只读存储器和主存储器）、定时器和一些输入/输出线。它体积小、质量轻、价格便宜，为学习、应用和开发提供了便利条件，被广泛应用于智能仪器仪表的制造、工业自动控制系统、家用智能电器的制造、网络通信设备和医疗卫生等行业。

1.2 计算机的应用领域及发展趋势

1.2.1 计算机的应用领域

计算机的三大传统应用领域是科学计算、事务数据处理和过程控制。随着计算机技术的迅速发展，计算机的功能越来越强大，计算机的应用更加广泛和普及。其应用领域大致可分为以下几个方面：

（1）科学计算。早期的计算机主要用于科学计算，这也是发明计算机的初衷。基于计算机具有超强的计算能力，对于科学研究方面的复杂数学运算都必须用计算机处理，从而节约大量的时间和人力资源，所以科学计算仍然是计算机应用的一个重要领域，如在高能物理、工程设计、地震预测、气象预报、航天技术等方面。由于计算机具有高运算速度和精度以及逻辑判断能力，因此出现了计算力学、计算物理、计算化学、生物控制论等新的学科。

（2）信息处理。所谓信息处理，就是对数据进行收集、存储、整理、加工、检索及传送等操作。

当今社会是信息社会，在社会生活的各个领域都有大量的数据需要处理，据统计，在计算机使用方面信息处理占了 90% 以上，可见信息处理是计算机的一个重要应用领域。

（3）计算机辅助。计算机辅助是计算机应用的一个非常广泛的领域。几乎所有过去由人进行的具有设计性质的过程都可以让计算机帮助实现部分或全部工作。利用计算机进行计算机辅助设计（Computer Aided Design，CAD）、计算机辅助制造（Computer Aided Manufacturing，CAM）、计算机辅助测试（Computer Aided Test，CAT）、计算机辅助教学（Computer Assisted Instruction，CAI）和计算机仿真模拟等，其中计算机仿真模拟是计算机辅助的重要内容，如核爆炸和地震灾害的模拟，都可以通过计算机实现，能够帮助科学家进一步认识被模拟对象的特性。同时计算机辅助可以使设计与制造的效率、产品质量和教学水平得到极大的提高，下面介绍其中 4 个应用领域。

计算机辅助设计是利用计算机辅助系统帮助设计人员进行工程设计，从而提高设计的效率和精确度。计算机辅助设计广泛应用于建筑工程、航空航天、电子、轻工业等领域。

计算机辅助制造是利用计算机进行生产设备的管理、控制与操作，从而提高产品质量，降低生产成本，缩短生产周期，改善工作环境及工作条件。

计算机辅助测试是利用计算机系统进行数据量大、条件复杂的各种测试工作，例如可应用于航空航天、气候探测、地质勘探等领域。

计算机辅助教学是充分利用计算机系统进行教学软件开发、课件制作及远程教学等，帮助教师更好地开展课堂教学及教学实践等活动，提高教学质量，改善教学环境。

（4）过程控制。过程控制是利用计算机及时采集检测数据，按最优值迅速地对控制对象进行自动调节或自动控制。这样可以提高生产的自动化水平，降低劳动强度，提高劳动生产率和产品质量。过程控制主要应用于工业生产过程综合自动化、工艺过程最优控制、武器控制、通信控制、交通信号控制等。

（5）人工智能。人工智能（Artificial Intelligence，AI）是指计算机模拟人类的思维活动，比如感知、判断、理解、学习、问题求解及图像处理等。现在人工智能的研究已取得不少成果，有些已开始走向实用阶段，如能模拟高水平医学专家进行疾病诊疗的专家系统、具有一定思维能力的智能机器人等。

（6）网络与通信。计算机技术与现代通信技术的结合构成了计算机网络。计算机网络的建立，不仅解决了一个单位、一个地区、一个国家中计算机与计算机之间的通信及各种软硬件资源的共享，也大大促进了国际间的文字、图像、视频和声音等各类数据的传输与处理。

计算机通信几乎就是现代通信的代名词，如目前发展势头已远超过固定电话的移动通信就是基于计算机技术的通信方式。

1.2.2 计算机的发展趋势

未来计算机是向着巨型化、微型化、网络化、智能化及综合化方向发展的。

（1）巨型化：是指高性能的巨型计算机或超级计算机，其存储容量大、速度快、功能完善，在国防科研方面各国都在大力研发这种超级计算机，它们在云存储、大数据及人工智能等高端科技领域发挥着巨大作用。

（2）微型化：在集成电路技术高度发展的今天，微型计算机性价比越来越高，体积越来越小，功能越来越多，深入到人类生活的各个领域，使用越来越方便，极大地提高了工作效率，提高了人类生活质量。

（3）网络化：网络化是计算机发展的又一个重要趋势。从单机走向联网是计算机应用发展的必然结果。网络化的目的是使网络中的软件、硬件和数据等资源能被网络上的用户共享。目前，大到世界范围的通信网，小到实验室内部的局域网已经很普及，因特网（Internet）已经连接包括我国在内的 150 多个国家和地区。由于计算机网络实现了多种资源的共享和处理，提高了资源的使用效率，因此深受广大用户的欢迎，得到了越来越广泛的应用。

（4）智能化：智能化使计算机具有模拟人的感觉和思维过程的能力，使计算机成为智能计算机。这也是目前正在研制的新一代计算机要实现的目标。智能化的研究包括模式识别、图像识别、自然语言的生成和理解、博弈、定理自动证明、自动程序设计、专家系统、学习系统和智能机器人等。目前，已研制出多种具有人的部分智能的机器人。现在的智能机器人，可以达到人类五岁儿童的智力水平（综合），可以在人类力不能及的范围内展开工作。其中计算机模拟专家系统是根据人们在某一领域内的知识、经验和技术而建立的解决问题和作决策的计算机软件系统，它能对复杂问题给出专家水平的结果。

（5）综合化：计算机未来会向多功能综合性智能超级计算机方向发展，比如量子计算机、光子计算机、纳米计算机、分子计算机等。这些新型的计算机打破了原有的电子计算机传统设计模式，向着高性能、低能耗、无污染的绿色计算机方向发展，将为人类高科技发展带来无可限量的美好前景。

1.2.3　未来计算机

1. 量子计算机

量子计算机是一类遵循量子力学规律进行高速数学和逻辑运算、存储及处理的量子物理设备，当某个设备是由量子元件组装，处理和计算的是量子信息，运行的是量子算法时，它就是量子计算机。2017 年 5 月 3 日，中国科学院在上海举行新闻发布会，公布世界上第一台光量子原型计算机诞生，这台光量子计算机由中国科技大学、中国科学院—阿里巴巴量子计算实验室、浙江大学、中国科学院物理研究所等单位协同完成研发，是货真价实的“中国造”。这是我国自主研制的全球首台量子计算机，标志着中国在量子计算机研究领域处于世界领先水平。量子计算机利用量子相干叠加原理，理论上具有超快的并行计算和模拟能力。如果将传统计算机比作自行车，量子计算机就好比飞机，当今最快的超算之一“天河二号”计算机计算一百年的问题，它仅需要 0.1 秒就能计算出来。

2. 神经网络计算机

人脑总体运行速度为每秒 1000 万亿次，可把生物大脑神经网络看作一个大规模并行处理的、紧密耦合的、能自行重组的计算网络。从大脑工作的模型中抽取计算机设计模型，用许多处理机模仿人脑的神经元机构，将信息存储在神经元之间的联络网中，并采用大量的并行分布式网络就形成了神经网络计算机。

3. 化学、生物计算机

在运行机理上，化学计算机以化学制品中的微观碳分子作信息载体，来实现信息的传输与存储。DNA 分子在酶的作用下可以使某基因代码通过生物化学反应转变为另一种基因代码，转变前的基因代码作为输入数据，反应后的基因代码作为运算结果，利用这一过程可以制成新型的生物计算机。生物计算机最大的优点是生物芯片的蛋白质具有生物活性，能够跟人体的组织结合在一起，特别是可以和人的大脑和神经系统有机地连接，使人机接口自然吻合，免除了烦琐的人机对话，这样，生物计算机就可以听人指挥，成为人脑的外延或扩充部分，还能够从人体的细胞中吸收营养来补充能量，不要任何外界的能源。由于生物计算机的蛋白质分子具有自我组合的能力，因此生物计算机具有自调节能力、自修复能力和自再生能力，更易于模拟人类大脑的功能。现今科学家已研制出了许多生物计算机的主要部件——生物芯片。

4. 光计算机

光计算机是用光子代替半导体芯片中的电子，以光互连来代替导线制成数字计算机。与电的特性相比光具有无法比拟的各种优点：光计算机是“光”导计算机，光在光介质中以许多个波长不同或波长相同而振动方向不同的光波传输，不存在寄生电阻、电容、电感和电子相互作用问题，光器件无电位差，因此光计算机的信息在传输中畸变或失真小，可在同一条狭窄的通道中传输数量大得难以置信的数据。

1.3 计算机系统组成

一个完整的计算机系统是由硬件系统和软件系统两大部分组成的，如图 1-14 所示。

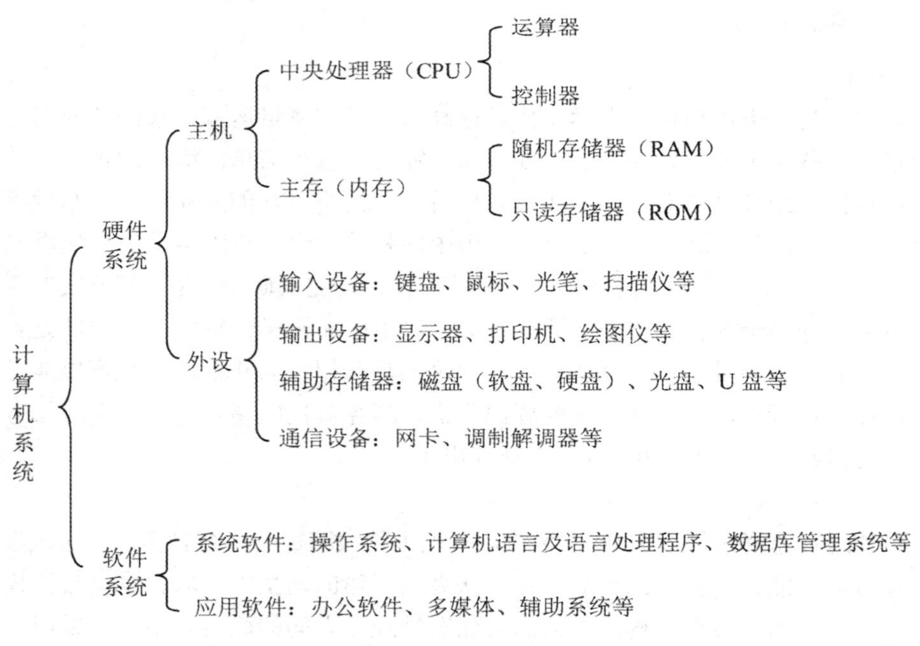

图 1-14 计算机系统组成示意

硬件就像人的躯体，是指构成计算机的物理设备，而软件是为运行、管理和维护计算机而编制的各种程序、数据和文档的总称，它是计算机的思维细胞，就像人的灵魂。肉体和灵魂是不可分割的，同样的道理，计算机硬件和软件也是不可分割的两大部分。没有软件支持的计算机无法完成任何信息处理任务，叫做“裸机”，不能做任何事情；反之，软件若没有硬件设备的支持，也无法运行。因此硬件系统与软件系统之间是相辅相成、缺一不可的。下面就来讨论这两大部分的组成及功能。

1.3.1　计算机硬件系统

计算机硬件系统是指构成计算机的所有实体部件的集合，它们是看得见、摸得着的。在计算机系统中，硬件是物质基础，是各类软件运行的基础。尽管计算机种类众多，但其基本结构都遵循冯•诺依曼体系结构。冯•诺依曼模型决定了计算机的硬件由运算器、存储器、控制器、输入设备及输出设备五大部分组成，其基本功能是在计算机程序的控制下，完成数据的输入、运算、输出等一系列操作，其相互之间的关系如图 1-15 所示。

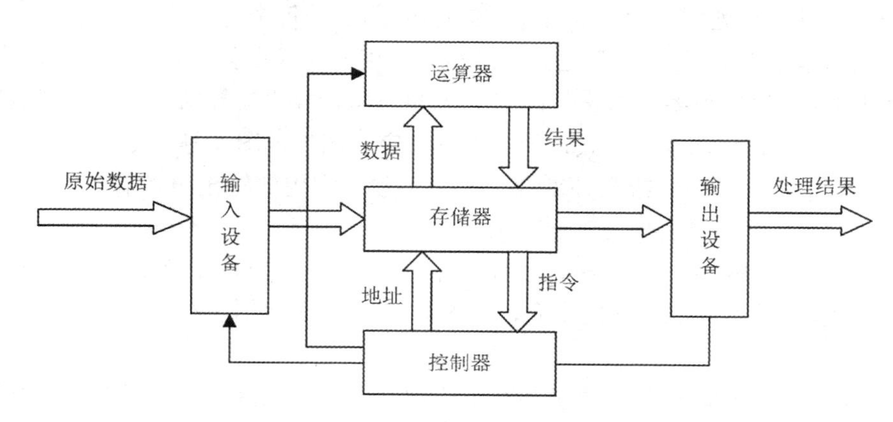

图 1-15　计算机的基本结构

1. 硬件各部分功能

（1）运算器。运算器又称算术逻辑单元（Arithmetic Logic Unit，ALU），负责对信息的加工处理，它的主要功能是对二进制数码进行算术运算和逻辑运算。这些运算包括加、减、乘、除等算术运算和“与”“或”“非”“异或”等逻辑运算。在运算器内部，各种运算最终归结为加法和移位这两种基本操作，其核心部件是加法器（Add）。为了能保存参加运算的操作数及运算时产生的中间结果，运算器还需要一些被称为寄存器（Register）的高速存储单元，若寄存器既保存本次运算的结果又参与下次的运算，它的内容就是多次累加的和，这样的寄存器又叫做累加器。

运算器主要由一个加法器、若干个寄存器和一些控制线路组成。

运算器的性能指标是衡量整个计算机性能的重要指标，与运算器相关的性能指标还包括计算机的字长和速度。

（2）控制器。控制器（Control Unit，CU）是计算机的神经中枢和指挥中心。其他各部分都是在它的控制协调下工作的。它负责读取指令、分析指令，并发出各种控制信号协调计算机各部件运行，以完成各种操作任务。对存储器进行数据的存取，让运算器进行各种运算，数据的输入和输出都是在控制器的统一指挥下进行的。控制器的基本功能是取出指令、识别翻译指令、安排操作次序。控制器由程序计数器、指令寄存器、指令译码器以及时序信号发生器等部件构成。

运算器和控制器之间在结构关系上是非常密切的，到了第四代计算机，由于半导体工艺的进步，它们可被集成在一个芯片上，形成中央处理器。

（3）存储器。存储器（Main Memory）是计算机记忆或暂存数据的部件，它负责存放程序以及程序中涉及的数据。按作用存储器分为主存储器（内存）和辅助存储器（外存）两大类。主存储器用于存放正在执行的程序和使用的数据，其成本高、容量小，但速度快。辅助存储器可用于长期保存大量程序和数据，其成本低、容量大，但速度较慢。

中央处理器只能直接访问主存储器中的数据，外存中的数据只有先调入主存储器后才能被中央处理器访问和处理。

（4）输入设备。输入设备（Input Devices）负责向计算机输入命令、程序、数据、文本、图形、图像、音频和视频等信息。其主要作用是把人们可读的信息转换为计算机能识别的二进制代码输入计算机，供计算机处理。如用键盘输入信息时，敲击的每个键位都能产生相应的电信号，再由电路板转换成相应的二进制代码送入计算机。常用的输入设备有键盘、鼠标、手写笔等。

（5）输出设备。输出设备（Output Devices）负责将计算机运算结果的二进制信息转换成人类或其他设备能接收和识别的形式，如字符、文字、图形、图像等。处理的结果或在屏幕上显示，或在打印机上打印，或在外部存储器上存放。常用的输出设备有显示器、打印机、绘图仪等。

输入/输出设备简称I/O设备，有时也称为外部设备，是计算机系统不可缺少的组成部分，是计算机与外部世界进行信息交换的中介，是人与计算机联系的桥梁。

2. 计算机总线结构

计算机的总线结构反映的是计算机各个组成部件之间的连接方式，现在的计算机系统多采用总线结构。总线（Bus）是指连接计算机系统中各部件的一组公共通信线，它包括了运算器、控制器、存储器和I/O部件之间进行信息交换和控制传递所需要的全部信号。总线中传递的是二进制信号，一条传输线可以传输一位二进制信号，若干条传输线可以同时传输若干位二进制信号。按总线中传输的信息的不同，总线分为地址总线、数据总线、控制总线三类。以微机为例，总线的逻辑结构如图1-16所示。

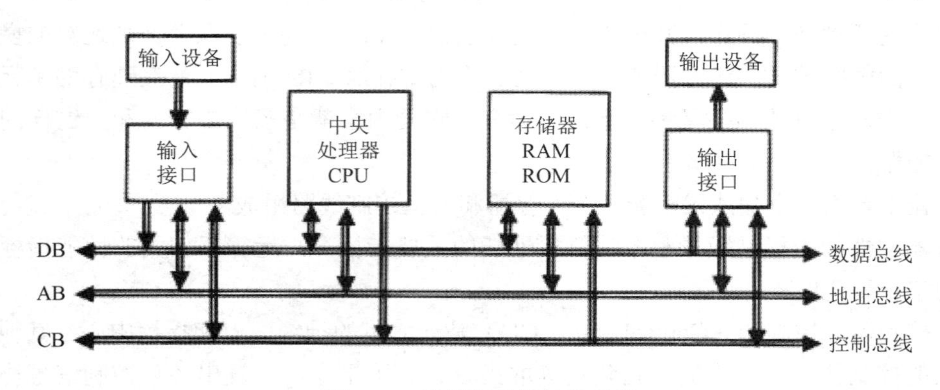

图1-16 计算机总线结构示意

（1）数据总线（Data Bus，DB）：数据总线传送系统中的数据或指令。数据总线是双向总线，一方面作为CPU向主存和I/O接口传送数据的通道，另一方面是主存和I/O接口向CPU传送数据的通道，数据总线的宽度与CPU的字长有关。

（2）地址总线（Address Bus，AB）：地址总线传送地址信息。地址是识别信息存放位置的编号，主存的每个存储单元及 I/O 接口中不同的设备都有各自不同的地址。地址总线是 CPU 向主存和 I/O 接口传送地址信息的通道，它是自 CPU 向外传输地址的单向总线。

（3）控制总线（Control Bus，CB）：控制总线用来传输各种控制信号。控制总线是 CPU 向主存和 I/O 接口发出命令信号的通道，是外界向 CPU 传送状态信息的通道。

1.3.2　计算机软件系统

1. 软件的概念

软件是为了运行、管理和维护计算机而编制的各种程序、数据和文档的总称。在计算机系统中，硬件是物质基础，软件则是计算机的灵魂，没有软件支撑的计算机只是一个电子设备，简称“裸机”，裸机只能识别由 0 和 1 组成的机器代码，什么事情也做不了。计算机的功能不仅仅取决于硬件系统，更大程度上是由所安装的软件所决定的。

计算机软件系统主要由系统软件和应用软件两大部分组成，如图 1-17 所示。

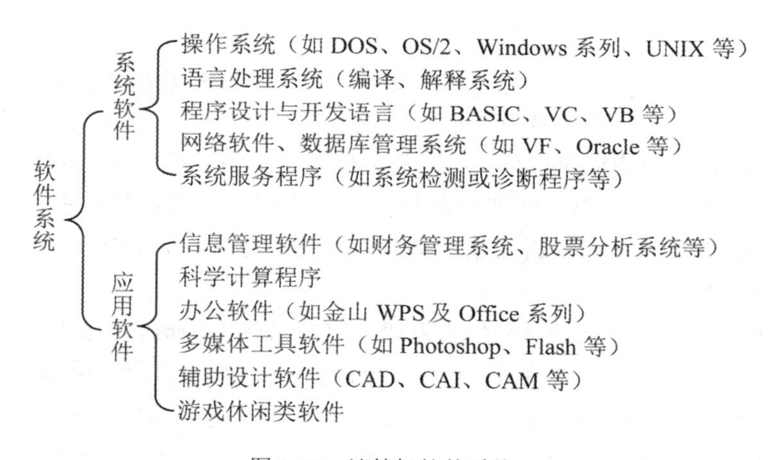

图 1-17　计算机软件系统

（1）系统软件。系统软件是负责管理、控制协调和维护计算机硬件和软件资源的一种软件，主要包括操作系统、语言处理系统、程序设计语言和常用服务程序等，其核心是操作系统。系统软件的主要功能是：使计算机系统的硬件和软件有机地结合起来，为其他软件提供一个运行的良好平台，并最大限度地发挥硬件和软件的功能，提高计算机的工作效率；建立用户和计算机之间的联系，方便用户更好地使用计算机。

（2）应用软件。应用软件是为解决人们在生活或生产中的各种具体问题或休闲娱乐而开发的各种程序。在计算机软件中，应用软件使用得最多，包括一般的文字处理软件、大型的科学计算软件和各种控制系统的实现软件，有成千上万种类型。应用软件必须有相应的硬件和系统软件支撑才能正常运行。

2. 计算机语言

计算机语言（Computer Language）又叫程序设计语言，是指根据预先制定的语法规则而写出的语句集合，用这些语句编制的程序就构成了源程序。可以把计算机语言看作人与计算机之间通信的语言。

计算机语言从最初的机器语言代码到今天接近自然语言的表达，经历了四代的演变。一般认为机器语言是第一代，符号语言即汇编语言是第二代，面向过程的语言是第三代，以 SQL 语言等为典型的面向问题、具有较高非过程化的语言是第四代。

通常把机器语言和汇编语言称为“低级语言”，面向过程和面向对象的语言称为“高级语言”。实际上，语言的级别是根据它们与机器的密切程度划分的，越接近机器的语言级别越低，越远离机器的语言越“高级”。计算机语言的分类如图 1-18 所示。

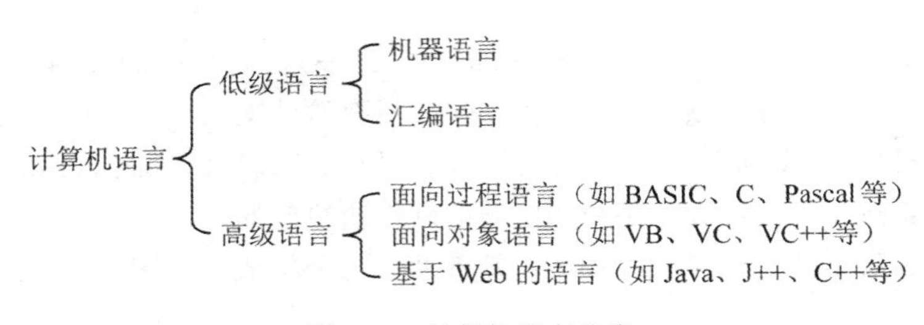

图 1-18　计算机语言分类

（1）机器语言。机器语言是计算机唯一能够识别并直接执行的语言，不同的计算机有不同的机器语言。机器语言的基本成分是硬件直接支持的二进制指令代码，其特点是：计算机能够直接识别并执行，因此程序执行效率较高；机器指令的二进制代码不易记忆，可读性差，编写程序烦琐，容易出错；程序的调试和修改难度也很大，可移植性差。例如，8BD8H 和 03DBH 是 8086/8088 微处理器的机器指令编码，如果不通过相应的参考书查看指令的编码格式是很难知道它的含义的。

（2）汇编语言。汇编语言是一种把机器语言“符号化”的语言，汇编语言的指令和机器指令基本上一一对应，机器语言直接用二进制编码，而汇编语言指令采用了助记符，这些助记符一般使用人们容易记忆和理解的英文缩写，如用 ADD 表示加法指令、MOV 表示传送指令等。用汇编语言编写的程序称为汇编语言源程序，计算机不能直接识别它，必须先把汇编语言源程序翻译成机器语言程序（称为目标程序），然后才能执行。将汇编语言源程序翻译成目标程序的软件一般称为汇编程序。汇编语言和机器语言的性质差不多，仍然是一种依赖于机器的语言。例如，机器指令 8BD8H 和 03DBH 用汇编语言表示就是 MOV BX,AX 和 ADD BX,BX，显然容易理解得多。

机器语言或汇编语言相对比较抽象，学习和使用的难度大，程序调试和维护也很不方便，普通人难以掌握，这是低级语言的不足之处。

（3）高级程序设计语言。为了提高编程效率，20 世纪 60 年代，人们设计了接近人类的自然语言（指英语）和数学语言来编写程序，由表达各种意义的“词”和“数学公式”组成，这就是高级程序设计语言，通常称为高级语言。高级语言是与机器指令系统无关的计算机语言，它具有严格的语法规则和语义规则，没有二义性。它克服了低级语言在编程和识别方面不方便的缺点，普通人稍加学习和训练都能用高级语言编写程序，这使得计算机的应用也更加普及和方便，由于使用高级语言编程时只考虑要解决的具体问题，不考虑用于什么类型的计算机，所以编写的软件通用性强，这使得高级语言易学、易用、易维护，得以迅速推广使用，并成为主流编程语言。

用高级语言编写的源程序在计算机中是不能直接执行的，必须翻译成机器语言后才能执行。未经语言处理程序处理过的计算机程序称为源程序，所以除使用机器语言编写的源程序可以直接运行外，其他语言写成的源程序都要翻译成机器语言也就是二进制代码才能运行。通常翻译的方式有以下两种 ：

1）解释方式。在解释方式下，语言处理程序将源程序的指令逐条翻译（解释）成机器指令，翻译一条执行一条，一旦出错便停止在出错语句（指令）上，因此便于调试和处理，人机交互较强，易于学习和掌握，但运行速度较慢，程序的安全性也不高。如早期的 BASIC、FoxPro 等就是以解释方式来运行的，深受普通计算机编程爱好者的欢迎，如图 1-19 所示。

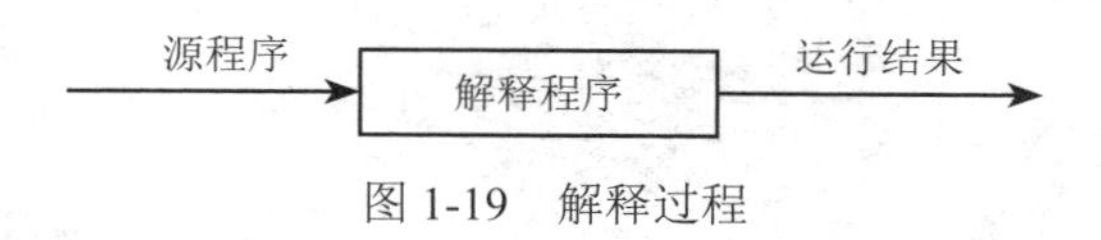

图 1-19　解释过程

2）编译方式。在编译方式下，语言处理程序先将源程序整体翻译成机器语言程序（目标程序），然后再通过链接程序将目标程序链接成可执行程序，如图 1-20 所示。将高级语言源程序翻译成目标程序的软件称为编译程序，这种翻译过程称为编译。生成的目标程序不能直接执行，还需要经过链接和定位生成可执行程序后才能执行。由于计算机执行的是编译后的目标程序，因此速度较快，安全性也较高。多数高级语言采用了编译方式。

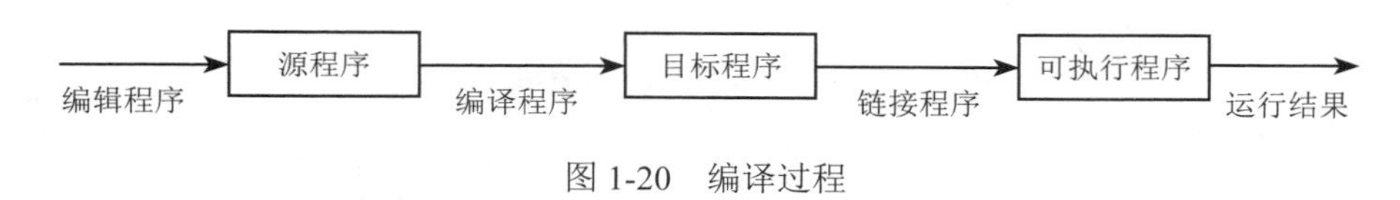

图 1-20　编译过程

早期的 BASIC 语言采用解释方式，目前流行的高级语言如 C、C++ 、Java 等都采用编译方式。由于高级语言不能被计算机直接执行，需要翻译和处理，因此代码效率没有低级语言高，执行速度较低级语言慢，在解决计算机硬件底层问题方面能力也较弱。

1.4　微型计算机硬件组成及性能指标

微型计算机又叫个人计算机（PC 机），简称微机。它采用的是具有高集成度的器件，不仅体积小、重量轻、价格低、结构简单，而且操作方便、可靠性高。一台微型计算机通常由主机和外设两部分组成，其核心是主机部分。

1.4.1　主机部分

微型计算机的主机安装在主机箱内，主要有主板、微处理器和内存储器三大部分，如图 1-21 所示。

1．主板

主板（Main Board）又称主机板、系统板（System Board）、母板（Mother Board），是微机中最大的一块印刷电路板，它安装在主机箱中，连接着主机箱内的其他硬件，是其他硬件的载体，上面有 CPU 插座，内存条插槽，连接显卡、声卡等设备的扩展槽，以及各种外部设备的接口等，如图 1-22 所示。主板不仅用来承载关键设备，还起着硬件资源管理和信息传输的作用，它对整个系统的稳定性和兼容性有决定性作用。

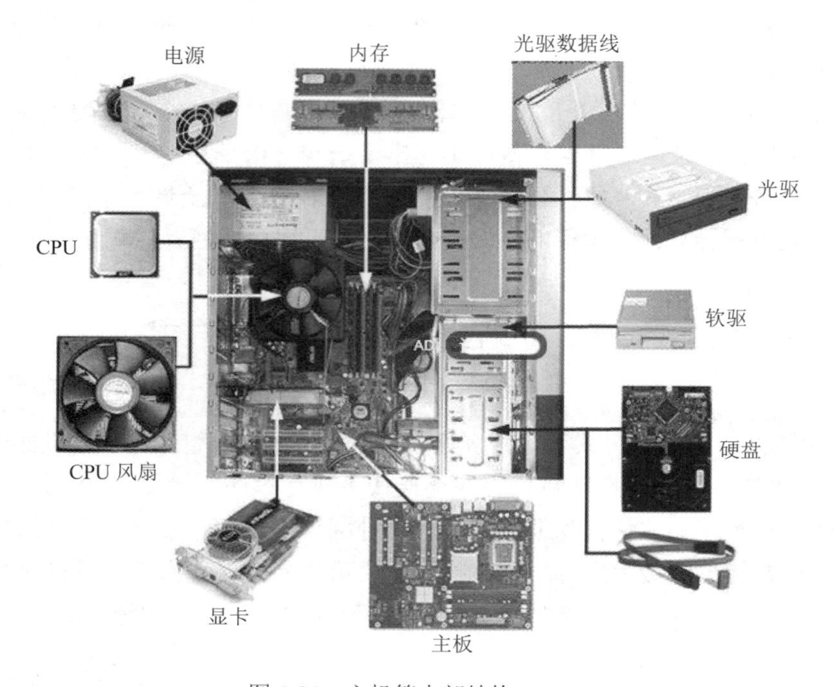

图 1-21　主机箱内部结构

图 1-22　微机主板

2. 微处理器

微型计算机的中央处理器芯片也称微处理器（Micro Processor Unit，MPU），主要由运算器、控制器、寄存器、高速缓冲存储器（Cache）等构成，是一块体积不大而元件的集成度非常高，功能强大的芯片。酷睿双核处理器如图 1-23 所示。微处理器是微型计算机硬件系统中的核心部件，计算机的所有操作都受 MPU 的控制，其品质的高低通常决定了一台计算机档次的高低。MPU 的性能指标直接决定了由它构成的微型计算机系统的性能，其性能指标主要有字长和时钟主频。微机的主流微处理器生产商是美国的 Intel 公司和 AMD 公司。

图 1-23　酷睿双核处理器

3. 内存储器

内存储器简称内存（又称主存），是计算机中的主要部件，它是相对于外存而言的，用来存放当前正在使用的或随时要使用的程序或数据。内存的质量好坏与容量大小会影响计算机的运行速度，通常安装在主板上。内存能与 CPU 直接交换信息，其存取速度极快。内存分为只读存储器（ROM）和随机存储器（RAM）两种。

（1）只读存储器（Read Only Memory，ROM）。顾名思义，它的特点是只能读出原有的内容，不能由用户再写入新内容。只读存储器由存储矩阵和地址译码器两个主要部分组成。存储矩阵的作用是存放数据或指令，地址译码器的作用是由地址线上输入的二进制地址码来选择存储单元的位置。其原来存储的内容是采用掩膜技术由厂家一次性写入的，并永久保存下来。它一般用来存放固定不变、重复使用的程序、数据或信息，如存放汉字库、各种专用设备的控制程序等，最典型的是 ROM BIOS（基本输入 / 输出系统）。

其他形式的只读存储器：

1）可编程只读存储器（Programmable ROM，PROM）：是一种空白 ROM，用户可按照自己的需要对其进行编程。输入 PROM 的指令叫做微码，一旦微码输入，PROM 的功能就和普通 ROM 一样，内容不能消除和改变。

2）可擦除的可编程的只读存储器（Erasable Programmable ROM，EPROM）：可以从计算机上取下来，用特殊的设备擦除其内容后可重新编程。

3）闪存只读存储器（Flash ROM）：不像 PROM、EPROM 那样只能编程一次，而是可以电擦除和重新编程的。闪存 ROM 常用于个人计算机、蜂窝电话、数码相机、个人数字助手等，其容量为 1MB ～ 40MB。

（2）随机存储器（Random Access Memory，RAM）。特点是可以读出，也可以写入里面的信息。读出时并不损坏原来存储的内容，只有写入时才修改原来存储的内容。断电后，存储内容立即消失，即具有易失性。RAM 可分为动态 RAM（Dynamic RAM，DRAM）和静态 RAM（Static RAM，SRAM）两大类。DRAM 的特点是集成度高，主要用于大容量内存储器（内存储器通常以内存条的形式插接在主板上，通常说的内存条指的就是动态随机存储器，图 1-24 所示是现在主流的 DDR3 内存条）。SRAM 的特点是存取速度快，主要用于高速缓冲存储器。

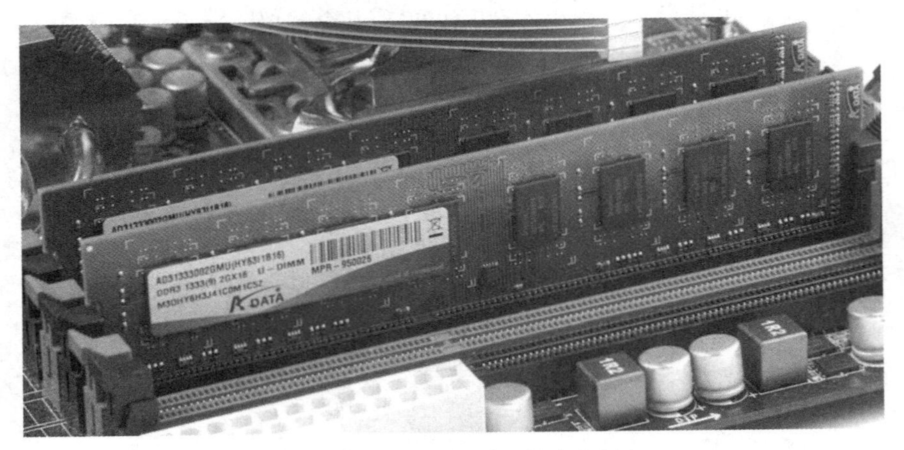

图 1-24 DDR3 内存条插接在主板上

1）动态 RAM：动态 DAM 需要周期性地给电容充电（刷新）。这种存储器集成度较高、价格较低，但由于需要周期性地刷新，存取速度较慢。一种叫做 SDRAM 的新型 DRAM，由于采用与系统时钟同步的技术，因此比 DRAM 快得多。当今，多数计算机用的都是 SDRAM。

2）静态 RAM：静态 RAM 是利用双稳态的触发器来存储“1”和“0”的。“静态”的意思是指它不需要像 DRAM 那样经常刷新。所以，SRAM 比任何形式的 DRAM 都快得多，也稳定得多。但 SRAM 的价格比 DRAM 贵得多，所以只用在特殊场合，如高速缓冲存储器（Cache）。

下面介绍高速缓冲存储器。CPU 与内存数据交换存在一个速度差（瓶颈），CPU 的速度相对内存的速度要快很多，这样就会造成 CPU 时间的浪费。为了提高 CPU 与内存的数据交换速度，通常在计算机中配有一级、二级、三级高速静态存储器，这就是我们通常说的高速缓冲存储器（Cache）。Cache 的应用大大缓解了高速的 CPU 与相对低速的内存数据交换的速度差，它可以与 CPU 运算单元同步执行，多数现代计算机都配有两级缓存。高速缓存工作示意如图 1-25 所示。

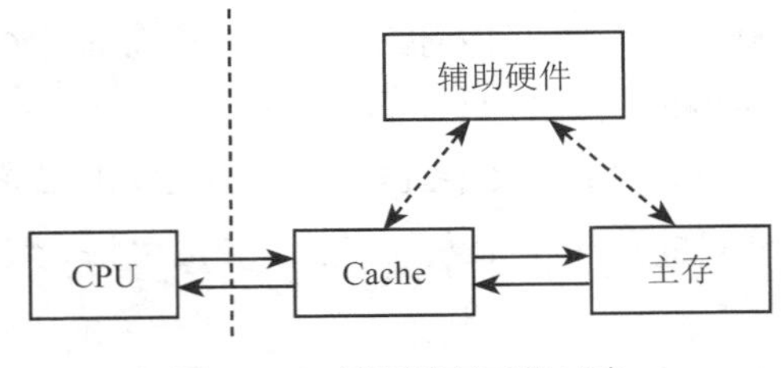

图 1-25 高速缓存工作示意

一级缓存也叫主缓存或内部缓存，直接集成在 CPU 芯片内部。一级缓存容量很小，通常为 8KB ～ 64KB。

二级缓存也叫外部缓存，不在 CPU 内部，是独立的 SRAM 芯片，其速度比一级缓存稍慢，但容量较大，多为 64KB ～ 2MB。人们讨论缓存时，通常是指外部缓存。

三级缓存通常集成在主机板上，是为二级缓存做准备用的，对提高 CPU 的效率作用不大。

1.4.2　外设部分

微机的外设主要是输入 / 输出设备、辅助存储器、通信及多媒体设备等。

1. 输入设备

输入设备的功能是接收计算机外部的各种数据信息，并将这些数据信息送到存储器（内存）中，供 CPU 处理。标准的输入设备是键盘，常用的输入设备还有鼠标、光笔、手写笔、读卡器及扫描仪等，如图 1-26 所示。

图 1-26　键盘（左）和鼠标（右）

2. 输出设备

输出设备是将计算机处理的结果输出到相应的设备或介质中，输入设备和输出设备并称为“终端”。常用的输出设备有显示器、打印机、绘图仪等，其中标准输出设备是显示器，它的功能是将结果显示在屏幕上，是计算机最重要的输出设备。

（1）显示适配器（简称“显卡”）。显卡将计算机要显示的信息转换成显示器能够接受的形式在显示器上显示。VGA 显卡如图 1-27 所示，显示屏幕上的图像好坏直接受显卡的影响，当然也与其本身的构造有关。显卡主要由显示控制器、显示存储器和接口电路组成。显卡的作用是在显示驱动程序的控制下，负责接收 CPU 输出的显示数据，按照显示格式进行变换并存储在显示存储器中，将显示存储器中的数据以显示器所要求的方式输出到显示器。

图 1-27　VGA 显卡

根据采用的总线标准不同，显卡有ISA、VESA、PCI、AGP和PCI-Express等几种接口，所能提供的数据带宽依次增加，其中PCI-Express接口已成为主流接口。显卡的显示标准有MDA、CGA、EGA、VGA、SVGA等。MDA是一种单色显示标准，CGA、EGA、VGA和SVGA等都是彩色显示标准。

- MDA（Monochrome Display Adapter，单色显示适配器）：仅支持黑白两色显示，并且只支持独有的文本字符显示方式（BIOS显示方式7），采用9×14点阵的字符窗口，屏幕显示规格是80列×25行（列号x = 0，…，79，行号y = 0，…，24），对应分辨率为720像素×350像素，可以显示2000个字符。
- CGA（Color Graphics Adapter，彩色图形适配器）：是第一代彩色显示标准，字符分辨率为640像素×350像素，图形分辨率为320像素×200像素或640像素×200像素，适用于低分辨率的字符或图形显示器。
- EGA（Enhanced Graphics Adapter，增强型图形适配器）：是第二代彩色显示标准，分辨率为640像素×350像素，可显示16种颜色，适用于中分辨率的显示器。
- VGA（Video Graphics Array，视频图形阵列）：是第三代彩色显示标准，图形分辨率在640像素×480像素以上，能显示256种颜色，适用于高分辨率的显示器。
- SVGA和TVGA：都是升级后的VGA，分辨率可达1024像素×768像素，色彩总量可以达到32位真彩色（1670万种颜色），画面更逼真，色彩更丰富。

（2）显示器。显示器又称监视器，是人机交互必不可少的设备。

可用于计算机的显示器有许多种，常用的有阴极射线管显示器（CRT）和液晶显示器（LCD）两种，如图1-28和图1-29所示。目前CRT显示器已经逐步退出主流市场，取而代之的是LCD显示器。随着技术的发展，现在LCD显示器也正在逐步被发光二极管显示器（LED）所取代，LED显示器具有更低的能耗和更长的使用寿命。

图1-28　CRT显示器

图1-29　LCD显示器

显示器的主要技术指标有像素、点距、分辨率、屏幕尺寸、扫描频率和安全规范等。

- 像素：屏幕上的一个发光点。像素的直径越小，屏幕上图像的分辨率或清晰度就越高。
- 点距：屏幕上两个像素之间的距离，点距越小，分辨率就越高，显示器清晰度越高。
- 分辨率：屏幕上显示的像素个数，一般用整个屏幕的光栅的列数与行数的乘积表示。这个乘积越大，分辨率就越高，分辨率越高，图像越清晰。常见的分辨率有640像素×480像素、800像素×600像素、1024像素×768像素、1152像素×864像素、1280像素×1024像素等，如640像素×480像素的分辨率是指在水平方向上有640

个像素，在垂直方向上有 480 个像素。液晶显示器的物理分辨率是固定不变的，对于 CRT 显示器而言，只要调整电子束的偏转电压就可以改变分辨率。液晶显示器只有用它的物理分辨率才能达到最佳使用效果。

- 屏幕尺寸：是指显示器对角线的长度，单位为英寸。目前笔记本电脑的显示器通常为 14 英寸左右，微型计算机所用液晶显示器通常为 15 ～ 21 英寸。

近年来显示器技术发展很快，主要趋势是向低能耗、绿色环保、更高的分辨率、更高的色彩解析度和三维立体显示器方向发展。

（3）打印机。打印机一直是计算机的重要输出设备，功能是将计算机处理的信息结果打印出来，便于阅读和分类存档。

按工作原理，打印机可分为击打式打印机和非击打式打印机两大类，击打式打印机又分为点阵式打印机和行式打印机，其代表是针式打印机（图 1-30）。击打式打印机打印成本低，适应纸张能力强，维护成本低，特别是它的多层打印功能可完成票据处理，这是其他打印机所无法具备的，所以针式打印机仍然有很强的生命力，不过因为其工作噪声大、打印速度慢及打印精美图形图像能力较弱，现在已经逐步退出普通用户家庭。激光打印机（图 1-31）、喷墨打印机（图 1-32）、静电打印机及热敏式打印机等则属于非击打式打印机，这类打印机打印成本较高，但打印精度高、打印速度快、彩色效果好且噪声低，随着技术的成熟和成本的降低，这类打印机已经成为主流打印机。

图 1-30　传统的针式打印机

图 1-31　激光打印机

图 1-32　喷墨打印机

3. 辅助存储器

辅助存储器又称外存储器（简称“外存”），用于存放当前不需要立即使用的信息（可记录各种信息，存储系统软件、用户的程序及数据）。它既是输入设备，也是输出设备，是内存的后备和补充。它只能与内存交换信息，而不能被计算机系统中的其他部件直接访问。

与内存相比，外存的特点是存储量大、价格较低，而且在断电的情况下也可以长期保存信息。微机中常见的外存是磁盘存储器、光盘存储器。磁盘有硬盘和软盘两种。软盘用的地方越来越少了，取而代之的是移动存储器。

（1）硬盘。硬盘包括机械硬盘和固态硬盘，其内部结构如图 1-33 所示。

图 1-33　机械硬盘（左）和固态硬盘（右）的内部结构

1）机械硬盘（HDD，也称温氏硬盘）。机械硬盘是计算机重要的外部存储器，其存储容量大、稳定性好。硬盘由盘体、控制电路板和接口部件等组成。其盘体是密封的、高真空、高精度的机械部件，不能随意打开硬盘腔体，否则极易损坏里面的部件。硬盘按盘径大小可分为 3.5 英寸、2.5 英寸、1.8 英寸等。目前大多数微型计算机上使用的是 3.5 英寸。

- 硬盘外部：一般硬盘的外部贴有产品的标签，主要包括厂家信息和产品信息，如图 1-34 所示。
- 硬盘内部结构：硬盘内部结构通常指硬盘的内部密封腔体，主要由头盘组件和前置读写控制电路组成。其中头盘组件属机械装置部分，主要由盘片、磁头、盘片主轴、控制电机等组成，如图 1-35 所示。前置读写控制电路由一组复杂电路组成，主要由磁头控制器、数据转换器、接口、缓存等几部分组成。硬盘通常用来作为计算机的外部存储器，它有很大的容量，常以千兆字节（GB）为单位。其转速通常为 5400r/m（转 / 分）和 7200r/m，在服务器中使用的 SCSI 硬盘转速达到 10000r/m，甚至达到 15000r/m，其性能超出普通硬盘很多。硬盘通常固定在机箱内部，不方便携带。
- 硬盘接口类型：硬盘接口分为 IDE、SATA、SCSI、光纤通道、M2-SATA、M2-Nvme 和 SAS 七种。IDE 接口的硬盘多用于家用计算机产品，也有部分应用于服务器；SCSI 接口的硬盘主要应用于服务器；光纤通道只用于高端服务器，价格昂贵；SATA 是一种新生的硬盘接口类型，处于市场普及阶段，在家用市场中也有着广阔的应用前景。

2）固态硬盘。固态硬盘（Solid State Drives，SSD）是用固态电子存储芯片阵列制成的硬盘，由控制单元和存储单元（Flash 芯片、DRAM 芯片）组成。固态硬盘在接口的规范和定义、功能及使用方法上与普通硬盘完全相同，在外形和尺寸上也与普通硬盘基本一致。

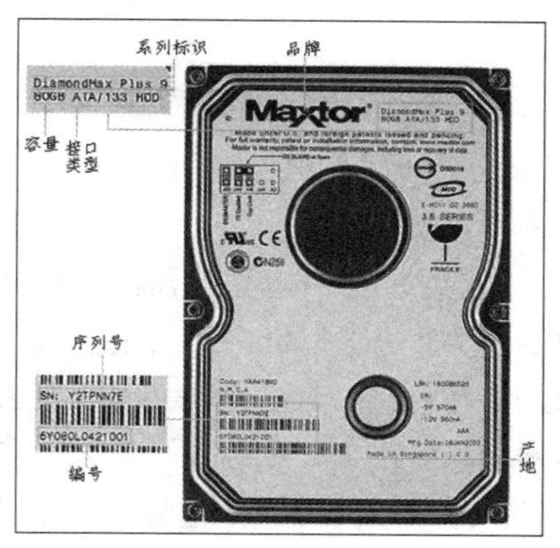

图 1-34　硬盘外观及标识

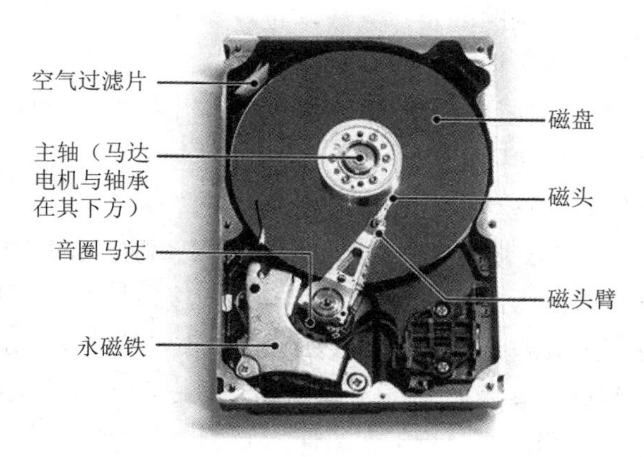

图 1-35　硬盘内部结构

固态硬盘的存储介质分为两种：一种采用闪存（Flash 芯片）作为存储介质；另一种采用 DRAM 作为存储介质。

- 基于闪存类：基于闪存的固态硬盘（IDEFlash Disk、Serial ATA Flash Disk）采用 Flash 芯片作为存储介质，这也是通常所说的 SSD。它可以被制作成多种模样，如笔记本电脑硬盘、微硬盘、存储卡、U 盘等样式。这种 SSD 固态硬盘最大的优点就是可以移动，而且数据保护不受电源控制，能适应各种环境，适合个人用户使用。
- 基于 DRAM 类：基于 DRAM 的固态硬盘采用 DRAM 作为存储介质，应用范围较窄。它仿效传统硬盘的设计，可被绝大部分操作系统的文件系统工具进行卷设置和管理，并提供工业标准的 PCI 和 FC 接口用于连接主机或服务器。其应用方式可分为 SSD 硬盘和 SSD 硬盘阵列两种。它是一种高性能的存储器，而且使用寿命很长，美中不足的是需要独立电源来保护数据安全。DRAM 固态硬盘属于非主流设备。

固态硬盘的优点（相对传统温氏硬盘 HDD）：

- 读写速度快（随机读取）。
- 几乎无噪声（因无机械马达和散热风扇）。
- 工作温度范围广（-45℃～ +85℃）。
- 内部无机械运动，所以有更强的防撞、抗震能力。
- 相对固定的读取时间。因其寻址时间与存储位置无关，所以文件碎片不会影响其读写时间。
- 质量轻：只有 20 ～ 30 克。

固态硬盘的缺点：

- 容量小：固态硬盘最大容量仅为 4TB。
- 寿命短：固态硬盘闪存具有擦写次数有限的问题。闪存完全擦写一次叫做 1 次 P/E，因此闪存的寿命以 P/E 为单位，34nm 的闪存芯片寿命约为 5000 次 P/E，而 25nm 的寿命约为 3000 次 P/E。
- 价格高：相对于传统硬盘，固态硬盘价格要高很多。以西部数据（WD）500GB 固态硬盘（SATA 3.0 接口）为例，京东上的价格为 479 元（2020 年 7 月 9 日），基本上是 1 元 /GB，而普通硬盘（HDD）每 GB 仅 0.3 元左右。不过随着工艺的成熟及市场的普及，其成本也在不断下降，当前因固态硬盘的优点突出，故其整体性价比还是很高的。

（2）其他移动存储器。随着多媒体技术的发展，计算机的数据容量越来越大，过去那种依靠软盘传递数据的方法显然已经不能适应现在的需求。近年来一些小巧、轻便、容量较大、价格低廉的移动存储器正不断涌现和普及。

1）USB 移动硬盘。移动硬盘是计算机之间交换大量数据的中间存储器，一般在选择移动硬盘时，考虑的因素主要有容量、接口性质、体积、附加功能和价格。目前市面上的移动硬盘容量一般在 500GB 及以上，接口类型通常是 USB 3.0，硬盘接口为 SATA，尺寸为 2.5 英寸。它在 Windows 操作系统下无需驱动程序，可以直接热插拔。

2）USB 盘。USB 盘又称为 U 盘，它利用闪存在断电后还能保持存储数据而不丢失的特点而制作。U 盘没有像移动硬盘那样的机械读 / 写装置，避免了移动硬盘容易碰伤、跌落等而造成损坏。同时它重量轻、体积小，通过 USB 接口即插即用，使用方便。

（3）光盘存储器和数字激光视盘。

1）光盘存储器。光盘存储器是一种利用激光技术存储信息的装置，目前用于计算机系统的光盘有 3 类：只读型光盘、一次写入型光盘和可擦写型光盘。

- 只读型光盘（Compact Disk-Read Only Memory，CD-ROM）。CD-ROM 是一种小型光盘只读存储器。它的特点是只能写一次，而且是在制造时由厂家用冲压设备将信息写入的。写好后信息永久保存在光盘上，用户只能读取，不能修改和写入。
- 一次写入型光盘（CD Recordable，CD-R）。CD-R 可由用户写入数据，但只能写一次，写完以后，记录在 CD-R 盘片上的信息无法被改写，但可以像 CD-ROM 盘片一样，在 CD-ROM 驱动器和 CD-R 驱动器上被反复地读取。
- 可擦写型光盘（CD-ReWritable，CD-RW）。CD-RW 可由用户写入数据，并且写完以后可以擦除再重新写入新的数据，可擦写的次数一般能达到上千次。CD-RW 驱动器允许用户读取 CD-ROM、CD-R 和 CD-RW，刻录 CD-R，擦除和重写 CD-RW。

2）数字激光视盘（Digital Versatile Disc，DVD）。DVD 的物理尺寸和形状与 CD 相同，但它存储密度高，一张光盘有两面，一面可以分单层或双层存储信息，所以 DVD 最多可以有 4 层存储空间，故其存储容量极大。

现在，DVD-ROM 驱动器已经逐步取代了 CD-ROM 驱动器，如图 1-36 所示，在 DVD 驱动器中可以读取普通 CD 光盘。

图 1-36　DVD-ROM 驱动器

4. 其他外部设备

（1）声卡。声卡是专门处理音频信号的接口电路板卡。它提供了与话筒、喇叭、电子合成器的接口，主要功能是将模拟声音信号数字化采样存储，并可将数字化音频转为模拟信号播放。

（2）视频卡。视频卡是专门处理视频信号的接口电路板卡。它提供了与电视机、摄像机、录像机等视频设备的接口，主要功能是将输入的视频信号送进计算机记录下来，也可以把 CD-ROM 或其他媒体上的视频信号在显示器上播放出来。

（3）网卡。网卡又叫网络接口卡（Network Interface Card，NIC）。在局域网中的每台计算机的扩展槽中都要安装一块网卡，以实现计算机之间的互联。

（4）调制解调器。调制解调器是可将数字信号转换成模拟信号以在模拟信道中传输，又可将模拟信号还原为数字信号的设备。它将计算机与模拟信道（例如现有的电话线路）相连接，以便异地的计算机之间进行数据交换。

调制解调器分内置式和外置式两类，传输速率为 28.8kb/s、33.6kb/s、56kb/s 等。

（5）扫描仪。扫描仪是一种输入设备，它能将各种图文资料扫描输入到计算机中并转换成数字化图像数据，以便保存和处理。扫描仪分为手持式扫描仪、平板扫描仪和大幅面工程图纸扫描仪三类，主要用于图文排版、图文传真、汉字扫描录入、图文档案管理等方面。

（6）光笔。光笔是一种与显示器配合使用的输入设备。它的外形像钢笔，上有按钮，以电缆与主机相连（也有无线的）。使用者把光笔指向屏幕，就可以在屏幕上作图、改图或进行图形放大、移位等操作。

（7）触摸屏。触摸屏是一种附加在显示器上的辅助输入设备。借助这种设备，用手指直接触摸屏幕上显示的某个按钮或某个区域，即可达到相应的选择目的。它为人机交互提供了更简单、更直观的输入方式。触摸屏主要有红外式、电阻式和电容式三种。红外式分辨率低；电阻式分辨率高，透光性稍差；电容式分辨率高，透光性好。

（8）绘图仪。绘图仪是一种图形输出设备，与打印机类似。绘图仪分为笔式和点阵式两类，常用于各类工程绘图。

此外，数码相机、数码摄像机等也已经被列为计算机的外部设备。

1.4.3　微型计算机主要性能指标

前面介绍了微型计算机硬件的组成和特点，那么怎么衡量一台微型计算机的性能好坏呢？下面给出微型计算机的主要性能指标。

（1）运算速度。通常所说的计算机运算速度是指每秒所能执行的指令条数，一般用“百万条指令 / 秒”（Million Instructions per Second，MIPS）来描述。它是用来衡量微型计算机运算速度的指标，这个指标更能直观地反映机器的速度。

（2）时钟主频。主频是指微型计算机 CPU 的时钟频率，单位为 GHz。它的高低一定程度上决定了计算机运算速度的快慢。一般时钟频率越高，微型计算机的运算速度就越快。目前多核 CPU 的主频通常为 2GHz ～ 4GHz 甚至更高。

（3）字长。字长是 CPU 一次最多可同时传送和处理的二进制数据位数。它直接关系到微型计算机的精度、功能和速度。字长越长，处理能力就越强。通常，字长一般为字节的整数倍，如 8 位、16 位、32 位、64 位等。现在的多核 CPU 均为 64 位。

（4）存储容量。存储容量分为内存容量和外存容量，这里主要指内存储器的容量。内存储器容量的大小反映了计算机即时存储信息的能力。内存容量越大，机器所能运行的程序就越大，处理能力就越强。随着操作系统的升级，应用软件的不断丰富及其功能的不断扩展，人们对计算机内存容量的需求也不断提高。常用的容量单位有 B、KB、MB、GB、TB 等。

外存储器容量通常指硬盘容量。硬盘容量越大，可存储的信息就越多，可安装的应用软件就越丰富。目前，硬盘容量一般为 500GB 甚至更高。

（5）存取周期。存取周期是 CPU 从内存中存取数据所需的时间。存取周期越短，运算速度越快。目前，内存的存储周期为 7ns ～ 70ns。

以上是一些主要性能指标。除了这些主要性能指标外，微型计算机还有其他一些指标，如所配置外围设备的性能指标和所配置系统软件的情况等。另外，各项指标之间也不是彼此孤立的，所谓“好马配好鞍”，各种软硬件协调配置才能发挥计算机的最大效能。

1.5 计算机的工作原理

1. 计算机指令和指令系统

计算机所能识别并执行某种基本操作的命令称为指令。每条指令明确规定了计算机运行时必须完成的一次基本操作，即一条指令对应着一种基本操作。

（1）机器指令。机器指令是指计算机能直接识别并执行的指令。它是一个按照一定的格式构成的二进制代码串，是计算机硬件真正可以“执行”的命令。用机器指令编写的程序称为机器语言程序，所以指令也称为机器语言的语句。一条指令通常分为操作码和操作数两大部分。

1）操作码。操作码描述操作的性质，计算机用某些二进制位表示指令的操作码，表示当前指令所要完成的操作类型，如加、减、数据传送等。

2）操作数。操作数描述操作的对象，就是当前指令所要处理的对象，这些对象是参加操作的数本身或操作数所在的地址，即操作数或操作数地址。操作数（或操作数地址）一般分为源操作数和目的操作数，源操作数（或地址）指明了参加运算的操作数来源，目的操作数地址指明了保存运算结果的存储单元地址或寄存器编号。

指令的基本格式如图 1-37 所示。

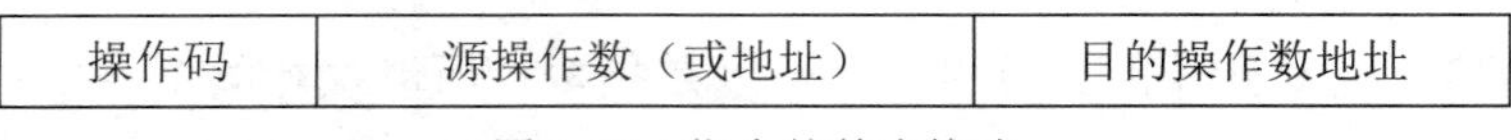

图 1-37 指令的基本格式

（2）指令系统。一台计算机所能执行的全部指令的集合称为计算机的指令系统或指令集合。

指令系统是计算机基本功能具体而集中的体现，不同型号的计算机有不同的指令系统，这是人为规定好的。使用什么型号的计算机，就必须使用这种型号计算机的指令系统中所包含的指令，这样计算机才能识别并执行它们。不同类型的计算机有不同的指令系统，这也是机器语言和汇编语言没有通用性的原因。

2. 程序

程序是为解决某一问题而设计的一系列有序的指令或语句（程序设计语言的语句包含了一系列指令）的集合。

程序是由指令序列组成的，计算机的工作过程就是自动执行指令的过程。设计者根据需要解决某一问题的步骤，选用一条条指令对应其解决问题的步骤，这些指令有序排列着，然后计算机按这一指令序列顺序执行，便可完成预定的任务。

通常编程是根据要解决的问题，先确定解决问题的步骤（算法），然后用相应的计算机语言将算法实现，再将程序和数据输入计算机中，计算机利用语言处理程序将程序进行相关处理，比如编译、链接等，最后运行程序，完成任务。

一条指令规定计算机执行一个基本操作，一个程序规定计算机完成一个完整的任务。

3. 计算机的工作原理

“存储程序控制”原理是 1946 年由美籍匈牙利数学家冯•诺依曼提出的，所以又称为“冯•诺依曼原理”。该原理确立了现代计算机的基本组成和工作方式，直到现在，计算机的设计与制造依然沿用“冯•诺依曼”体系结构。“存储程序控制”原理的基本内容如下：

（1）采用二进制形式表示数据和指令。

（2）将程序（数据和指令序列）预先存放在主存储器中（程序存储），使计算机在工作时能够自动高速地从存储器中取出指令并加以执行（程序控制）。

（3）由运算器、控制器、存储器、输入设备、输出设备五大基本部件组成计算机硬件体系结构，如图 1-38 所示。

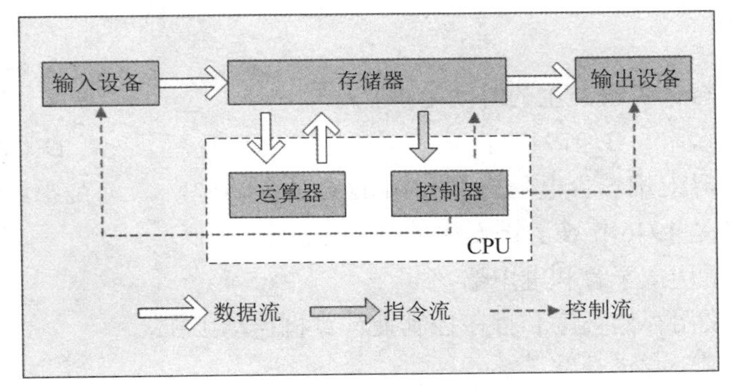

图 1-38 计算机硬件体系结构

输入设备在控制器控制下输入解题程序和原始数据，控制器从存储器中依次读出程序的一条条指令，经过译码分析，发出一系列操作信号以指挥运算器、存储器等到部件完成所规定的操作，最后由控制器命令输出设备以适当方式输出最后结果。这一切工作都是由控制器控制的，而控制器进行控制的主要依据则是存放于存储器中的程序。这就是现代计算机采用的“存储程序控制”方式。

可见，计算机的工作原理是存储程序和程序控制，要预先把指挥计算机如何进行操作的指令序列（称为程序）和原始数据通过输入设备输送到计算机内的存储器中。每一条指令都明确规定了计算机从哪个地址取数、进行什么操作、送到什么地址等。

4. 计算机的工作过程

计算机的工作过程就是执行程序的过程。

第一步：将程序和数据通过输入设备送入存储器。

第二步：启动运行后，计算机从存储器中取出程序指令送到控制器去识别，分析该指令要做什么事。

第三步：控制器根据指令的含义发出相应的命令（如加法、减法），将存储单元中存放的操作数取出送往运算器进行运算，再把运算结果送回存储器指定的单元中。

第四步：当运算任务完成后即可根据指令将结果通过输出设备输出。

虽然计算机技术发展很快，但“存储程序控制”原理至今仍然是计算机内在的基本工作原理。自计算机诞生的那一天起，这一原理就决定了人们使用计算机的主要方式——编写程序和运行程序。科学家们一直致力于提高程序设计的自动化水平，改进用户的操作界面，提供各种开发工具、环境与平台，目的都是让人们更加方便地使用计算机，可以少编程甚至不编程来使用计算机，因为计算机编程毕竟是一项复杂的脑力劳动。但不管用户的开发与使用界面如何演变，“存储程序控制”原理没有变，它仍然是我们理解计算机系统功能与特征的基础。现代计算机基本上都是根据这一原理来设计和制造的。这个原理也叫“冯•诺依曼原理”，以这个思想设计和制造的计算机也称“冯•诺依曼机”。

习题 1

一、选择题

1. 世界上第一台计算机产生的时间是（ ）。

   A. 1946 年　　B. 1947 年　　C. 1945 年　　D. 1950 年

2. 下列关于世界上第一台电子计算机 ENIAC 的叙述中，（ ）是不正确的。

   A. ENIAC 是 1946 年在美国诞生的

   B. 它主要采用电子管和继电器

   C. 它首次采用存储程序和程序控制使计算机自动工作

   D. 它主要用于弹道计算

3. 计算机最早的应用领域是（ ）。

   A. 人工智能　　B. 过程控制　　C. 信息处理　　D. 数值计算

4. 微型计算机的主机由 CPU、（ ）构成。

   A. RAM　　B. RAM、ROM 和硬盘

   C. RAM 和 ROM　　D. 硬盘和显示器

5. 微机的硬件系统包括（ ）。

   A. 内存储器　　B. 显示器、主机箱、键盘

   C. 主机和外部设备　　D. 主机和打印机

6. ROM 的主要特点是（ ）。

   A. 存取速度快　　B. 存储容量大

C. 断电后信息仍然存在　　D. 用户可以随机读写

7. 基于冯•诺依曼思想而设计的计算机硬件系统包括（　）
   A. 主机、输入设备、输出设备
   B. 控制器、运算器、存储器、输入设备、输出设备
   C. 主机、存储器、显示器
   D. 键盘、显示器、打印机、运算器
8. 计算机之所以能按人们的意志自动进行工作，主要是因为采用了（　）。
   A. 二进制数制　　B. 高速电子元件
   C. 存储程序控制　　D. 程序设计语言
9. 用 MHz 来衡量计算机的性能，它指的是（　）。
   A. CPU 的时钟主频　　B. 存储器容量
   C. 字长　　D. 运算速度
10. 用高级程序设计语言编写的程序称为（　）。
    A. 源程序　　B. 应用程序　　C. 用户程序　　D. 实用程序
11. 英文缩写 CAM 的中文意思是（　）。
    A. 计算机辅助设计　　B. 计算机辅助制造
    C. 计算机辅助教学　　D. 计算机辅助管理
12. 微机的总线由（　）组成。
    A. 外部总线、内部总线和 PCI 总线　　B. 地址总线、数据总线和控制总线
    C. 通信总线、控制总线和数据总线　　D. 逻辑总线、运算总线和地址总线
13. 磁盘上的磁道是（　）。
    A. 一组记录密度不同的同心圆　　B. 一组记录密度相同的同心圆
    C. 一条阿基米德螺旋线　　D. 两条阿基米德螺旋线
14. 能将高级语言转换成目标程序的是（　）。
    A. 调试程序　　B. 编译程序　　C. 解释程序　　D. 编辑程序
15. 下列各组软件中，全部属于应用软件的是（　）。
    A. 程序语言处理程序、操作系统、数据库管理系统
    B. 文字处理程序、编辑程序、UNIX 操作系统
    C. 财务处理软件、金融软件、WPS Office
    D. Word 2003、Photoshop 、Windows XP
16. 冯•诺依曼的主要贡献是（　）。
    A. 发明了微型计算机　　B. 提出了存储程序概念
    C. 设计了第一台电子计算机　　D. 设计了高级程序设计语言

二、填空题

1. 以晶体管作为主要电子部件的计算机属于第 ________ 代计算机。
2. 计算机能直接识别的语言是 ________。
3. 高速缓冲存储器的英文是 ________。

4. 按处理的数据类型，计算机可分为数字计算机和 ________ 计算机。
5. 动态内存的英文缩写是 ________。
6. 屏幕上的一个发光点叫做 ________。
7. “存储程序和程序控制”的思想是 ________ 提出的。
8. 计算机程序的翻译方式分为 ________ 和 ________。
9. CGA、EGA、VGA、SVGA 是代表 ________ 的不同规格和性能，是一种 ________ 标准。
10. 微机的总线包括 ________ 总线、________ 总线和 ________ 总线。

三、简答题

1. 什么是计算机？
2. 计算机系统是由哪几部分组成的？各部分功能是什么？
3. 计算机有哪些主要用途？
4. 计算机软件系统中系统软件的主要功能是什么？
5. 计算机语言如何分类？汇编语言及高级语言源程序为什么要翻译成机器语言？
6. 冯·诺依曼原理的核心思想是什么？

第 2 章　计算机信息技术基础

本章主要介绍数据、信息及存储单位，计算机内常用数制及其相互转换，机器数，字符、汉字编码以及多媒体的相关知识。

本章要点

- 信息单位。
- 计算机常用数制。
- 数制间的相互转换。
- 机器数的概念。
- 字符及汉字编码方法。

2.1　计算机中信息的表示

2.1.1　数据和信息概述

1. 数据

数据是一个广义的、相对模糊的概念，是客观事物的表现形式之一。现实中万事万物都有自己的表现形式，把它们抽象出来并以文字、符号、数字、图形等表示出来就形成了数据。即数据是表征客观事物的、可被记录的、能够被识别的各种符号。计算机所表示和使用的数据可分为两大类：数值数据和字符数据（也叫非数值数据）。数值数据是用数字来描述的，通常表示量的大小、正负，如整数、小数等。字符数据包括的范围比数值数据要广得多，它是用字符来表示的，用来描述事物和实体的属性，如英文字母大小写、数字 0 ～ 9、各种专用字符（如 +、-、*）及标点符号等。汉字、图形、声音数据也属于字符数据。

任何形式的数据，无论是数字、文字、图形、图像、声音还是视频，进入计算机都必须进行二进制编码转换。

2. 信息

很多时候信息和数据表示同一个概念，人们并未加以区分，但严格地说两者是有区别的：数据处理之后产生的结果为信息，信息具有针对性、时效性。信息有意义，而数据没有。例如当测量一个病人的体温时，假定病人的体温是 39℃，写在病历上的 39℃就是数据，这个数据本身没有意义，但是当数据以某种形式经过处理、描述或与其他数据比较时，便被赋予了意义，这就是信息。可见，信息是有意义的数据，是被加工过的数据；信息包含于数据当中，数据是信息的载体。

计算机中存储和传送的信息都是用二进制数来表示的，因此信息的单位也是用二进制数位的多少来表示的。

（1）位（bit）。位又叫 bit（比特），是二进制数位英文 binary digit 的缩写，在计算机中位表示的是一个二进制数的数位，是计算机中信息表示的最小单位。一个位可以表示二进制数中的“0”或“1”。例如二进制数 110110110 的每个数符就是位，该二进制数一共有 9 个位。

（2）字节（Byte）。字节是计算机中信息表示的基本单位，字节是多个二进制位的组合，一个字节由 8 个二进制位组成，也就是 8 个位，即 1Byte=8bit，由于位太小，因此计算机中表示存储容量时都以字节为单位，如表示文件的大小、磁盘的容量等时，单位都是字节。除了字节外还有千字节、兆字节、吉字节、太字节等，它们之间的换算见表 2-1。

表 2-1　信息单位的换算

单位名称	表示符号	值
位（bit）（最小信息单位）	b	0 或 1
字节（Byte）（基本信息单位）	B	8 个二进制位
千字节	KB	2^{10}=1024 字节
兆字节	MB	2^{10} KB=2^{20} 字节
吉字节	GB	2^{10} MB=2^{20}KB= 2^{30} 字节
太字节	TB	2^{10}GB=2^{20}MB= 2^{40} 字节

2.1.2　计算机采用二进制编码

ENIAC 是一台十进制的计算机，它采用十个真空管来表示一位十进制数。冯•诺依曼发觉这种十进制的表示和实现方式十分麻烦，便提出了二进制的表示方法，之所以采用二进制是因为：

（1）计算机本身是电子设备，二进制的“0”和“1”正好和电子元器件的两种状态相符，比如电平的高、低，充电与放电，电流的断开与导通等。

（2）二进制的运算规则简单，在计算机中易于实现。

（3）二进制的两个数符刚好对应逻辑运算中的两个逻辑量 True 和 False，这样便于计算机进行逻辑运算和逻辑处理。

可见采用二进制物理上容易实现，运算简单，可靠性高，通用性强。更重要的优点是所占用的空间和所消耗的能量减小，机器可靠性增高。

计算机内部均采用二进制来表示各种信息，但计算机与外部交往仍采用人们熟悉和便于阅读的形式，如十进制、文字显示、图形描述等，其间的转换则由计算机系统的硬件和软件来实现，其转换过程如图 2-1 所示。

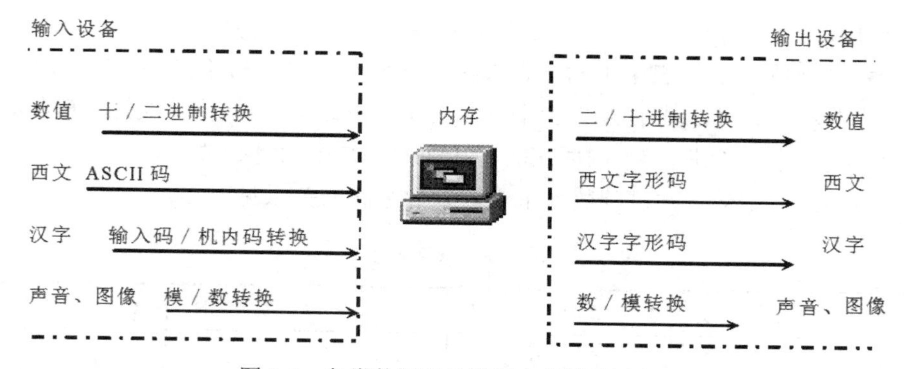

图 2-1　各类数据在计算机中的转换过程

计算机能表示和处理各种信息，且都是以二进制的形式在计算机内部存储和处理的。而将这些信息转换成二进制，或将二进制转换成人们熟悉的格式，涉及信息编码。计算机中常用的信息编码有数的编码、字符编码和汉字编码。

2.1.3　计算机常用数制

数制是人们用于计数的一个规则，人类早期用手指来计量一些普通的数，比如放牧者在清点自己羊群羊的数量时就用手指，但手指只有十个，用完了怎么办呢？人们就想到用绳子来打结，数完十个打一个结，自然就形成了“逢十进一”的十进制计数的一个雏形，这也就是十进制是我们现在生活中用得最多的一种数制的原因。随着人类文明的发展，以十进制这种方式计数是远远不够的，所以逐步产生了更多的进位数制，比如十六进制、二进制、八进制、七进制、六十进制等。

1. 常用数制

计算机中常用的数制有二进制、十进制、八进制和十六进制 4 种，但在计算机内部能够直接进行处理的是二进制数，也就是说计算机内部以“0”和“1”两位数码的二进制作为计数系统，任何信息和数据都必须以二进制的形式在机器内部存储和处理。但二进制数码太少，表示数时有时会写很长，也容易写错，且难记忆不便理解（人们习惯十进制数），所以为了弥补这些不足，在使用计算机时常用十进制、八进制或十六进制来表示数。为了区别这几种数制所表示的数，就用字母 B、O、D、H（或数字 2、8、10、16）分别表示二进制数、八进制数、十进制数和十六进制数。

（1）二进制数（B）。表示二进制数的数符是 0、1，共两个数符，如 101111B、110B 等是二进制数。运算规则是“逢二进一”，所以在二进制里没有数符 2。

运算规则：

加法：0+0=0，1+0=0+1=1，1+1=10（逢二进一）

乘法：0×0=0，1×0=0×1=0，1×1=1

（2）十进制数（D）。表示十进制数的数符是 0、1、2、3、4、5、6、7、8、9，共十个数符，运算规则是“逢十进一”。十进制是常用的数制，所以运算方法我们都很熟悉。

（3）八进制数（O）。表示八进制数的数符是 0、1、2、3、4、5、6、7，共八个数符，运算规则是“逢八进一”。例如：

$(5+3)_8=(10)_8$，$(3\times7)_8=(21)_8$

（4）十六进制数（H）。表示十六进制数的数符是 0、1、2、3、4、5、6、7、8、9、A、B、C、D、E、F，共十六个数符，其中 A 表示十进制的 10，B 表示 11，依此类推，F 表示十进制的 15，运算规则是“逢十六进一”。例如 25A、39D5F 等是十六进制数。

十进制数与二进制数、八进制数、十六进制数之间的关系见表 2-2。

表 2-2　常用进制数之间的对应关系

十六进制数	0	1	2	3	4	5	6	7	8	9	A	B	C	D	E	F
十进制数	0	1	2	3	4	5	6	7	8	9	10	11	12	13	14	15
八进制数	0	1	2	3	4	5	6	7	10	11	12	13	14	15	16	17
二进制数	00	01	10	11	100	101	110	111	1000	1001	1010	1011	1100	1101	1110	1111

2. 进位数制的数码、基数和位权的概念

（1）数码。表示进位数制的符号就是数码（数符），如八进制的数码是 0、1、2、3、4、5、6、7。

（2）基数。基数（基）是指进位数制里的数码的个数，如十进制数的数码有 10 个，因此十进制的基是 10，同样的道理，二进制的基是 2，八进制的基是 8，十六进制的基是 16。

（3）位权。某进位计数制中各位数字符号所表示的数值大小等于该数字符号值乘以一个与数字符号有关的常数，该常数称为“位权”，简称“权”。位权的大小是以基数为底，数字符号所处的位置的序号为指数的整数次幂。例如二进制数 1000，基数为 2，数符 1 的位权是 2 的 3 次方，从右到左数 0、1、2、3，所以是 3 次方。十进制数 269 中，基数为 10，2 的位权是 10 的 2 次方。

在一个数字当中，处在不同位置上的相同数字所表示的值是不同的。一个数字在某个位置上的值等于该数字与这个位置上的因子的乘积，该因子的值是由所在位置相对于小数点的距离来确定的，这个因子称为“位权”，简称“权”。例如 $236=2\times10^2+3\times10^1+6\times10^0$，各位上的权分别是 10^2、10^1、10^0；二进制数 1000，基数为 2，数符 1 的位权是 2 的 3 次方。同样的道理，其他数制的数也可以按位权展开式来表示，例如：

$(534)_O=5\times8^2+3\times8^1+4\times8^0$

$(25A)_H=2\times16^2+5\times16^1+10\times16^0$

不同数制的位权是不一样的，二进制的位权是 2 的幂，八进制的位权是 8 的幂，十六进制的位权是 16 的幂。

2.1.4　其他数制与十进制之间的转换

1. 其他数制转换成十进制数制

根据位权的概念，其他数制要转换成十进制十分方便，方法就是“按权展开求和”。

例如：

$(1101)_B=1\times2^3+1\times2^2+0\times2^1+1\times2^0=8+4+0+1=(13)_{10}$

$(46)_O=4\times8^1+6\times8^0=32+6=(38)_{10}$

$(25A)_H=2\times16^2+5\times16^1+10\times16^0=2\times256+5\times16+10\times1=(602)_{10}$

2. 十进制数制转换成其他数制

（1）十进制数转换为二进制数。十进制整数转换为二进制整数的规则：除 2 取余，余数倒排。即将十进制数反复除以 2，直至商为 0，然后将每次相除所得的余数依次倒序排列，第一个余数为最低位。这样便可得到该十进制数的二进制表示形式。

十进制小数转换成二进制小数的规则：乘基数 2 取整，顺排，达到精度为止，即将十进制小数乘 2，再对乘积的小数部分乘 2，直到满足精度为止。再将乘积所得整数部分顺序排列，就是对应的二进制的小数部分。

【例 1】将 $(17.125)_D$ 转换成二进制数。

把既有整数又有小数的十进制数转换成二进制数的方法：将整数部分和小数部分分别转换然后相加。

第一步：先将整数部分的 17 除 2 取余，直到商为 0 为止，最后一个余数作为最高位，得到二进制数的整数部分 $(10001)_2$。

```
2 |17   ……1   ↑ 低位
2 | 8   ……0   |
2 | 4   ……0   |
2 | 2   ……0   |
2 | 1   ……1   | 高位
    0
```

第二步：将小数部分乘 2 取整，直到小数部分为 0 为止。

```
0.125×2=0.25   ……取整数 0   | 高位
0.25×2 =0.50   ……取整数 0   |
0.5×2  =1.00   ……取整数 1   ↓ 低位
```

得到二进制数的小数部分 $(001)_2$。

最后转换的结果是 $(17.125)_D=(10001.001)_B$。

注意：一个十进制小数不一定能完全准确地转换成二进制小数，这时可以根据精度要求只转换到小数点后某一位。

（2）十进制数转换成八进制数或十六进制数的方法和十进制数转换成二进制数的方法类似。

【例 2】将十进制数 $(351.45)_D$ 转换成八进制数。

十进制数转换成八进制数的规则：整数部分除 8，取余数，倒排；小数部分乘 8，取整数，顺排。

第一步：把整数部分 351 转换成八进制数，得到 $(537)_8$。

```
8 |351   ……7
8 | 43   ……3
8 |  5   ……5
     0
```

第二步：把小数部分 0.45 转换成八进制数。

$0.45\times8=3.60$ ……取整数 3

$0.60\times8=4.80$ ……取整数 4

$0.80\times8=6.40$ ……取整数 6

$0.40\times8=3.20$ ……取整数 3

$0.20\times8=1.60$ ……取整数 1

$(0.45)_{10}=(0.34631)_8$

最后转换的结果是 $(351.45)_D=(537.34631)_O$。

【例 3】将十进制数 $(351.78125)_D$ 转换成十六进制数。

十进制数转换成十六进制数的规则：整数部分除 16，取余数，倒排；小数部分乘 16，取整数，顺排。

第一步：把整数部分 351 转换成十六进制数，得到 $(15F)_H$。

```
16 |351    …… 15  <  此处15对应于十六进制的数码F
16 | 21    ……  5
16 |  1    ……  1
     0
```

第二步：把小数部分 0.78125 转换成十六进制数，得到 $(0.C8)_{16}$。

$0.78125\times16=12.50$ ……取整数 12（C）

$0.50000\times16=8.00$ ……取整数 8

$(0.78125)_{10}=(0.C8)_{16}$

最后转换的结果是 $(351.78125)_D=(15F.C8)_H$。

综上所述，十进制数转换为其他进制数的方法：整数部分除基数取余，余数倒排；小数部分乘基数取整，整数顺排。

2.1.5 二进制与八进制、十六进制之间的转换

1. 二进制与八进制之间的互换

（1）二进制数转换成八进制数。由于 $2^3=8$，所以二进制的 1000 等于八进制的 10，这样就得到二进制数转换成八进制数的方法：三化一。方法是以二进制数的小数点位置为中心，分别向前、向后每三位划分为一组，末尾不足三位补 0；再把各组数（每组三位）分别转换成相应的八进制数，小数点照写，便得到等值的八进制数。

【例 4】将二进制数 $(111101011.10011)_B$ 转换成八进制数。

解：

111	101	011	.	100	110
7	5	3	.	4	6

由此得到 $(111101011.10011)_B=(753.46)_O$。

（2）八进制数转换成二进制数。同样的道理，八进制数转换成二进制数的方法是“一化三”，即一位八进制数对应三位二进制数，然后从左到右连续写，小数点也照写。

【例 5】将八进制数 $(537.23)_O$ 转换成二进制数。

解：

5　3　7　.　2　3
↓　↓　↓　　↓　↓
101　011　111　.　010　011

得到转换结果：$(537.23)_O=(101011111.010011)_B$。

2. 二进制与十六进制之间的互换

二进制与十六进制之间的互换和二进制与八进制之间的互换类似。

（1）二进制数转换成十六进制数。二进制数转换成十六制数的方法是“四化一”，即从二进制数的小数点位置开始，分别向前、向后每四位划分为一组，不足四位补 0；再把各组数（每组四位）分别转换成相应的十六进制数，小数点照写，便得到等值的十六进制数。

【例 6】将二进制数 $(110101111011.1100101)_B$ 转换成十六进制数。

解：

1101　0111　1011　.　1100　1010
D　7　B　.　C　A

这样就得到转换结果：$(110101111011.1100101)_B=(D7B.CA)_H$。

（2）十六进制数转换成二进制数。十六进制数转换成二进制数的方法是“一化四”，即把十六进制数转换成相应的四位二进制数，然后从左到右连续写，小数点照写。

【例 7】将十六进制数 $(3B5D.4A)_H$ 转换成二进制数。

解：

3　B　5　D　.　4　A
↓　↓　↓　↓　　↓　↓
0011　1011　0101　1101　.　0100　1010

因此，$(3B5D.4A)_H=(11101101011101.0100101)_B$。

【例 8】找出 4 个数中的最大数：$(36A)_{16}$，$(111011)_2$，$(1057)_8$，753。

解：比较不同数制值的大小时，需要把不同数制值转换为同一种数制值之后再比较其大小。

$(36A)_{16}=3\times16^2+6\times16^1+10\times16^0=(874)_{10}$

$(111011)_2=1\times2^5+1\times2^4+1\times2^3+0\times2^2+1\times2^1+1\times2^0=(59)_{10}$

$(1057)_8=1\times8^3+0\times8^2+5\times8^1+7\times8^0=(559)_{10}$

可见，$(36A)_{16}$ 值最大。

2.2　计算机中数的编码

计算机在处理数值型数据时需要指定数的长度、符号及小数点的表示形式。

（1）数的长度。数的长度是指用一个十进制数表示一个数值所占的实际位数。例如 321113 的长度为 6。我们知道计算机中存储数据的大小是用字节来计算的，所以数的长度也常用字节来计算。

（2）数的符号。由于数值有正负之分，因此在计算机科学中通常用数的最高位（一个数符）来表示数的正负，一般约定是以“0”表示正数，用“1”表示负数。

（3）小数点的表示。在计算机中表示数值时，小数点的位置是隐含的，即约定小数点的位置，这样有利于节省存储空间。

（4）数的编码。

1）机器数：计算机科学中把以编码形式表示的一个数称为“机器数”。机器数有以下 3 个特点：

- 机器数用二进制表示。机器数的每位用“0”或“1”二进制表示。
- 机器数位数固定，因此表示的数的范围受位数限制，例如字长为 8 位的计算机能表示的无符号整数的范围为 0 ～ 255（2^8-1）。由于机器数受字长的限制，因此当计算机运算结果超过机器数所能表示的范围时就会产生“溢出”。
- 机器数最高位为符号位。用“0”表示正数，用“1”表示负数。

2）机器数的原码、反码及补码。

①原码。用“0”表示正数，“1”表示负数，在指定字长下用二进制编码表示的机器数就是机器数的原码。方法：将该数绝对值（也叫真值）转换成二进制数，然后将表示正负的符号 0 或 1 写在最高位，二进制真值写在后面，不足位数补 0。例如，对字长为 8 位的计算机，计算 +89 和 −89 的原码，方法是先将 ±89 的绝对值转换成二进制数 1011001，然后在最高位加上表示正负的“0”或“1”，如图 2-2 所示。

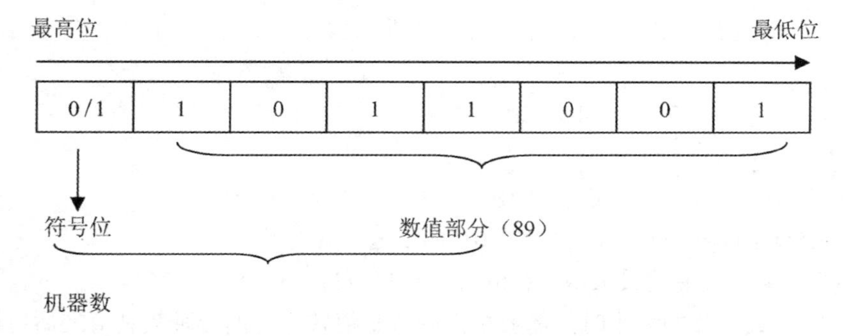

图 2-2　数值在计算机中的表示方式

所以 +89 的原码：01011001。

同理，−89 的原码：1011001。

例如，当机器字长 n = 8 时：

$[+1]_{原}$= 00000001，$[-1]_{原}$=10000001；

$[+127]_{原}$=01111111，$[-127]_{原}$=11111111；

$[+0]_{原}$= 00000000，$[-0]_{原}$= 10000000。

注意，最高位为符号位，正数为 0，负数为 1，其余 n−1 位表示数的绝对值（真值）。最高位的 0 是不能省略的，它表示符号为正。

②反码。反码是对一个数求反。对正数的机器数来说，反码和原码一样；对负数的机器数来说，反码是除符号位外的各位取反，也就是“0”取为“1”，“1”取为“0”。

例如，十进制数 [+89] 的原码为 01011001，反码为 01011001。

十进制数 [−89] 的原码为 11011001，反码为 10100110。

例如，当机器字长 n = 8 时：

$[+1]_{反}$=00000001，$[-1]_{反}$=11111110；

$[+127]_{反}$=01111111，$[-127]_{反}$=10000000；

$[+0]_{反}$= 00000000，$[-0]_{反}$= 11111111。

③补码。正数的补码与原码相同，负数的补码是除符号位不变外，各位取反再在最低位加“1”，也就是说负数的补码等于反码加 1。

例如，十进制数 [+89] 的原码为 01011001，反码为 01011001，补码为 01011001。

十进制数 [-89] 的原码为 11011001，反码为 10100110，补码为 10100111。

例如，当机器字长 n = 8 时：

$[+1]_{补}$=00000001，$[-1]_{补}$=11111111；

$[+127]_{补}$=01111111，$[-127]_{补}$=10000001。

在补码中，0 的问题得到统一，即：

$[+0]_{补}$=+0=00000000　$[-0]_{补}$=-0=11111111+00000001=00000000（最高位 1 自然丢失）

在计算机中，利用补码的原理可以巧妙地将减法运算转换为加法运算，另外采用补码可以不用判断符号位及绝对值的大小等问题，从而简化了计算机内部线路设计。下面我们就这个问题举例说明。

【例 9】假设字长为 8。X=56-11=56+(-11)=45，用补码原理验证。

解：$[X]_{补}$=$[56]_{补}$+$[-11]_{补}$

$[+56]_{补}$=00111000，$[-11]_{补}$=11110101

```
  00111000
+ 11110101
----------
  00101101（最左面的 1 为自然丢失）
```

而 00101101 转换成十进制数正好是 45。

2.3　字符和汉字的编码

在计算机中字母、数字、符号和中文等统称为“字符”，在计算机中不能直接存储和处理这些字符。因此字符也必须按特定的规则进行二进制编码才能进入计算机。字符编码通常是先确定需要编码的字符总数，因为字符的多少涉及编码的位数；然后将每个字符按顺序确定其编号，编号值本身没有意义，仅作为识别与使用这些字符的依据。由于字符编码涉及世界范围内的有关信息表示、交换、存储，因此必须有一个标准，这就需要一个统一的约定，也就是所谓的字符编码方案。最初出现的编码方案是 1967 年由美国国家标准学会所制定的 ASCII（American Standard Code for Information Interchange，美国标准信息交换码），这个编码方案也是现在被广泛采用的一种字符统一编码方案。当计算机在中国普遍使用后，中国的计算机工作者为了方便计算机进行汉字处理，相继研究了多种汉字编码方案，便于不懂英文的中国人也能自如地使用计算机处理汉字。

2.3.1　字符的编码

在计算机中信息都是用二进制编码表示的，用以表示字符的二进制编码称为字符编码。计算机中最常用的字符编码是 ASCII，被国际标准化组织（International Organization for Standardization，ISO）指定为国际标准。ASCII 有 7 位码和 8 位码两种版本，分别对应标准 ASCII 和扩展 ASCII。

1．标准 ASCII（基本 ASCII）

基本 ASCII 用 7 位二进制（或最高位为 0 的 8 位二进制）编码来表示，0 ～ 7 的编码范围为 00000000 ～ 01111111，相当于十进制数的 0 ～ 127，即 2^7=128 个字符，表 2-3 列出了基本 ASCII 字符。其中有 96 个可打印字符，包括常用的十进制数、英文字母和常用符号（如运算符、括号、标点符号、标识符等），另外还有 32 个控制字符，一共可以表示 128 个字符。

10 个数字——0 ～ 9，二进制数为 00110000 ～ 00111001，相应的十进制数为 48 ～ 57。

52 个英文字母——大写字母 A ～ Z，二进制数为 01000001 ～ 01011010，相应的十进制数为 65 ～ 90；小写字母 a ～ z，二进制数为 01100001 ～ 0111010，相应的十进制数为 97 ～ 122。

34 个专用字符——(、$、%……

32 个控制字符——CR、LF ……

表 2-3 标准 ASCII 字符集

后四位 $b_3b_2b_1b_0$	前三位 $b_6b_5b_4$							
	000	001	010	011	100	101	110	111
0000	NUL	DLE	空格	0	@	P	`	p
0001	SOH	DC1	!	1	A	Q	a	q
0010	STX	DC2	“	2	B	R	b	r
0011	ETX	DC3	#	3	C	S	c	s
0100	EOT	DC4	$	4	D	T	d	t
0101	ENQ	NAK	%	5	E	U	e	u
0110	ACK	SYN	&	6	F	V	f	v
0111	BEL	ETB	‘	7	G	W	g	w
1000	BS	CAN	(	8	H	X	h	x
1001	HT	EM	)	9	I	Y	i	y
1010	LF	SUB	*	:	J	Z	j	z
1011	VT	ESC	+	;	K	[	k	{
1100	FF	FS	,	<	L	\	l	|
1101	CR	GS	-	=	M	]	m	}
1110	SO	RS	.	>	N	^	n	~
1111	SI	US	/	?	O	_	o	DEL

表 2-3 中每个字符都对应一个数值，称为该字符的 ASCII 值，其排列次序为 $b_6b_5b_4b_3b_2b_1b_0$。也可以将二进制转换成表 2-4 所列的十进制或十六进制 ASCII，这样更能直观地表示字符的大小和顺序关系。

表 2-4　十进制及十六进制 ASCII

ASCII		字符	ASCII		字符	ASCII		字符	ASCII		字符
十进制	十六进制		十进制	十六进制		十进制	十六进制		十进制	十六进制	
032	20	␣	056	38	8	080	50	P	104	68	h
033	21	!	057	39	9	081	51	Q	105	69	i
034	22	"	058	3A	:	082	52	R	106	6A	j
035	23	#	059	3B	;	083	53	S	107	6B	k
036	24	$	060	3C	<	084	54	T	108	6C	l
037	25	%	061	3D	=	085	55	U	109	6D	m
038	26	&	062	3E	>	086	56	V	110	6E	n
039	27	'	063	3F	?	087	57	W	111	6F	o
040	28	(	064	40	@	088	58	X	112	70	p
041	29	)	065	41	A	089	59	Y	113	71	q
042	2A	*	066	42	B	090	5A	Z	114	72	r
043	2B	+	067	43	C	091	5B	[	115	73	s
044	2C	,	068	44	D	092	5C	\	116	74	t
045	2D	-	069	45	E	093	5D	]	117	75	u
046	2E	.	070	46	F	094	5E	^	118	76	v
047	2F	/	071	47	G	095	5F	_	119	77	w
048	30	0	072	48	H	096	60	`	120	78	x
049	31	1	073	49	I	097	61	a	121	79	y
050	32	2	074	4A	J	098	62	b	122	7A	z
051	33	3	075	4B	K	099	63	c	123	7B	{
052	34	4	076	4C	L	100	64	d	124	7C	|
053	35	5	077	4D	M	101	65	e	125	7D	}
054	36	6	078	4E	N	102	66	f	126	7E	~
055	37	7	079	4F	O	103	67	g	127	7F	Delete

ASCII 本来是为信息交换所规定的标准，由于字符数量有限、编码简单，因此输入、存储、内部处理时也往往采用这种标准。

利用 ASCII 值可以比较字符大小，其基本规律是：

空格 < 标点符号 < 数字 < 大写字母 < 小写字母

由于大写或小写字母之间是顺序排列，因此相邻的大写或小写字母相差 1，例如 A 的 ASCII 是 65，则 B 的是 66，依此类推，可得所有大写字母的 ASCII，同理小写 a 的 ASCII 是 97，b 的就是 98，这样就可以知道所有的小写字母的 ASCII。大写字母与小写字母相差 32 个位置，可以通过这个特点来相互推出。比如 B 的 ASCII 是 66，则 b 的 ASCII 为：66+32=98。同理，数字 0 ～ 9 之间的 ASCII 也可以相互推导。

说明：十进制数值和十进制数字字符是不同的概念，它们对应的二进制值也是不一样的，例如，十进制数字字符 7 的二进制即 ASCII 是 01101111，而十进制数值 7 的二进制数值是 0000111。

2．扩展 ASCII（EASCII）

标准 ASCII 是 7 位编码，但由于计算机基本处理单位为字节（1Byte=8bit），因此一般仍以一个字节来存放一个 ASCII。每个字节中多余出来的一位（最高位）在计算机内部通常保持为 0（在数据传输时可用作奇偶校验位）。由于标准 ASCII 字符集字符数目有限，在实际应用中往往无法满足要求，为此 ISO 又制定了将 ASCII 字符集扩展为 8 位代码的统一方法。ISO 陆续制定了一批适用于不同地区的扩展 ASCII 字符集，每种扩展 ASCII 字符集可以扩展 128 个字符，这些扩展字符的编码均为高位为 1 的 8 位代码（即十进制数 128 ～ 255），称为扩展 ASCII（Extended ASCII，EASCII）。EASCII 编码空间从原来的 0100000 ～ 01111111 扩展到 10000000 ～ 11111111，即由 2^7=128 扩展到 2^8=256，可以表示 256 种字符或图形符号。

用 ASCII 字符组成的文件又称为“文本文件”，其扩展名为 .txt。

另外还有 Unicode 编码，它最初是由苹果（Apple）公司发起制定的通用多文字集，是一种在计算机上使用的字符编码。它为每种语言中的每个字符设定了统一并且唯一的二进制编码，以满足跨语言、跨平台进行文本转换、处理的要求。随着计算机工作能力的增强，Unicode 编码也在面世以来得到了普及，其代表有 UTF-8、UTF-16 和 UTF-32，分别用 8 位、16 位、32 位表示字符。例如 UTF-32 使用 32 位的编码空间，其首位恒为 0，每个字符占用 4 个字节。这样理论上最多可以表示 2147483648（2 的 31 次方）个字符，完全可以涵盖一切语言所用的符号。中文版 Windows 使用的是支持汉字系统的 UTF-16。

2.3.2 汉字的编码

汉字也是字符，与西文字符相比，数量大、字形复杂、同音字多，这就给汉字在计算机内部的存储、传输、交换、输入和输出等带来了一系列问题。为了使计算机能够处理、显示、打印、交换汉字字符，需要对汉字进行重新编码。汉字编码一般分为汉字输入码、汉字国标码、汉字机内码、汉字地址码、汉字字形码等。

ASCII 编码空间只有 128 个字符，扩展 ASCII 也只有 256 个字符，其编码空间是 8 位二进制数，如图 2-3 所示，不足以表示数量众多且字形复杂的汉字（常用汉字就有近万个）。汉字的编码采用两个字节，也就是 16 位二进制数来编码，如图 2-4 所示。为了和 ASCII 的字符相区别，每个字节的最高位都置为 1（而 ASCII 的最高位是 0）。

b_7	b_6	b_5	b_4	b_3	b_2	b_1	b_0
0	×	×	×	×	×	×	×

图 2-3　西文字符的 ASCII 表示（一个字节）

b_7	b_6	b_5	b_4	b_3	b_2	b_1	b_0	b_7	b_6	b_5	b_4	b_3	b_2	b_1	b_0
1	×	×	×	×	×	×	×	1	×	×	×	×	×	×	×

图 2-4　汉字的机内编码表示（两个字节）

从汉字编码的角度看，计算机对汉字信息的处理过程实际上是各种汉字编码间的转换过程。这一系列的汉字编码及转换、汉字信息处理中的各编码及流程如图 2-5 所示。

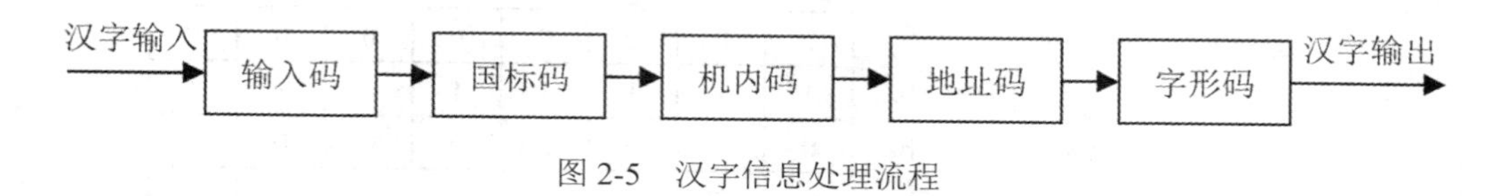

图 2-5 汉字信息处理流程

1. 汉字输入码

汉字字形复杂，数量众多，源自象形文字，不像拼音文字那样容易处理，因此汉字在输入时不能寄希望用标准键盘来直接输入，做一个上万个键的键盘既不现实也不实用，因此还得依靠传统的英文美式键盘来处理，这就需要为汉字的输入进行编码。为将汉字输入计算机而编制的代码称为汉字输入码，也叫外码。它是利用计算机标准键盘上按键的不同排列组合来对汉字的输入进行编码。现在汉字的外码方案有上千种，一个好的编码应该是：编码短，可以减少击键次数；重码少，可以实现盲打；好学好记，便于学习和掌握。常用的输入法有拼音码、五笔字型码等。按其编码规则可分为以下 4 种类型：

（1）音码——完全依靠汉字的发音来编码，易学易用，但同音字很多，所以重码多，输入速度不是很快，适合一般人使用。例如，“全拼”“智能 ABC”等属于音码。

（2）形码——根据汉字的字形来编码，由于各个汉字的字形笔画不同，这种编码方案的特点是重码少、输入速度快，即使不知道这个汉字的发音也能输入。缺点是学习起来记忆量大，时间比学音码要长，如“首尾码”“五笔字型”等。

（3）音形码——是结合汉字的发音及字形来编码的一种汉字输入方案，特点是既照顾到了学习的容易性，又兼顾了输入时减少重码率，提高输入速度，如“自然码”等。

（4）数字码（流水码）——是用纯数字来对每个汉字进行编码，这样编码容易实现，且完全没有重码现象，输入速度快，但学习困难，需要记住每个汉字的编码，记忆量太大，非专业人员很难学习使用，如“电报码”“区位码”等。

2. 汉字国标码（交换码）

由于汉字的机内码还没有统一的标准，不便用来在计算机系统之间交换信息，因此引入了交换码。汉字信息交换码是专门用于汉字信息交换的统一编码，可用于汉字信息处理系统之间或者通信系统之间进行信息交换，简称交换码或国标码。它是为使系统、设备之间信息交换时采用统一的形式而制定的。

我国于 1980 年发布了《中华人民共和国国家标准信息交换用汉字字符集》（GB 2312 － 1980），其中收录一级汉字 3755 个，二级汉字 3008 个，按偏旁部首排列，各种中文符号 682 个，共计 7445 个字符。由于一个字节只能表示 256 种编码，因此一个国标码必须用两个字节来表示，每个字节最高位为 0。

GB 2312 － 1980 对所收录的汉字进行“分区”排放，将汉字或图形符号存放在一个“图形字符代码表”中。“图形字符代码表”由 94 个区组成，每区共有 94 个位，每个位上对应一个汉字或符号，汉字图形符号的编码由区号和位号构成，这种表示方式也叫区位码。例如“啊”字的区位码是“1601”，意味着“啊”字在 16 区 01 位上，如图 2-6 所示。

GB 2312 － 1980 中各种图形字符的分布为：

01 ～ 09 区——存放特殊图形和符号。

16 ～ 55 区——存放一级汉字。

第二字节									
	b_7	0	0	0	0	0	0	0	0
	b_6	1	1	1	1	1	1	1	1
	b_5	0	0	0	0	0	0	0	0
	b_4	0	0	0	0	0	0	0	1
	b_3	0	0	0	1	1	1	1	0
	b_2	0	1	1	0	0	1	1	0
	b_1	1	0	0	0	1	0	1	0
第一字节 $b_7 b_6 b_5 b_4 b_3 b_2 b_1$	区 / 位	1	2	3	4	5	6	7	8
~	~	~	~	~	~	~	~	~	~
0110000	16	啊	阿	埃	挨	哎	唉	哀	皑
0110001	17	薄	雹	保	堡	饱	宝	抱	报
0110010	18	病	并	玻	菠	播	拨	钵	波
0110011	19	场	尝	常	长	偿	肠	厂	敞

图 2-6　GB 2312 － 1980 图形符号代码表（局部）

56 ～ 87 区——存放二级汉字。

11 ～ 15 及 88 ～ 94 区——设有字符，用于扩充或用户自定义汉字或图形符号等。

国标码区和位均用 7 位二进制数表示，即一个汉字要用两个字节或一位十六进制表示。国标码的查表原则是先区后位。

汉字	第一字节	第二字节	十六进制
保	0110001	0100011	3123
啊	0110000	0100001	3021

区位码是国标码的另一种表示形式。将行号称为区号，将列号称为位号，有 94 个区和 94 个位。区号和位号均用两位十进制数表示，据此得出了区位码汉字输入法。

例如“啊”的区位码是 1601，表示啊字在第 16 区第 01 位；“保”的区位码是 1703，表示保字在第 17 区第 03 位。

为了与 ASCII 兼容，汉字输入区位码与国标码之间有一个转换关系，即转换方法是：首先，将一个汉字的十进制区号和十进制位号分别转换成十六进制；然后，分别加上 20H（十进制是 32），就成为汉字的国标码。例如：

汉字　　啊

区位码　$1601D = (1601+3232)_D = (4833)_D = (3021)_H$

国标码　3021H

世界上使用汉字的地区除了中国内地外，还有中国台湾及港澳地区、日本和韩国，但这些地区使用了与中国内地不同的汉字字符集，如中国台湾和香港等地区使用的是繁体字即 BIG5 码。

许多字没有被包括在 GB 2312 － 1980 中，因此有了 GBK 编码（扩展汉字编码），它是对 GB 2312 － 1980 的扩展，收录了 21003 个汉字，支持国际标准 ISO10646 中的全部中日韩汉字，也包含了 BIG5（中国港澳台地区）编码中的所有汉字。目前 Windows 版本都支持

GBK 编码，只要计算机具有多语言支持功能，就可以在不同的汉字系统之间自由变换。2001 年发布的《信息技术 信息交换用汉字编码字符集 基本集的扩充》(GB 18030 － 2000）是对 GBK 编码的升级，它的编码空间约为 160 万码位，已纳入编码的汉字约为 2.6 万个。

3. 汉字的机内码

汉字的机内码又称“内码”，是计算机内部对汉字进行存储、处理、传输所使用的编码。当通过键盘输入汉字的代码（输入码）后，计算机将该输入码转换成机内码，然后才进行其他处理。汉字的机内码形式也是多种多样的，不同的计算机系统，其汉字的机内码也可能是不同的。一个汉字一个编码，它们是一一对应的关系，机内码规定用两个字节为汉字编码，每个字节的最高位置 1，以区别于 ASCII。所以汉字的机内码是一种变形的国标码。机内码使得数量众多的汉字外码在计算机内部实现了统一的表示，即一个汉字可以有不同的输入码，但内码却是一致的。

如果用十六进制表示，就是把汉字国标码的每个字节上加一个 80H（即二进制 10000000），所以汉字的国标码与其内码有下列关系：

汉字的内码 = 汉字的国标码 +8080H

例如“啊”的国标码为 3021H，则根据上述公式得：

“啊”的机内码 =“啊”的国标码 3021H +8080H =B0A1H =1011000010100001B

“啊”的机内码、国标码和区位码的比较如图 2-7 所示。

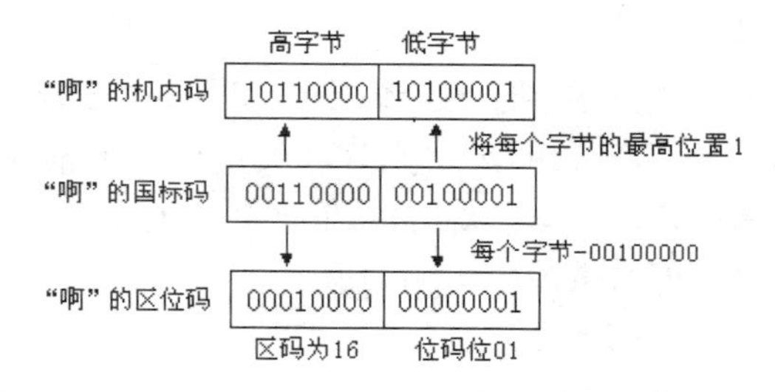

图 2-7　“啊”的机内码、国标码和区位码的比较

可见，西文字符的机内编码是 7 位 ASCII，一个字节的最高位为 0。为了与 ASCII 兼容，汉字用两个字节来存储，区位码再分别加上 20H，就成为汉字的国标码。在计算机内部为了能够区分是汉字还是 ASCII，将国标码每个字节的最高位由 0 变为 1，变换后的国标码就是汉字机内码。

4. 汉字字形码

汉字字形码是表示汉字字形的字模数据，通常用点阵、矢量函数等方式表示。字形码也称字模码，它是汉字的输出形式，用于汉字在显示屏或打印机上输出。汉字字形点阵和格式不同，汉字字形码也不同。常用的字形点阵有 16×16 点阵和 48×48 点阵等。

在计算机中使用“点阵”（字模）来描述汉字及图形符号，西文字符和汉字一样，在显示输出时都用“点阵”来描述，只是西文字符用的点阵一般要小一些。一个汉字可以看作一个二维的图形，在“点阵”中把一个汉字离散成若干网点，每个网点对应一个二进制位，从而构成了汉字的一个点阵，如图 2-8 所示。

由图 2-8 可以看出，汉字是一种象形的方块字，每个字占据同样的空间，16×16 点阵，也就是有 256 个二进制位，8 个二进制位为一个字节，所以 16×16 点阵的汉字字形码占 32 个字节，即 16×16÷8=32（字节）。因此点阵越大，所占的存储空间也越大，输出的汉字越精美。现在计算机存储容量很大，一般内部采用的汉字点阵都为 48×48 点阵。使用“点阵”来描述汉字的缺点是字形放大后的效果差。

0 0 0 0 0 0 0 1 1 0 0 0 0 0 0 0
0 0 0 0 0 0 0 1 1 0 0 0 0 0 0 0
0 1 1 1 1 1 1 1 1 1 1 1 1 1 1 0
0 1 1 0 0 0 0 1 1 0 0 0 0 1 1 0
0 1 1 0 0 0 0 1 1 0 0 0 0 1 1 0
0 1 1 0 0 0 0 1 1 0 0 0 0 1 1 0
0 1 1 0 0 0 0 1 1 0 0 0 0 1 1 0
0 1 1 1 1 1 1 1 1 1 1 1 1 1 1 0
0 0 0 0 0 0 0 1 1 0 0 0 0 0 0 0
0 0 0 0 0 0 0 1 1 0 0 0 0 0 0 0
0 0 0 0 0 0 0 1 1 0 0 0 0 0 0 0

图 2-8　16×16 点阵字形表示

汉字的矢量表示法是将汉字看作由笔画组成的图形，提取每个笔画的坐标值，由这些坐标值确定每个笔画的位置，所有坐标值组合起来就是该汉字字形的矢量信息。每个汉字矢量信息所占的内存大小不一样。

矢量表示方式存储的是描述汉字字形的轮廓特征，当要输出汉字时，通过计算机的计算，由汉字字形描述生成所需大小和形状的汉字点阵。矢量化字形描述与最终文字显示的大小、分辨率无关，因此可输出高质量的汉字。Windows 使用了 TrueType 技术，即汉字的矢量表示方式，解决了汉字点阵字形放大后出现锯齿的问题。

5. 汉字地址码

汉字地址码是指汉字库（主要指点阵式字模库）中存储汉字字形信息的逻辑地址码。需要向输出设备输出汉字时，必须通过地址码找到所需字形码。在汉字库中，字形都是按一定顺序连续存放在存储介质上的，所以汉字地址码也是连续有序的，与汉字机内码有着简单的对应关系，以简化汉字机内码到汉字地址码的转换。

2.4 计算机多媒体技术

多媒体技术是当前最受计算机界关注的热点之一。自 20 世纪 80 年代以来，随着电子技术和大规模集成电路技术的发展，计算机技术、通信技术和广播电视技术这三大原本各自独立并得到极大发展的领域相互渗透，相互融合，进而形成了一门崭新的技术，即多媒体技术。

2.4.1 多媒体技术概述

1. 多媒体的概念

“多媒体”一词译自英文“multimedia”，而该词又是由 multiple 和 media 复合而成的。其核心词是“媒体”（medium）。所谓“媒体”是指信息传递和存储的最基本的技术和手段，即信息的载体，故媒体有两重含义：一是指存储信息的实体，如磁盘、光盘、磁带、半导体存储器等，中文常译作媒质；二是指传递信息的载体，如数字、文字、声音、图形等，中文译作媒介，它们只是一种信息表示方式。

在计算机和通信领域，信息的正文、图形、声音、图像、动画都可以称为媒体。从计算机和通信设备处理信息的角度来看，可以将自然界和人类社会原始信息存在的形式——数据、文字、有声的语言、音响、绘画、动画、图像（静态的照片和动态的电影、电视和录像）等归结为 3 种最基本的媒体：声、图、文。传统的计算机只能处理单媒体——文，电视能够传播声、图、文集成信息，但它不是多媒体系统，因为通过电视只能单向被动地接受信息，不能双向地、主动地处理信息，没有所谓的交互性。

一般所说的多媒体，不仅指多媒体信息本身，而且指处理和应用多媒体信息的相应技术。

概括起来可将多媒体描述为：使用计算机交互式综合技术和数字通信网络技术处理多种表示媒体——文本、图形、图像和声音，使多种信息建立逻辑连接，集成为一个交互式系统。

2. 多媒体信息的类型

多媒体技术所处理的信息不是单一的消息类型，通常是多种信息的组合。可以应用于多媒体技术中的信息包括文本、图形、图像、动画、声音和视频等。

（1）文本。文本是以文字和各种专用符号表达信息的形式，它是现实生活中使用得最多的一种信息存储和传递方式。用文本表达信息给人充分的想象空间，它主要用于对知识的描述性表示，如阐述概念、定义、原理和问题以及显示标题、菜单等内容。

（2）图形。图形是图像的抽象，它反映了图像上的关键特征，如点、线、面等，图形的表示不是直接描述图像的每一个点，而是描述产生这些点的过程和方法，即用矢量来表示。

（3）图像。在计算机领域中，图像是由扫描仪、摄像机等输入设备捕捉实际的画面产生的数字图像，是由像素点阵构成的位图。图像是多媒体软件中最重要的信息表现形式之一，它是决定一个多媒体软件视觉效果的关键因素。

（4）动画。动画是利用人的视觉暂留特性，快速播放一系列连续运动变化的图形图像，也包括画面的缩放、旋转、变换、淡入淡出等特殊效果。通过动画可以把抽象的内容形象化，使许多难以理解的教学内容变得生动有趣。合理使用动画可以达到事半功倍的效果。

（5）声音。声音是人们用来传递信息、交流感情最方便、最熟悉的方式之一。在多媒体课件中，按其表达形式，可将声音分为讲解、音乐、效果三类。

（6）视频。视频具有时序性与丰富的信息内涵，常用于交待事物的发展过程。视频非常类似于我们熟知的电影和电视，有声有色，在多媒体中充当着重要的角色。

3. 多媒体技术

多媒体技术（Multimedia Technology）是利用计算机对文本、图形、图像、声音、动画、视频等多种信息进行综合处理、逻辑关系建立和人机交互的技术。

多媒体技术不是各种信息媒体的简单复合，它是一种把文本（Text）、图形（Graphics）、图像（Images）、动画（Animation）和声音（Sound）等形式的信息结合在一起，并通过计算机进行综合处理和控制，能支持完成一系列交互式操作的信息技术。

真正的多媒体技术所涉及的对象是计算机技术的产物，而其他的单纯事物，如电影、电视、音响等均不属于多媒体技术的范畴。

多媒体技术正朝两个方向发展：一是网络化发展趋势，与宽带网络通信等技术相互结合，使多媒体技术进入科研设计、企业管理、办公自动化、远程教育、远程医疗、检索咨询、文化娱乐、自动测控等领域；二是多媒体终端的部件化、智能化和嵌入化，提高计算机系统本身的多媒体性能，开发智能化家电，如数字机顶盒、数字电视、网络电视、网络冰箱、网络空调等。

4. 多媒体的特点

（1）交互性。在多媒体系统中，用户可以主动编辑、处理各种信息，具有人机交互功能。

（2）集成性。多媒体技术集成了许多单一的技术，如图像处理技术、声音处理技术等，多媒体能够同时表示和处理多种信息，但对用户来说，它们是集成一体的。这种集成包括信息的统一获取、存储和组织等。

2.4.2 多媒体信息的数字化

多媒体技术在对各种媒体信息进行处理时一般采取转换、集成、管理和控制、传输等方式。转换可以分为两个阶段：信息采集和信息回放。信息采集是将这些媒体信息转换成计算机能够识别的数字信号，而信息回放则是把计算机处理后的数字信息还原成人们所能接受的各种媒体信息，用于信息的再现。

1. 音频数字化技术

（1）声音。声音是由于声源的振动而产生的，其振动过程可用一个连续的曲线表示，称为声波。当声波进入人耳时，鼓膜振动导致内耳里的微细感骨的振动，将神经冲动传向大脑，听者感觉到的这些振动就是声音。声波有两个重要参数：振幅和周期。振幅反映声音的音量大小，周期指声音振动一次的时间。声波的频率由一秒内所出现的周期数决定，单位为 Hz，每秒声波振动 1000 次即为 1000 Hz。声音振动越强，声音越大；振动频率越高，音调越高。人耳能听到的声音大约为 20Hz ～ 20kHz，而人能发出的声音，其频率范围为 300 ～ 3000Hz。

（2）声音的要素。声音的 3 个要素：音调、音色、音强。声音的频率决定音调，声音的振幅决定音强，而音色是由混入基音的泛音所决定的，每个基音又有固定的频率和不同音强的泛音，从而使每种声音具有特殊的听觉效果。

声波可用一条随时间变化的连续曲线表示，如图 2-9 所示。

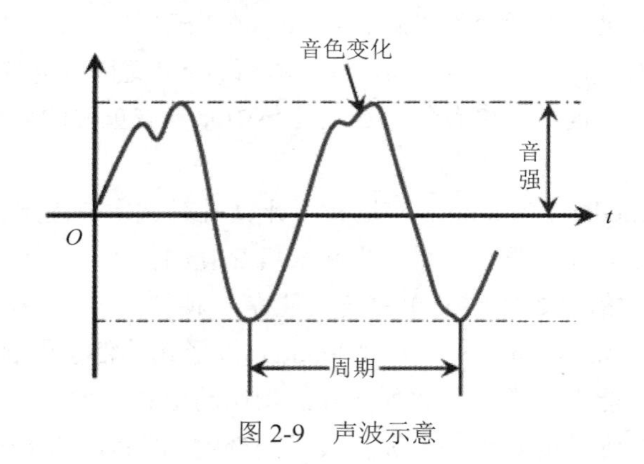

图 2-9 声波示意

（3）声音的数字化。在计算机内，所有的信息均以数字（0 或 1）表示，所以计算机要处理声音，必须先将声音数字化。声音信号用一组数字表示，称为数字音频，数字音频与模拟音频的区别在于：模拟音频在时间上是连续的，而数字音频是一个数据序列，在时间上是离散的。

若要用计算机对音频信息进行处理，就要将模拟信号（如语音、音乐等）转换成由二进制数 1 和 0 组成的数字信号，这一转换过程称为模拟音频的数字化。模拟音频的数字化过程涉及音频的采样、量化、编码，如图 2-10 所示。

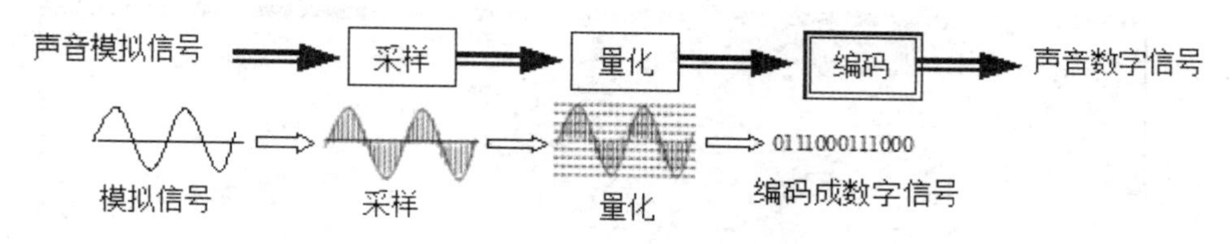

图 2-10　声音信息的数字化过程

1）采样。采样指每隔一个时间间隔在声音的波形上截取一个振幅值，把时间上的连续信号变成时间上的离散信号。该时间间隔 T 称为采样周期，其倒数 $1/T$ 称为采样频率，如图 2-11 所示。采样频率越高，两次采样的时间间隔越小，当然在单位时间内获取的声音样本数就越多，这样进行数字化处理后的音频信号在播放时就会更加接近实际的声音信号，效果更好。当然，随着采样频率的提高，存储数字化的声音文件所需的存储空间也就越大。

在实际应用中，为了满足不同的需要，提供了 3 种采样频率标准，即 44.1kHz（高保真效果）、22.05kHz（音乐效果）和 11.025kHz（语音效果）。

2）量化。量化是将每个采样点得到的表示声音强弱的模拟电压的幅值以数字存储。量化位数（亦即采样精度）表示存放采样点振幅值的二进制位数，它决定了模拟信号数字化以后的动态范围，如图 2-12 所示。通常量化位数有 8 位、16 位和 32 位，若量化等级为 8 位，则有 $2^8=256$ 个阶距（意味着将采样幅度划分为 256 等份），即每个采样点的音频信号的幅度精度为最大振幅的 1/256；若量化等级为 16 位，则有 $2^{16}=65536$ 个阶距，即为音频信号最大振幅的 1/65536。可见，量化位数越大，对音频信号的采样精度就越高，信息量也相应提高。

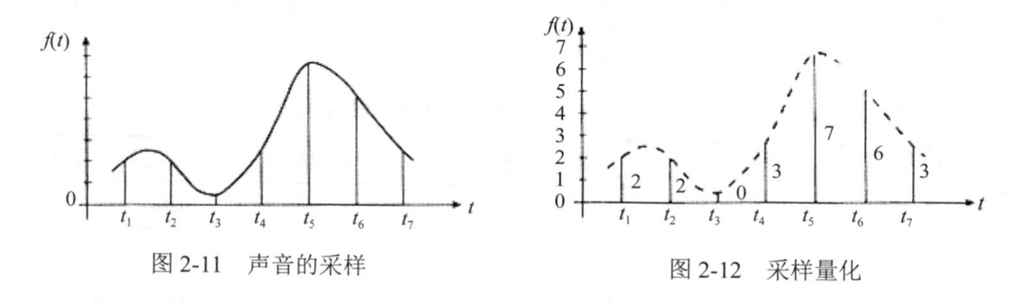

图 2-11　声音的采样　　图 2-12　采样量化

采样频率越高，越接近实际的声音信号，效果就越好；在相同的采样频率下，量化位数越大，则采样精度越高，声音的质量也越好，如图 2-13 所示。在数字系统中，量化位数的多少还直接影响系统的信噪比，进而影响最终的听觉感受。虽然采样频率越高，量化位数越多，声音的质量就越好，但同时也会带来一个问题——庞大的数据量，这不仅会造成处理上的困难，也不利于声音在网络中传输，同时信息的存储量也越大。

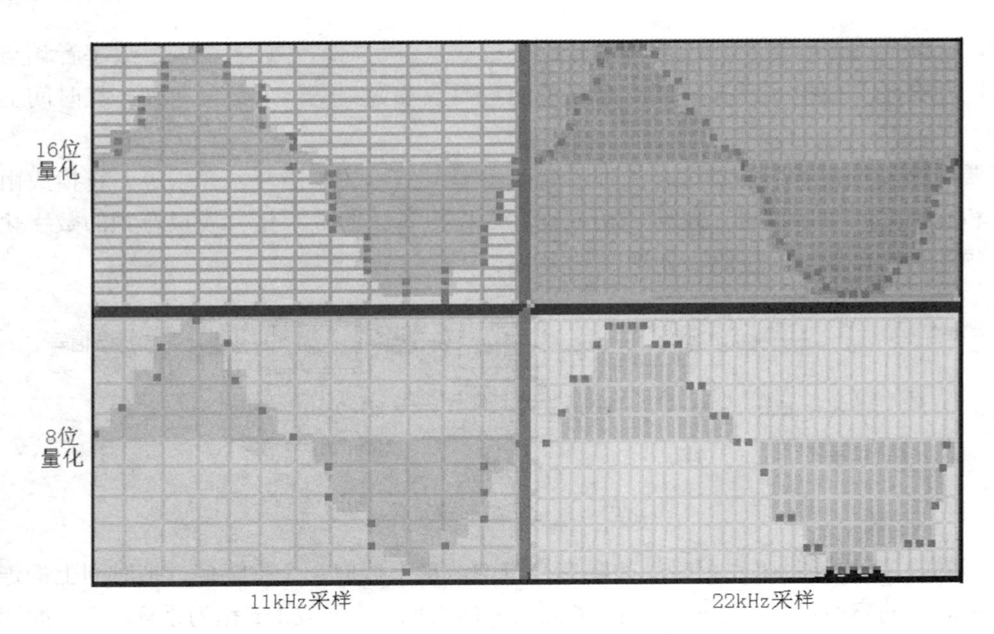

图 2-13 采样频率和量化参数比较

3）编码。编码是将采样和量化后的数字数据以一定的格式记录下来。编码的方式很多，常用的编码方式是脉冲编码调制（Pulse Code Modulation，PCM），其主要优点是抗干扰能力强、失真小、传输特性稳定。CD-DA 采用的就是这种编码方式。

采样和量化过程所用的主要硬件是模拟 / 数字转换器（A/D 转换器），A/D 转换器以固定的频率去采样，即每个周期测量和量化信号一次。经采样和量化的声音信号再经编码后就成为数字音频信号，以数字声波文件形式保存在计算机的存储介质中。若要将数字声音输出，必须通过数字 / 模拟（D/A）转换器将数字信号转换成模拟信号。

4）声道数。除了采样、量化、编码外，影响声音数字化效果的另一个重要因素是声道。声道指声音的通道数，是一次采样记录产生的声音波形的个数。记录声音时，如果每次生成一个声道数据，称为单声道；每次生成两个声道数据，称为双声道。立体声音乐就是使用双声道使听众获得身临其境的感觉的。随着声道数的增加，声音文件的存储容量也会成倍增加。

几种不同数字化声音的数据量见表 2-5。

表 2-5 几种不同数字化声音的数据量

声音质量	采样频率 /kHz	采样精度 /bit	声道数 / 个	数据量 /（MB/min）
电话质量	8	8	1	0.46
AM 音质	11.025	8	1	0.63
FM 音质	22.05	16	2	5.05
CD 音质	44.1	16	2	10.09

（4）音频文件格式。下面重点介绍常用的波形音频文件、声音合成技术（MIDI 文件）和 MP3 文件等音频文件格式。

1）波形音频文件。常见的波形音频文件格式有 WAV 和 VOC 两种。

WAV 文件也称波形文件，是最常见的声音文件之一。WAV 是微软公司专门为 Windows 开发的一种标准数字音频文件格式。Windows 系统和一般的音频卡都支持这种格式文件的生成、编辑和播放。

VOC 文件格式是 Creative 公司的波形音频文件格式，主要用于 DOS 游戏，文件扩展名是 .voc。VOC 文件适用于 DOS 操作系统，是声霸卡使用的音频文件格式。

2）声音合成技术——MIDI 文件。MIDI 是 Musical Instrument Digital Interface（乐器数字接口）的缩写。它是于 1982 年被提出并不断发展确定的数字音乐的国际标准，规定了电子乐器和计算机之间进行连接的硬件及数据通信协议，已成为计算机音乐的代名词。各类 MIDI 文件的扩展名有 .mid、.rmi、.cmf 等。

3）MP3 文件。MP3 的全称是 MPEG-1 Layer3 音频文件。MPEG-1 为活动影音压缩标准，其中的声音部分称 MPEG-1 音频层，它根据压缩质量和编码复杂度划分为 3 层：Layer1、Layer2 和 Layer3，分别对应扩展名为 .mp1、.mp2 和 .mp3 的 3 种声音文件，并根据不同的用途使用不同层次的编码。

如 1 分钟的 CD 音质的音乐，未经压缩需要 10MB 的存储空间，但经过 MP3 压缩编码后只有 1MB 左右。

2. 图像数字化技术

图像是多媒体中携带信息的极其重要的媒体，有人曾发表过统计资料，认为人们获取信息的 70% 来自视觉系统，实际就是图像和电视。但是，图像数字化之后的数据量非常大，在因特网上传输时很费时间，在盘上存储时需要消耗大量的存储资源，因此必须对图像数据进行压缩。压缩的目的是满足存储容量和传输带宽的要求，而付出的代价是大量的计算。几十年来，许多科技工作者一直在孜孜不倦地寻找用比较少的数据量表达原始图像的更有效方法。

（1）图像。图像一般指自然界中的客观景物通过某种系统的映射使人们产生的感受，如照片、图片等。根据图像在计算机中生成原理的不同，可将其分为位图（光栅）图像和矢量图形两种。

与人类的视觉系统不同，在计算机中所处理的是数字化之后的图像，称为数字图像。根据表达和生成图像的方法，可以将数字图像分为两种：图形和图像。

在计算机中，图形（Graphics）与图像（Image）是一对既有联系又有区别的概念。它们都是一幅图，但图的产生、处理、存储方式不同。

1）图形。图形也称为矢量图，如图 2-14 所示，它使用点、直线和曲线来描述，这些直线和曲线由计算机通过某种算法计算获得。图形文件保存的是绘制图形的各种参数，信息量较小，占用空间小。对图形进行放大、缩小或旋转等操作都不会失真。图形一般用来表达比较小的，易于用直线、曲线表现的图像，不适合表现色彩层次丰富的逼真图像。

2）图像。图像又称为光栅图像或点阵图像，是由一个个像素点（能被独立赋予颜色和亮度的最小单位）排成矩阵组成的，图像文件中所涉及的图形元素均由像素（Pixel）点来表示，这些点可以进行不同的排列和染色以构成图样，如图 2-15 所示。像素是计算机图形与图像中能被单独处理的最小基本单元，颜色等级越多，图像就越逼真。每个像素点的颜色信息采用一组二进制数描述，因此图像又称为位图。图像的数据量较大，适合表现自然景观、人物、动植物等引起人类视觉感受的事物。

图 2-14 矢量图形（剪贴画）

图 2-15 像素点组成的图像

图像通常是由扫描仪、数码相机、摄像机等输入设备捕捉的真实场景画面产生的映像，数字化后以位图形式存储。

（2）图形与图像信息表示。图形是用计算机绘图软件生成的，存储的是描述生成图形的指令，这种通过数学方法生成的图像称为矢量图形，因此不必对图形中的每一点进行数字化处理。在实际应用中，所碰到的矢量图形通常以插图、剪贴画、ClipArt、Illustrator 等名称出现。这样的图形无论你把它放大多少倍，它都依然清晰。

现实中的图像是一种模拟信号，如由扫描仪、数码相机所得到的图片。图像的数字化是指将一幅真实的图像转变成计算机能够接受的数字形式，这涉及对图像的采样、量化、编码等，如图 2-16 所示。

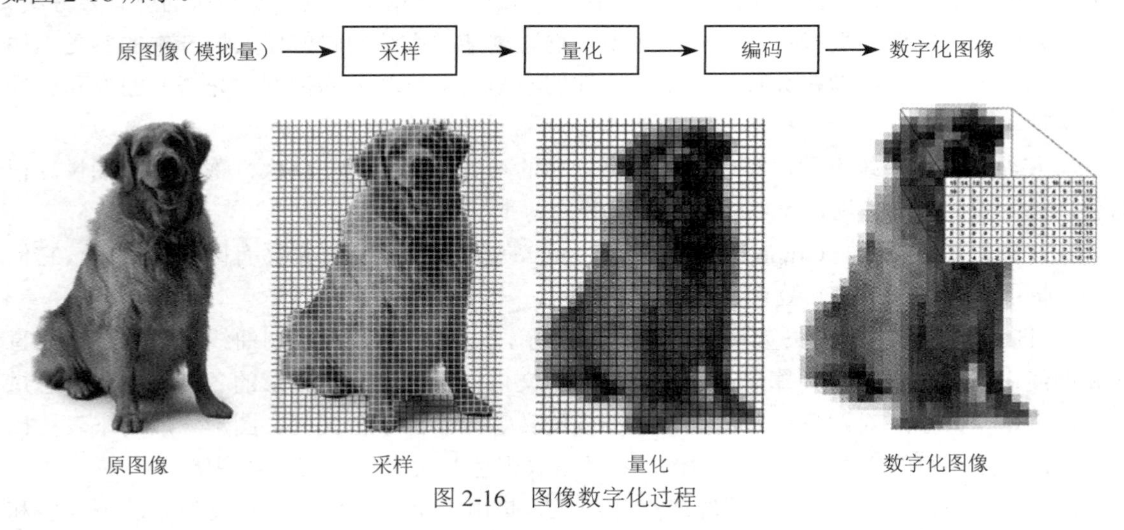

图 2-16 图像数字化过程

1）采样。图像采样就是将连续的图像转换成离散点的过程，采样实质就是要决定在一定面积内取多少个点即像素点来描述一幅图像，这就是图像的分辨率，用点的“列数 × 行数”表示。分辨率越高，图像越清晰，存储量也越大。图像的采样如图 2-17 所示。

2）量化。量化是在图像离散化后，将表示图像色彩浓淡的连续变化值离散化为整数值（即灰度级）的过程，从而实现图像的数字化。在多媒体计算机系统中，图像的色彩是用若干位二进制数表示的，称为图像的颜色深度。图像颜色深度值越大，所能表示的颜色数越多，显示的图像色彩越丰富，但存储图像所需的空间也越大。由于人眼对颜色的分辨能力有限，一般情况下不需要特别大的图像颜色深度，而且还可以通过适当降低颜色深度来减小图像的数据量。一般用 8 位、16 位、24 位、32 位二进制数来表示图像的颜色，24 位可以表示 2^{24} =16777216 种颜色，称为真彩色。图像的颜色深度及对应的颜色数见表 2-6。

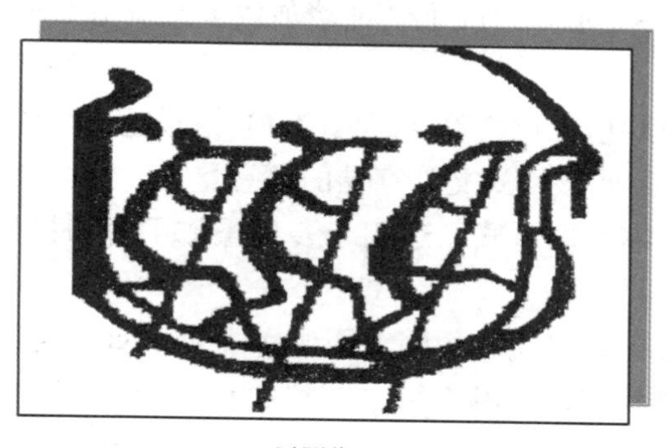

原图像

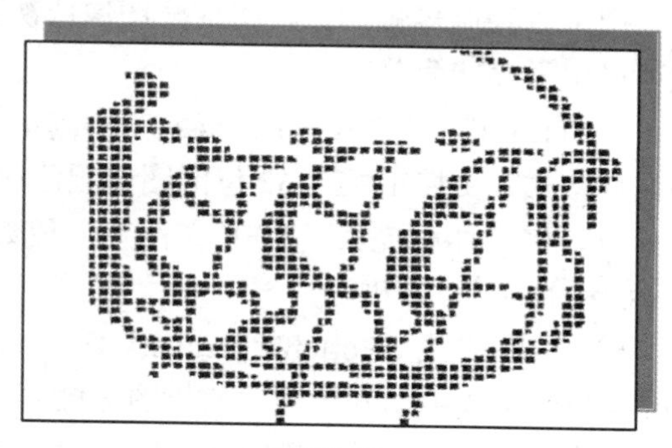

采样图像

图 2-17　图像的采样

表 2-6　图像的颜色深度及对应的颜色数

二进制位数	颜色深度	表现的颜色数
1 位	1 位	2^1 =2 种
4 位	4 位	2^4 =16 种
8 位	8 位（索引色）	2^8 =256 种
16 位	16 位（高彩色）	2^{16} =65536 种
24 位	24 位（真彩色）	2^{24} =16777216 种
32 位	32 位	2^{32} =4294967296 种

3）编码：图像的分辨率越大，颜色数越多，数据量就越大，当然图像的效果会越好，但存储图像所需的空间越大，消耗的计算机资源也越多。由于图像数字化后得到的数据量非常巨大，因此必须采取编码技术来压缩信息，常见的编码方法有预测编码、变换编码、分形编码、小波变换编码等，这是图像存储与传输的关键。

（3）图像的文件格式。图像的文件格式是图像数据在文件中的存放形式，不同的软硬件厂商可能定义不同的文件格式。

1）BMP（Bitmap，位图）格式。BMP 文件是一种与设备无关的图像文件，扩展名为 .bmp，它是 Windows 操作系统中标准的图像文件格式，几乎被 Windows 环境下所有的图像处理软件所支持。BMP 采用位映射存储格式，可以使用 1 位至 24 位的图像颜色深度，而且为了处理方便一般不进行压缩，因此 BMP 文件占用的存储空间很大。

2）JPEG（Joint Photographic Experts Group，联合图像专家组）格式。JPEG 文件是使用 JPEG 标准压缩存储的图像文件，扩展名为 .jpg。它使用有损压缩算法，去除了冗余的图像和色彩数据，在获得极高压缩比的同时，仍能保持较高的图像质量。JPEG 格式支持灰度图像、

RGB 真彩色图像和 CMYK 真彩色图像，文件的体积很小，因此适合作为图像交换文件格式使用，互联网中大量的图像资源都是使用这种格式存储的。

3）GIF 格式（Graphics Interchange Format，图形交换文件格式）。GIF 是 CompuServe 公司开发的图像文件存储格式，该格式的图像颜色深度从 1 位到 8 位，因此最多支持 256 种颜色。表示的颜色数量有限，适合存储颜色较少的卡通图像、徽标等手绘图像。另外，在一个 GIF 文件中可以存储多幅图像，将这些图像依次读出并显示就形成了一种动画效果，所以 GIF 格式可以用于存储简单动画。

4）TIFF 格式（Tagged Image File Format，位映射图像文件格式）。TIFF 格式是一种通用的文件格式，支持 1 位至 32 位的图像颜色深度，因此该格式文件存储的信息量大，细微层次的信息较多，体积庞大。TIFF 文件有多种数据压缩存储方式，适用于多种操作平台和机型，如 PC 和 Macintosh 机等。

5）PNG 格式（Portable Network Graphic Format，可携带的网络图像格式）。PNG 格式是 20 世纪 90 年代中期开始开发的位图图像文件存储格式，它融合了 GIF 格式和 TIFF 格式的优点并避免了二者的缺点，目前在网络上被广泛使用。PNG 图像格式文件能表示的颜色数很多，存储灰度图像时深度可达 16 位，存储彩色图像时深度可达 48 位。同时，它还支持 Alpha 通道，适于制作透明背景的图像。

3. 视频数字化技术

（1）视频。视频是由一幅幅静止图像序列组成的，其中每幅图像称为一帧，这些帧以一定的速率播放。由于人眼具有视觉暂留现象，即物体的映像在眼睛的视网膜上会保留大约 0.1 秒的短暂时间，因此，只要将一系列连续的图像以足够快的速率播放，就可以产生连续的视频显示效果。如果再把音频信号加进去，便可实现视频、音频信号的同步播放。

组成视频的每一幅图像称为帧，图像播放的速度称为帧率，单位是 f/s，常见的帧率有 24f/s、25f/s 和 30f/s，一般要保证帧率在 15f/s 以上，人眼才不会感觉视频画面有明显的停顿。

（2）视频信息的表示。视频按照处理方式不同，可以分为模拟视频和数字视频两种。

1）模拟视频：用于记录视频图像和声音，是随时间连续变化的电磁信号。早期的电视等视频信号的记录、存储和传输都采用模拟方式，存储介质是磁介质，通常是录像带。

在模拟视频中，常用的两种视频标准是：NTSC 制式（30 帧 / 秒，525 行 / 帧）和 PAL 制式（25 帧 / 秒，625 行 / 帧）。其中使用 NTSC 制式的国家有美国、加拿大和日本等，使用 PAL 制式的国家有中国及欧洲大部分国家。

模拟视频的优点：成本低、图像还原效果好、易于携带。

模拟视频的缺点：随着时间的推移，录像带上的图像信息强度会逐渐衰减，造成图像质量下降、色彩失真等。

2）数字视频：是将模拟视频信号进行数字化处理后得到的视频信号。数字视频与模拟视频相比在存储、复制、编辑、检索和传输等方面有着不可比拟的优势，它正逐步取代模拟视频，成为视频应用的主流形式。现在出现的 VCD、SVCD、DVD、数字式便携摄像机应用的都是数字视频。

（3）视频信息的数字化。普通电视信号和传统摄像机拍摄的视频信号都是模拟信号，这些模拟视频必须进行数字化后才能被计算机处理、使用。视频数字化过程同音频相似，在一定的时间内以一定的速度对单帧视频信号进行采样、量化、编码等，实现模数转换、彩色空间变换和编码压缩等，这些可通过视频采集卡和相应的软件来实现。

视频采集卡主要由视频信号采集模块、音频信号采集模块和总线接口模块组成。视频信号采集模块的主要任务是将模拟视频信号转换成数字视频信号并送到计算机中。音频信号采集模块完成对音频信息的采样和量化。总线接口模块用来实现对视频、音频信息采集的控制，并将采样、量化后的数字信息存储到计算机中。如果要把录像带或其他模拟视频信号变成数字视频信号，该硬件必不可少。目前常用的视频卡主要有 DV 卡和视频采集卡等。

在数字化后，如果视频信息不加以压缩，其数据量为：

数据量 = 帧率 × 每幅图像的数据量

例如，要在计算机上连续显示分辨率为 1280 像素 ×1024 像素的 24 位真彩色高质量电视图像，按每秒 30 帧计算，显示 1 秒，则需要：

1280（列）×1024（行）×24÷8（B）×30（帧 / 秒）=112.5MB

一张 650MB 的光盘只能存放 6 秒左右的电视图像，可见在所有媒体中，数字视频数据量最大，而且视频捕捉和回放要求很高的数据传输率，因此视频压缩和解压缩是需要解决的关键问题之一。

（4）视频编码技术。由于视频数字化后的数据量十分巨大，因此通常采用特定的算法对数据进行压缩编码。根据压缩算法的不同，目前最常用的视频编码标准是 MPEG 标准和 H.26x 标准两大类。

MPEG 的全称是 Moving Picture Experts Group（运动图像专家组），负责制定、修订和发展 MPEG 系列的多媒体标准，目前已经公布和正在制定的标准有 MPEG-1、MPEG-2、MPEG-4、MPEG-7 和 MPEG-21，它们已经成为影响最大的视频编码技术标准。

H.26x 标准是指由国际电信联盟远程通信标准化组织（ITU-T）制定的一系列视频编码标准，主要应用于实时视频通信领域，包括 H.261、H.262、H.263 和 H.264 等标准，其中 H.262 标准等同于 MPEG-2 标准，H.264 标准则被纳入了 MPEG-4 标准的第 10 部分。

（5）视频文件。若按照数字视频的用途分类，视频文件可以分为影像视频文件和流式视频文件两大类。

1）影像视频文件。由于视频文件的编码标准、编辑软件、应用领域和设计公司不同，因此文件格式也不同，常见的几种格式如下：

- AVI 格式。AVI 是 Audio Video Interleaved（音频视频交错）的缩写，是微软公司开发的一种数字音频与视频文件格式，该格式文件是一种不需要专门硬件支持就能实现音频与视频压缩处理、播放和存储的文件，文件的扩展名是 .avi。
- MOV 格式。它是 Apple 公司开发的一种视频文件格式，被包括 Apple Mac OS、Microsoft Windows 在内的所有主流计算机平台支持，文件的扩展名为 .mov。MOV 格式的视频文件可以采用不压缩或压缩的编码方式。
- MPG 格式。MPG 文件是按照 MPEG 标准压缩的全屏视频标准文件，目前很多视频处理软件都支持这种格式，文件的扩展名是 .mpg。
- DAT 格式。DAT 格式是 VCD 专用的文件格式，文件结构与 MPG 文件基本相同，文件的扩展名是 .dat。

2）流媒体文件。流媒体技术（Streaming Media Technology）是为解决以 Internet 为代表的中低带宽网络上的多媒体信息（以视音频信息为主）传输问题而产生的一种网络技术。它能克服传统媒体传输方式的不足，有效突破带宽瓶颈，实现大容量多媒体信息在 Internet 上的流式传输。

采用流媒体技术时，流媒体在播放前并不下载整个文件，只将开始部分内容存入内存，在计算机中对数据包进行缓存并使媒体数据正确地输出，达到用户一边下载一边观看收听的效果。由于流媒体是一种可以使音频、视频等多媒体文件在 Internet 上以实时的、无需下载等待的流式传输方式进行播放的技术，因此被广泛应用于互联网直播、视频点播、远程教育、视频会议系统等领域。

常见的影视视频文件有以下几种：

- Real Media 格式。Internet 上使用较多的流媒体格式是 Real Networks 公司开发的流式视频文件格式，它可以根据网络数据传输速率的不同而采用不同的压缩比，从而实现在低速网络上实时传送和播放影像数据。它包括 RA（Real Audio）、RM（Real Video）和 RF（Real Flash）三类文件。
  - RA：用来传输接近 CD 音质的音频数据，从而实现音频的流式播放。
  - RM：主要用来在低速率的网络上实时传播活动视频影像，可以根据网络数据传输速率的不同而采取不同的压缩比，在数据传输过程中边下载、边播放视频影像，从而实现影像数据的实时传送和播放。
  - RF：是 Real Networks 公司与 Macromedia 公司推出的一种高压缩比的动画格式，主要工作原理基本上和 RM 相同。
- QuickTime（Apple）格式。QuickTime 格式是数字媒体领域事实上的工业标准，是创建 3D 动画、实时效果、虚拟现实、A/V 和其他数字流媒体的重要基础。
- ASF 与 WMA（Microsoft）格式。ASF 是一种数据格式，音频、视频、图像和控制命令脚本等多媒体信息通过这种格式，以网络数据包的形式传输，实现流式多媒体内容发布。WMA 是微软公司推出的与 MP3 格式齐名的一种音频格式，用于高清晰度影像的编解码器。

2.4.3 数据压缩和编码概述

多媒体信息包括了文本、数据、声音、动画、图形、图像、视频等多种媒体信息，经过数字化处理后其数据量是非常大的。例如一幅 640 像素 ×480 像素分辨率的 24 位真彩色图像的数据量为 900KB，100MB 的空间就只能存储约 100 幅这样的静止图像画面，可见如果直接存储这些信息，存储空间开销很大。同时，这样大的数据量不仅超出了计算机的存储和处理能力，更是当前通信信道的传输速率所不能及的。因此，为了存储、处理和传输这些数据，必须对数据进行压缩。压缩后的多媒体数据必须按照一定的存储格式进行存储，这种特定格式就是多媒体信息的编码方式。

1. 数据压缩的概念

所谓数据压缩就是用最少的数码来表示信号。其作用是：能较快地传输各种信号，如传真、Modem 通信等；在现有的通信干线上并行开通更多的多媒体业务，如各种增值业务；紧缩数据存储容量，如 CD-ROM、VCD 和 DVD 等；降低发信机功率，这对于多媒体移动通信系统来说尤为重要。由此看来，通信时间、传输带宽、存储空间，甚至发射能量，都可能成为数据压缩的对象。

数据之所以能被压缩，是因为下面几点。首先，数据中间常存在一些多余成分，即冗余度。如在一份计算机文件中：某些符号会重复出现；某些符号比其他符号出现得更频繁；某些字符总是在各数据块中可预见的位置上出现等。这些冗余部分便可在数据编码中除去或减少。其次，数据中间尤其是相邻的数据之间常存在着相关性。如图片中常常有色彩均匀的部分，电视信号的相邻两帧之间可能只有少量变化的影像是不同的，声音信号有时具有一定的规律性和周期性等。因此，有可能利用某些变换来尽可能地去掉这些相关性。但这种变换有时会带来不可恢复的损失和误差，因此称为不可逆压缩（有损压缩）或失真编码。

一般情况下，多媒体原始数据被压缩后存放在磁盘上或以压缩形式来传输，当使用时应将其还原，这个过程称为解压缩。

数据压缩是通过编码技术减少数据冗余来降低数据存储时所需的空间，当使用数据时再进行解压缩。根据压缩数据经解压缩后是否能准确地恢复压缩前的数据，数据压缩分成无损压缩和有损压缩两类，如图 2-18 所示。

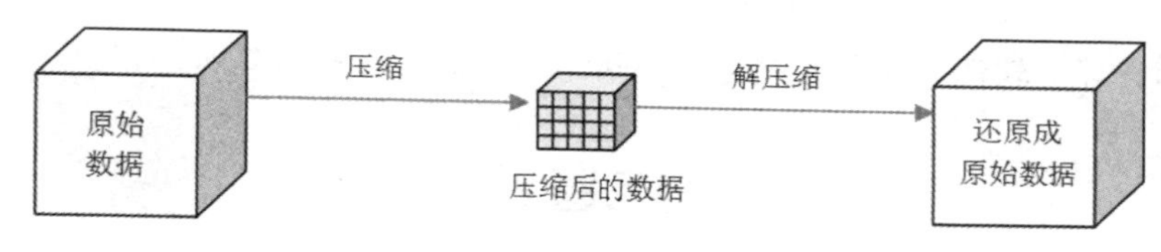

图 2-18 数据压缩与解压缩

好的数据压缩技术的四个主要特点如下：

- 压缩比大：压缩前后所需的存储空间比大。
- 算法简单：压缩 / 解压缩速度快，以满足实时性要求。
- 压缩损失小：失真小，即解压恢复的效果好。
- 开销小：实现压缩的软硬件开销小。

当四者不能兼得时，要综合考虑。

（1）无损压缩。无损压缩是指利用信息相关性进行的数据压缩，这种压缩并不损失原有信息的内容，是一种可逆压缩，即经过文件压缩后可以将原有的信息完整保留的一种数据压缩方式。

无损压缩的原理是统计被压缩数据中重复数据的出现次数来进行编码，一般用于文本、数据、程序、重要图片和图像数据（指纹图像、医学图像等）的压缩。无损压缩比一般为 2:1 ～ 5:1，由于压缩比的限制，仅使用无损压缩方法难以解决图像和数字视频的存储和传输的所有问题，因此不适合实时处理图像、视频和音频数据。

典型的无损压缩编码有哈夫曼编码、行程编码、Lempel zev 编码和算术编码等。

（2）有损压缩。有损压缩利用人类视觉和听觉器官对图像或声音中某些部分不敏感的特性，采用一些高效的有限失真数据压缩算法，大幅度减少多媒体中的冗余信息。它允许在压缩过程中损失一定信息，即压缩后不能将原来的文件信息完全保留，所以是不可逆压缩。

有损压缩虽然不能完全恢复原始数据，但是所损失的部分对理解原始图像的影响较小，却换来了大得多的压缩比。有损压缩广泛应用于语音、图像和视频数据的压缩。

在多媒体应用中，常用的压缩方法有 PCM（脉冲编码调制）、预测编码、变换编码、插值和外推法、统计编码、矢量量化和子带编码等。混合编码是近年来被广泛采用的方法。新一代的数据压缩方法，如基于模型的压缩方法、分形压缩和小波变换方法等也已接近实用化水平。

2. 多媒体数据压缩标准

由于多媒体信息被广泛使用，为了便于信息交流和共享，对视频和音频信息的压缩有专门的组织来制定压缩编码的国际标准和规范。

（1）数据压缩的国际标准。1988 年，国际标准化组织（ISO）和国际电信联盟（ITU）联合成立了两个专家组：联合图像专家组（Joint Photographic Experts Group，JPEG）和运动图像专家组（Moving Picture Experts Group，MPEG），分别制定了静态和动态图像压缩的工业标准，即 JPEG 标准和 MPEG 标准，使得图像编码压缩技术得到了飞快发展。

（2）文件压缩和解压缩软件。文件压缩和解压缩软件是一类用于磁盘管理的软件，在使用计算机的过程中经常对计算机中的一些大文件或不经常用到的文件进行打包压缩，然后再保存。这样既可保证文件不易损坏，又为硬盘腾出了不少的使用空间。

常用的文件压缩和解压缩软件有 WinZip、WinRAR、CAB、PKZIP 等。

近 50 年来，已经产生了具有各种不同用途的压缩算法、压缩手段和实现这些算法的大规模集成电路和计算机软件，现在人们还在不断地研究更为有效的算法。

习题 2

一、选择题

1. 在计算机内部用来传送、存储、加工处理的数据或指令都是以（ ）形式进行的。
   A. 十进制码　B. 八进制码　C. 二进制码　D. 十六进制码
2. 二进制数 011111 转换成十进制数是（ ）。
   A. 64　B. 63　C. 32　D. 31
3. 十进制数 101 转换成二进制数是（ ）。
   A. 01101001　B. 01100101　C. 01100111　D. 01100110
4. 已知字符 A 的 ASCII 是 01000001B，字符 D 的 ASCII 是（ ）。
   A. 01000011B　B. 01000100B　C. 01000010B　D. 01000111B
5. 任意一个汉字的机内码和国标码之差总是（ ）。
   A. 8000H　B. 8080H　C. 2080H　D. 8020H
6. 用 8 个二进制位能表示的最大无符号整数等于十进制整数（ ）。
   A. 127　B. 128　C. 255　D. 256
7. 下列字符中，其 ASCII 值最小的一个是（ ）。
   A. 空格字符　B. 0　C. A　D. a
8. 下列 4 个不同进位数制的无符号数中，最小的数是（ ）。
   A. $(327)_O$　B. $(569)_H$　C. $(54E)_H$　D. $(D55)_H$

9．十进制数 378 转换成十六进制数为（　）。

A．$(185)_H$　B．$(17A)_H$　C．$(24D)_H$　D．$(127)_H$

10．2GB 等于（　）。

A．1024MB　B．2048MB　C．2000MB　D．128MB

11．存储一个汉字的机内码需要 2 字节。其前后两个字节的最高位二进制值分别是（　）。

A．1 和 1　B．1 和 0　C．0 和 1　D．0 和 0

12．存储一个 48×48 点的汉字字形码需要（　）字节。

A．72　B．256　C．288　D．512

13．下列两个二进制数进行算术运算：10000 - 101 =（　）。

A．01011　B．1101　C．101　D．100

14．已知“装”字的拼音输入码是“zhuang”，而“大”字的拼音输入码是“da”，则存储它们的内码需要的字节个数是（　）。

A．6，2　B．3，1　C．2，2　D．3，2

15．全拼或简拼汉字输入法的编码属于（　）。

A．音码　B．形声码　C．区位码　D．形码

16．一个字长为 8 位的计算机，十进制数 -35 表示为机器数，其补码是（　）。

A．10100011　B．11011100　C．01011101　D．11011101

二、填空题

1．ASCII 的中文意思是 ________。

2．标准 ASCII 是 ________ 位二进制数。

3．汉字的机内码需要用 ________ 个字节来表示，且每个字节的最高位是 ________。

4．信息的最小单位是 ________。

5．信息的基本单位是 ________。

6．大写字母 A 的 ASCII 是 01000001，则小写英文字母 b 的 ASCII 是 ________。

7．“存储程序和程序控制”的思想是 ________ 提出的。

8．800 个 24×24 点阵汉字字形库所需要的存储空间是 ________。

9．常见的波形文件有 ________ 和 ________ 两种。

10．WinRAR 是一种 ________ 软件。

三、简答题

1．计算机内部为什么要用二进制？

2．简述 ASCII 编码规则。

3．简述机器数的特点。

4．进位数制的数码、基数、位权是什么？三者之间有什么关系？

5．机器数有哪些特点？如何将一个十进制数转化为机器数？

6．汉字在计算机内是如何编码的？汉字国标码和机内码之间有什么关系？

7．简述多媒体数据压缩的概念。通用的国际多媒体数据压缩标准有哪些？

第 3 章　操作系统及 Windows 应用

通过前面的学习我们知道，计算机系统是由硬件系统和软件系统两大部分组成的，没有软件的计算机称为“裸机”，“裸机”是不能直接使用的，需要给它安装一系列的软件才行。一台计算机往往有很多的软硬件资源，这些资源必须要有一个管理者来进行统一的管理，才能使计算机正常工作，这个管理者就是计算机操作系统，它已成为用户接触最多的系统软件。

本章主要介绍操作系统的基本知识和 Windows 10 操作系统的环境及使用方法。

- 操作系统的概念。
- 操作系统的功能。
- 操作系统的分类。
- Windows 10 的基本应用。

3.1　操作系统的基础知识

3.1.1　操作系统概述

1. 操作系统的定义

操作系统（Operating System，OS）是管理和控制计算机中的硬件资源和软件资源，合理地组织计算机的工作流程，控制程序运行并为用户提供交互操作界面的程序集合。

2. 操作系统的作用

操作系统是直接运行在“裸机”上的最基本的系统软件，任何其他软件都必须在操作系统的支持下才能运行。如图 3-1 所示，操作系统位于底层硬件与用户之间，是两者沟通的桥梁。用户可以通过操作系统的用户界面输入命令。操作系统则对命令进行解释，驱动硬件设备，实现用户要求。

不同的操作系统往往有着不同的设计目标，大型机操作系统设计的主要目的是充分优化硬件的使用率，个人计算机操作系统设计的主要目的是支持从复杂游戏到商业应用的各种事务，手持计算机操作系统设计的主要目的是给用户提供一个可以与计算机方便地交互并执行程序的环境。

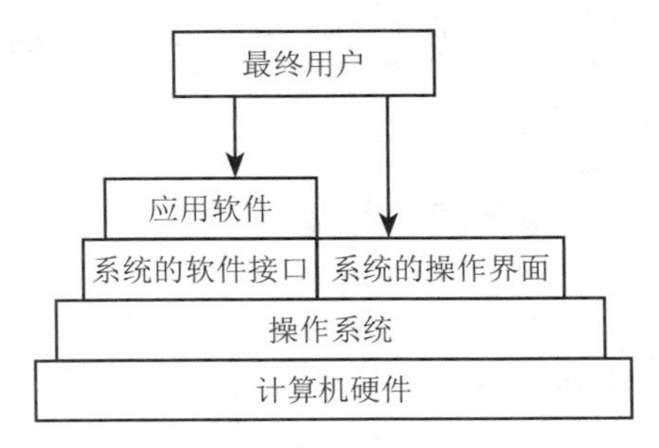

图 3-1　操作系统所处的位置

从计算机诞生到现在，操作系统都扮演着重要的角色，要更好地发挥计算机硬件的性能，更有效、安全地运行各种软件都离不开操作系统的有效支持，同时操作系统也随着硬件和软件的发展而发展，其功能越来越强大，界面越来越友好，使用越来越方便。

总的来说，操作系统的作用可以归结为：控制管理计算机的全部软硬件资源，合理组织计算机各部分协调工作。

3.1.2　操作系统的功能

操作系统的功能包括管理计算机系统的硬件、软件及数据资源，控制程序运行，为其他应用软件提供支持，提供各种形式的用户界面，使计算机系统中的资源得以最大限度地发挥作用。从资源管理的角度出发，操作系统在处理器、存储器、设备、信息和用户接口等方面提供了管理功能。

1. 处理器管理（Processing Management）

处理器就是 CPU，管理好 CPU，提高 CPU 的使用效率是操作系统的核心任务。计算机中所有程序的运行都要靠 CPU 来实现。如何协调不同程序之间的运行关系？特别是在多用户系统中，多个用户同时使用计算机，如何及时反应不同用户的不同要求？如何同时运行多个程序？ CPU 如何被分配和调度？这些都是处理器管理要解决的问题。

管理处理器的目的是更有效地执行程序，一个“执行中的程序”称为“进程”，它是操作系统动态执行的基本单元。这里，程序是指令和数据的有序集合，其本身没有任何运行的含义，是一个静态的概念。而进程是程序在处理器上的一次执行过程，它是一个动态的概念。可以这样理解：进程是操作系统当前运行的执行程序。例如，双击打开一个幻灯片演示程序 PowerPoint，这时它就以进程的方式进入内存，供 CPU 运算处理后，就能看到一个幻灯片演示软件呈现在眼前。在传统的操作系统中，进程既是基本的分配单元，也是基本的执行单元。在 Windows 环境下运行的进程如图 3-2 所示。可见对处理器的管理就是将 CPU 合理地分配给每个进程，实现并发处理和资源共享，提高 CPU 的利用率。因此也可把处理器管理称为“进程管理”。

2. 存储管理（Memory Management）

存储管理是指对内存的管理，主要包括内存空间的分配、保护和扩充。

任何程序只有事先读入（调入）到内存中才能被 CPU 运行，因此内存中存在着各种各样的程序。如何为这些程序分配内存空间？如何保证这些程序的存储区地址相互间不冲突？如何保证多个程序调入运行时不会有意或无意地影响或破坏其他程序的正常运行？如何解决程序运行时物理内存空间不足问题？这些都是存储管理所要解决的问题。

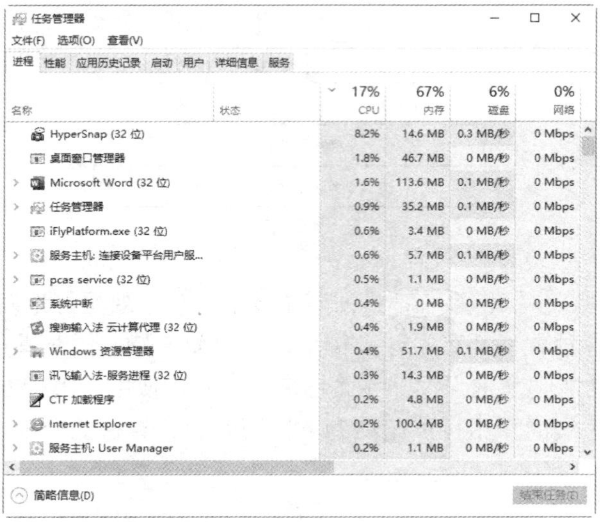

图 3-2　Windows 的进程管理器

在计算机的有限存储空间中，操作系统会根据一定的分配原则为每一个程序分配相应位置的存储空间，使各个程序和数据彼此隔离，互不干扰，正常运行。当某个程序运行完后，操作系统会及时收回该程序所占用的存储空间，以便该空间能装载后续的程序，完成更多的任务。所以，操作系统在存储管理过程中的主要任务就是方便用户使用存储器，充分提高存储器的有效利用率，并能够从逻辑上扩充内存，以容纳更多的程序和数据在计算机上运行。

现代计算机系统中，随着并发运行的作业数量增多和单个作业容量的增大，计算机内存虽然也在不断扩大，但还是不能满足系统中增长更快的并发作业对内存的需求。为了解决这个问题，操作系统通过虚拟存储技术为用户提供一个比实际内存大得多的“虚拟内存”，让运行作业的一部分代码和数据先装入内存，另一部分则驻在外存，当作业到达某个运行阶段需要访问这部分程序空间时，再将它们从外存调入内存，以实现让更多的作业在系统中并发运行。

可见存储管理的主要任务是为多道程序的运行提供良好的环境，方便用户使用存储器，提高存储器的利用率以及从逻辑上扩充内存。

3. 设备管理（Device Management）

设备管理也称为输入 / 输出管理（I/O 管理）。输入就是输入设备，如键盘、鼠标等；输出就是输出设备，如打印机、显示器等。它们相对于计算机主机来说都是外部设备，所以设备管理就是对计算机系统的各种外部设备的管理。

由于操作系统能对外部设备进行有效的管理，方便用户又快又好地使用各种外部设备，这些外部设备在运行过程中出现的各种问题也由操作系统协调处理好，从而提高外部设备与计算机主机的并行工作能力和使用效率。

操作系统中的设备管理程序实现对外部设备的分配、启动、回收和故障处理。操作系统通过缓冲技术和虚拟设备技术解决快速 CPU 与慢速外设之间的矛盾，同时避免设备之间因争用 CPU 资源而产生冲突。

4. 信息管理（Information Management）

所有的程序或数据在计算机中都以文件的形式进行保存，所以信息管理又叫文件管理。如何组织和管理好这些文件，方便用户的使用？这是操作系统信息管理所要解决的问题。

在操作系统中，负责管理和存取文件信息的部分称为文件系统（或信息管理系统）。在文件系统的管理下，用户只需按照文件名访问文件，对文件进行读写操作（这种方式也叫“按名存取”），而不必考虑各种外部存储器的差异，也不必了解文件在外存储器上的具体物理位置及存放方式。文件系统为用户提供了一个简单、统一的访问文件的方式。

5. 用户接口（User Interface）

用户要使用和管理计算机，就必须通过某种接口与计算机进行交互以完成相应任务，这种接口就是用户接口，用户接口往往是操作系统提供的，且以用户界面方式提供。用户界面设计得友好与否会直接影响人们对它的使用。操作系统的一个重要功能是为用户提供方便、友好的用户界面，使用户无须了解过多的软硬件知识就能方便灵活地使用计算机。如大家熟悉的 Windows 界面、DOS 命令等都是这种接口的具体表现。

3.1.3 操作系统的类型

操作系统的种类相当多，各种设备安装的操作系统可以从简单到复杂，在这里根据操作系统的结构和功能不同将其分为单用户操作系统、批处理操作系统、分时操作系统、实时操作系统、网络操作系统、分布式操作系统、嵌入式操作系统和微型机操作系统。

1. 单用户操作系统

单用户操作系统（Single User Operating System，SUOS）的主要特征是计算机系统内一次只能运行一个用户程序。这类系统的最大缺点是计算机系统的资源不能得以充分利用。如 DOS、早期 Windows 和 OS/2 操作系统就是单用户操作系统。

2. 批处理操作系统

批处理操作系统（Batch Processing Operating System，BPOS）是以作业为处理对象，将用户作业按照一定的顺序排列，统一交给计算机系统，由计算机自动地、顺序地完成作业的系统。这类操作系统的优点是：作业的运行完全由系统自动控制，系统吞吐量大，资源利用率高；缺点是：平均周转时间长，无交互能力。批处理操作系统有 UNIX、Linux、MVS 等。

3. 分时操作系统

分时操作系统（Time Sharing Operating System，TSOS）的工作方式是：一台主机连接了若干个终端，每个终端有一个用户在使用。用户交互式地向系统提出命令请求，系统接受每个用户的命令，采用时间片轮转方式处理服务请求，并通过交互方式在终端上向用户显示结果，用户根据上步结果发出下道命令。分时操作系统有 Linux、UNIX、XENIX 等。

分时操作系统将 CPU 的时间划分成若干个片段，称为时间片。操作系统以时间片为单位，轮流为每个终端用户服务。每个用户轮流使用一个时间片使得用户感受不到有其他用户存在。

4. 实时操作系统

实时操作系统（Real Time Operating System，RTOS）是指使计算机能及时响应外部事件的请求，并在规定的时间内完成对该事件的处理，控制所有实时设备和实时任务协调一致地工作的操作系统。

在某些应用领域，如导弹的自动控制系统、炼钢和炼铁的生产过程控制等，要求计算机对测得的数据要及时、快速地进行处理和反应，以便达到及时控制的目的，否则就会失去机会。这种响应时间要求的快速处理过程叫做实时处理过程。

5. 网络操作系统

网络操作系统（Network Operating System，NOS）通常指运行在服务器上的操作系统，是基于计算机网络的在各种计算机操作系统上按网络体系结构协议标准开发的软件，包括网络管理、通信、安全、资源共享和各种网络应用，其目标是相互通信及资源共享。

在其支持下，网络中的各台计算机能互相通信和共享资源，主要特点是与网络的硬件相结合来完成网络的通信任务。网络操作系统通常被设计成在一个网络中（通常是一个局域网LAN、一个专用网络或其他网络）有多台计算机可以共享文件和打印机访问。常见的网络操作系统有 Linux、UNIX、BSD、Windows Server、Mac OS X Server、Novell NetWare 等。

6. 分布式操作系统

分布式操作系统（Distributed Operating System，DOS）是为分布式计算系统配置的操作系统。在分布式操作系统的支持下，大量的计算机通过网络被连接在一起，互相协调工作，可以获得极高的运算能力和广泛的数据共享，达到共同完成一项任务的目的。

分布式操作系统把物理上分散的计算机实现逻辑上的集中，强调分布式计算和处理，这些计算机无主次之分，计算机之间可交换信息，共享系统资源。

分布式操作系统是网络操作系统的更高形式，它要求通信速度快，并能自动实行全系统范围的任务分配和自动调节各处理器的工作负载，并行地处理用户的各种需求，有较强的容错能力。分布式操作系统有 Amoeba 系统等。

7. 嵌入式操作系统

嵌入式操作系统（Embedded Operating System，EOS）是用在嵌入式系统的操作系统。由于软硬件系统被嵌入在各种设备、装置或系统中，因此称为嵌入式系统。所有带有数字接口的设备，如手机、微波炉、录像机、汽车等，都使用了嵌入式系统。嵌入式系统是一个控制程序存储在 ROM 中的嵌入式处理器控制板，如图 3-3 所示。在这样的系统中若有操作系统，则操作系统称为嵌入式操作系统，如 Windows CE、uClinux 和 VxWorks 操作系统。

图 3-3 IMB9121 嵌入式工控核心板

8. 微型机操作系统

目前比较流行的微型机操作系统有单用户多任务和多用户多任务两种。单用户多任务微型机操作系统，是指只允许一个用户上机但允许把程序分为若干个任务并发执行的操作系统，如微软公司的 Windows 系统；而多用户多任务微型机操作系统，是指允许多个用户通过各自的终端使用同一台计算机，共享系统中的各种资源，而每个用户程序又可进一步分为多个任务并发执行的操作系统，如 SUN 公司（2010 年被 Oracle 公司收购）的 Solaris 操作系统和源代码公开的 Linux 操作系统等。

3.1.4　常见操作系统简介

1. DOS 操作系统

DOS（Disk Operating System）是一种单用户单任务的计算机操作系统。DOS 采用命令行（字符）界面，以输入各种命令来操作计算机，这些命令都是英文单词或缩写。它曾经广泛地应用在 PC 上，对计算机的应用功不可没。但由于命令难以记忆，不适合一般用户操作计算机，进入 20 世纪 90 年代后，DOS 逐渐被 Windows 图形界面操作系统所取代。

2. Windows 操作系统

Windows 操作系统是基于图形用户界面的操作系统。其用户界面生动形象，操作方法简便，吸引了广大用户使用，成为目前装机普及率最高的一种操作系统。

微软公司从 1983 年开始开发 Windows，并于 1985 年推出 Windows 1.0 版本，随后它的产品不断更新换代，并最终获得了 PC 操作系统的垄断地位。当前 PC 的 Windows 版本大多为 Windows 10，而服务器的 Windows 版本为 Windows 2008。Windows 操作系统的主要发展过程见表 3-1。

表 3-1　Windows 操作系统的发展历程

版本	发布时间	特点
Windows 1.0	1985 年 11 月	是微软第一次对个人计算机操作平台进行用户图形界面的尝试，当时用户对其评价并不高，Windows 1.0 本质上宣告了 MS-DOS 操作系统的终结
Windows 3.x	1990 年 5 月	在界面、人性化、内存管理等方面做了很大改进，终于获得用户的认同，推出了多语言版本，1994 年 Windows 3.2 的中文版本发布，并在国内流行了起来
Windows 95	1995 年 8 月	是 MS-DOS 和视窗产品的直接后续版本，第一次抛弃了对前一代 16 位 x86 的支持，采用 32 位处理技术，将 Internet Explorer 整合到操作系统中，为用户带来了更强大、更稳定、更实用的桌面图形用户界面，成为有史以来最成功的操作系统
Windows 98	1998 年 6 月	在 Windows 95 的基础上，改良了硬件标准的支持，例如 MMX 和 AGP；支持 FAT 32 文件系统、多显示器和 Web TV；操作系统全面集成了 Internet 标准，并将 Internet Explorer 整合到 Windows 图形用户界面中，称为活动桌面（Active Desktop），系统速度更快，更稳定
Windows 2000	2000 年 2 月	是一个纯 32 位的视窗操作系统，包含新的 NTFS 文件系统、EFS 文件加密、增强硬件支持等新特性。Windows 2000 系统因稳定性高和安全性强，成为当时许多企业选用的操作系统

续表

版本	发布时间	特点
Windows XP	2001 年 10 月	Windows XP 把 NT 版本的设计带入了家庭用户，经过整整 16 年，它让 Windows 终于摆脱了 MS-DOS 的底子。稳定性和易用性是 XP 系统最突出的特点，时至今日依然有大量第三方软件支持 XP 系统
Windows Vista	2007 年 1 月	是微软舍弃了以前惯用的架构而采取的一种全新设计，使得操作系统在安全性、稳定性上有了极大提升，不过这些先进的理念反而使用户在使用时产生了诸多不便，同时一些旧软件也无法在其上顺利运行，这些问题使 Windows Vista 与人们的期望相差甚远，成了一款备受争议的操作系统
Windows Server 2008	2008 年 3 月	是一款高安全性、稳定性和可管理性，专为 Web 打造，内建虚拟化技术的服务器操作系统。使用 Windows Server 2008，IT 专业人员对其服务器和网络基础结构的控制能力更强，从而可重点关注关键业务需求
Windows 7	2009 年 10 月	Windows 7 是 Windows Vista 的“改良版”，在节能和硬件支持方面可靠实用，完全支持 64 位，是目前性能最好、稳定性最高的 Windows 操作系统。Windows 7 具有美观、简单、快速、稳定和高效等特点，在 2012 年 9 月，其占有率已经超越 Windows XP，成为世界上占有率最高的操作系统
Windows 8	2012 年 10 月	Windows 8 界面外观上完全颠覆原有的 Windows 操作系统界面，采用 Modern UI 界面，各种程序以磁贴的样式呈现；操作上也大幅改变以往的操作逻辑，提供屏幕触控支持，支持在移动设备上运行，其性能也得到了大幅度的提升。2016 年 1 月 12 日，微软正式停止对 Windows 8 操作系统的技术支持，Windows 8 用户必须将系统升级到 Windows 8.1 才能继续获取支持
Windows 10	2015 年 7 月	Windows 10 具有高效的多桌面、多任务、多窗口，同时结合触控与键鼠两种操控模式。传统桌面开始菜单照顾了 Windows 7 等老用户的使用习惯，Windows 10 还同时照顾到了 Windows 8 用户的使用习惯，依然提供主打触摸操作的开始屏幕

回顾历史，微软自 1985 年 Windows 1.0 面世到如今的 Windows 10 经历了三十多年的时间，它以强大的实力和创新能力引领着 IT 界的发展，成为全球关注的焦点。每次新一代 Windows 操作系统的到来，都离不开之前若干代 Windows 的技术积累。

3. UNIX 操作系统

UNIX 操作系统是美国 AT&T 公司于 1971 年开发的多用户多任务操作系统，支持多种处理器架构，该系统的开放性和公开源代码使得其在操作系统市场一直占有较大的份额。UNIX 的优点是具有较好的可移植性，可运行于不同类型的计算机上，如微型机、工作站、大型机和巨型机。同时它还支持多任务、多处理、多用户、网络管理和网络应用等。由于具有较好的稳定性、可靠性和安全性，UNIX 在金融、保险等行业得到了广泛的应用。

4. Linux 操作系统

Linux 内核最初是由芬兰人林纳斯 • 托瓦兹（Linus Torvalds）在读大学时出于个人爱好而编写的。1994 年 3 月，Linux 1.0 版本正式发布。

Linux 是一个源代码开放的操作系统，用户可以通过 Internet 免费获取 Linux 及其生成工具的源代码，然后进行修改，建立一个自己的 Linux 开发平台，开发 Linux 软件。正因如此，许多人不断对这个系统进行改进、扩充和完善，使得 Linux 系统得到了发展和完善。

Linux 实际上是从 UNIX 发展起来的，与 UNIX 兼容，能运行大多数的 UNIX 软件，它是一个性能稳定的多用户多任务网络操作系统。Linux 与商用 UNIX 系统和微软公司的 Windows 相比，具有低构建成本、高安全性、更加可信赖等优势。越来越多的企业和政府投入更多的资源来开发 Linux，既节省了经费，又降低了对封闭源码软件潜在安全的忧虑，对未来软件发展的方向有一定的引导作用。

操作系统是信息系统的基石，其自主能力事关国家信息安全。我国国产操作系统开发的最大瓶颈不是系统开发难度，而是应用领域，得有大量的 IT 程序员在这个国产操作系统上开发应用软件，这样系统才能有更大的发展空间和更广阔的应用领域。我国政府机关的计算机、笔记本电脑将率先预装国产操作系统 Linux，以逐步实现多元化的软件应用和普及，待技术、市场成熟后再在国内广泛推广和使用国产操作系统。

5. Mac OS 操作系统

Mac OS 是运行于苹果 Macintosh 系统计算机上的基于 UNIX 的操作系统，它是最早成功的基于图形用户界面的操作系统，具有较强的图形处理能力，广泛应用于平面出版和多媒体等领域。

6. 手机操作系统

手机操作系统一般应用在智能手机上。目前应用在手机上的操作系统主要有 Android（谷歌）、iOS（苹果）、Windows phone（微软）、Symbian（诺基亚）、BlackBerry OS（黑莓）、Windows mobile（微软）等。

3.2 Windows 10 操作系统概述

Windows 10 是由美国微软公司开发的应用于计算机和平板电脑的操作系统，于 2015 年 7 月 29 日发布正式版。

Windows 10 是微软公司 Windows 系列操作系统中一个具有特殊意义的版本，不仅是因为它具有大量实用的新功能和趋于完美的操作体验，更主要的原因在于它可能是最后一个独立发布的 Windows 版本。

与以往的 Windows 操作系统相比，Windows 10 具备更完善的硬件支持、更完美的跨平台的相同操作体验、更节能的省电功能、更安全的系统保护措施，它必将成为微软最成功的一款 Windows 操作系统。

Windows 10 共有家庭版、专业版、企业版、教育版、移动版、移动企业版和物联网核心版 7 个版本，本书中的插图均是在 Windows 10 家庭版中截取的。

3.3 Windows 10 的桌面与“开始”菜单

3.3.1 启动 Windows 10

启动 Windows 10 的操作步骤如下：

（1）首先打开外设电源开关，然后打开主机电源开关。

（2）如果计算机中装有多个操作系统，启动计算机时会显示“请选择要启动的操作系统”界面，选择 Windows 10 操作系统，然后按 Enter 键。

（3）进入系统登录界面，如图 3-4 所示。选择登录用户名，输入密码，按 Enter 键，即可登录系统，如果没有设置账户密码，可以直接登录系统，进入系统桌面，如图 3-5 所示。

图 3-4　Windows 10 系统登录界面

图 3-5　Windows 10 系统桌面

3.3.2　退出 Windows 10

退出 Windows 10 系统是指将计算机关闭、睡眠、锁定和注销，通常退出操作系统之前要关闭所有已经打开或正在运行的程序。具体操作步骤是单击任务栏中的“开始”按钮，将鼠标指针移到“电源”或“用户”上，弹出一个快捷菜单，根据实际操作情况选择关机、睡眠、锁定、更改账户设置、注销和重启，如图 3-6 所示。

（1）单击“关机”按钮，将退出 Windows 10 操作系统，关闭计算机。

（2）单击“睡眠”按钮，计算机进入睡眠状态。这时显示将关闭，计算机的风扇也会停止，但计算机没有完全关闭，耗电量极少，只需维持内存中的工作。若要唤醒计算机，可按下计算机上的“电源”按钮，几秒就可以进入系统，速度比较快。

（3）单击“锁定”按钮，计算机进入锁定状态。用户在使用计算机的过程中，有事临时离开，可以锁定计算机来保护自己的工作。解锁时，只需要输入用户名和密码，便可继续工作。

单击“电源”按钮

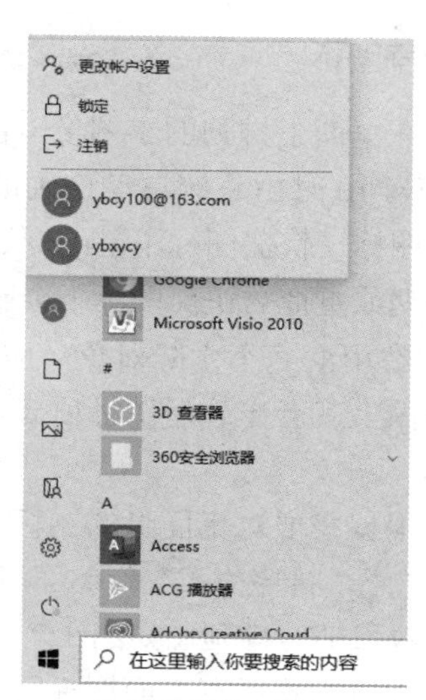

单击“用户”按钮

图 3-6　Windows 选项

如果同一台计算机创建了多个账户，在启动计算机时可在登录界面中选择账户。在系统运行的过程中，如果要切换到其他账户，可以单击桌面左下角的“开始”按钮，在弹出的“开始”菜单中单击“用户”按钮，在弹出的菜单中单击其他用户或“注销”按钮，然后在打开的登录界面中登录进操作系统。

（4）单击其他用户账户按钮：如果不想退出当前用户账户，只是暂时切换到其他用户账户，然后再切换回来，则可以单击该用户账户进行临时切换。通过该方式切换用户账户，当返回之前的账户时该账户打开的文件或程序仍然存在。

（5）单击“注销”按钮，计算机进入注销状态。这时正在使用的所有程序都会关闭，但计算机不会关闭。一台计算机有多个用户使用时，每个用户都有自己的桌面设置；当另一个用户使用计算机时，可以注销原来的用户账户，退出桌面，然后以自己的用户账户登录系统，进入自己的桌面。

在系统运行状态下，先保存并关闭正在编辑的文档，接着通过注销用户账户退出当前账户，然后选择登录其他用户账户，以达到切换用户账户的目的。

3.4　Windows 10 基本操作

Windows 10 系统是一个典型的图形界面系统，由于图形界面系统以直观方便的图形界面呈现在用户面前，用户无需在提示符后面输入具体命令，只需用鼠标告诉计算机要做什么，这使得计算机迅速进入各行各业和千家万户。

用户启动计算机并登录 Windows 10 系统后看到的整个屏幕界面称为桌面（Desktop），桌面由桌面背景、图标、“开始”按钮和任务栏组成，如图 3-5 所示，它是用户和计算机进行交流的窗口，是一切工作的平台，上面放着用户经常用到的应用程序和文件夹图标，双击图标可以快速启动相应的程序或文件等。

3.4.1 桌面图标

图标是指在桌面上排列的小图像，图标由图形符号和名字两部分组成。这些图标：一些是安装 Windows 10 时由系统自动产生的系统图标；一些图标为文件或文件夹图标；还有一些图标为快捷图标（快捷图标不能改变这些对象的位置，也不是它们的副本，而是一个指针，因此删除、移动或重命名快捷图标不会影响原有项目），在图标的左下角带有一个小箭头，如 ，它指向系统中的一个实际对象（应用程序、文件等）。如果把鼠标指针放在这些图标上停留片刻，桌面上就会出现对图标所表示内容的说明或文件存放的路径，双击图标即可打开相应内容。

用户可以根据需要对桌面上的图标进行位置调整，方法是在桌面的空白处右击，在弹出的快捷菜单中选择“排序方式”命令，再在其级联菜单中选择所需的排列方式，如按名称、大小、项目类型和修改日期等排列，如图 3-7（a）所示。

如果想要临时隐藏所有桌面图标而实际并不删除它们，则在如图 3-7（b）所示的快捷菜单中选择“查看”命令，然后单击其级联菜单中的“显示桌面图标”选项，将该选项前的复选标记清除，桌面上就不会显示任何图标，如果再次单击“显示桌面图标”将显示这些图标。

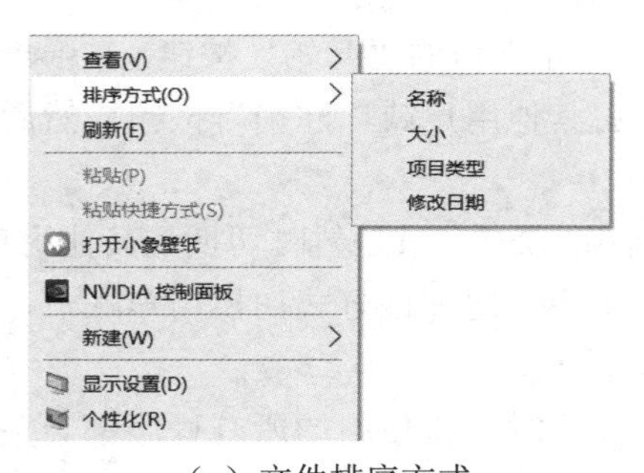

（a）文件排序方式

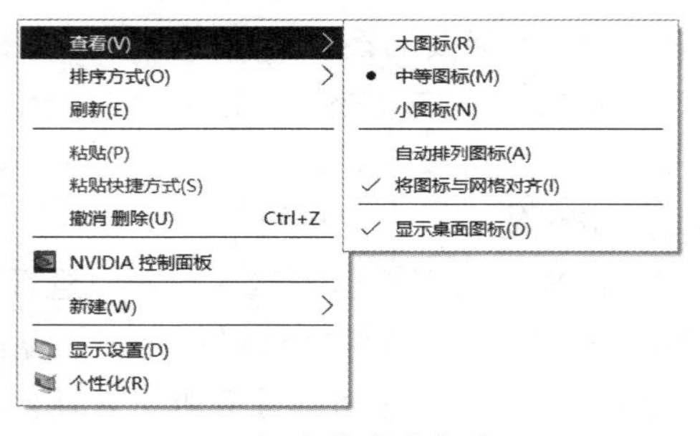

（b）文件查看方式

图 3-7　桌面图标排列

在 Windows 10 系统安装完成后，桌面上的系统图标仅有“回收站”图标，用户可以根据自己的需要在桌面上添加相应的图标。其中在添加系统图标时，可选择图 3-7（b）中的“个性化”命令，打开“个性化”窗口，单击左侧窗格中的“更改桌面图标”链接，弹出如图 3-8 所示的对话框，在其中选择所需的系统图标。

下面给出这些桌面系统图标的功能。

（1）“计算机”图标：用户通过该程序实现对计算机硬件、软件的管理，其功能相当于资源管理器。

（2）“用户的文件”图标：用于存放用户经常使用的文件夹内容，它是系统默认的文档保存位置，里面主要有我的视频、我的文档、我的音乐等文件夹。

（3）“回收站”图标：“回收站”是硬盘上一个特殊的文件夹，用于暂时存放用户已经删除的文件或文件夹，可以从中还原被删除的文件或文件夹，也可以从中彻底删除文件或文件夹。

图 3-8　桌面图标的设置

（4）“控制面板”图标：用于快速进入控制面板，以对系统进行各式各样的设置。

（5）“网络”图标：用于浏览本机所在局域网的网络资源。

3.4.2　任务栏

任务栏是 Windows 10 桌面的一个重要组成部分，用户通过它可以完成各种操作和管理任务。Windows 10 任务栏通常是位于桌面底部的水平长条，是 Windows 系统的总控制中心，包括“开始”按钮、搜索框、快速启动区域、通知区域、“显示桌面”按钮等，如图 3-9 所示。它可以实现文件或应用的吸附、应用程序间的转换等，而且它的位置可以调整到屏幕左侧、右侧、顶部和底部。

图 3-9　Windows 10 的任务栏

Windows 10 的任务栏内置了非常强大的文件显示和启动功能，让用户打开系统更方便、更快捷。所有正在运行的应用程序或打开的文件均以任务栏按钮的形式显示在任务栏上。在任务栏最右端有一个高亮的“显示桌面”按钮。

1.　“开始”按钮

单击屏幕左下角的“开始”按钮，或者按键盘上的 Windows 徽标键，或者按 Ctrl+Esc 组合键，均可弹出“开始”菜单列表，它是计算机程序、文件夹和设置的主门户。“开始”菜单左侧依次为常用的应用程序列表和按照字母索引排序的应用列表，左下角为用户账户头像、Modern 设置以及开关机快捷选项，右侧则为“开始”屏幕，可将应用程序固定在其中，如图 3-10 所示。

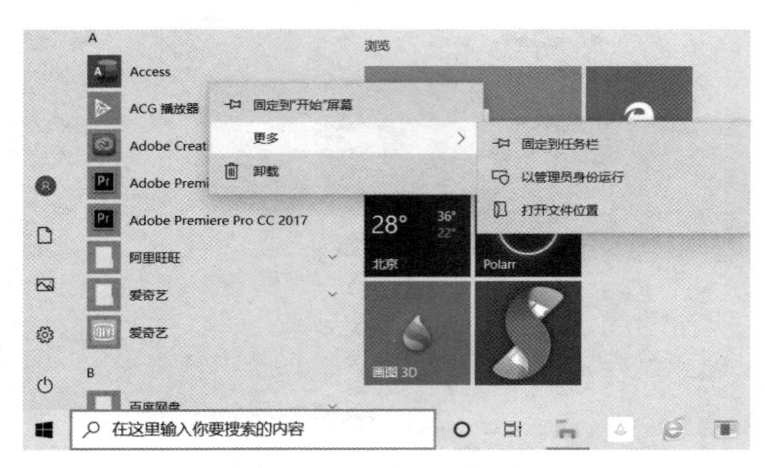

图 3-10　应用程序跳转列表

常用应用程序列表中显示的应用程序支持在“开始”菜单中使用跳转列表，在应用程序图标上右击即可打开跳转列表以及常用功能选项：

- 固定到“开始”屏幕。
- 固定到任务栏。
- 把程序发送到桌面。

2. 快速启动区域

Windows 10 的任务栏基本保持了原有 Windows 任务栏的结构，但也有一些变化，主要表现在任务栏中图标的位置不再是固定不变的，用户可根据需要使用鼠标拖动的方法更改图标在任务栏中的位置。另外，在 Windows 10 中，快速启动区域中的程序图标较之以往版本都变大了。Windows 10 将快速启动区域的按钮和活动程序窗口按钮进行了整合，它们之间没有明显的区域划分，单击这些图标即可打开对应的应用程序，并由图标转化为按钮的外观，用户可根据按钮的外观来分辨未运行的程序图标和已运行程序窗口按钮的区别。

任务栏中显示已经打开的应用程序和文件可以进行快速切换，其中高亮显示的按钮为当前活动窗口。要切换到其他窗口，单击相应的窗口按钮即可，也可按 Alt+Tab 组合键在不同窗口之间进行切换。

若要快速打开程序，可以将程序锁定到任务栏，只需在“任务栏”上选择已打开的程序并右击，在弹出的快捷菜单中选择“固定到任务栏”命令，如图 3-11 所示，该程序将一直存在于任务栏上。将程序“锁定”在任务栏上，用户可以更加方便地运行常用的程序，从而提高工作效率。

若要将任务栏上的程序“解锁”，只需右击任务栏上的应用程序，在弹出的快捷菜单中选择“从任务栏取消固定”命令。

在任务栏上，对于已固定到任务栏的程序和当前正在运行的程序，可以通过右击任务栏按钮或将按钮拖动到桌面来查看其跳转列表，如图 3-12 所示。跳转列表可帮助用户快速访问常用的文档、图片、歌曲或网站（还可以通过在“开始”菜单中单击某程序名称旁的箭头来访问跳转列表）。

除了使用跳转列表打开最近使用的项目外，还可以将喜欢的项目固定到跳转列表中，以便快速找到日常使用的项目。如对于经常访问的网页，单击它右边的“小图钉” 即可将它固定在列表中（或右击，在弹出的快捷菜单中选择“固定到此列表”选项）。

图 3-11　锁定程序到任务栏

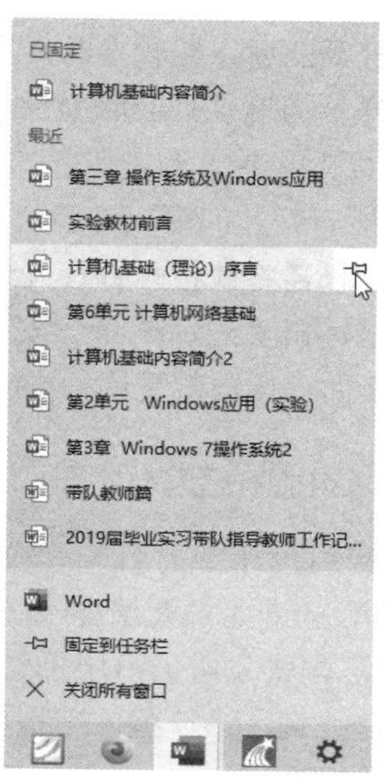

图 3-12　跳转列表

3. 通知区域

通知区域位于任务栏的右侧，其中包含了当前系统正在运行的一些程序的图标，这些图标表示计算机上某程序的状态或提供访问特定设置的途径。将指针移向特定图标时，会看到该图标的名称或某个设置的状态。例如，指向音量图标 将显示计算机的当前音量级别，指向网络图标 将显示有关是否连接到网络、连接速度以及信号强度的信息。双击通知区域中的图标通常会打开与其相关的程序或设置。例如，双击音量图标会打开音量控件，双击网络图标会打开“网络和共享中心”窗口。不同用户的通知区域中显示的图标类型并不是完全相同和固定的，主要取决于系统中安装的程序、服务以及计算机制造商设置计算机的方式。图 3-13 所示是任务栏中的通知区域。

图 3-13　任务栏中的通知区域

有时，通知区域中的图标会显示小的弹出窗口（称为通知），向用户通知某些信息。例如，向计算机添加新的硬件设备之后，通知区域会显示一条消息，单击通知右上角的“关闭”按钮 × 可关闭该消息。如果没有执行任何操作，则几秒之后通知会自行消失。为了减少混乱，如果在一段时间内没有使用图标，Windows 会将其隐藏在通知区域中。如果图标变为隐藏，则单击“显示隐藏的图标”按钮可临时显示隐藏的图标。

4. 显示桌面

当桌面上打开的窗口比较多时，用户若要查看或返回桌面，则要将这些窗口一一关闭或者最小化，这样不但麻烦而且浪费时间。对此，Windows 10 操作系统在任务栏的右侧设置了一个矩形的“显示桌面”按钮，如图 3-9 所示。将鼠标指针指向“显示桌面”按钮（不用单击）时，所有打开的窗口都会淡出视图，这样方便临时查看或快速查看桌面。若要再次显示这些窗口，只需将鼠标指针移开“显示桌面”按钮。要想将桌面上的窗口全部隐藏，只显示桌面，可以单击“显示桌面”按钮，即可将桌面上的窗口全部隐藏，返回到桌面。再次单击该“显示桌面”按钮便又恢复桌面上次打开的窗口。

3.4.3 窗口的基本组成与操作

启动一个应用程序或打开一个文件或文件夹后，都以一个窗口的形式出现在桌面上。它是操作系统用户界面最重要的部分，人机交互的大部分操作都是通过窗口完成的。在 Windows 10 中，微软公司仍沿用了一贯的 Windows 窗口式设计，并为桌面窗口设置新加了一个功能：智能排列，当一些应用程序在屏幕顶端或左右两侧时，应用程序会自动最大化或占据左右两边的屏幕。

1. 窗口的组成

Windows 窗口类型很多，其中大部分都包括了相同的组件，主要由标题栏、工具栏、导航按钮、地址栏、搜索框、工作区域、滚动条、导航窗格、详细信息窗格、预览窗格等组件组成。如图 3-14 所示窗口是一个典型的窗口。

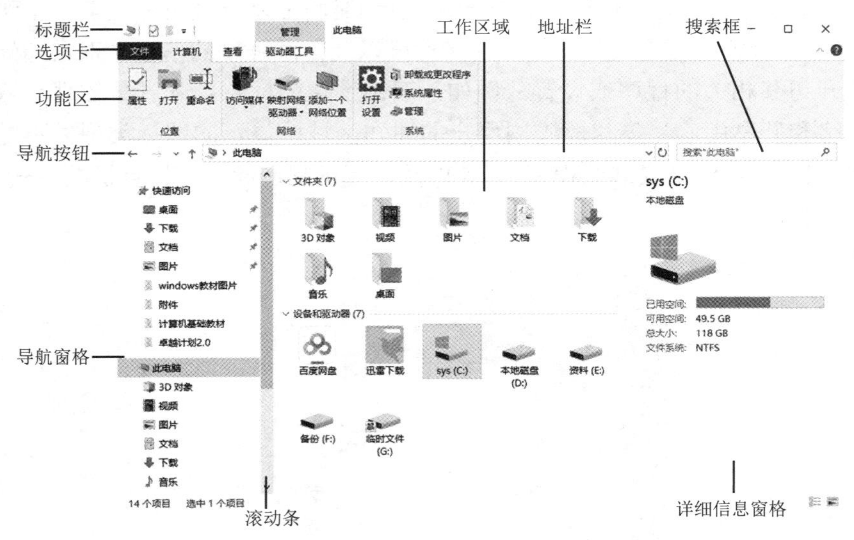

图 3-14 电脑资源管理窗口

（1）标题栏。标题栏位于窗口的最上部，它标明当前窗口的名称。标题栏左边有控制菜单图表和窗口中程序的名称，右边是“最小化”按钮、“最大化 / 还原”按钮和“关闭”按钮。

（2）工具栏。工具栏位于菜单栏下方，它以按钮的形式给出了用户经常使用的一些命令，以简化操作程序，提高操作效率，如复制、粘贴等。工具栏中的功能按钮和菜单栏中的某个命令等效。工具栏中的按钮可更改为仅显示相关的任务。例如，单击图片文件在工具栏上显示的按钮与单击音乐文件时就不同。

（3）导航按钮。导航按钮一共有 4 个，用于从当前位置跳转到其他位置，这些位置可以是文件夹、子文件夹、库和网络位置。

（4）地址栏。地址栏显示了当前文件或文件夹在计算机中的位置，术语将其称为“绝对路径”或“完整路径”。

（5）搜索框。在搜索框中输入词或短语可以查找当前文件夹或库中的项。一开始输入内容，搜索就开始了。例如，当输入 B 时，所有名称以字母 B 开头的文件都将显示在文件列表框中。

（6）工作区域。窗口中间的区域，显示当前窗口中的内容及执行操作后的结果。

（7）滚动条。如果窗口中显示的内容过多，当前可见的部分不够显示时，窗口就会出现滚动条，分为水平滚动条和垂直滚动条。

（8）导航窗格。导航窗格为用户提供了快速访问计算机中特定位置的方法。在导航窗格中可以访问的位置按类型进行了分组，比如“快速访问”“此电脑”“网络”等。每个类别包括了具体的可访问位置，比如在“此电脑”类别中包括计算机中的所有磁盘分区，每个磁盘分区又包括多个文件夹。

（9）详细信息窗格。使用详细信息窗格可以查看与选定对象关联的最常见属性。

（10）预览窗格。使用预览窗格可以查看大多数文件的内容。例如，如果选择电子邮件、文本文件或图片，则无须在程序中打开即可查看其内容。如果看不到预览窗格，可以单击工具栏中的“预览窗格”按钮打开预览窗格。

2. 窗口的基本操作

在 Windows 10 中，仍然沿用了一贯的窗口式设计，运行一个程序实例就打开一个 Windows 窗口，窗口为每个计算机程序都规定了区域，在这个区域用户能够直观地看到程序的内容，用户和计算机的大部分交互操作都是在窗口中完成的。

窗口操作在 Windows 系统中是很重要的，可以通过鼠标使用窗口上的各种命令来操作，也可以通过键盘来使用快捷键操作。窗口的基本操作主要有窗口的移动、缩放、最大化、最小化、关闭和切换等。

（1）打开窗口。可以用下列方法之一来打开窗口：

- 双击要打开的某一应用程序或文档图标。
- 在选中的图标上右击，在弹出的快捷菜单中选择“打开”命令。

（2）关闭窗口。可以用下列方法之一来关闭窗口：

- 单击窗口右上角的“关闭”按钮。
- 按 Alt+F4 组合键。
- 利用控制菜单图标。双击窗口左上角的控制菜单图标，或者单击控制图标，在弹出的控制菜单中选择“关闭”命令。
- 选择“文件”菜单中的“关闭”命令。
- 将鼠标指针指向任务栏中该窗口的图标按钮，右击并选择“关闭窗口”命令。
- 按 Ctrl+Alt+Delete 组合键，选择“任务管理器”选项打开“Windows 任务管理器”

对话框，在“进程”选项卡中选择要结束的任务，然后单击“结束任务”按钮可结束程序运行并关闭窗口。

（3）最大化和还原窗口。

- 单击窗口右上角的“最大化”按钮 □ 窗口将满屏显示，此时“最大化”按钮将变为“还原”按钮 ⧉，单击该按钮可将窗口恢复到原来状态。
- 用鼠标将窗口拖拽到屏幕最上方窗口就能最大化，再拖拽一下又可以恢复原来的窗口尺寸。
- 双击标题栏，也可实现最大化窗口和还原窗口之间的转换。

（4）最小化窗口。单击“最小化”按钮[－]，窗口将以标题按钮的形式缩放到任务栏上。若要使最小化的窗口重新显示在桌面上，单击其任务栏按钮，窗口会准确地按最小化前的样子显示。

（5）调整窗口。大多数窗口都允许用户自行调整大小（使其变小或变大），只要将鼠标指针指向窗口的任意边框或角，当鼠标指针变成双箭头（图 3-15）时，拖动边框或角即可缩小或放大窗口。

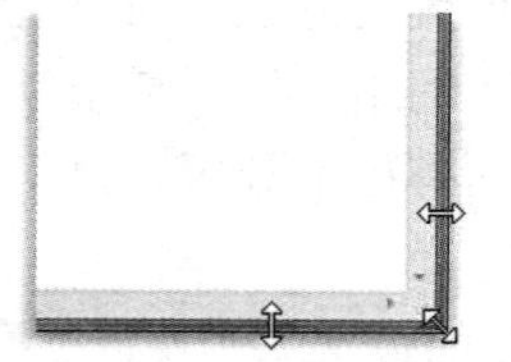

图 3-15 调整窗口大小

已最大化的窗口无法调整大小，必须先将其还原为先前的大小。虽然多数窗口可被最大化和调整大小，但也有一些固定大小的窗口，如对话框。

（6）移动窗口。在窗口没有最大化时，只需将鼠标指针指向窗口的标题栏并拖拽即可把窗口放到桌面的任何地方。

（7）活动窗口及切换窗口。Windows 10 是一个多任务操作系统，允许同时打开多个窗口。如果同时打开多个窗口，只有一个窗口的标题栏呈深色显示，而且在任务栏上代表此窗口的图标处于高亮状态，该窗口就是活动窗口，也称当前窗口。活动窗口总是在其他所有窗口之上。可通过下列方法在不同窗口之间进行切换：

- 单击任务栏上代表该窗口的按钮，该窗口即可成为活动窗口。
- 若窗口没有完全被其他窗口遮住，单击该窗口未被遮住的部分，该窗口就会成为当前工作窗口。
- 使用 Alt+Tab 组合键进行切换。具体方法：按住 Alt 键，再按 Tab 键，在桌面上会出现一个任务框，里面显示了所有打开窗口的缩略图，在按住 Alt 键的同时按 Tab 键可选择下一个图标，选择到某个程序的图标时释放 Alt 键，该窗口就会成为当前工作窗口。
- 使用 Alt+Esc 组合键进行切换。使用该组合键切换窗口时，只能切换非最小化窗口，而对于最小化窗口，只能激活。
- 虚拟桌面切换。按住 Windows 徽标键 +Tab 组合键打开任务视图（多桌面视图），单击顶部的“新建桌面”，将鼠标指针停留预览不同桌面，单击即可快速切换，如图 3-16 所示，实现多个桌面运行不同的软件，相互之间不影响。

（8）排列窗口。如果同时打开多个窗口，用户面临的是一些杂乱的窗口，通过窗口的重新排列可以使窗口组织有序。可通过下列方法来排列 Windows 窗口：

- 自动排列窗口：右击“任务栏”任意空白区域，从弹出的快捷菜单中选择“层叠窗口”“堆叠显示窗口”或“并排显示窗口”来完成窗口的自动排列。

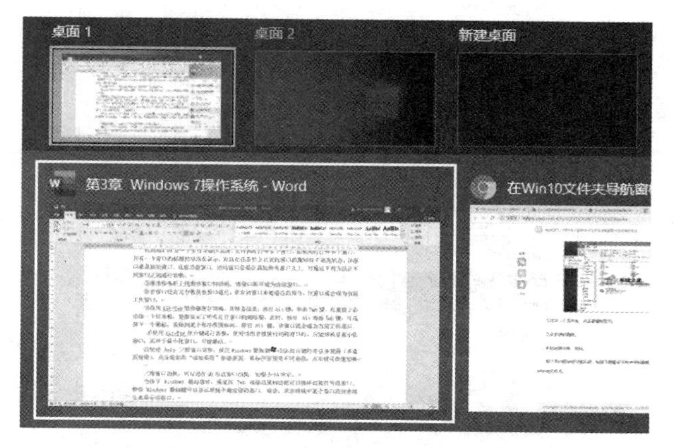

图3-16　Windows 10系统虚拟桌面切换

- 使用“鼠标拖拽操作”排列窗口：“鼠标拖拽操作”将在移动的同时自动调整窗口的大小，在将这些窗口靠近屏幕的边缘时可实现并排排列窗口、垂直展开窗口或最大化窗口。
- 窗口对对碰：用鼠标将窗口拖拽到屏幕左侧或右侧，窗口就能以50%的宽度显示。这样可以对两个文档窗口进行平行排列——方便进行校对、复制、内容编辑等操作。

3.4.4　对话框基本操作

对话框是操作系统和应用程序与用户交流信息的界面，在其中用户通过对选项的选择来完成对象属性的修改或设置。对话框也是一种矩形框窗口，顶部是标题栏，显示对话框的名称，标题栏的右边有“帮助”和“关闭”两个按钮。对话框通常由选项卡和标签、命令按钮、文本框、单选按钮、复选框、下拉列表框和数值框等部件组成，如图3-17所示的“打印”对话框。

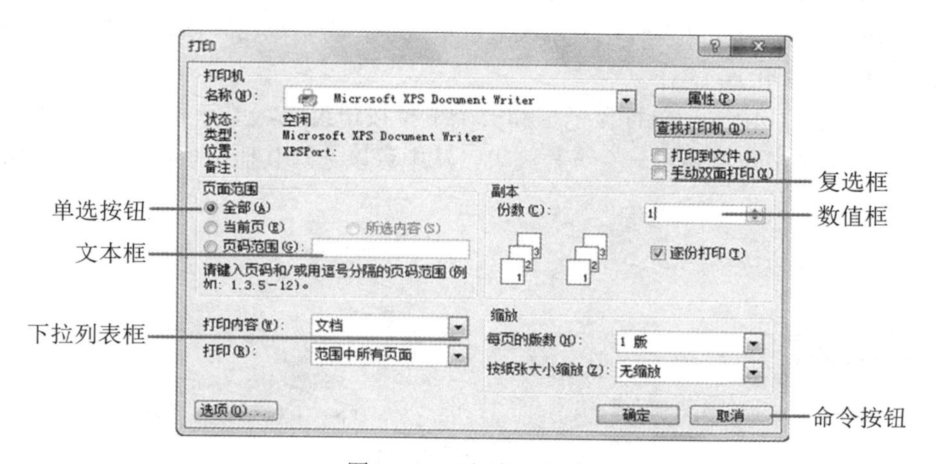

图3-17　“打印”对话框

（1）选项卡和标签。当对话框中需要设置的内容比较多时，常将各设置项按功能分组在称为选项卡的多个“页”中，每个选项卡都有一个标签，单击标签可以选择不同的选项卡，被选定的选项卡将显示在其他选项卡的前面，如图3-18所示。

图 3-18 “指针”选项卡

（2）命令按钮。命令按钮用来执行某种操作命令。对话框中常见的命令按钮有“确定”“取消”“应用”等。其中,“确定”表示所做的设置有效,按新的设置处理,同时关闭对话框;“取消”表示不认可新的修改，退出对话框；“应用”表示所做的设置有效，应用新的设置，但不退出对话框。

（3）文本框。文本框是要求输入文字的区域，用户可直接在文本框中输入文字。

（4）单选按钮。它通常是一个小圆形，其后面有相关文字说明，当选中后，在圆形中间会出现一个小圆点。通常是在一组选项中只能且必须选择其中一个，之后其他选项就不可以选择了。

（5）复选框。复选框一般用方形框表示，在其后有相关文字说明，用来表示是否选定该选项。当复选框内有一个“√”时，表示该选项被选中，若再单击一次，则变为未选中状态，它是可以选择任意多项的。

（6）下拉列表框。由一个单行显示框和一个下拉按钮组成，单行显示框显示的是当前选中的选项，单击下拉按钮可弹出一个下拉列表，从中可以选择其他选项，如图 3-19 所示。

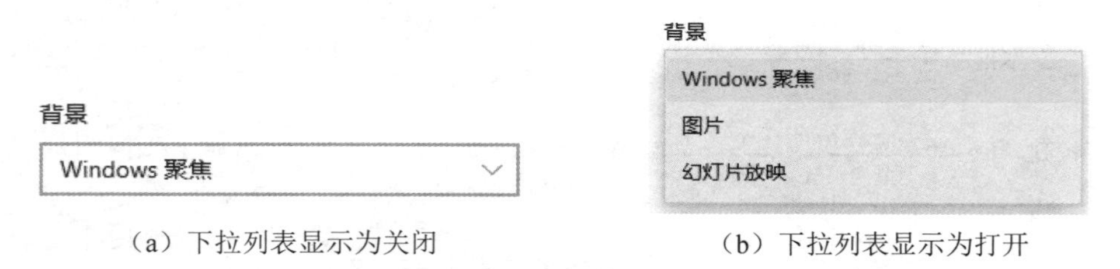

（a）下拉列表显示为关闭　　（b）下拉列表显示为打开

图 3-19 下拉列表框

（7）数值框。数值框由一个显示数值的文本框和位于框右边的向上或向下箭头组成，可以直接在文本框中输入数值，也可以单击向上或向下箭头来调整数值大小。

对话框的操作包括对话框的移动和关闭、对话框中的切换、使用对话框的帮助信息等。

3.4.5 菜单

菜单是应用程序可以完成的命令列表，Windows 提供了多种菜单，如“开始”菜单、下拉式菜单和快捷菜单。

1. “开始”菜单

“开始”菜单和任务栏是 Windows 操作系统中两个最重要的界面元素。用户在使用 Windows 操作系统进行各种工作和处理各种操作的过程中，通常都会用到“开始”菜单和任务栏。“开始”菜单是 Windows 操作的总起始点，计算机的所有操作都可以通过“开始”菜单进行，通过它可以运行程序、打开文档及执行其他常规任务，几乎可以完成用户的所有操作。Windows 10 中的“开始”菜单和“开始”屏幕如图 3-20 所示。“开始”菜单的便捷性简化了频繁访问程序、文档和系统功能的常规操作方式。

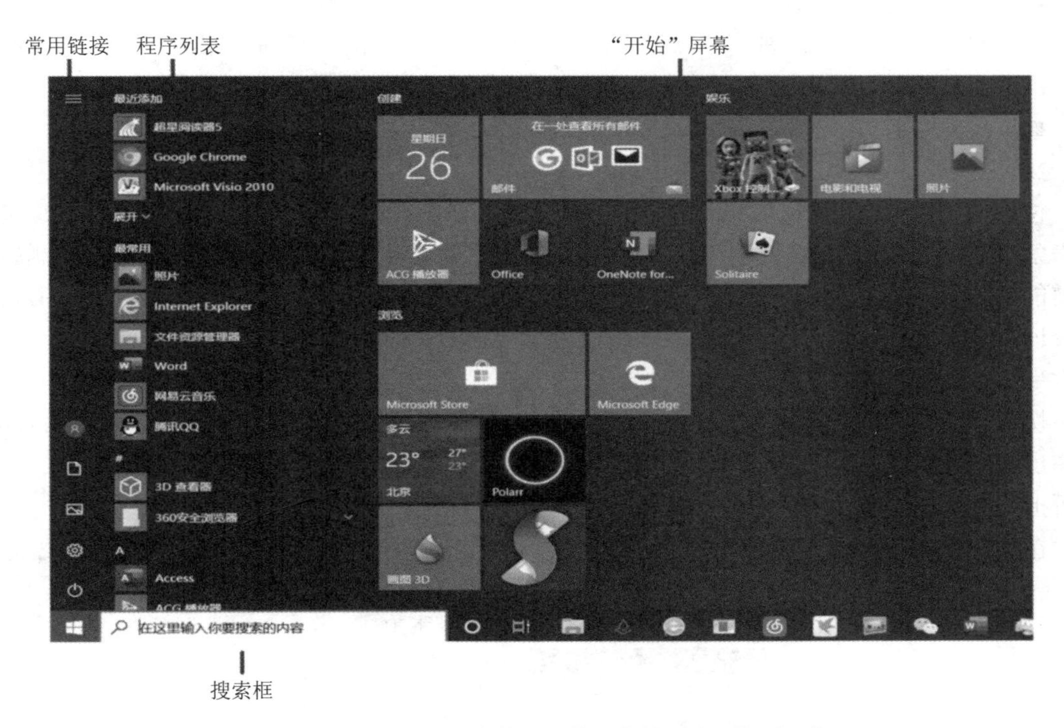

图 3-20　Windows 10 中的“开始”菜单和“开始”屏幕

（1）“开始”菜单的组成。“开始”菜单主要由 3 个窗格组成：左侧显示了当前登录 Windows 系统的用户名、文档、图片、设置和电源等常用链接；中间显示用户经常使用的应用程序的名称、常用的应用程序列表及快捷选项，其中程序列表会随着应用程序的增删而自动改变，其底部是搜索框，通过在编辑框中输入关键字，可以在计算机中查找程序、文件、网页、电子邮件、人员等；右侧是“开始”屏幕，其中排列着很多磁贴，可以将常用的应用和程序以磁贴的形式添加到“开始”屏幕中。

（2）从“开始”菜单打开程序。“开始”菜单最常见的一个用途是打开计算机上安装的程序，在“程序列表”窗格中会看到目前系统中已安装的应用程序清单，且是按照数字 0 ～ 9、A ～ Z 的顺序依次排列的。任意选择其中一项应用程序并单击，该应用程序就打开了，“开始”

菜单随之关闭。

“程序列表”窗格也会显示文件夹，如果单击文件夹，则文件夹中有更多程序供选择。

（3）“开始”屏幕。Windows 10 的“开始”菜单在原“开始”菜单的右侧新增加了一栏，这一栏也就是“开始”屏幕，加入了磁贴，用户可以在“开始”菜单中放置动态磁贴。用户可以灵活地调整、增加、删除动态磁贴，甚至是删除所有磁贴。“开始”屏幕还可以自由调整大小。

（4）常用链接。“开始”菜单的最左侧窗格中包含用户经常使用的部分 Windows 链接，从上到下为：

- 用户：注销 Windows 或切换到其他用户账户，显示当前登录用户名。
- 文档：打开“文档”库，可以访问和打开文本文件、电子表格、演示文稿以及其他类型的文档。
- 图片：打开“图片”库，可以访问和查看数字图片及图形文件。
- 设置：用于对系统进行各项设置，可以自定义计算机的外观和功能、安装或卸载程序、设置网络连接和管理用户账户。
- 电源：打开“电源”菜单，对计算机进行睡眠、关机、重启操作。

2. 下拉式菜单

位于应用程序窗口或其他窗口标题栏下方的菜单栏均采用下拉式菜单，菜单中通常包含若干条命令，这些命令按功能分组，分别放在不同的菜单项里，组与组之间用一条横线隔开。当前能够执行的有效菜单命令以深色显示，有些菜单命令前还带有特定图标，说明在工具栏中有该命令的按钮。

3. 快捷菜单

快捷菜单是一种随时随地为用户服务的“上下相关的弹出菜单”，在选定的对象上右击，会弹出与该对象相关的快捷菜单，菜单上列出了可对该对象进行操作的各种命令。单击时指针所指的对象和位置不同，弹出的菜单命令内容也不同。

在菜单命令中包括某些符号标记，如图 3-21 所示。下面分别介绍这些符号标记的含义。

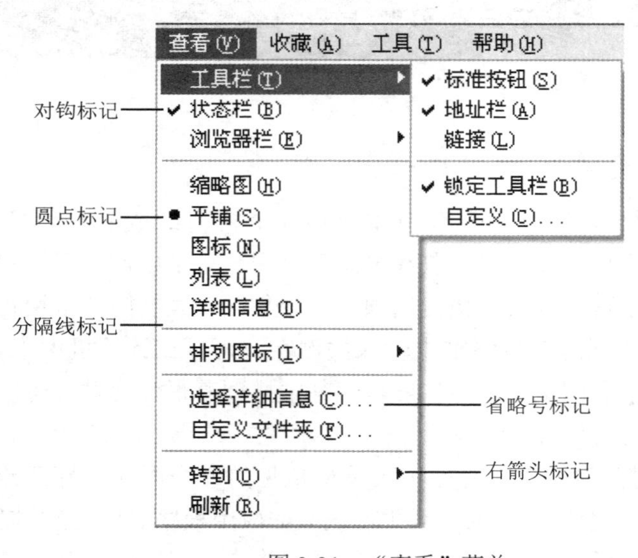

图 3-21 “查看”菜单

（1）分隔线标记。下拉菜单中某些命令之间有一条灰色的线，称为分隔线标记，它将菜单中的命令分为菜单命令组。同一组中的菜单命令功能一般比较相似。

（2）对钩标记（√）。菜单命令的左侧出现一个对钩标记“√”，表示选择了该菜单命令。

（3）圆点标记（●）。选择该符号标记，表示当前选择的是相关菜单组命令中的一个，此命令组的其他命令则不能同时被选择。

（4）省略号标记（...）。该符号标记表示在执行这类菜单时系统将打开一个对话框。

（5）右箭头标记（▶）。该符号标记表示还有下一级菜单（通常称为级联菜单）。将鼠标指针移动到带有该标记的菜单会弹出下一级菜单。

（6）双箭头（»）。将鼠标指针指向它时会显示一个完整的菜单。

（7）浅色的命令。菜单项灰化，表示该菜单命令暂不可用。

3.4.6　任务栏个性化设置

为了帮助用户更好地使用任务栏，系统允许用户根据自己的需要定义任务栏。

将鼠标指针指向任务栏的空白处并右击，在弹出的快捷菜单中选择“任务栏设置”命令，出现任务栏设置界面，如图 3-22 所示。

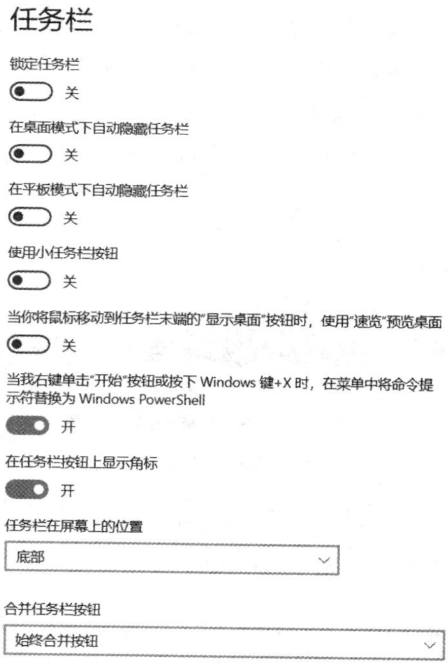

图 3-22　任务栏设置界面

在“任务栏”选项列表中，用户可以通过“开关”按钮启动或关闭相关命令。

（1）锁定任务栏：如果没有启动该项，可以调整任务栏的位置，改变任务栏的大小。调整任务栏位置的方法：将鼠标指针指向任务栏的空白处，按下鼠标左键并拖动任务栏至桌面的上、下、左、右四边。改变任务栏大小的方法：将鼠标指针指向任务栏边界，当鼠标指针变成双向箭头时拖动。若打开“锁定任务栏”开关，则不能改变其位置和大小。

（2）在桌面模式下自动隐藏任务栏：若启动该项可以通过自动隐藏任务栏来显示整个桌面，使用时将鼠标指针移动到桌面下任务栏的位置，任务栏就会自动显示出来。

（3）使用小任务栏按钮：Windows 10 任务栏上的快捷图标相对来说比较大，如果要用较小的图标，可以让任务栏上的快捷图标变小，在图 3-22 中启动该“开关”按钮即可。

（4）任务栏在屏幕上的位置：可在此下拉列表框中选择底部、靠左、靠右和顶部。

3.5 中文输入法

中文输入法是为了将汉字输入计算机或其他媒介而采用的一种编码方法。中文输入法技术从 20 世纪 80 年代初，由最初的单词录入发展到现在的词语甚至是整句输入，其编码方法有上千种，民间开发的各种版本更是不计其数，掌握中文输入法已成为日常使用计算机的基本要求。

中文输入法主要有：形码输入法，包括万能五笔、极品五笔等；音码输入法，包括微软拼音 ABC 输入法、搜狗拼音等。除此之外，还有 OCR（光学文字识别）、手写输入、语音输入等非键盘输入法。这些都是中文信息处理过程中的重要技术，目前音码和形码仍是中文输入法的主流。

在中文文字处理过程中要输入汉字，用户可以通过选择不同的输入法完成中文字符的输入。可以单击“输入法”指示器按钮，在弹出的菜单中选择所需的中文输入法，会出现对应的输入法状态栏，如图 3-23 所示为“微软拼音 ABC”输入法的状态栏。状态栏由“中 / 英文切换”“全 / 半角切换”“中 / 英文标点切换”和“软键盘”等按钮组成。

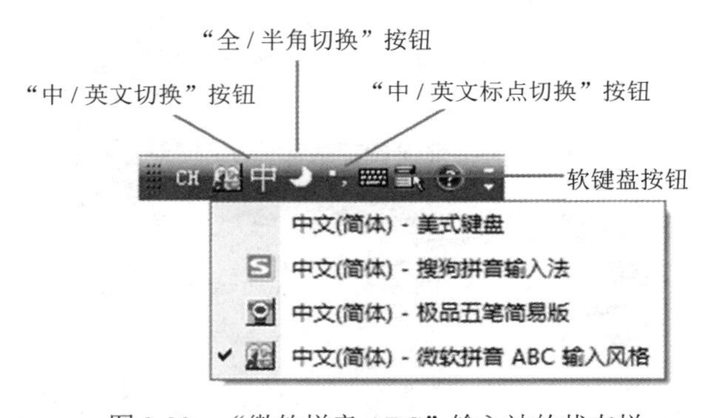

图 3-23 “微软拼音 ABC”输入法的状态栏

（1）输入法切换：单击“输入法”指示器按钮，在弹出的菜单中选择所需的中文输入法；反复按 Ctrl+Shift 组合键，在各种输入法之间切换，直到出现用户所需的输入法图标。

（2）中英文切换：在输入中文时，若需要加入英文，可单击“中 / 英文切换”按钮，这时“中”字会变为“英”字，切换至英文输入状态。英文输入完成，再次单击此按钮返回到中文输入状态。也可以通过组合键 Ctrl+Space 进行中 / 英文输入法的切换，此方法是通过关闭或打开中文输入法实现的。

（3）全 / 半角切换：通常在输入中文或中文标点符号时需要进入全角模式，在输入英文或数字过程中，则要求在半角模式下完成，因此涉及全角和半角切换，此时只需单击“全 /

半角切换”按钮或按 Shift+ Space 组合键即可进行全 / 半角状态的切换。在全角模式下，一个字符占两个半角字符的位置。

（4）中 / 英文标点切换：单击“中 / 英文标点切换”按钮或按 Ctrl+.（小数点）组合键便可进行中文和英文标点状态的切换，在中文标点符号输入过程中，请注意和键盘符号对应。中文标点所对应的键盘符号见表 3-2。

表 3-2　中文标点所对应的键盘符号

中文标点	对应的键	中文标点	对应的键
、顿号	\	！感叹号	!
。句号	.	（左小括号	(
· 实心点	@	）右小括号	)
——破折号	_	，逗号	,
—连字符	&	：冒号	:
……省略号	^	；分号	;
‘左引号	‘（单数次）	？问号	?
’右引号	‘（双数次）	｛左大括号	{
“左双引号	“（单数次）	｝右大括号	}
”右双引号	“（双数次）	［左中括号	[
《左书名号	<	］右中括号	]
》右书名号	>	￥人民币符号	$

（5）软键盘：单击此按钮可打开软键盘，单击软键盘上的键位可输入相应的字符，再次单击此按钮可关闭软键盘。

3.6　文件系统与目录结构

计算机中的信息是以文件的形式组织和存储的。在计算机中存放着很多文件，为了便于管理，操作系统把它们以一定的结构组织起来，通常把文件归类存放在文件夹中。文件夹是系统组织和管理文件的一种形式，是为了方便用户查找、维护和存储而设置在磁盘上的一个位置。在文件夹中可以存放所有类型的文件和下一级文件夹，用户把相关的文件分类存储在不同的文件夹中。

计算机资源可以是文件、硬盘、键盘、CPU、内存等，将计算机资源统一通过文件夹来进行管理可以规范资源的管理。用户不仅可以用文件夹来组织管理文件，也可以用文件夹管理其他资源。例如“开始”菜单是一个文件夹，设备也被认为是一个文件夹。文件夹中除了可以包含程序、文档、打印机等外，还可以包含下一级文件夹。

在操作系统中，负责管理和存取文件信息的部分称为文件系统或信息管理系统。在文件系统的管理下，用户可以根据文件名访问文件，而不必考虑各种外存储器的差异，不必了解文件在外存储器上的具体物理位置以及存放方式。文件系统为用户提供了一种简单、统一的访问文件的方法，因此它也被称为用户与外存储器的接口。

3.6.1 文件系统

1. 文件

文件是指记录在存储介质上的一组相关信息的集合。文件可以是文本、图形、图像、声音、视频、程序和数据等。任何一个文件都有文件名，文件名是存取文件的依据，即按名存取。

2. 文件和文件夹的命名

在计算机中，每个文件必须有一个名字。文件名一般由文件主名和扩展名两部分构成，格式为：< 文件主名 >[. 扩展名]。

文件主名是文件真正的名称，用来识别该文件，通常将文件主名直接称为文件名。文件的扩展名用来标识该文件的类型，也称文件的后缀名或副名。一个文件的主名不能省略，给它命名时应该用有意义的词汇或是数字，即见名知义，以便用户识别。

不同操作系统其文件名命名规则有所不同，在 Windows 10 中，文件主名最多可以包含 255 个字符，可以是字母（不区分大小写）、空格、数字、下划线及一些特殊字符（“@”“#”“$”“&”“!” 等），不能出现的字符有 “<”“>”“:”“"”“*”“？”“\”“|”“/” 等。系统规定在同一文件夹内部不能有相同的文件名，而在不同的文件夹中则可以重名。

3. 文件的类型

文件的扩展名一般用来标识文件的类型。系统通过扩展名来识别应该用什么应用程序来打开该文件。而保存文件时，应用程序也会自动添加正确的扩展名。常用文件扩展名见表 3-3。

表 3-3 常用文件扩展名

扩展名	文件类型	扩展名	文件类型
.exe、.com	可执行程序文件	.wmv、.rm、.qt	流媒体文件
.txt	文本文件	.bak	备份文件
.doc、.docx	Word 文档文件	.html、.htm、.asp	网页文件
.ppt、.pptx	PowerPoint 演示文稿	.xls、.xlsx	Excel 电子表格文件
.wav、.mp3、.mid	音频文件	.sys	系统配置文件
.jpg、.gif、.bmp	图像文件	.zip、.rar	压缩文件

通常在进行文件保存操作时，使用的软件会在文件名后自动追加正确的文件扩展名。借助扩展名，用户可判定使用什么软件来打开该文件。

4. 文件的属性

文件除了文件名外，还有大小、占用空间等，这些信息称为文件属性。文件或文件夹包含 3 种属性：只读、隐藏和存档。若将文件或文件夹设置为“只读”属性，则该文件或文件夹不允许修改。若将文件或文件夹设置为“隐藏”属性，则该文件或文件夹在常规显示中看不到。若将文件或文件夹设置为“存档”属性，则表示该文件或文件夹已存档，有些应用程序用此来确定哪些文件需要做备份。

要设置文件的属性，只需右击文件或文件夹，在弹出的快捷菜单中选择“属性”命令，在弹出的对话框中进行设置。

5. 文件名中的通配符

在对一批文件进行操作时，系统提供了通配符，即用来代表其他字符的符号，通配符有两个：? 和 *。其中通配符“？”用来表示任意的一个字符，通配符“*”表示任意的多个字符。

3.6.2 目录结构

1. 磁盘分区与格式化

一个新硬盘安装到计算机后，往往要将磁盘划分成若干个分区（也称为卷）。磁盘若不分区，则整个磁盘就是一个卷。如果磁盘被分为多个分区，则系统会按字母顺序为每个分区编号，其编号由字母和冒号来标定，如“C:”。这样，一个磁盘驱动器就被划分成几个逻辑上独立的驱动器，如图 3-24 所示，用户在访问这些驱动器时就好像它们是独立的驱动器。

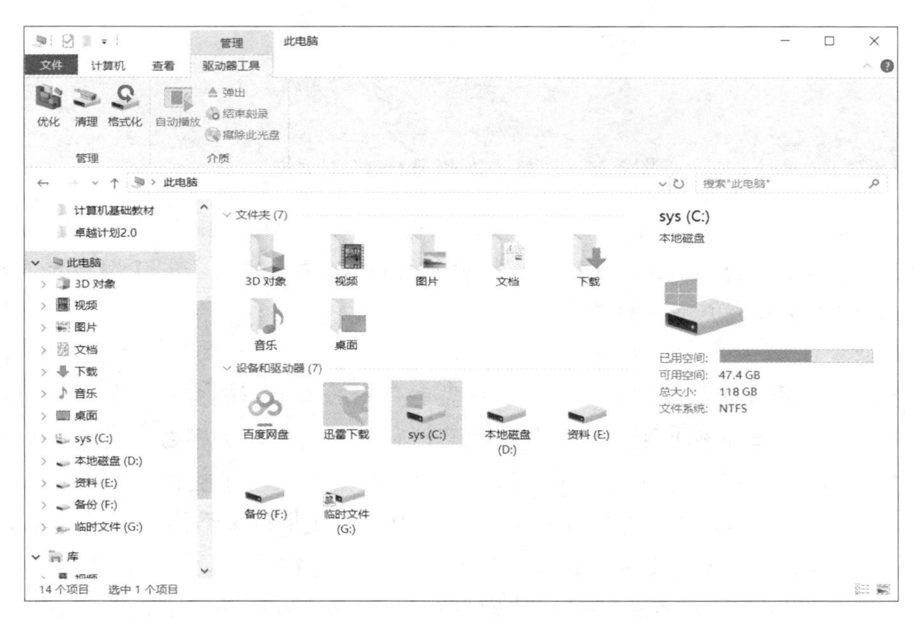

图 3-24　“文件资源管理器”窗口

对磁盘进行分区的目的有：

- 硬盘容量很大，分区后便于管理。
- 利于在不同分区中安装不同的系统，如 Windows 10、Linux 等。

磁盘分区后还不能直接使用，必须进行格式化，格式化的主要目的是安装文件系统，建立根目录。在图 3-24 中，选定 E: 盘，在弹出的快捷菜单中选择“格式化”命令，弹出“格式化资料 (E:)”对话框，如图 3-25 所示，在“文件系统”下拉列表框中选择 NTFS 文件系统格式（NTFS 文件系统的磁盘性能更强大，安全性更高）；在“分配单元大小”下拉列表框中可以选择实际需要的分配单元大小；在“卷标”文本框中可以输入卷标名称，即给要格式化的磁盘命名；还可以选择是否使用快速格式化（快速格式化只能删除磁盘上的文件，不能扫描磁盘是否有坏扇区，并非真正意义上的磁盘格式化）。参数设置完成后单击“开始”按钮，系统再一次警告"格式化将删除该磁盘上的所有数据"。格式化会把分区中的所有数据删除，因此格式化操作要格外慎重，单击"确定"按钮磁盘就开始格式化了。

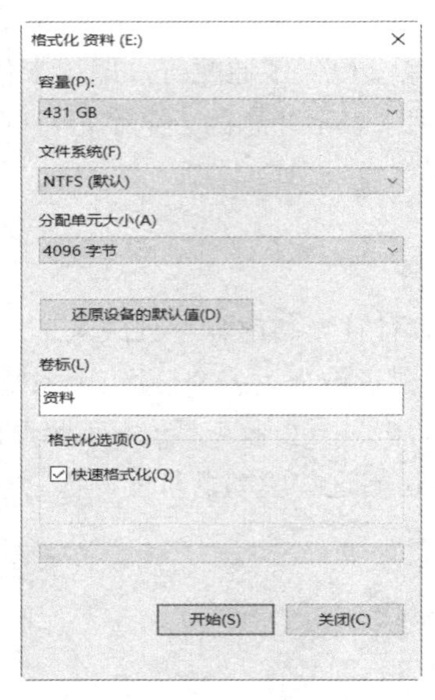

图 3-25 "格式化 资料 (E:)"对话框

格式化完成后，文件系统建立的同时根目录也随即被创建，如果打开"此电脑"窗口，双击 C: 盘就进入 C: 盘的根目录，双击 D: 盘就进入 D: 盘的根目录。创建根目录的目的是存储子目录（也称为文件夹）或文件的目录项。

2. 目录结构

一个逻辑磁盘驱动器只有一个根目录，磁盘上有着成千上万的文件，如果把这些文件都存放在根目录下会造成许多不便，为了有效地管理和使用文件，大多数文件系统允许用户在根目录下建立子目录（在 Windows 中称为文件夹），在子目录（子文件夹）下再建立子目录（子文件夹），将文件分门别类地存放在不同的目录中，这就是目录结构，它像一棵倒置的树，树根为根目录，树中每一个分支为子目录，树叶为文件，这样的目录结构称为树状目录结构，如图 3-26 所示。图 3-27 所示为树状目录结构中 notepad.exe 和 nrpsrv.dll 两个文件所在的文件夹窗口。

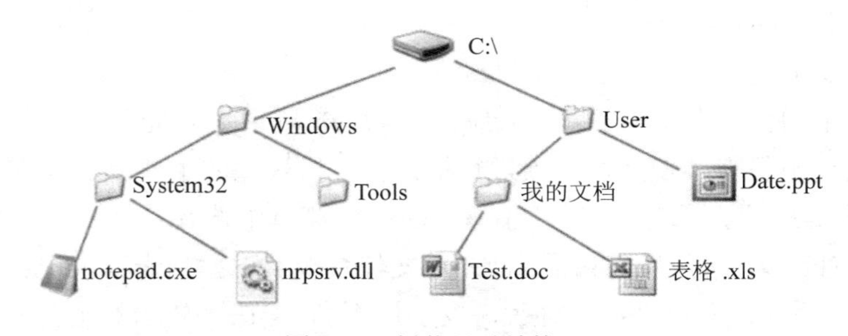

图 3-26 树状目录结构

在树状目录结构中，往往将与项目相关的文件放在同一个子目录中，同名文件可以放在不同的目录中，但不能放在同一目录中。

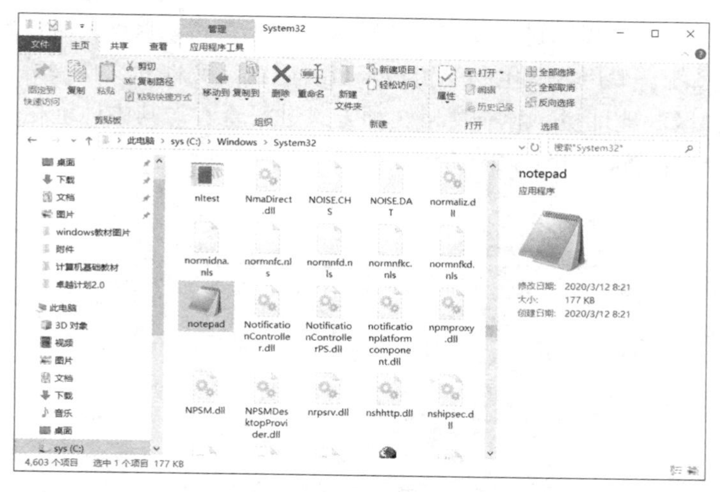

图 3-27　树状目录结构所对应的窗口

在 Windows 的文件夹树状结构中，处于顶层（树根）的文件夹是桌面，计算机上所有的资源都组织在桌面上，从桌面上可以访问任何一个文件和文件夹，桌面上的“此电脑”和“回收站”等都是系统专用的文件夹，不能改名，称为系统文件夹。计算机中所有的磁盘及控制面板也以文件夹的形式组织在“此电脑”中。

3. 目录路径

目录结构被创建后，文件存放在不同的目录（文件夹）中，要访问这些文件，不但要给出它的文件名，还必须指定文件在目录树中的位置即路径，以便文件系统根据路径查找所需要的文件或文件夹。路径是指从根目录（或当前目录）出发到达要查找的文件或子目录所必须经过的所有子目录的路线，子目录之间用反斜杠“\”隔开，路径中最后一个目录名就是文件所在的子目录（子文件夹）。因此路径的结构通常包括本地磁盘名称、文件夹名称和文件名称等，它们中间用反斜杠“\”隔开。

路径有两种：绝对路径和相对路径。

- 绝对路径：从根目录出发直到文件的一条路径。以“\”开头，后跟若干用“\”分隔的目录名。如图 3-26 中的 notepad.exe 文件的绝对路径是 C:\Windows\System32\notepad.exe，就是图 3-27 窗口所选定文件 notepad.exe 在地址栏上显示的文件位置。
- 相对路径：从当前目录出发直到文件的一条路径。相对路径中第一个目录名必须是当前目录下的一个子目录。图 3-26 中的 Test.doc 文件，若当前目录为 User，则其相对路径为：我的文档 \Test.doc。

3.7　文件和文件夹的管理

在使用 Windows 10 时，用户往往是通过“此电脑”“文件资源管理器”“库”来管理文件和文件夹。

3.7.1　此电脑

双击桌面上的“此电脑”图标打开“此电脑”窗口，如图 3-24 所示。窗口内容的浏览方式默认为“导航窗格”，可以通过“查看”选项卡中的工具栏来修改内容的显示方式。

Windows 10 系统一般用“此电脑”窗口来查看磁盘、文件和文件夹等计算机资源，用户主要通过窗口工作区、地址栏、导航窗格 3 种方式进行查看，其中地址栏显示了当前文件或文件夹在计算机中的位置，如图 3-28 所示。

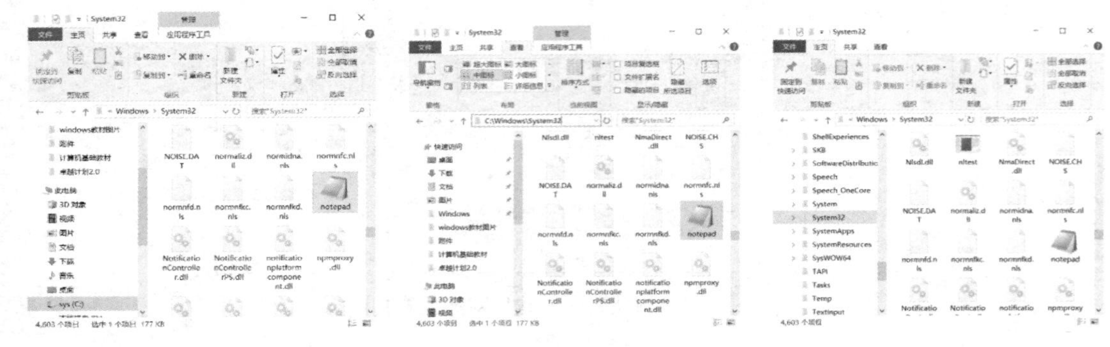

窗口工作区查看　　地址栏查看　　导航窗格查看

图 3-28　3 种查看资源的方式

3.7.2 文件资源管理器

“文件资源管理器”是 Windows 操作系统内置的文件管理实用程序，用于对文件和文件夹进行各种常规操作与管理，也是 Windows 的重要功能之一，如图 3-29 所示。使用“文件资源管理器”可以方便地对文件进行浏览、查看、移动、复制等操作，在一个窗口里用户就可以浏览所有的磁盘、文件和文件夹，可见它是用来组织、管理文件和文件夹的一个重要工具。其组成部分和前面介绍的“此电脑”窗口相似，不再赘述。

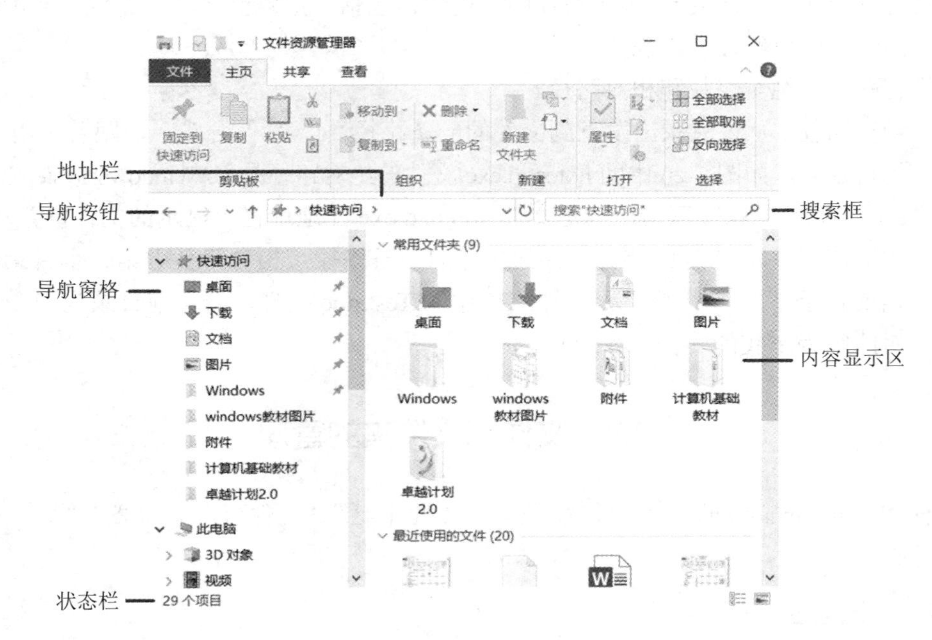

图 3-29　文件资源管理器

“文件资源管理器”的打开方法通常有以下 3 种：

- 单击“开始”菜单中的“文件资源管理器”命令。
- 右击“开始”按钮，在弹出的快捷菜单中选择“文件资源管理器”命令。
- 按 Windows +E 组合键。

3.7.3　库

在以前版本的 Windows 中，管理文件意味着在不同的文件夹和子文件夹中组织这些文件。在 Windows 7 以后，可以使用库组织和访问文件，而不管其存储位置如何，库是 Windows 文件管理模式的重大革新。

所谓“库”，就是专用的虚拟视图，是用于管理文档、音乐、图片和其他文件的地方。用户可以将磁盘上不同位置的文件夹添加到库中，并在库这个统一的视图中浏览不同的文件夹内容。“库”倡导的是通过建立索引和使用搜索快速地访问文件，而不是按传统的文件路径方式访问。建立的索引也并不是把文件真正复制到“库”里，而只是给文件建立了一个快捷方式，文件的原始路径不会改变，库中的文件也不会额外占用磁盘空间。“库”里的文件还会随着原始文件的变化而自动更新，这就大大提高了工作效率，管理那些散落在各个角落的文件时就不必一层一层打开它们的路径了，只需要把它添加到“库”中。

可见，Windows 中的“库”非传统意义上的存放用户文件的文件夹，它其实是一个强大的文件管理器。“库”的出现为用户访问与管理分散在多个位置上的文件提供了极大的方便。无论文件存储在什么位置，都可以通过库进行集中访问。只要将经常访问的文件夹添加到库中，以后就可以在库中统一对这些文件夹进行访问，而不再需要在所有可能的位置上反复打开文件夹以查找文件。例如，如果在 U 盘中保存了一些图片，那么可以将 U 盘中包含这些图片的文件夹添加到库中，以后每次将 U 盘连接到计算机时都可以从库中直接访问 U 盘中的该文件夹中的图片。

可以使用“库”来访问文件和文件夹并且可以采用不同的方式组织它们，Windows 10 操作系统默认包含 4 个库：文档、音乐、图片和视频。通过库的名称可能会认为每个库中只能包含对应类型的内容，例如图片库中只能包含图片，音乐库中只能包含音乐，而实际上并不是这样，每个库都可以包含任何类型的内容，但是如果将相应类型的内容添加到同类型的库中则可以为操作库中的文件带来方便。

除了系统默认提供的 4 个库以外，用户还可以根据实际需要创建新的库，然后将需要经常访问的文件夹添加到创建的库中。

1．创建新库

如果用户觉得系统默认提供的库目录还不够使用，可以新建库目录。

打开资源管理器，在导航栏里“库”所在栏中单击左上角的“新建库”，也可以在右边空白处右击，在弹出的快捷菜单中选择“新建”命令。给库取好名字，如“资料”，一个新的空白库就创建好了，如图 3-30 所示。

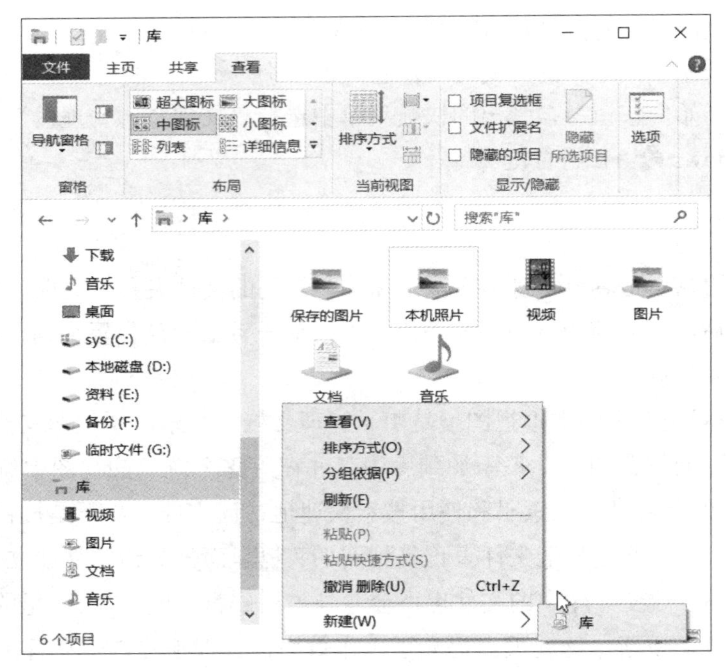

图 3-30　新建库

接下来，就是把散落在不同磁盘中的文件或文件夹添加到库中。单击“资料”库，在其窗口中再单击“包括一个文件夹”，如图示 3-31 所示，找到需要添加的文件夹，选中它并单击“包含文件夹”即可。重复这一操作可以把很多文件加入到库中，其实质是把索引建立好，当然这个索引是随时可以更新的，可以自己添加或者删除。

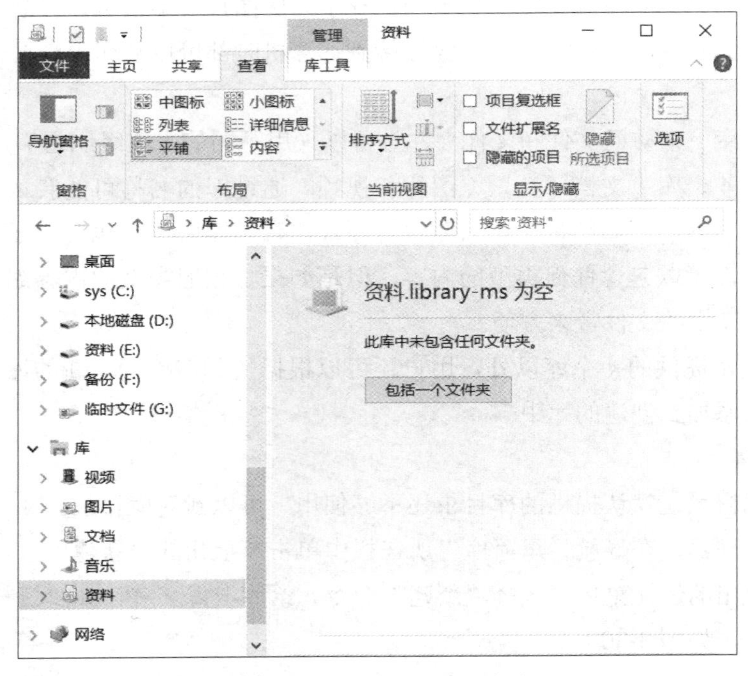

图 3-31　将文件夹添加到库中

2. 更改库的默认保存位置

默认保存位置是确定将项目复制、移动或保存到库时的存储位置。更改库的默认保存位置的步骤如下：

（1）在导航窗格中右击要更改的库，如图 3-32 所示，在弹出的快捷菜单中选择“属性”命令，弹出“图片 属性”对话框，如图 3-33 所示。

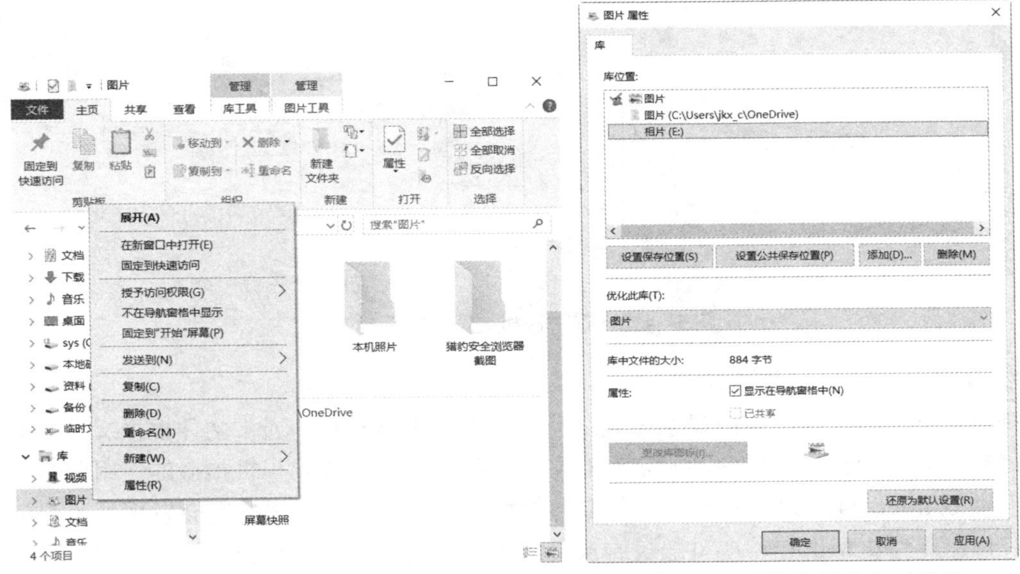

图 3-32　“库”窗口　　　　图 3-33　“图片 属性”对话框

（2）在“库位置”列表框中选择要改变库的默认保存位置的文件夹，再单击“设置保存位置”或“设置公共保存位置”按钮，最后单击“确定”或“应用”按钮。

如果删除库，会将库自身移动到“回收站”。在该库中访问的文件和文件夹因存储在其他位置，故不会删除。如果意外删除 4 个默认库（文档、音乐、图片、视频）中的一个，可以在导航窗格中将其还原为原始状态，方法：右击“库”并选择“还原默认库”命令。

3.8　文件和文件夹的浏览

1. 文件夹和文件的查看方式

默认情况下，Windows 采用两个分组以字母顺序对图标进行排序，文件夹为一个分组排在前面，其余的文件图标为另一个分组排在后面。如果对默认方式不满意，Windows 系统还提供了多种对文件和文件夹的查看方式，主要以超大图标、大图标、中等图标、小图标、列表、详细信息、平铺和内容来显示图标。可以在“此电脑”“文件资源管理器”“库”中对文件和文件夹的查看方式进行设置，如图 3-34 所示。

（1）选择“查看”选项卡，在“布局”组中就会显示文件和文件夹的查看方式，如图 3-34（a）所示。

（2）在需要查看的窗格中右击，在弹出的快捷菜单中选择“查看”级联菜单中所需的查看方式，如图 3-34（b）所示。

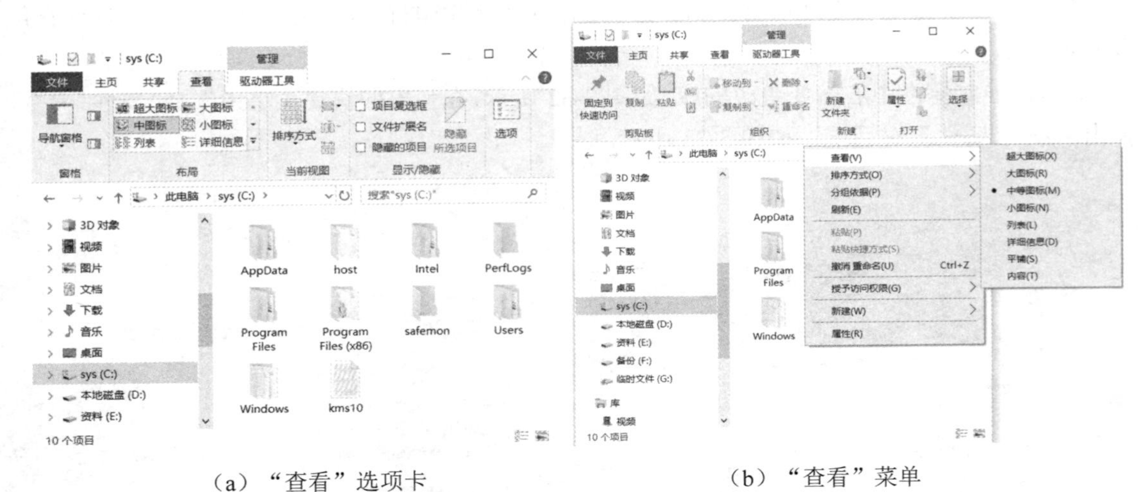

（a）“查看”选项卡　　　　（b）“查看”菜单

图 3-34　设置文件和文件夹的查看方式

2. 文件夹和文件的排序方式

排序选项不会更改文件的显示方式，只会将文件重新排列。通常文件根据文件名的字母顺序排列，但这种常规的排序不一定有意义。例如，查看用数码相机拍摄的一组照片，可能会发现类似 IMG_0450 这种难记的文件名。但如果对照片进行标记，则会发现按照标记对照片进行排序比按字母进行排序可能更有意义。为了让文件排序更符合用户的要求，往往会改变排序方式，这时打开要排序的文件夹或库，右击空白位置，在弹出的快捷菜单中选择“排序方式”，在其级联菜单中选择一个选项（比如“名称”），如图 3-35 所示。

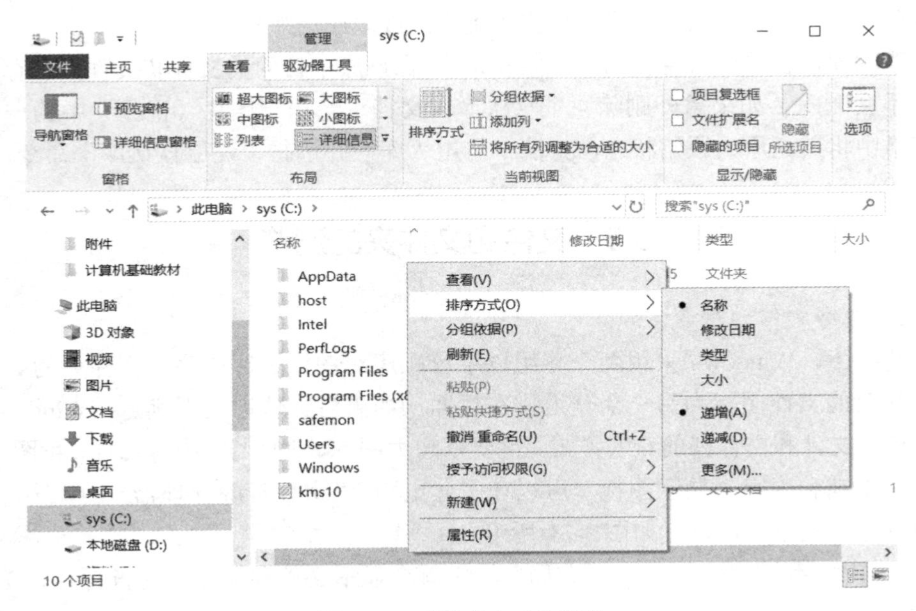

图 3-35　“排序方式”菜单

如果在“排序方式”菜单中没有所需的选项，请单击“更多”添加其他选项到菜单中供选择，也可以在“查看”选项卡的“当前视图”组中单击“排序方式”按钮，在下拉列表中选择排序方式。

3. 设置文件夹选项

“文件夹选项”对话框是 Windows 系统提供给用户设置文件夹属性的界面。在“此电脑”窗口中选择“查看”选项卡，单击“选项”按钮，即可弹出“文件夹选项”对话框。

（1）“常规”选项卡：用于设置文件夹的常规属性，如图 3-36 所示。

- “浏览文件夹”选项组：可以设置文件夹的浏览方式，即设置在打开多个文件夹时是在同一窗口中打开还是在不同的窗口中打开。
- “按如下方式单击项目”选项组：用来设置项目的打开方式，可以设定项目通过单击打开还是通过双击打开。
- “隐私”选项组：若要在“快速访问栏”中显示最近使用的文件或常用文件夹，可以勾选其前面的复选框。若要清除文件资源管理器历史记录，可单击“清除”按钮。

（2）“查看”选项卡：用来设置文件夹的显示方式，在默认情况下，某些文件和文件夹被赋予“隐藏”属性，也不显示常见文件类型的扩展名，这些可以通过图 3-37 所示的“高级设置”列表框来设置。

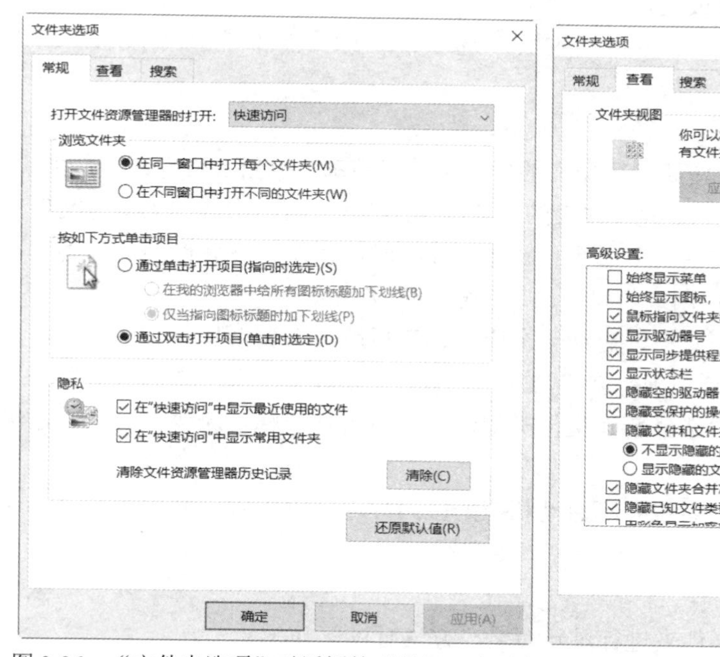

图 3-36　“文件夹选项”对话框的“常规”选项卡

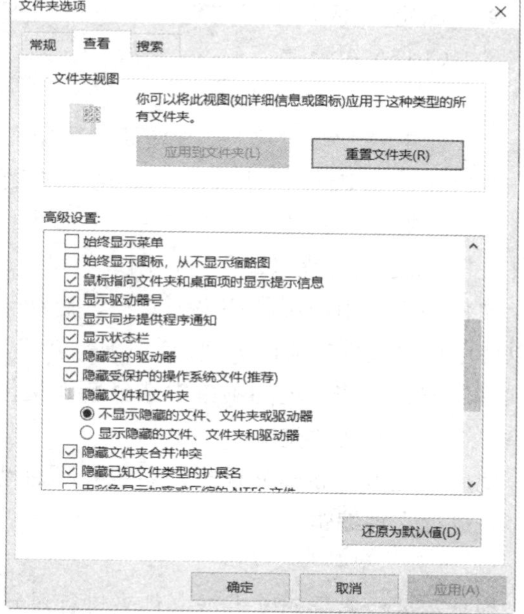

图 3-37　“查看”选项卡

（3）“搜索”选项卡：用户可以设置搜索方式和在搜索没有索引的位置时的操作。

4. 文件与应用程序的关联

Windows 可以用多个程序（如记事本、写字板和 Word）打开扩展名为 .txt 的文本文件。也可以用多个程序（如画图、图片查看程序、IE 浏览器）打开扩展名为 .jpg 的图片文件。那么当用户双击一个 .txt 或 .jpg 文件的时候，系统如何确定用哪个应用程序打开呢？

在 Windows 中，将某一种类型的文件与一个可以打开它的应用程序建立一种关联关系，叫做文件关联。当双击该类型文件时，系统就会先启动这一应用程序，再用它来打开该类型文件。一个文件可以与多个应用程序发生关联，用户可以利用文件的“打开方式”进行关联程序的选择。具体操作是在要建立关联的文件上右击，在弹出的快捷菜单中选择“打开方式”→“选择默认程序”选项，在弹出的“打开方式”对话框中选择一个应用程序。

3.9 文件和文件夹的操作

文件与文件夹的操作是 Windows 的一项重要功能，包括新建、重命名、复制、移动、删除、快捷方式的建立、查找等。

1. 选定文件或文件夹

对文件或文件夹进行操作之前，先选定要进行操作的文件或文件夹，即“先选择后操作”。

- 选定单个文件或文件夹：单击要选择的文件或文件夹，使其为高亮显示。
- 选定连续的多个文件或文件夹：先单击第一个文件或文件夹图标，按住 Shift 键，再单击最后一个文件或文件夹图标。
- 选定不连续的多个文件或文件夹：先单击第一个文件或文件夹图标，按住 Ctrl 键再依次单击要选定的文件或文件夹。
- 选定全部文件和文件夹：单击“主页”选项卡中的“全部选择”按钮，或者按 Ctrl+A 组合键。

2. 新建文件或文件夹

在“此电脑”“桌面”“文件资源管理器”的任一文件夹中都可以新建文件或文件夹。

要新建一个文件夹，首先确定创建文件夹的位置，然后在“主页”中选择“新建文件夹”，或者右击并选择“新建”→“文件夹”命令。新建文件夹时，系统一般会自动命名为“新建文件夹”“新建文件夹（2）”等，用户可以修改这些默认的文件夹名。

文件通常是由应用程序来创建的，启动一个应用程序后就进入到创建新文件的过程。也可以使用新建文件的方法创建：首先确定创建文件的位置，然后在“主页”选项卡中单击“新建项目”按钮，在出现的菜单中选择新建文件类型，或者右击并选择“新建”命令，在级联菜单中选择新建文件类型。

使用上述方法新建文件时，系统并不启动相应的应用程序。可以双击文件图标启动应用程序来进行文件编辑工作。

3. 重命名文件或文件夹

根据需要经常要对文件或文件夹进行重新命名，方法有以下几种：

- 单击要重命名的文件（文件夹），选择“主页”选项卡中的“重命名”按钮。在文件（文件夹）名称文本框中输入名称，然后按 Enter 键或在空白处单击。
- 选中文件（文件夹）后右击，在弹出的快捷菜单中选择“重命名”命令。
- 选中文件（文件夹）后直接按 F2 键，也可进行重命名。
- 将鼠标指针指向某文件（文件夹）处，单击后稍停一会，再单击，即可进行重命名。

在 Windows 中，每次只能修改一个文件或文件夹的名字，重命名文件时不要轻易修改文件的扩展名，以便使用正确的应用程序来打开它。

4. 复制文件或文件夹

复制文件或文件夹是指为文件或文件夹在某个位置创建一个备份，而原位置的文件或文件夹仍然保留。可实现复制操作的方法有以下两种：

- 利用“剪贴板”复制文件或文件夹。选择要复制的文件或文件夹，在“主页”选项卡中单击“复制”按钮（或者右击，在弹出的快捷菜单中选择“复制”命令，或按 Ctrl+C 组合键），此时系统会将当前选定的文件信息复制到“剪贴板”（临时存放信息的内存区域）中，然后定位到文件复制的目标位置，再次在“主页”选项卡中单击“粘贴”按钮（或者右击，在弹出的快捷菜单中选择“粘贴”命令，或按 Ctrl+V 组合键），完成复制。
- 使用鼠标“拖拽方式”复制文件或文件夹。若要复制的文件或文件夹与目标位置在同一驱动器中：选择要复制的文件或文件夹，按住 Ctrl 键，使用鼠标拖拽到目标位置，完成复制；若要复制的文件或文件夹与目标位置在不同的驱动器中：选择要复制的文件或文件夹，直接使用鼠标拖拽到目标位置，完成复制。

5. 移动文件或文件夹

移动文件或文件夹是指将对象移到其他位置。实现移动操作的方法有以下两种：

- 利用“剪贴板”移动文件或文件夹。选择要移动的文件或文件夹，在“主页”选项卡中单击“移动到”按钮，在下拉列表中选择所要移动到的目标位置，或者右击，在弹出的快捷菜单中选择“剪切”命令，或按 Ctrl+X 组合键，然后定位到目标位置，右击并选择“粘贴”命令，或按 Ctrl+V 组合键，完成移动操作。
- 使用鼠标“拖拽方式”移动文件或文件夹。若要移动的文件或文件夹与目标位置在同一驱动器中：选择操作对象，直接使用鼠标拖拽到目标位置，完成移动操作；若要移动的文件或文件夹与目标位置在不同的驱动器中：选择操作对象，按住 Shift 键，使用鼠标拖拽到目标位置。

6. 删除文件或文件夹

删除文件或文件夹的方法有以下 3 种：

- 选择要删除的文件或文件夹，按 Delete 键。
- 选择要删除的文件或文件夹并右击，在弹出的快捷菜单中选择“删除”命令。
- 选择要删除的文件或文件夹，在“主页”选项卡中单击“删除”按钮。

删除文件或文件夹通常是将删除的对象放入“回收站”。如果不小心误删了文件或文件夹，可以利用“回收站”恢复被删除的文件或文件夹。如果要真正删除文件或文件夹，可在回收站中进行进一步删除（彻底删除）。

从可移动磁盘（如 U 盘、软盘等）或网络驱动器上删除的文件项目不受“回收站”保护，将被永久删除。在删除对象时，按住 Shift 键，对象也将直接删除，不放入“回收站”。

7. 快捷方式

（1）快捷方式的含义。在桌面上除了“此电脑”等系统图标外，其他的图标有些左下角有“弧形箭头”，有些没有“弧形箭头”。有“弧形箭头”的称为快捷图标，它是一个指向其他对象（文件、文件夹、应用程序等）的可视指针。快捷方式并不能改变应用程序、文件、文件夹、打印机或网络中计算机的位置，它也不是副本，而是一个指针，使用它可以更快地打开项目，并且删除、移动或重命名快捷方式均不会影响原有的项目。没有“弧形箭头”，则说明文件本身就在桌面上，如果删除，则文件就没有了。

（2）快捷方式的建立与删除。在桌面上建立快捷方式的方法有以下两种：

- 选中对象并右击，在弹出的快捷菜单中选择“发送到”→“桌面快捷方式”命令。
- 选中对象并右击，在弹出的快捷菜单中选择“创建快捷方式”命令，再将创建的快捷图标移动到桌面上。

8. 文件夹或文件的搜索

计算机有着庞大的文件系统，有时不知道某个文件或对象在什么地方，甚至不知道要查找的文件的全名，这时可利用系统提供的“搜索”功能来实现查找。Windows 10 的“搜索”功能十分强大，不仅可以搜索文件和文件夹，还可以搜索网络上的某台计算机或某个用户名等。

Windows 提供了多种查找文件夹或文件的方法。

（1）使用任务栏上的“搜索”框。任务栏中的“搜索”框有着非常强大的搜索功能，它不仅可以搜索计算机中的文件和文件夹，还可以搜索系统中的设置和应用，以及浏览器的历史记录，如图 3-38 所示。用户既可以在本地计算机中进行搜索，也可以使用默认的网页浏览器在 Internet 中搜索。尤其是在 Windows 10 操作系统开启 Cortana 功能后，搜索将会变得更加智能。

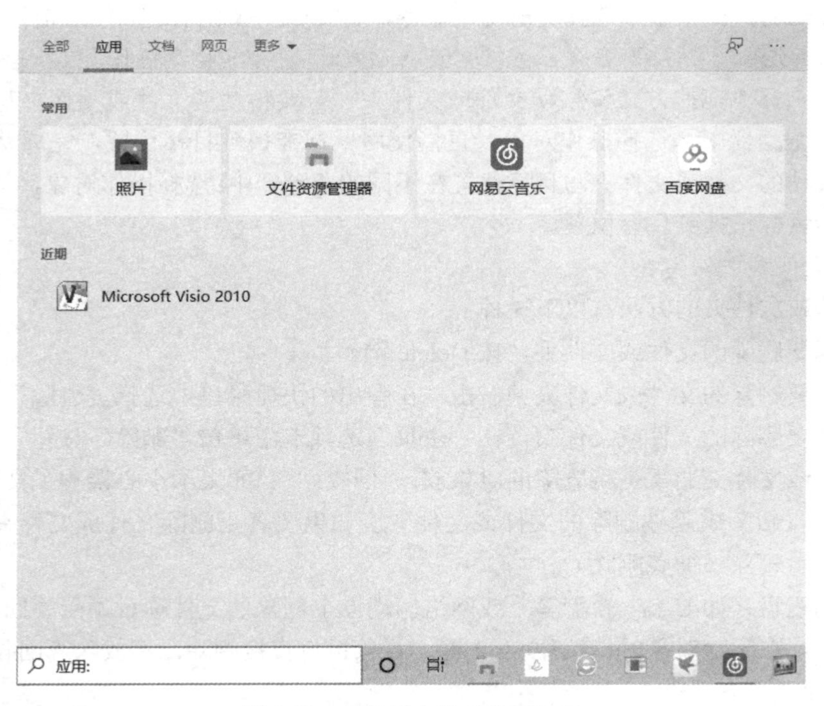

图 3-38　任务栏上的“搜索”框

在任务栏上的“搜索”框中输入搜索内容时系统会自动进行动态匹配。这意味着从用户输入第一个字符开始，系统就开始查找与其匹配的内容。随着用户继续输入更多内容，系统会继续匹配并不断更新搜索结果列表中显示的内容。

Windows 系统对搜索结果列表中显示的与用户输入的搜索内容所匹配的所有项目自动进行了分类，包括“最佳匹配”“应用”“设置”“网络”等类别。“最佳匹配”类别中显示的项目是系统根据用户输入的搜索关键字而猜测出的用户可能想要查找的内容。如果用户输入文件、应用、设置或命令的完整名称，那么“最佳匹配”类别中显示的肯定就是用户想要查找的内容；如果用户只输入了查找内容的不完整名称，那么“最佳匹配”类别中的内容就不一定是用户真正想要查找的内容。

如果只想在搜索结果列表中显示某一类内容，而不是显示匹配的所有文件、应用、设置等多种类型的内容，那么可以单击搜索结果列表顶部的选项卡，如图 3-38 所示。每个选项卡代表一类内容，从左到右为“应用”“文档”“网页”等，单击某个选项卡后将会在搜索结果列表中显示对应类别中所匹配的内容。

（2）在“文件资源管理器”中进行搜索。除了在任务栏上的“搜索”框中进行搜索以外，用户还可以在“文件资源管理器”中进行搜索。在以往的使用中可能已经发现，在“文件资源管理器”和“控制面板”窗口中的右上角有一个“搜索”框，可以在其中输入想要搜索的内容。搜索内容的范围取决于当前在“文件资源管理器”中打开的文件夹。例如，如果在“文件资源管理器”中打开了磁盘分区 D: 等，那么在“搜索”框中输入内容后将会在 D: 盘中进行搜索。在“文件资源管理器”的“搜索”框中输入的搜索内容有增减，系统也会进行动态匹配以显示最新搜索结果，所有找到的匹配内容会自动在“内容”显示方式下显示，每一项结果中包含的搜索关键字会自动使用黄色底纹进行标记。

如果要清除所有搜索结果，只需单击“搜索”框右侧的 × 按钮。如果搜索的范围过大，比如在整个计算机中搜索，则会耗费较长的时间。如果希望在未完成搜索时就结束本次搜索，则可以单击“文件资源管理器”中地址栏右侧的 × 按钮立刻结束搜索，但是会显示直到停止之前已完成的搜索结果。

3.10　系统设置

控制面板是对 Windows 的外观和计算机软硬件进行设置的一组工具集。使用控制面板可以进行个性化环境设置，使之更符合个人工作习惯，提高工作效率。

3.10.1　Windows 10 设置中心

常用的打开“Windows 设置”窗口的方法有以下 3 种：

- 单击“开始”按钮，再单击“设置”按钮。
- 单击“开始”按钮，在其中找到“设置”选项并单击。
- 右击“开始”按钮，在弹出的快捷菜单中选择“设置”命令。

“Windows 设置”窗口清晰简洁，菜单布局合理，统一的蓝色图标、黑色文字体现了现代化的设计风格，如图 3-39 所示。

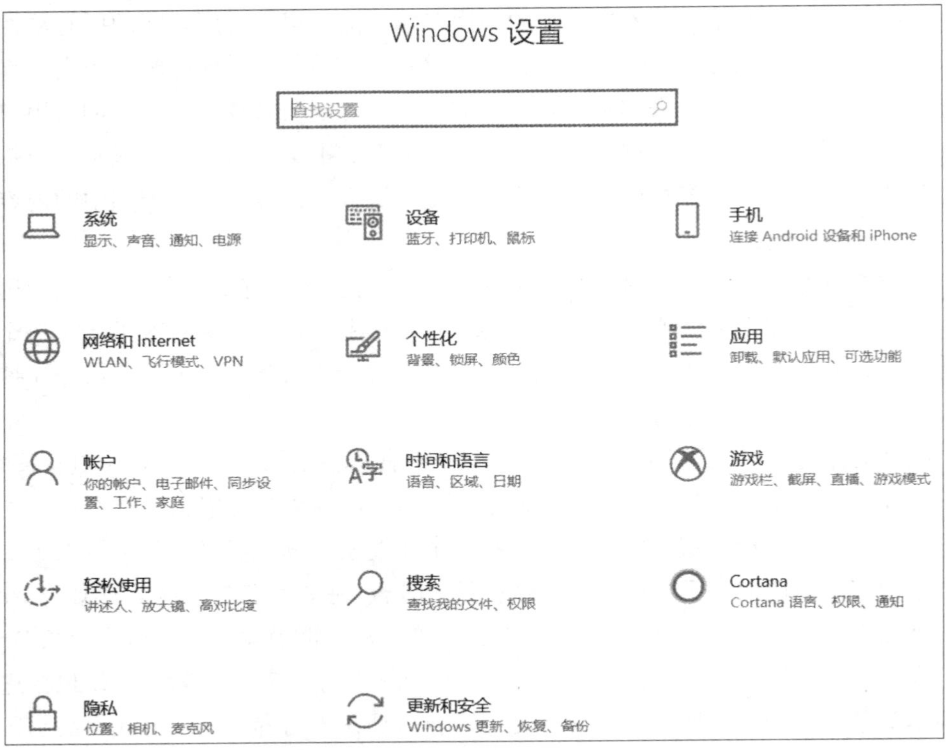

Windows 设置

查找设置

系统
显示、声音、通知、电源

设备
蓝牙、打印机、鼠标

手机
连接 Android 设备和 iPhone

网络和 Internet
WLAN、飞行模式、VPN

个性化
背景、锁屏、颜色

应用
卸载、默认应用、可选功能

帐户
你的帐户、电子邮件、同步设置、工作、家庭

时间和语言
语音、区域、日期

游戏
游戏栏、截屏、直播、游戏模式

轻松使用
讲述人、放大镜、高对比度

搜索
查找我的文件、权限

Cortana
Cortana 语言、权限、通知

隐私
位置、相机、麦克风

更新和安全
Windows 更新、恢复、备份

图 3-39 “Windows 设置”窗口

3.10.2 外观和个性化设置

桌面的外观和主题元素是用户个性化工作环境的最明显体现，用户可以根据自己的喜好和需求来改变桌面背景和图标、设置主题、更改系统操作声音、设置用户账户、设置桌面小工具等，以方便用户操作和美化计算机的使用环境。这些设置使用户能够创建一个完全属于自己的操作环境，使计算机更显个性化和快捷化。

桌面主题是指由桌面背景、窗口颜色、桌面图标样式、鼠标指针形状、系统声音等多个部分组成的一套桌面外观和音效的方案。使用主题可立即（根据需要随时）更改计算机的桌面背景、窗口边框颜色和声音等。

Windows 10 提供了几种预置的主题方案，通过选择不同的方案可以在不同主题之间快速切换，预置主题名称分别为“ Windows”“Windows 10”和“鲜花”。Windows 10 默认使用的是“Windows”主题。用户还可以创建新的主题，从而像使用预置主题一样快速切换到自己创建的主题中，切换到其他主题的操作步骤如下：

（1）在“Windows 设置”窗口中单击“个性化”选项打开“设置”窗口中的“个性化”设置界面，如图 3-39 所示。

（2）在左侧选择“主题”选项，如图 3-40 所示。

（3）在“更改主题”类别下多个 Windows 预置主题中选择一种，即可一次性改变 Windows 桌面背景、窗口颜色、桌面图标样式、系统声音等。

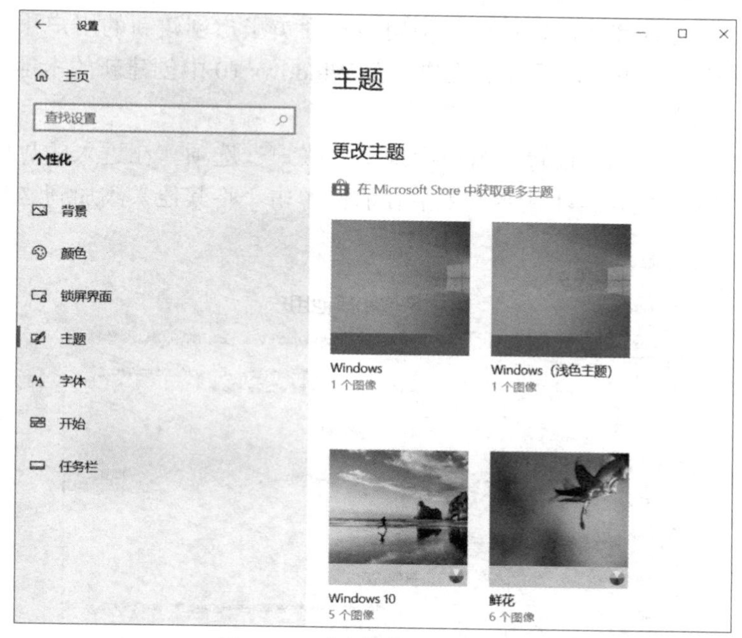

图 3-40　“个性化”设置界面

3.10.3　用户管理

用户是计算机中的主体，当用户向计算机发出指令时计算机才会开始执行相应的操作。更确切地说，用户是操作系统中的主体，因为在一台计算机中可能安装不止一种操作系统，不同操作系统中的用户是相对独立的，因此用户依赖于操作系统而非计算机本身。在操作系统中通过为每个用户创建一个用户账户来标识不同用户的身份。如果想要使用操作系统并完成不同类型的任务，那么每个用户必须在操作系统中拥有自己的用户账户，以便通过该账户登录操作系统并执行各种操作。

登录计算机的用户都必须拥有一个账户，用户账户代表用户在操作系统中的身份。用户在启动计算机并登录操作系统时，必须使用有效的用户账户才能进入操作系统。登录操作系统后，系统会根据用户账户的类型为用户分配相应的操作权力和权限，从而可以限制不同类型的用户所能执行的操作。Windows 操作系统中的用户账户可以分为以下 3 种类型，每种类型为用户提供不同的计算机控制级别：

- 本地账户：操作系统的一般用户，拥有对系统使用的绝大多数权限，账户配置信息保存在本地机中。
- Administrator 管理员账户：超级管理员账户，拥有最高权限。
- Microsoft 账户：创建一个微软账户，即通过一个邮件地址和密码就可以登录所有的 Microsoft 网站和使用各种服务。

Windows 10 支持创建本地用户账户和 Microsoft 账户并使用他们登录系统。下面分别介绍创建这两类账户的方法。

1. 创建本地用户账户

在安装 Windows 10 操作系统的过程中，系统会要求用户创建管理员账户，在完成安装后会自动使用该账户进行登录。以后可以使用该管理员账户创建新的用户账户，创建的用户账户可以是管理员账户，也可以是标准账户。在 Windows 10 中创建新的本地用户账户的操作步骤如下：

（1）在打开的“Windows 设置”窗口中选择“账户”选项，在进入的界面左侧选择“家庭和其他用户”选项，如图 3-41 所示，然后在右侧单击“将其他人添加到这台电脑”按钮。

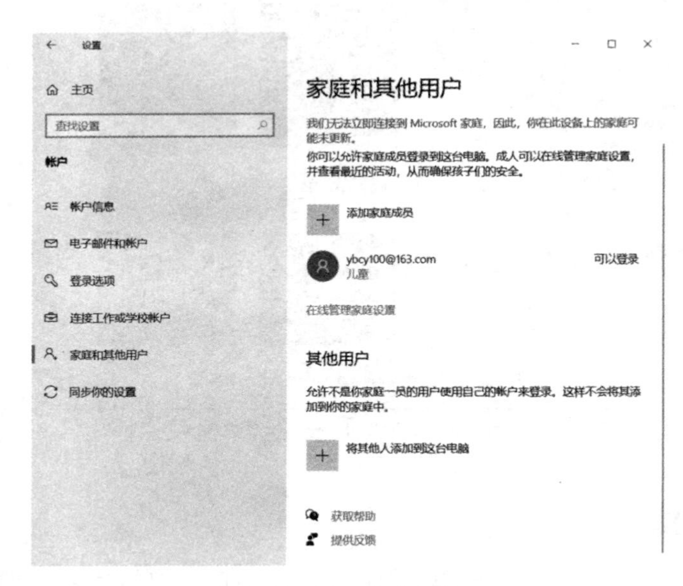

图 3-41　添加新用户账户

（2）在图 3-42 所示的对话框中，单击左下方的“我没有这个人的登录信息”链接。

（3）进入如图 3-43 所示的界面，由于要创建的是本地账户，因此单击左下方的“添加一个没有 Microsoft 账户的用户”链接。

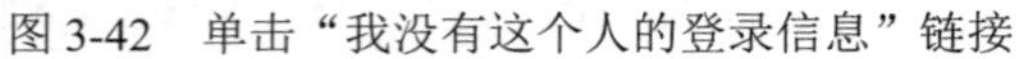
图 3-42　单击“我没有这个人的登录信息”链接

图 3-43　单击“添加一个没有 Microsoft 账户的用户”链接

（4）进入如图 3-44 所示的界面，输入用户账户的名称，是否设置密码根据用户的使用环境而定。如果新建的用户账户用于多人共用的计算机，那么应该为其设置密码。如果设置了密码，那么必须设置“密码提示”内容，该内容主要用于帮助用户回忆所设置的密码。设置好后单击“下一步”按钮。

为这台电脑创建一个帐户

如果你想使用密码，请选择自己易于记住但别人很难猜到的内容。

谁将会使用这台电脑?

用户名

确保密码安全。

输入密码

重新输入密码

下一步(N)　上一步(B)

图 3-44　设置用户账户的名称和密码

（5）关闭用于创建账户的对话框并返回“Windows 设置”窗口，其中显示了新建的用户账户。

如果为账户设置了密码，那么在使用该账户登录系统时，只有输入正确的密码才能成功登录系统。如果没有为用户账户设置密码，那么该账户只能在本地计算机中登录，而不能在网络中的其他计算机中使用该账户进行登录。使用新创建的用户账户首次登录系统时系统将会进行短暂的配置，完成后才能进入 Windows 系统。

2. 创建 Microsoft 账户

可以使用现有的电子邮件地址创建一个 Microsoft 账户，也可以注册新的 Microsoft 账户。如果已经拥有了 Microsoft 账户，但是还没有在 Windows 10 中使用过，那么需要先将该 Microsoft 账户添加到 Windows 10 中。

使用与创建本地用户账户类似的方法在“Windows 设置”窗口中单击“将其他人添加到这台电脑”按钮，弹出如图 3-43 所示的对话框，在文本框中输入 Microsoft 账户的电子邮件地址（图 3-45），然后单击“下一步”按钮，在图 3-46 所示的界面中输入密码，单击“下一步”按钮。

图 3-45　输入 Microsoft 账户的电子邮件地址

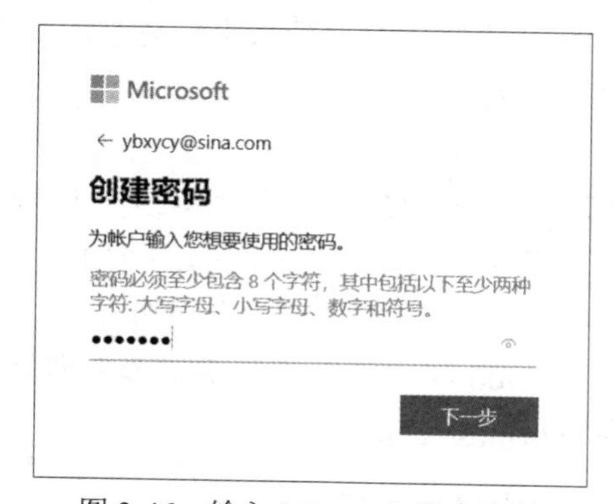

图 3-46　输入 Microsoft 账户密码

接着用户根据导航进入用户名字的输入界面、出生日期输入界面，最后将发到自己邮箱中的验证码填写到如图 3-47 所示的界面中，这样即可将新建的 Microsoft 账户添加到

Windows 10 中，以后就可以使用该账户登录 Windows 10 了。

图 3-47　输入邮件验证码

无论使用以上哪种方式，设置完成后都需要单击“下一步”按钮，然后按照向导操作即可使用已有的电子邮件地址或新注册的电子邮件地址创建一个 Microsoft 账户。

习题 3

一、选择题

1．Windows 的整个显示屏幕称为（　）。

A．窗口　　B．桌面　　C．工作台　　D．操作台

2．在“资源管理器”中，按（　）键后，再用鼠标可选定多个连续的文件。

A．Shift　　B．Ctrl　　C．Alt　　D．Esc

3．在 Windows 中，要移动窗口，可用鼠标（　）。

A．双击菜单栏　　B．双击标题栏

C．拖动菜单栏　　D．拖动标题栏

4．一个应用程序窗口被最小化后，该应用程序窗口的状态是（　）。

A．继续在前台运行　　B．被终止运行

C．被转入后台运行　　D．暂停运行

5．将 Windows 的窗口和对话框作一比较，窗口可以移动和改变大小，而对话框（　）。

A．既不能移动，也不能改变大小　　B．仅可以移动，不能改变大小

C．仅可以改变大小，不能移动　　D．既能移动，也能改变大小

6．在 Windows 中，欲将整幅屏幕内容复制到剪贴板上，应使用（　）键。

A．PrintScreen　　B．Alt + PrintScreen

C．Shift + PrintScreen　　D．Ctrl + PrintScreen

7．一个文档被关闭后，该文档可以（　）。

A．保存在外存中　　B．保存在内存中

C．保存在剪贴板中　　D．既保存在外存中也保存在内存中

8．用快捷键切换中英文输入应按（　）键。

A．Ctrl+Space　　B．Shift+Space　　C．Ctrl+Shift　　D．Alt+Shift

9．在“回收站”窗口中选择了某一对象后，执行“文件”菜单中的“删除”命令，则该对象将（　）。

A．被放在桌面上　　B．被放在“我的文档”文件夹下

C．被恢复到原来位置　　D．被彻底删除

10．下列有关 Windows 屏幕保护程序的说法中不正确的是（　）。

A．它可以减少屏幕的损耗　　B．它可以保障系统安全

C．它可以节省计算机内存　　D．它可以设置口令

11．在下面有关 Windows 菜单的说法中，错误的是（　）。

A．带省略号（...）的命令执行后会打开一个对话框，要求用户输入信息

B．命令前有符号（√）表示该命令已经被选择

C．菜单项呈灰颜色，表示相应的程序被破坏

D．菜单中有向右黑三角形符号，表示有下级子菜单

12．文件的属性不包括（　）。

A．系统　　B．运行　　C．隐藏　　D．只读

13．若想用键盘关闭所打开的应用程序，可以按（　）键。

A．Ctrl+F4　　B．Alt+ F4　　C．Ctrl+Shift　　D．Esc

14．下列各种程序中，不属于“附件”的是（　）。

A．记事本　　B．计算器　　C．磁盘整理程序　　D．增加新硬件

15．Windows 的文件夹组织结构是一种（　）。

A．表格结构　　B．树形结构　　C．网状结构　　D．线性结构

16．Windows 任务管理器不可用于（　）。

A．启动应用程序　　B．修改文件属性

C．切换当前应用程序窗口　　D．结束应用程序运行

17．根据文件命名规则，下列字符串中合法的文件名是（　）。

A．ADC*.FNT　　B．#ASK%.SBC　　C．CON.BAT　　D．SAQ/.TXT

18．将存有文件的 U 盘格式化后，下列叙述中正确的是（　）。

A．U 盘上的原有文件仍然存在

B．U 盘上的原有文件全部被删除

C．U 盘上的原有文件没有被删除，但增加了系统文件

D．U 盘上的原有文件没有被删除，但清除了计算机病毒

二、填空题

1．操作系统是控制和管理计算机中的 ________ 和 ________，合理地组织计算机的工作流程，控制程序运行并为用户提供交互操作界面的程序集合。

2．分时操作系统工作时，用户交互式地向系统提出命令请求，系统接收每个用户的命令，采用 ________ 方式处理服务请求，并通过交互方式在终端上向用户显示结果。

3．计算机中的信息是以 ________ 的形式组织和存储的。

4．可执行文件的扩展名是 ________。

5．Windows 有 4 个默认库：视频、图片、________ 和音乐。

6．在 Windows 中，关闭窗口的组合键是 ________。

7．在 Windows 中，系统为用户提供了文件与文件夹的多种显示方式，其中有图标、列表、________、平铺和内容。

三、简答题

1．简述操作系统的概念、作用和功能。

2．简述窗口的组成元素。

3．简述文件的定义、文件名的构成。

4．删除文件和卸载程序有什么不同？

5．根据操作系统的结构和功能，操作系统可分为哪些类别？

第 4 章　字处理软件 Word 应用

现代办公过程中，常常会遇到编制文章、简历、信函、公文、报纸和书刊等字处理工作。本章以字处理软件 Word 为例，主要介绍其功能、基本操作、文档排版、表格制作、图文混排以及目录生成、邮件合并等高级应用。

- 字处理软件相关概念
- 文档的建立与编辑
- 文档的基本排版
- 表格和图文混排
- 目录与邮件合并

4.1　Word 概述

现代办公中常常提到的文字处理，涉及文字的录入和编辑、文档的排版、表格的制作、图片图像的插入、图文混排、文档的智能检查，通常是利用计算机软件来完成的。具有这类文字处理功能的软件叫“文字处理软件”，简称“字处理软件”。

现有的中文文字处理软件主要有微软公司的 Word、金山公司的 WPS、永中 Office 和以开源为准则的 OpenOffice 等。本书以微软公司的 Word 为例进行讲解。

Word 是微软公司的 Office 办公自动化套装软件之一，集文字录入、编辑、制表、绘图、排版、打印等操作为一体，具有丰富的全屏幕编辑功能，能创建出图文并茂、具有专业水准的文档。Word 功能齐全，操作简便，其主要功能及特点如下所述。

1．所见即所得，操作界面直观

用户用 Word 软件编排文档，屏幕上所见到的样式就是打印机打印出来的实际效果；软件界面友好，提供了丰富多彩的工具，利用鼠标就可以完成选择、排版等操作。

2．图文编辑与混排

Word 可以编辑文字、符号，插入图像、声音、动画等其他软件制作的信息，进行屏幕截图、图形制作、图片效果处理，编辑艺术字、数学公式等，为用户提供了丰富的样式完成文稿的设计和排版，满足用户的各种文档处理要求。

3. 自动功能

Word 提供了自动的拼写和语法检查功能，对发现的语法错误或拼写错误会提供修正的建议。自动更正功能根据 Word 中的预先设置，将用户输入的某些符号或字符进行自动更换。

4. 模板与向导功能

Word 提供了大量且丰富的在线模板，使用户在编辑某一类文档时，能很快建立相应的格式，同时也允许用户自己定义模板，为用户建立特殊需要的文档提供了高效而快捷的方法。

5. 超强兼容性

Word 支持多种格式的文档，也能以 PDF 等其他格式的文件存盘，还可以编辑邮件、信封、备忘录、报告、网页等。

4.1.1 Word 的启动与退出

Word 的启动与退出和常用应用程序的启动与退出方法相似。

1. Word 的启动

启动 Word 常用的方法：

（1）通过“开始”菜单启动。

（2）通过快捷方式启动。双击桌面上 Word 的快捷图标，可以启动并新建一个空白文档。

（3）通过文档启动。双击要打开的 Word 文档也可以启动 Word，同时打开文档。

2. Word 的退出

退出 Word 常用的方法：

（1）单击 Word 应用程序窗口标题栏右上角的“关闭”按钮。

（2）选择“文件”菜单中的“退出”命令。

（3）按 Alt+F4 组合键。

4.1.2 Word 的窗口组成

Word 的窗口组成主要包括标题栏、“文件”菜单、功能选项卡、Tell Me 功能助手、用户登录共享按钮组、功能区、文档编辑区、状态栏和视图栏等，如图 4-1 所示。

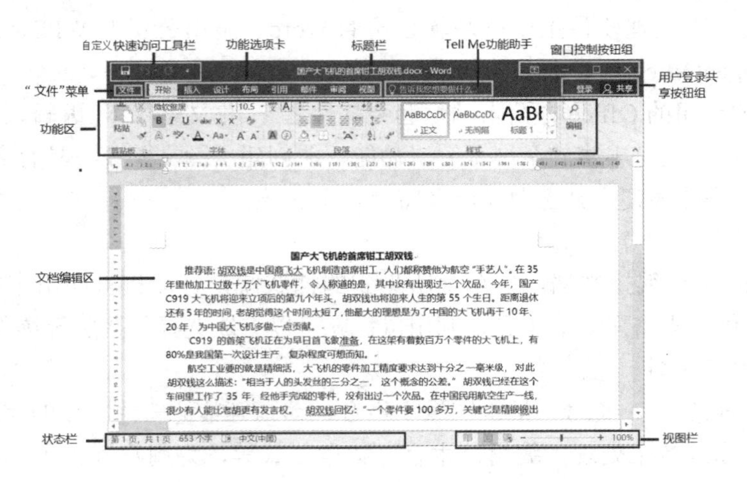

图 4-1　Word 的窗口组成

1. 菜单栏

菜单栏位于 Word 窗口的顶部，由三个部分组成，左侧是自定义快速访问工具栏，右侧是窗口控制按钮组，中间显示正在操作的文档和程序的名称等信息。

（1）自定义快速访问工具栏。在默认情况下，“自定义快速访问工具栏”位于 Word 窗口的顶部，工具栏中常用的功能按钮有：

1）保存。用于保存当前文档。

2）撤消。在对文档进行了一系列操作后，若对之前的操作不满意，需要恢复到以前的状态，则单击该按钮或按 Ctrl+Z 组合键。撤消命令可以执行多次，把所做的操作从后往前一个一个地撤消。如果需要撤消多项操作，可以单击撤消按钮右端的下三角按钮，在打开的列表选项中选择要撤消的多项操作即可。

3）重复。单击该按钮或按 Ctrl+Y 组合键可重复某项操作。要重复多项操作，可多次单击“重复”按钮或按 Ctrl+Y 组合键。

“自定义快速访问工具栏”上的按钮可以根据需要进行添加和移除。操作步骤是：单击“自定义快速访问工具栏”右侧的下三角按钮，在弹出的下拉菜单（图 4-2）中，单击菜单中无“√”的命令项，将对应的功能按钮添加到“自定义快速访问工具栏”，单击带“√”的命令项则在工具栏中移除该命令按钮。其中，选择“其他命令”选项，在打开的“Word 选项”对话框中，可以将下拉菜单以外的命令按钮添加到“自定义快速访问工具栏”下拉菜单，如图 4-3 所示。

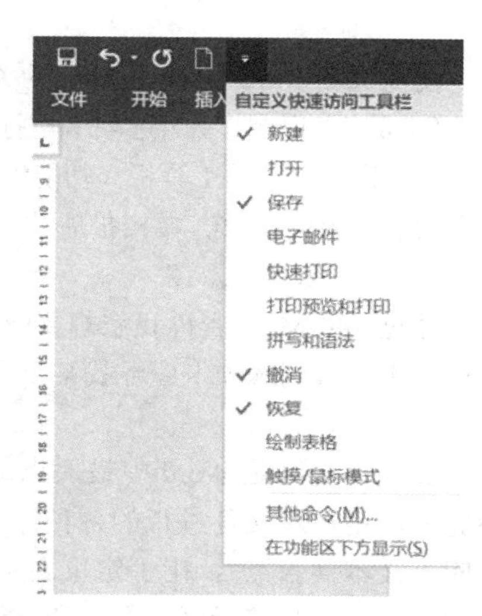

图 4-2　“自定义快速访问工具栏”下拉菜单

图 4-3　“Word 选项”对话框

（2）窗口控制按钮组。在标题栏的右侧，有一个窗口控制按钮组，在这个按钮组中，有“功能区显示选项”按钮，通过它可以对功能区的选项卡和命令项部分进行显示和隐藏。另外还有“最小化”、“最大化 / 向下还原”/、“关闭”三个按钮

2. “文件”菜单

“文件”菜单被称为“Backstage 视图”（后台视图），是用于对文档执行操作的命令集。在这里可以管理文档和有关文档的相关数据，包括：创建、保存和发送文档，检查文档中是否包含隐藏的元数据或个人信息，以及设置选项等。通过该视图对文件执行所有无法在文件内部完成的操作。

3. 功能选项卡和功能区

功能选项卡和功能区是对应的关系，共有“文件”“开始”“插入”“设计”“布局”“引用”“邮件”“审阅”“视图”9 个选项卡。打开某个选项卡即可打开相应的功能区，在功能区中有许多自动适应窗口大小的工具栏（功能组），其中提供了常用的命令按钮或列表。有的组右下角会有一个功能扩展按钮，单击扩展按钮，可以打开相应的对话框或任务窗格进行更详细的设置。

4. Tell Me 功能助手

通过 Tell Me（告诉我您想要做什么）功能助手的快速检索功能，用户可以快速实现相应操作，不用再到选项卡中寻找某个命令。

5. 文档编辑区

文档编辑区是 Word 中最大也是最重要的部分，所有的关于文本编辑的操作都在该区域中完成，用户对文件进行的各种操作的结果都显示在该区域中。文档编辑区中有个闪烁的光标叫“文本插入点”，用于定位文本的输入位置。在“视图”选项卡的功能区中选中“标尺”选项时，在文档编辑区的左侧和上侧将出现标尺；在“视图”选项卡的功能区中选中“导航窗格”选项，会在编辑区左侧出现用于实现查找、替换等功能的导航窗格。

6. 状态栏

状态栏位于 Word 窗口的左下方，用于显示与当前工作有关的信息，如文档的当前页码、总页码、文档字数、校对图标、文档所用语言。

7. 视图栏

视图栏位于 Word 窗口的右下方，用于切换文档视图的版式。在视图栏中有三个按钮，分别对应“阅读版式视图”、“页面视图”和“Web 版式视图”以及位于右侧的“缩放比例工具” - + 100%，通过拖动比例条上的滑块可以缩放文档的显示比例。

通过“视图”选项卡的视图功能区除了这三种视图还能看到另外两种视图，即“大纲视图”和“草稿视图”。各种视图特点如下：

（1）阅读版式视图。“阅读版式视图”以图书的分栏样式显示 Word 文档。此时，只有“文件”“工具”“视图”三个菜单按钮，功能区等窗口元素被隐藏起来。在“阅读版式视图”中，用户通过单击“视图”菜单中的“编辑文档”菜单项进入“页面视图”状态。

（2）页面视图。“页面视图”可以显示 Word 文档的打印结果，主要包括页眉、页脚、图形对象、分栏设置、页面边距等元素，是最接近打印结果的视图。

（3）Web 版式视图。“Web 版式视图”以网页的形式显示文档，适用于发送电子邮件和创建网页。

（4）大纲视图。“大纲视图”主要用于设置文档的层级结构，可以方便地折叠和展开各种层级的文档。大纲视图广泛用于 Word 长文档的快速浏览和设置。当使用大纲视图时，功能区中会出现“大纲”选项卡，通过该选项卡中的“大纲工具”组，可以方便地设置、修改文本的级别、按级别移动文本以及按级别显示文本。

（5）草稿视图。“草稿视图”取消了页面边距、分栏、页眉页脚和图片等元素，仅显示标题和正文，是最节省计算机系统硬件资源的视图方式。当然现在计算机系统的硬件配置都比较高，基本上不存在由于硬件配置偏低而使 Word 运行遇到障碍的问题。

在“视图”功能区中，除了以上 5 种视图以外，还有“显示”“显示比例”“窗口”等功能组，可以根据需要设置，以更方便地查看、阅读、操作文档，如图 4-4 所示。

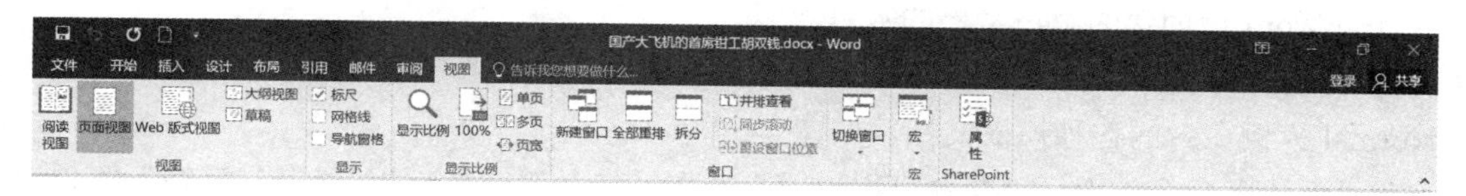

图 4-4　“视图”功能选项卡

4.2　Word 的基本操作

和“文件”相关的操作可以通过“文件”菜单实现。单击“文件”菜单，左侧显示许多基本菜单项，右侧是该命令项对应的相关设置项或信息，在这里可以进行文档的新建、打开、保存，文档信息的查看，选项的设置。默认情况下显示“信息”命令项的详细内容，如图 4-5 所示。

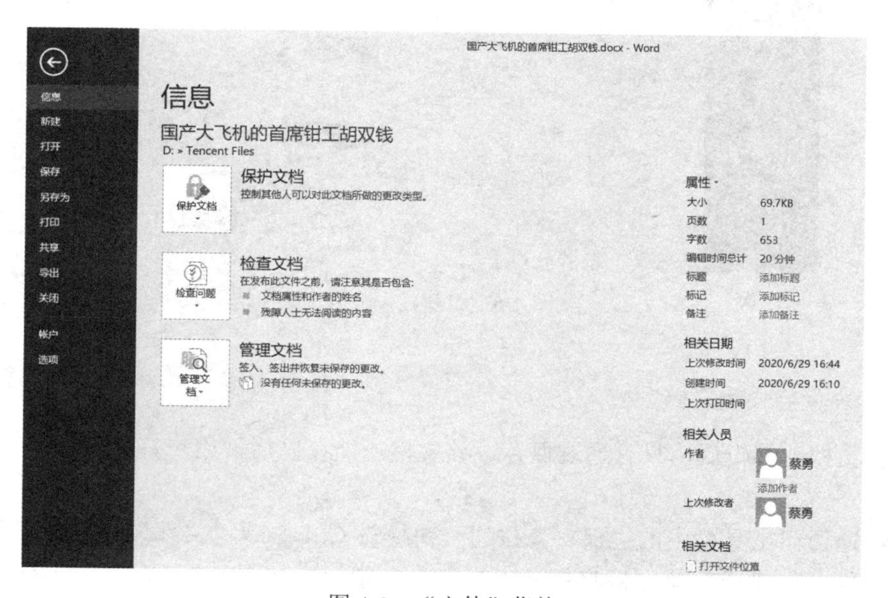

图 4-5　“文件”菜单

通过“信息”命令项，可以查看文档的位置、文件属性、相关日期、人员及相关文档情况，进行“文档保护”“检查问题”“管理版本”等设置。

注意：单击按钮可从“文件”菜单返回文档编辑状态。

4.2.1 新建文档

在 Word 中可以通过不同的方法创建各种各样的文档。常用的方法有以下三种。

（1）启动 Word 创建文档。当用户启动 Word 后，系统会自动创建一个基于 Normal 模板的空白文档，并以“文档 1”作为默认文件名。

（2）通过快速访问工具栏中的“新建”按钮创建文档。在启动 Word 后，单击该按钮，系统会创建一个基于 Normal 模板的空白文档，并以“文档 *n*”作为默认文件名，其中 *n* 为数字，表示启动 Word 后创建的空白文档的数目。

（3）执行“文件”→“新建”（表示“文件”选项卡中的“新建”命令）命令项，创建包括 Normal 模板在内的各种模板文档，如图 4-6 所示。

在“新建”命令项中，可在“可用模板”选项区选择“空白文档”“书法字帖”等预设模板建立文档，选择“样本模板”可以显示计算机中现已存在的模板样本；也可以在搜索框中输入需要的模板名关键字，Word 将为用户搜索联机模板，并自动应用该模板创建一个新文档。

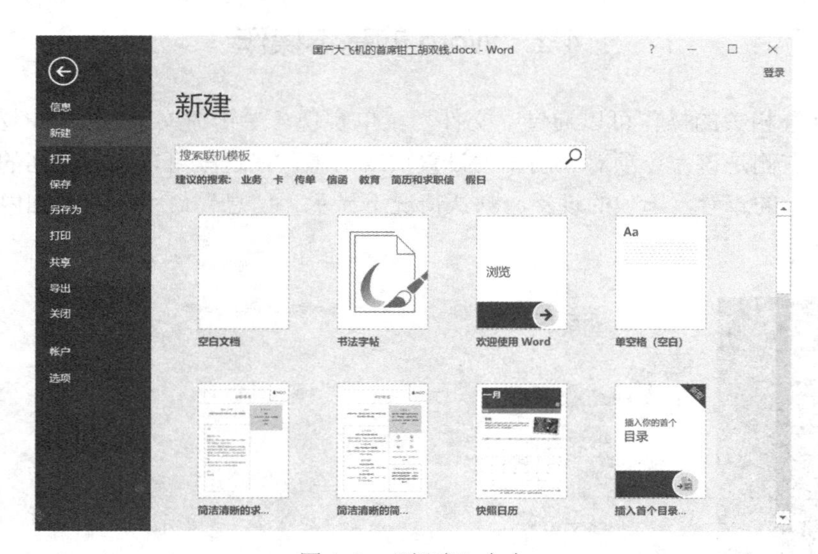

图 4-6 “新建”命令

4.2.2 保存与关闭文档

创建新文档并编辑后，只有通过保存，该文档才能在以后被用户打开。

1. 手动保存文档

通过快速访问工具栏中的“保存”按钮、快捷键 Ctrl+S 或“文件”→“保存”命令都能实现文档的保存。对于新建文档将打开“另存为”窗口，如图 4-7 所示。通过该窗口可以选择最近使用的保存位置进行文档的保存，如图 4-7 中“今天”“昨天”等使用过的文件夹。

也可以单击“浏览”按钮，弹出“另存为”对话框，如图 4-8 所示，在“另存为”对话框中设置新的保存路径、名称、文档类型后进行保存。

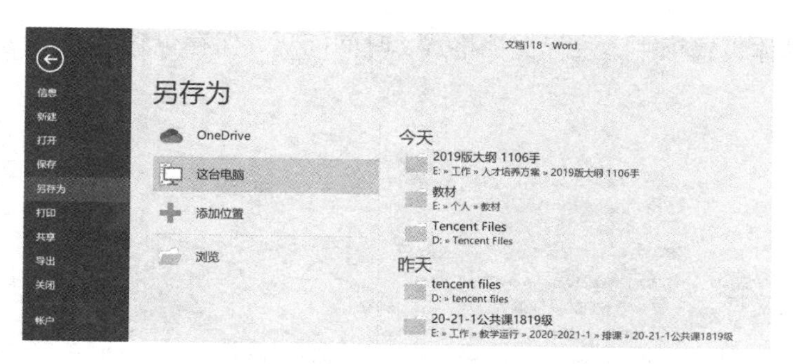

图 4-7　“另存为”窗口

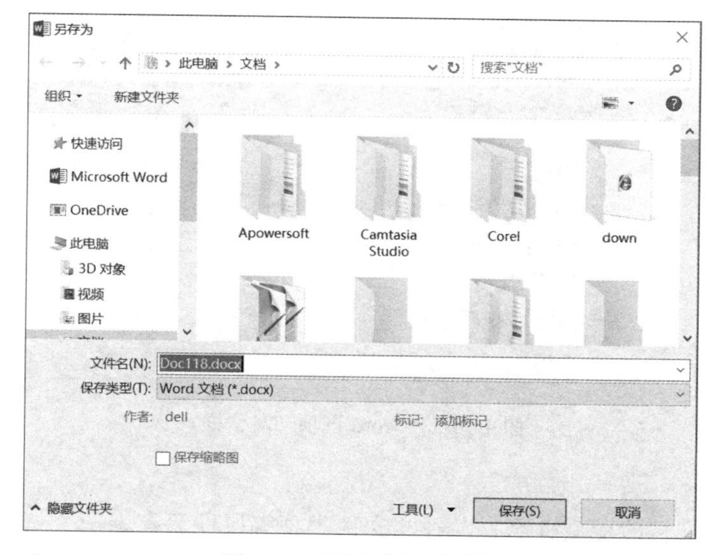

图 4-8　“另存为”对话框

在 Word 中，保存的文件类型默认为“*.docx”，若需要保存为其他类型的文档，可在“另存为”对话框中的“保存类型”下拉列表框中根据需要选择其他类型。在单击“保存”按钮保存文档前，单击“保存”按钮左侧的工具 工具(L) ▾ ，弹出菜单项，如图 4-9 所示，根据需要，可选择对应的选项进行相应设置后进行保存。

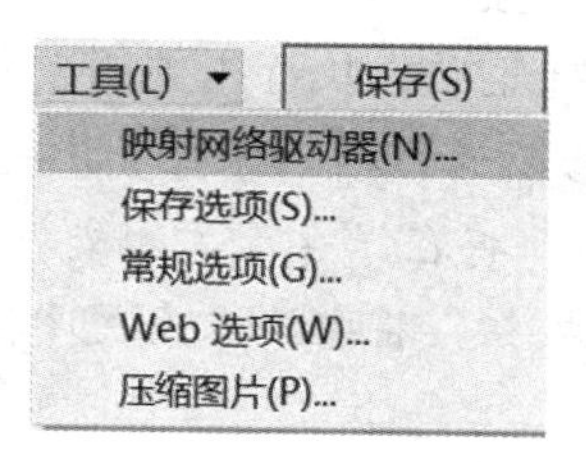

图 4-9　保存工具选项

2. 自动保存文档

在编辑文档时，为了避免断电等意外事故导致文档内容的丢失，可以设置 Word 自动保存功能，即设置自动保存文档的时间间隔和文档的保存方式等，减小数据丢失的概率。要启动该功能，执行“文件”→“选项”命令，在弹出的“Word 选项”对话框中，在左侧选择“保存”

选项，在右侧的具体设置项中，进行文档格式、时间间隔、保存位置等选项的设置，如图 4-10 所示。

图 4-10 “Word 选项”对话框

3. 文档另存

当需要将当前文档改变文件名、路径、文件类型等属性另存为一个新文档，旧文档依然存留时，可通过选择“文件”→“另存为”命令实现，如图 4-7、图 4-8 所示。

4. 关闭文档

选择“文件”→“关闭”命令可以将文档关闭。除此以外，关闭文档的常用方法还有以下几种。

（1）在当前文档中使用快捷键 Alt+F4。

（2）单击标题栏右侧的“关闭”按钮。

（3）右击标题栏，在弹出的快捷菜单中执行“关闭”命令。

注意：当新建的文档或进行了修改的文档未保存直接关闭时，Word 会提醒用户进行保存，如图 4-11 所示。单击“保存”按钮，将在保存后关闭文档；单击“不保存”按钮，则不进行保存直接关闭文档；单击“取消”按钮，将取消本次关闭操作，返回文档。

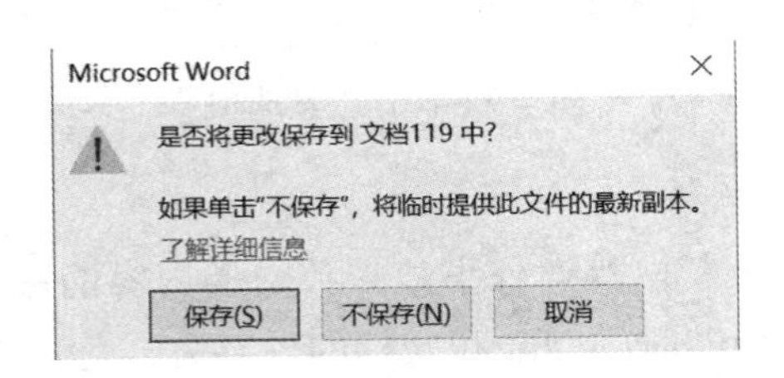

图 4-11 提醒保存对话框

4.2.3　打开文档

在阅读或修改文档内容前，需要先将文档打开，打开文档的方法如下：

（1）双击需要打开的文档将其打开。

（2）在已启动 Word 的情况下打开文档，需要执行“文件”→“打开”命令。在“打开”窗口（图 4-12）中，可以打开显示在“今天”“昨天”等列表中最近的文件，也可以通过图中的“浏览”命令，在弹出的“打开”对话框中，选择要打开的文件，或者在“文件名”文本框中输入要打开文件的名称，单击“打开”按钮即可，如图 4-13 所示。

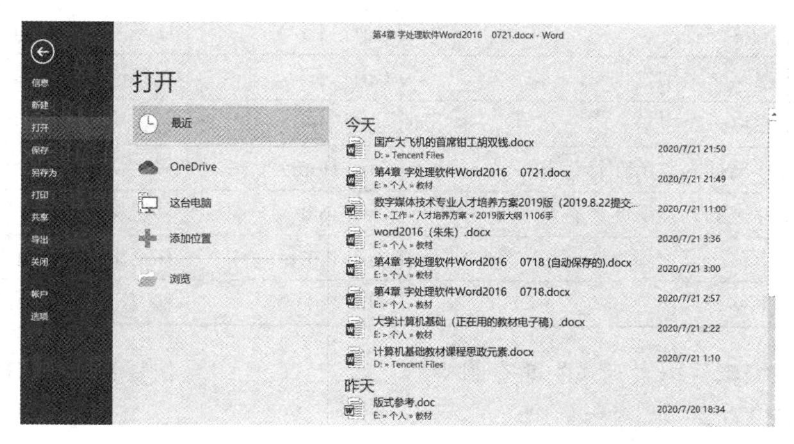

图 4-12　“打开”窗口

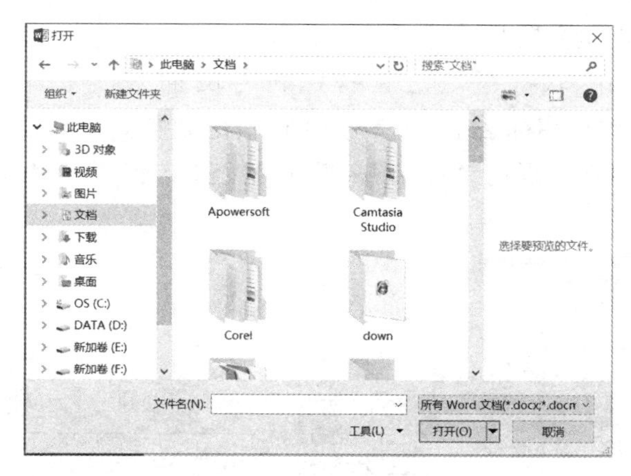

图 4-13　“打开”对话框

（3）启动 Word 后，使用快捷键 Ctrl+O。

（4）启动 Word 后，将文档拖拽到 Word 程序窗口中也可以直接打开文档。

注意：通过“打开”对话框打开文档时，单击“打开”按钮旁的下三角按钮，还可以进行文档打开方式（“只读”“副本”“打开并修复”等）的选择。

4.2.4　文本编辑

在打开文档后，可以进行文本的编辑。

1. 文本定位

移动光标可以确定文本或对象将要插入的位置，具体的方法有：

（1）使用鼠标定位。将光标移到需要插入文本的位置后单击。

（2）使用键盘定位，见表 4-1。

表 4-1　常用文本定位操作键

操作键	功能	操作键	功能
↑	上移一行	Ctrl+ ↑	移至当前段段首
↓	下移一行	Ctrl+ ↓	移至下一段段首
←	左移一个字符	Ctrl+ ←	左移一个词
→	右移一个字符	Ctrl+ →	右移一个词
Home	移至插入点所在行行首	Ctrl+Home	移至文档首
End	移至插入点所在行行尾	Ctrl+End	移至文档尾
PgUp	上移一屏	Ctrl+PgUp	移至上一页起始位置
PgDn	下移一屏	Ctrl+PgDn	移至下一页起始位置

（3）使用“编辑”组“查找”命令组中的“转到（G）...”（快捷键 Ctrl+G）定位，将插入点移到较远的位置。

2. 文本录入

选择适当的输入法，直接通过键盘就可以实现文本和键盘上可见符号的输入。

对于其他特殊符号的输入常见的方法有以下两种：

（1）利用输入法的“软键盘”进行特殊符号的插入。如右击搜狗输入法工具条中的软键盘图标，会弹出 13 种软键盘快捷菜单界面，选择需要输入的字符类别，如“特殊字符”，在出现的“特殊字符”软键盘中选择相应字符即可，如图 4-14 所示。

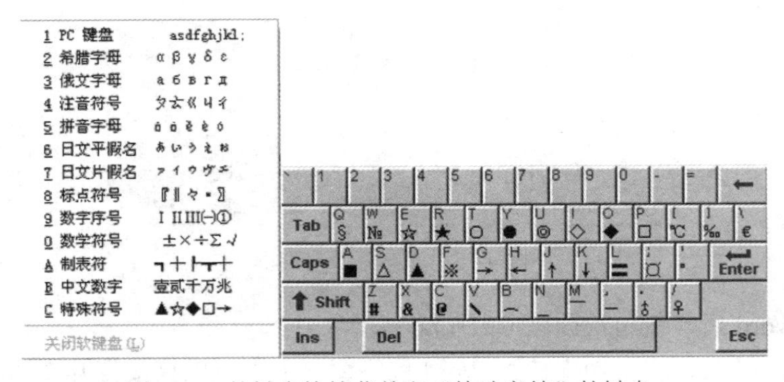

图 4-14　软键盘快捷菜单和“特殊字符”软键盘

（2）单击“插入”选项卡“符号”组中的“符号”按钮，通过“其他符号”弹出的“符号”对话框也可以实现符号的插入，如图 4-15 所示。选中所需符号后，在“符号”对话框中单击“插入”按钮即可。同样的，对于特殊的编号，也可通过“插入”选项卡“符号”组中的“编号”按钮完成录入。

图 4-15　“符号”对话框

3. 文本的选取

在 Word 中，对文档中的文本进行任何操作都必须先选择相应的文本对象。

（1）鼠标选取。

1）双击选取当前光标所在位置的一个单词。

2）拖拽选取：将插入点移动到要选择文本的起始位置，拖拽鼠标至要选择文本的结束位置，则选择部分呈选定状态。

3）利用选定区：在文档窗口的左侧有一空白区，称为选定区，移到这个区域的光标形状为↗。此时可利用鼠标对文本的行和段落进行选取操作。

单击鼠标左键：选定箭头所指向的一行。

双击鼠标左键：选定箭头所指向的一段。

三击鼠标左键：全选整个文档。

（2）键盘选取。

1）使用 Shift 键。将插入点定位到要选择文本的起始位置，按住 Shift 键的同时，通过↑、↓、←、→等操作键移动插入点到选择文本的结束位置，则选择部分呈选定状态。

Shift+ ↑：向上选定　　Shift+ ↓：向下选定

Shift+ ←：向左选定　　Shift+ →：向右选定

Ctrl+A：选定整个文档

2）使用功能键 F8。F8 键能实现扩展选择。在要选择文本区域的起始位置单击一次 F8 键后进入扩展状态，使用 Esc 键退出扩展状态。

在进入扩展状态后：

单击一次 F8 键：选定插入点所在的词。

单击两次 F8 键：选定插入点所在的长句。

单击三次 F8 键：选定插入点所在的段落。

单击四次 F8 键：选定整个文档。

进入扩展状态后，将插入点定位在任何位置，则进入扩展状态前插入点位置到当前插入点位置之间的文本都将被选中；配合↑、↓、←、→方向键也能自如地扩大或缩小选择范围。

3）组合选取。

选定一句：将光标移动到该句的任何位置，按住 Ctrl 键单击。

选定连续区域：先将插入点移动到要选择文本的起始位置，按住 Shift 键的同时，再将插入点移到要选择文本的结束位置，则选择部分呈选定状态。

选定矩形区域：按住 Alt 键，利用鼠标拖拽出要选择的矩形区域。

选定不连续区域：按住 Ctrl 键，再选择不同区域。

选定整个文档：将光标移至文本选定区，按住 Ctrl 键单击。

（3）使用“选择”按钮选取。在“开始”→“编辑”组中有一个“选择”命令按钮，单击后出现如图 4-16 所示的四个命令。

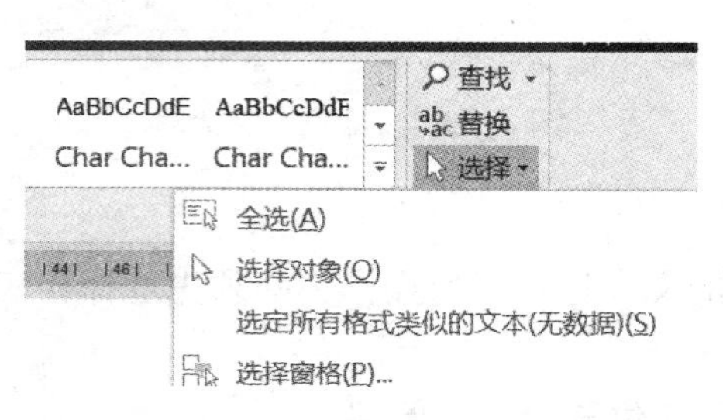

图 4-16 “选择”按钮选项

1）全选：使用该命令，可以实现全文档选择。

2）选择对象：用于选择文本外的其他对象。

3）选定所有格式类似的文本：选取应用了某种样式或格式的文本后，选择该命令，则所有应用了这种样式或格式的文本都被选中。使用该功能时，需要选择“文件”→“选项”命令，在弹出的“Word 选项”对话框的“高级”→“编辑选项”中选中“保持格式追踪”→“确定”。

4）选择窗格：使用该命令，将在编辑窗口的右方弹出“选择和可见性”任务窗格，在任务窗格中显示插入点所在页的图片及形状等对象，供用户准确选择。

4. 文本的移动、复制和删除

（1）文本的移动和复制。

1）使用鼠标。先选中要移动的文本块，直接拖拽到目标位置实现文本移动，在拖动的过程中使用 Ctrl 键实现文本复制。

2）使用命令按钮。先选中要移动的文本，再单击“开始”→“剪贴板”组中的“剪切”按钮或“复制”按钮，然后定位插入点到目标位置，最后单击“剪贴板”→“粘贴”按钮。

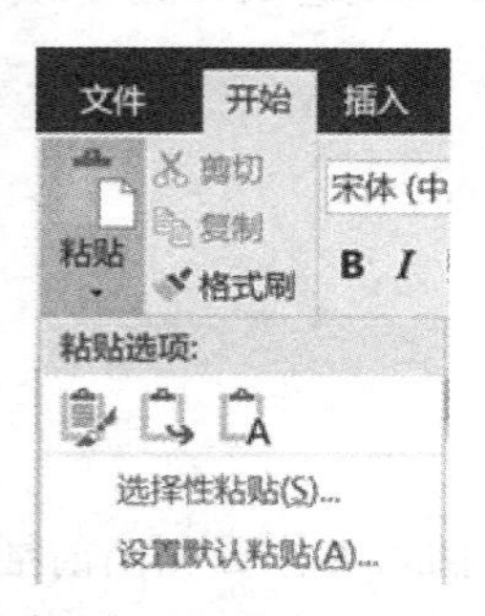

图 4-17 “粘贴”选项

在操作过程中，完成“剪切”操作也可以使用快捷键 Ctrl+X；完成“粘贴”操作也可以使用快捷键 Ctrl+V。

注意：“剪贴板”组中的“粘贴”按钮下方有一个下拉按钮，单击该按钮，弹出一个命令组，如图 4-17 所示。通过该命令组可以进行“选择性粘贴”和“设置默认粘贴”的设置。

3）使用剪贴板。单击“开始”选项卡“剪贴板”组的功能扩展按钮，在文档编辑区的左侧出现“剪贴板”任务窗格，在该窗格中可以看到最近 24 次的剪切或复制操作的对象存放在剪贴板中，这些内容能在 Office 的各应用程序中共享使用。

（2）文本的删除。在键盘上有两个具有删除功能的操作键，Delete 键和 Backspace 键。

按 Delete 键可以删除选中的文本块，也可以删除插入点右侧的一个字符。

按 Backspace 键可以删除选中的文本，也可以删除插入点左侧的一个字符。

5. 格式刷

使用“开始”→“剪贴板”中的格式刷 可以复制字符、段落的格式，也可以复制非“嵌入型”图形对象（包括自选图形）的格式，如边框和填充，从而提高排版效率。操作步骤如下：

（1）选中具有某种格式的文本或段落。

（2）单击“剪贴板”组中的格式刷。

（3）按住鼠标左键选取要应用此格式的文本或段落。

若同一格式需要多次复制，则可在第（2）步操作的时候改单击为双击。若退出多次复制状态，则单击格式刷按钮或按 Esc 键。

6. 查找与替换

在编辑文档时，经常需要对某些内容进行查找和替换的操作。

（1）查找。Word 提供了三种查找类型，“查找”“高级查找”“转到……”。选择“开始”→“编辑”→“查找”命令 查找，单击右侧的下三角按钮，出现由这三种查找类型组成的命令组。使用这三种命令进行查找的方法如下：

1）“查找”。执行“开始”→“编辑”→“查找”命令，或使用组合键 Ctrl+F，将在文本编辑区左侧打开“导航”窗格，如图 4-18 所示。

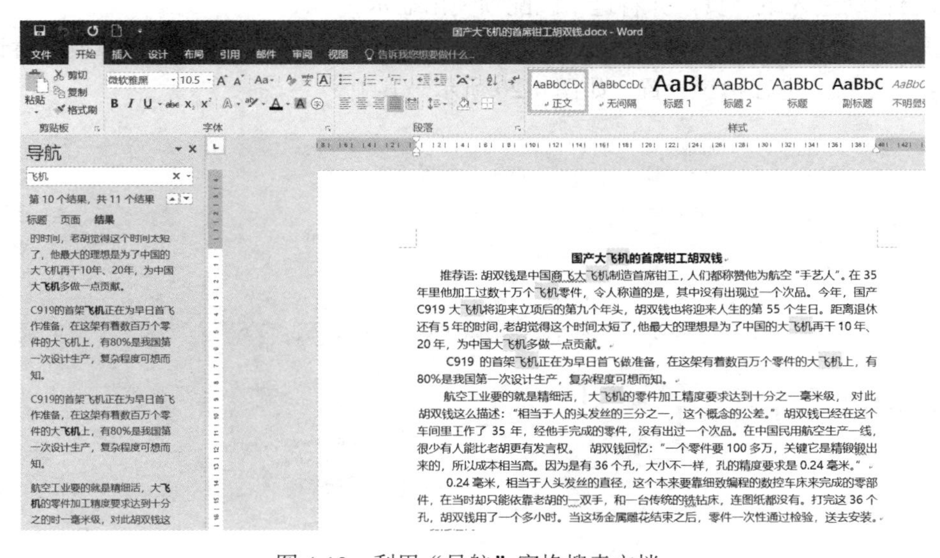

图 4-18　利用“导航”窗格搜索文档

在“搜索文档”文本框 搜索文档 中输入要查找的内容后，单击“搜索”按钮 或按键盘上的 Enter 键，此时文档中要查找的内容为突出显示。同时，在导航窗格搜索文本框下方以“标题”“页面”“结果”三种方式体现搜索结果。

“标题”：当前文档中已设置好的各级标题将显示出来，所查内容所在的最小级别的标题将以选中的状态显示。

“页面”：文档自动分页，所查内容所在页将突出显示。

“结果”：显示搜索内容所在的各个段落。

2）“高级查找”。“高级查找”可以实现文本、特殊字符、格式等的查找，操作步骤如下：

A. 执行“开始”→“编辑”→“查找”→“高级查找”命令，打开“查找和替换”对话框，如图 4-19 所示。也可通过 Ctrl+H 快捷键，在“查找和替换”对话框中，将“查找”选项卡切换为当前选项卡。

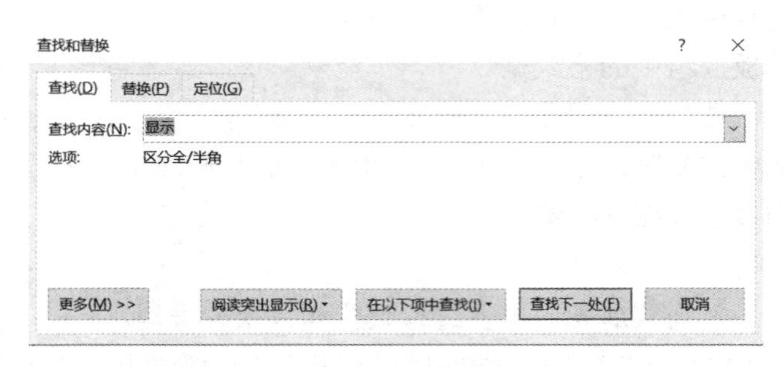

图 4-19 “查找和替换”对话框

B. 在“查找”选项卡的“查找内容”下拉列表框中输入要查找的内容。

单击“查找下一处”按钮，从插入点所在位置开始查找，找到的第一个匹配项会被突出显示。继续单击“查找下一处”按钮，下一个匹配项会被突出显示，若下一个匹配项在下一页，则 Word 会自动进入下一页，并将这个匹配项突出显示。

若需要查找满足某些条件的匹配项或非文字匹配项，需要在“查找和替换”对话框中单击“更多”按钮，进行相应设置，如图 4-20 所示。其中：

图 4-20 “查找和替换”对话框“更多”选项

“搜索”下拉列表框：可以选择搜索的方向，即从当前插入点向上或向下查找。

“区分大小写”复选框：查找大小写完全匹配的文本。

“全字匹配”复选框：仅查找一个单词，而不是单词的一部分。

“使用通配符”复选框：在查找内容中使用通配符。

“区分全 / 半角”复选框：查找全角、半角完全匹配的字符。

“格式”按钮：设置查找或替换对象的格式，如字体、段落、样式等。

“特殊格式”按钮：设置查找或替换的特殊字符，如段落标记、分栏符、分页符等。

“不限定格式”按钮：取消查找或替换内容框下指定的所有格式。

3）“转到”。使用“转到”命令，可以快速定位要访问的位置，操作步骤如下：

A. 执行“开始”→“编辑”→“查找”→“转到……”或 Ctrl+G 命令，打开“查找和替换”对话框的“定位”选项卡，如图 4-21 所示。

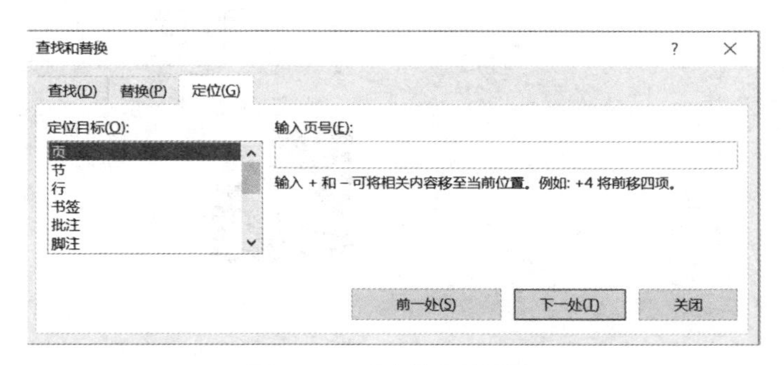

图 4-21　“定位”选项卡

B. 在“定位目标”列表框中选择要查找的目标，如“页”，在右侧的文本框中输入页码即可精确定位。

（2）替换。Word 的替换功能，不仅可以将需要替换的文本全部替换掉，也可以有选择地部分替换。如图 4-22 所示，在打开“查找和替换”对话框后，操作步骤如下：

图 4-22　“替换”选项卡

先在“查找内容”下拉列表框中输入要查找的内容，在“替换为”下拉列表框中输入要替换的内容。

然后单击“全部替换”按钮，则满足条件的内容将全部替换；若单击“替换”按钮，只替换当前一个，同时转到下一个匹配项处；若单击“查找下一处”按钮，将不替换当前找到的匹配项，继续转到下一处匹配项。

查找和替换功能除了能用于一般文本外，也能通过“更多”按钮查找并替换带有格式的文本和符号等。

4.2.5　打印文档

选择“文件”→“打印”命令（或单击快速访问工具栏下拉按钮中的“打印预览和打印”

项），进入“打印”窗口，如图 4-23 所示。

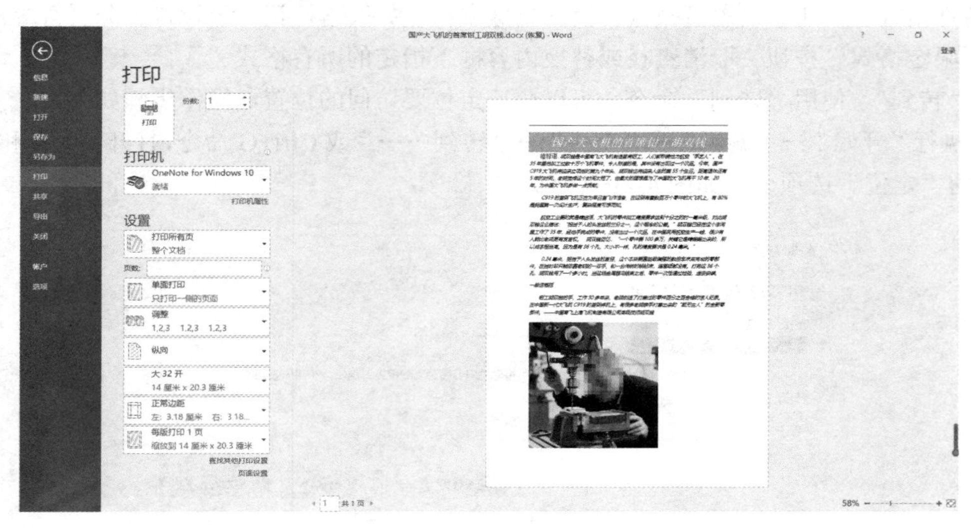

图 4-23 “打印”窗口

在“打印”窗口中，左侧有“打印”按钮、打印份数、打印机选择以及打印范围、打印方向、纸张等项，可进行相应设置，还可以单击最下方的“页面设置”，进行进一步设置；右侧是打印内容的预览窗口，下方可以通过 1 共1页 选择预览的页面，通过 58% 设置预览比例。当连接上打印机，进行相关设置，对预览窗口中的效果满意后，单击左侧“打印”按钮即可完成打印任务。

4.3 文档的排版

在对文档进行文本录入和编辑后，就可以进行排版设计了。排版设计包括对字体格式、段落格式和页面格式的设计。

字体格式和段落格式的设计主要在“开始”选项卡中进行，Word 将这些功能进行了分组。如图 4-24 所示。每个组由具有不同功能的命令按钮、功能扩展按钮组成，选中对象后，单击命令按钮则对选中的对象实现相应的操作；单击扩展按钮，则弹出对应的对话框或任务窗格，可以进行更详细的设置。

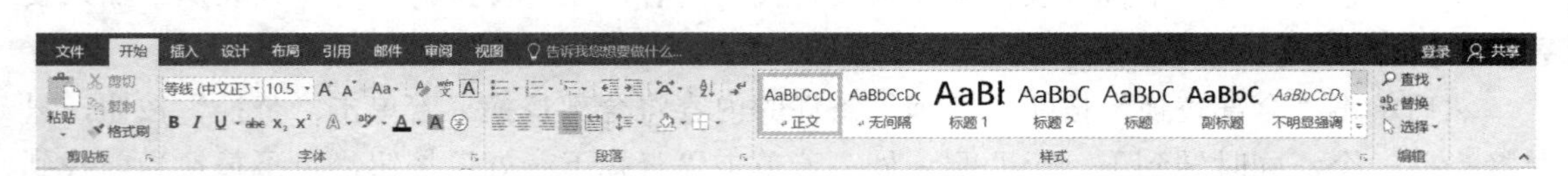

图 4-24 “开始”选项卡

4.3.1 字体格式

对字符进行格式设置时，首先要选中需要进行格式设置的“文本”，再对字体、字号、字形、颜色、字符间距、文字效果等进行设置。设置操作可在“字体”功能组中完成，如图 4-24 所示；

也可在“字体”对话框（通过“字体”组扩展按钮或右击操作对象并选择“字体 ...”命令弹出）中完成。

1．字体相关设置

（1）字体。在对话框中或单击字体组合框 宋体 右侧的下三角按钮，可为选中的文本设置“宋体”“隶书”等字体。

（2）字形。包括常规、加粗、倾斜、加粗倾斜四种，可在对话框中或通过“字体”组中的 B 和 I（或快捷键 Ctrl+B 和 Ctrl+I）分别进行加粗和倾斜的设置。

（3）字号。对字的大小进行设置，通常可以用点数制（也称为磅数制）如“10”，以及号数制如“五号”来表示。

单击字号组合框 五号 右侧的下三角按钮，可为选中的文本设置字号，也可直接在组合框中输入需要的字号。使用功能组中的 A A 两个按钮，可以实现字号的增大或缩小。

（4）字体颜色。可通过对话框或 A 按钮进行设置，直接单击此按钮，则选用当前色，若单击字体颜色按钮右侧的下三角按钮，在弹出的下拉菜单中可进行颜色更换或进行渐变色设置。

（5）下划线。可通过对话框或下划线按钮 U 设置，单击此按钮，选用当前下划线，单击下划线按钮旁的下三角按钮，可进行线型的更换。

（6）着重号及其他效果。着重号可通过“字体”对话框进行设置；在组中的 abc x_2 x^2 三个按钮可分别实现添加删除线、添加下标和添加上标。

2．字符的间距、缩放和位置

要进行字符的间距、缩放、位置等设置，可以单击“字体”功能组的扩展按钮，在弹出的“字体”对话框中选择“高级”选项卡进一步进行设置，设置效果能在窗口的预览区域显示，如图 4-25 所示。对话框中常用的是“字符间距”组中的“缩放”“间距”“位置”。

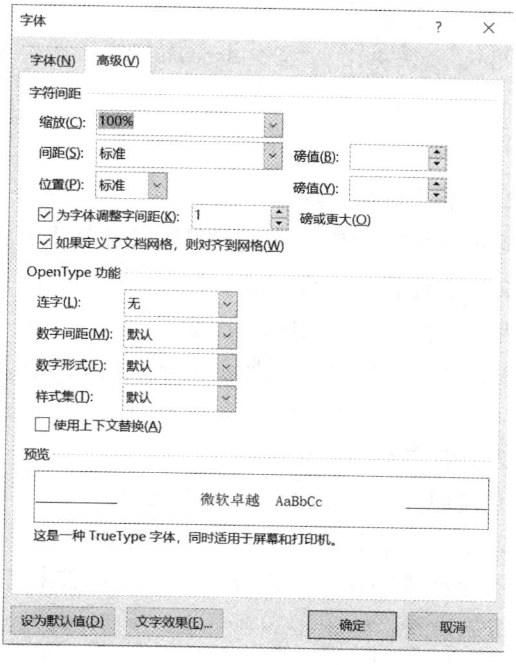

图 4-25　“高级”选项卡

（1）缩放。缩放是指在字号不变的情况下在水平方向进行字符的缩放。

操作步骤：选中要设置缩放效果的文本，在“字符间距”组中单击“缩放”下拉列表框右边的按钮，选择需要缩放的比例，或在该下拉列表框中直接进行缩放百分比的设置。

（2）间距。间距是在水平方向上进行字符之间距离的设置，有“标准”“加宽”“紧缩”三种格式。可以通过磅值微调按钮对加宽、紧缩的程度进行进一步设置。

（3）位置。位置是在垂直方向上参照字符标准位置进行提升和降低设置。在设置的时候先选择位置类型（标准、提升、降低），再进行具体的磅值设置。

3. 文本效果格式

在“字体”对话框底部，有一个“文字效果”命令按钮，单击后弹出如图 4-26 所示的对话框。

在该对话框中，可以通过“文本填充与轮廓”选项卡进行文本填充和文本边框的设置，如图 4-27 所示。通过“文字效果”选项卡进行文本效果相关设置，如图 4-28 所示。

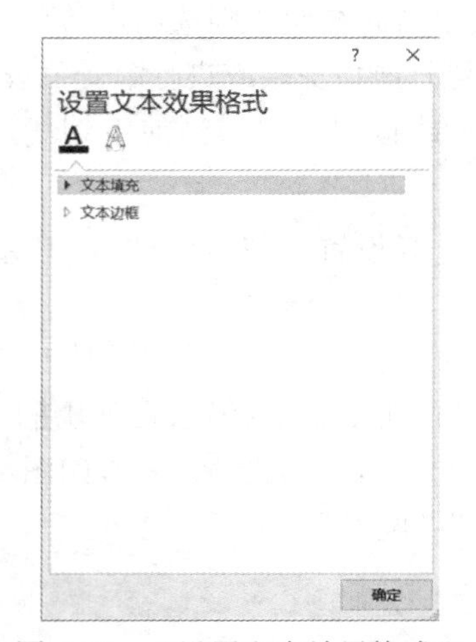

图 4-26 “设置文本效果格式”对话框

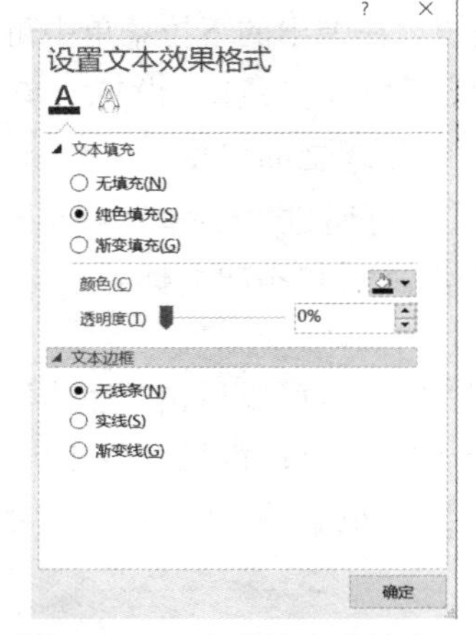

图 4-27 “文本填充与轮廓”选项卡

图 4-28 “文字效果”选项卡

4. 其他命令按钮

在“字体”组中还有其他命令按钮，如下：

清除格式按钮：清除所选内容的所有格式，只留下纯文本。

拼音指南按钮：为文字加注拼音，以明确发音。

字符边框按钮：在所选字符或句子周围加上边框。

突出显示文本按钮：以不同颜色突出显示文本，使文字看上去像是用荧光笔标记了一样。

字符底纹按钮：为选中的文本添加底纹背景。

带圈字符按钮：在字符周围添加边框或圆圈以强调。

在 Word 中，除了可以用上述方法进行字体格式的相关设置，还可以在选中文本后，通过选中文本的右上方出现的浮动“字体”组进行设置，或者右击选中的文本，在出现的浮动工具栏和快捷菜单中进行相关设置，如图 4-29 所示。

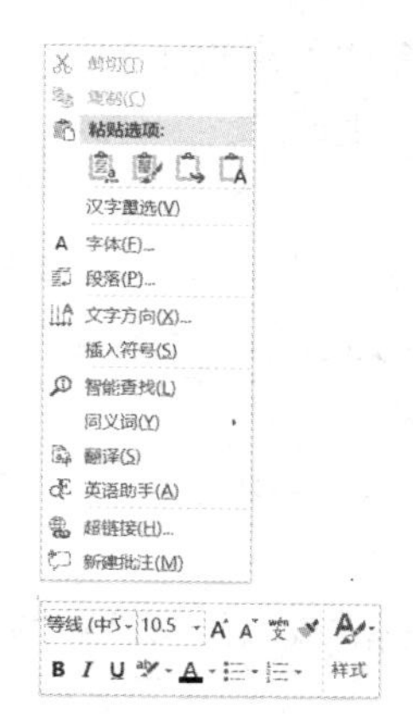

图 4-29　快捷菜单（上）和浮动工具栏（下）

4.3.2　段落格式

在 Word 文档中，段落指两个段落标记（硬回车符↵）之间的文本内容。同一个段落中文本如需换行显示，可通过 Shift+Enter 键产生一个手动换行符（软回车符↓）来实现。段落的格式化是指对段落的整体布局进行格式设置，如段落的对齐方式、段落缩进、段间距、行间距、制表位、项目符号与编号、边框与底纹、中文版式、样式等。

Word 中通过“开始”选项卡中的“段落”组来实现段落格式的设置，如图 4-24 所示。单击组中的功能扩展按钮或右击文本弹出的快捷菜单中的“段落”菜单项，在弹出的“段落”对话框中可以进一步设置段落格式，如图 4-30 所示。

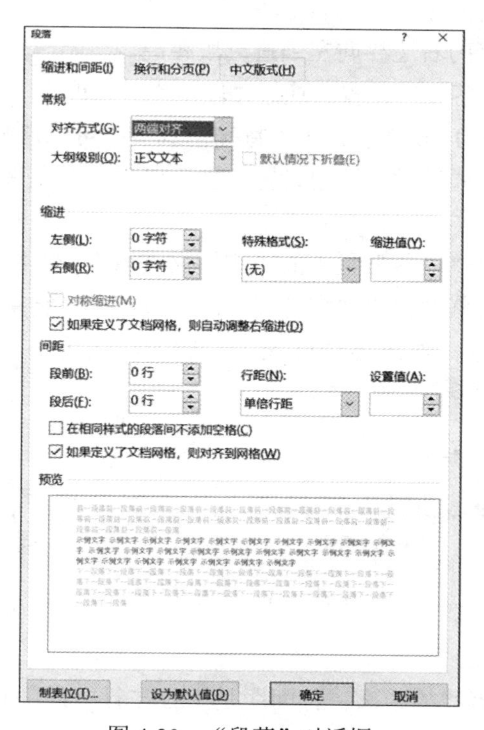

图 4-30　“段落”对话框

在进行各种段落格式设置时，先将插入点置于要进行格式设置的段落，再单击组中的相关命令按钮或在“段落”对话框中进行设置。

1. 对齐方式

在“段落”对话框的“缩进和间距”选项卡中，单击对齐方式(G): 两端对齐 中的下拉箭头，在弹出的列表框中选择需要的对齐方式，单击“确定”按钮即可实现段落对齐方式的设置。也可通过“段落”组中的按钮进行设置。

段落的对齐方式有 5 种：两端对齐、居中对齐、右对齐、分散对齐和左对齐。它们的具体用途如下：

（1）两端对齐：可将插入点所在段落或所选段落的文字按正常向两端排列整齐（快捷键 Ctrl+J）。

（2）居中对齐：可将插入点所在段落或所选段落的文字居中对齐（快捷键 Ctrl+E）。

（3）右对齐：可将插入点所在段落或所选段落的文字右对齐（快捷键 Ctrl+R）。

（4）分散对齐：可将插入点所在段落或所选段落的文字均匀地分布在一行上向两端分散对齐。

（5）左对齐，可将插入点所在段落或所选段落的文字向左对齐。

通常情况下，我们选用两端对齐的方式。

2. 段落缩进

段落缩进是指改变段落两侧与页边之间的距离。在 Word 中有 4 种段落缩进方式。

- 首行缩进：段落第一行的左边界向右缩进一段距离，其余行的左边界不变。
- 悬挂缩进：段落第一行的左边界不变，其余行的左边界向右缩进一段距离。
- 左缩进：整个段落的左边界向右缩进一段距离。
- 右缩进：整个段落的右边界向左缩进一段距离。

（1）通过对话框进行段落缩进设置。通过“段落”对话框中“缩进”区域的“左侧、右侧”实现左右缩进的设置，如图 4-30 所示。在“特殊格式”中可以选择“首行缩进”和“悬挂缩进”进行设置。度量值可以通过微调按钮设置，也可以直接在微调框中直接录入，以“字符”或“厘米”为单位。

其中左缩进也可以通过“段落”组中的“增加缩进量”或“减少缩进量”按钮进行设置。每单击一次，插入点所在段落的整段文字将向右或左推移 0.5 个字符的距离。

（2）使用标尺快速缩进。通过拖动标尺上对应的滑块可快速实现段落的 4 种缩进，如图 4-31 所示。

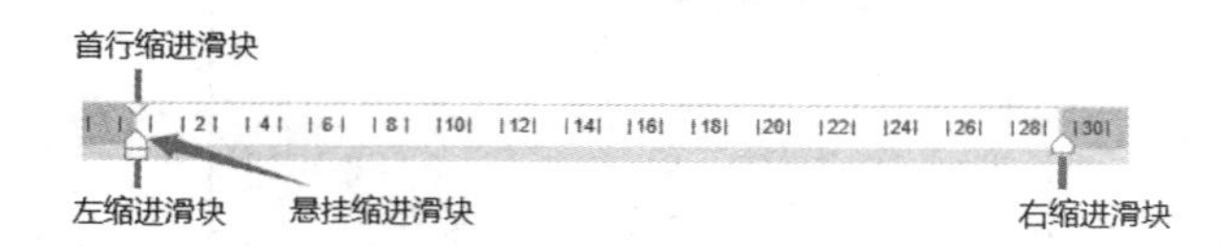

图 4-31　缩进滑块

3. 段间距和行间距的设置

段间距是两个相邻段落间的距离；行间距是指行与行之间的距离。默认情况下，行间距为单倍行距，段间距为 0 行。

（1）行间距。行间距可以通过“格式”组或“段落”对话框进行设置。

1）通过“段落”组设置：在进行文本输入时如要调整行间距，可在“段落”组中单击“行距”按钮右侧的下三角按钮，在弹出的下拉菜单中选择合适的行距即可，如 1.5、2、3 等。

2）通过“段落”对话框设置：在“段落”对话框中单击“行距”下拉列表框右侧的下拉箭头，弹出一个下拉列表，在列表中可以按需要进行选择。如要自行设置行间距，则选择“固定值”，并在右侧的“设置值”微调框中直接输入磅值或通过微调按钮设置。

（2）段间距。段间距的设置与行间距基本相同，在“段落”对话框的“段前”“段后”微调框中输入相应的数值或单击微调框右侧的按钮调整数值即可。

4. 制表符和制表位

制表位是指对应水平标尺上的某个位置，用于指定文字缩进的距离或一栏文字开始之处。如在输入文本时，可以通过制表符设置制表位向左、向右或居中对齐文本行；或者将文本与小数点或竖线字符对齐，这 5 种对齐方式分别对应左对齐制表符、居中对齐制表符、右对齐制表符、小数点对齐制表符和竖线对齐制表符。默认状态下，对应水平标尺上每隔 2 个字符就有一个隐藏的左对齐制表位。

设置好制表位后，输入文本内容时，每按一次制表键（Tab 键），光标会跳到下一个制表位。用户也可以通过标尺和对话框对制表符的类型、位置等进行设置。

（1）使用标尺设置。在水平标尺最左端有一个“制表符”按钮，单击“制表符”按钮可以在 5 种制表位之间切换。选定对齐方式后单击标尺上某一位置，则在相应位置上就会出现这种类型的制表位标记，如图 4-32 所示。

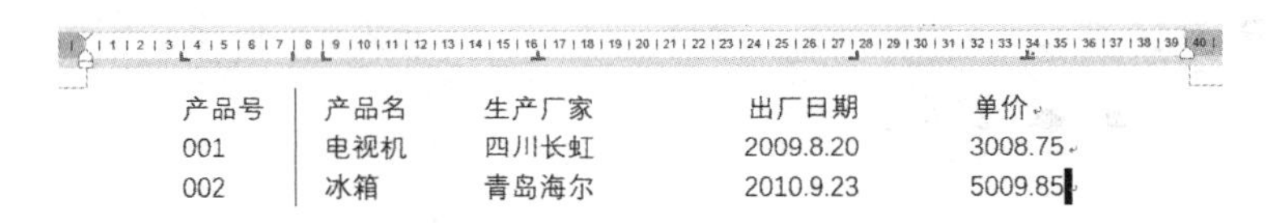

图 4-32 制表位示例

（2）使用对话框设置。将光标放到要设置制表位的行，在图 4-30 所示的对话框中单击“制表位”按钮，打开“制表位”对话框，如图 4-33 所示。其中“默认制表位”框用于调整默认制表位的间距，“对齐方式”用于确定制表位的类型，“前导符”用于选择制表位左侧空白处的填充符号。

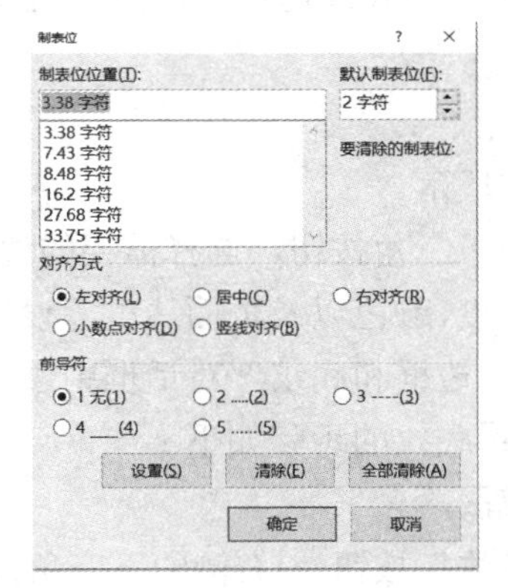

图 4-33 “制表位”对话框

5. 项目符号与编号

在文档中使用项目符号和编号，可以使文档内容的条理更加清晰，便于阅读理解。Word可以自动为文本添加项目符号和编号，也可以将项目符号和编号快速添加到现有的文本段落中。项目符号可以是字符，也可以是图片；编号是连续的数字和字母。Word 具有自动编号的功能，当增加或删除段落时，系统会自动调整相关的编号顺序。

项目符号、编号可以通过“段落”组中的项目符号按钮、编号按钮进行设置。操作步骤如下：

（1）选中要添加项目符号（或项目编号）的段落。

（2）在“开始”选项卡的“段落”组中，单击项目符号按钮（或项目编号按钮），可使用当前的符号（或项目编号）作为项目符号（或项目编号）；单击项目符号按钮（或项目编号按钮）右侧的下三角按钮可更改或自定义项目符号（或项目编号）。项目符号库（项目编号库）如图 4-34（或图 4-35）所示。

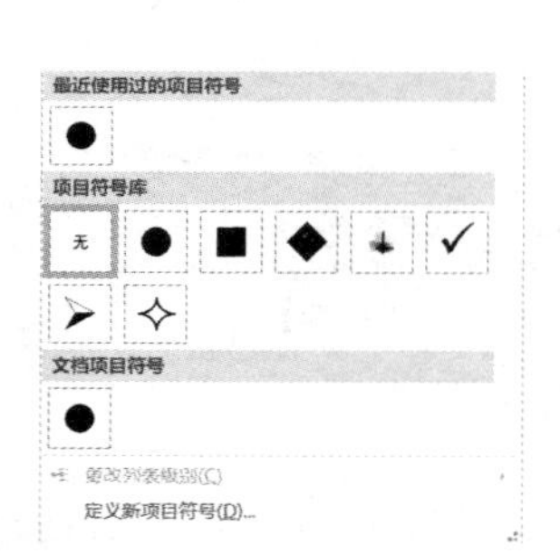

图 4-34　项目符号库

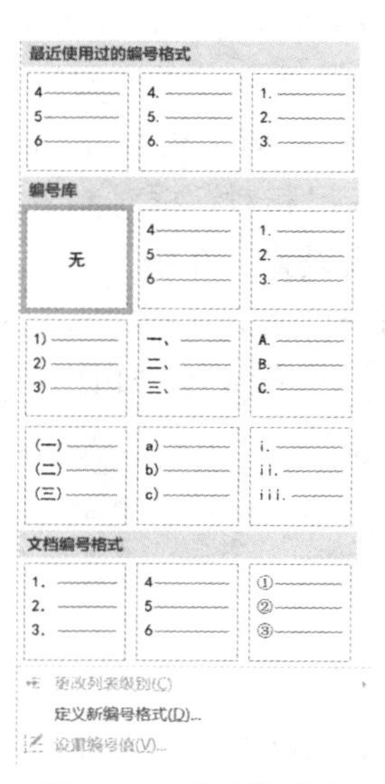

图 4-35　项目编号库

6. 边框和底纹

在 Word 中，文本或段落的边框和底纹通过“段落”组中的“边框”命令按钮和“底纹”命令按钮实现。

（1）边框。设置边框的步骤如下：

1）选中要添加边框的文本或段落。

2）单击“边框”按钮右侧的下三角按钮，选择需要的边框类型即可，如图 4-36 所示。

若要进一步进行线条样式、宽度、颜色以及页面边框等设置，可选择边框下拉菜单中的“边框和底纹 ...”菜单项，在弹出的“边框和底纹”对话框中进行操作，如图 4-37 所示。

（2）底纹。为文本或段落设置底纹的步骤如下：

1）选中要添加底纹的文本或段落。

2）单击“段落”功能组“底纹”按钮右侧的下三角按钮，选择底纹颜色即可。

若要进行进一步的底纹设置，可以在图 4-37 所示的“边框和底纹”对话框的“底纹”选项卡中进行进一步设置。

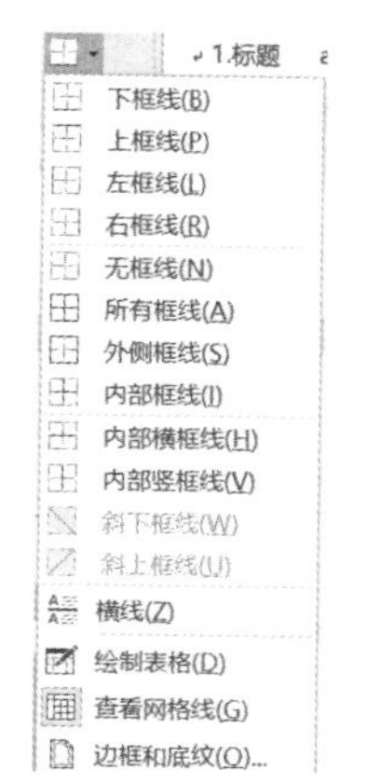

图 4-36　“边框”下拉菜单

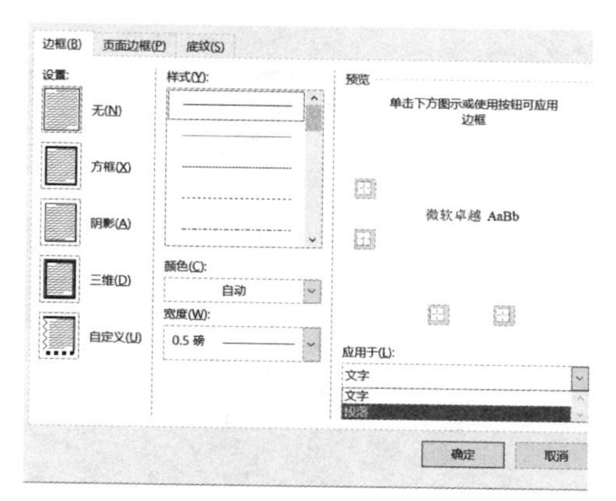

图 4-37　“边框和底纹”对话框

7. 中文版式

通过“段落”组中的“中文版式”按钮，可以实现纵横混排、合并字符、双行合一、字符缩放等中文版式设置，如图 4-38 所示。下面介绍前三种。

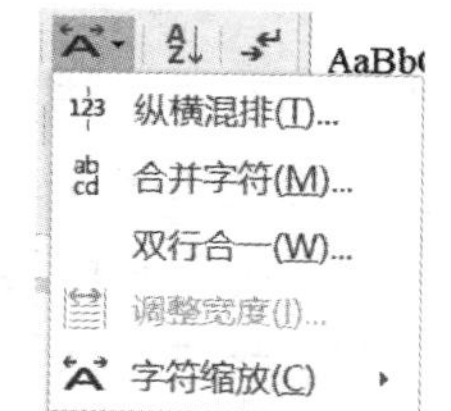

图 4-38　“中文版式”下拉菜单

（1）纵横混排。纵横混排主要用于在竖排的文档中将竖排文字（如半角字符）更改为横排文字。在设置竖排文字的时候，只有文档中的全角字符可被正确地设置为竖排文字。半角字符（例如数字）将显示为向右旋转 90 度的横排文字，但可以合并这些字符以将其正确地显示为竖排文字。该功能对数字最为有用。

操作步骤如下：

1）选中文中需要横排的文字。

2）执行“段落”→“中文版式”→“纵横混排”命令，弹出“纵横混排”对话框，单击“确定”按钮即可。若要取消纵横混排则选中要取消纵横混排的字符，在“纵横混排”对话框中单击“删除”按钮，再单击“确定”即可。

（2）合并字符。合并字符就是将一行字符折成两行，并显示在一行中。这个功能在名片制作、出版书籍或发表文章等方面可以发挥作用，如王方校长教授。

（3）双行合一。当需要合并更多的字符的时候，需使用 Word 提供的“双行合一”功能。双行合一功能可以实现压缩现有文字，也可以在文档中插入新的压缩文字。

8. 编辑标记

在 Word 中，进行文档编辑后会产生一些编辑标记，以标明所进行的编辑操作，对于这些编辑标记可以显示也可以隐藏。“段落”组中按钮可以实现这一功能。

一般在隐藏编辑标记后，段落标记也会出现，此时若要将段落标记也隐藏，需要在“文件”菜单中选择“选项”命令，在弹出的“Word 选项”对话框中，选择“显示”选项，取消勾选“段落标记”复选框，单击“确定”按钮即可，如图 4-39 所示。

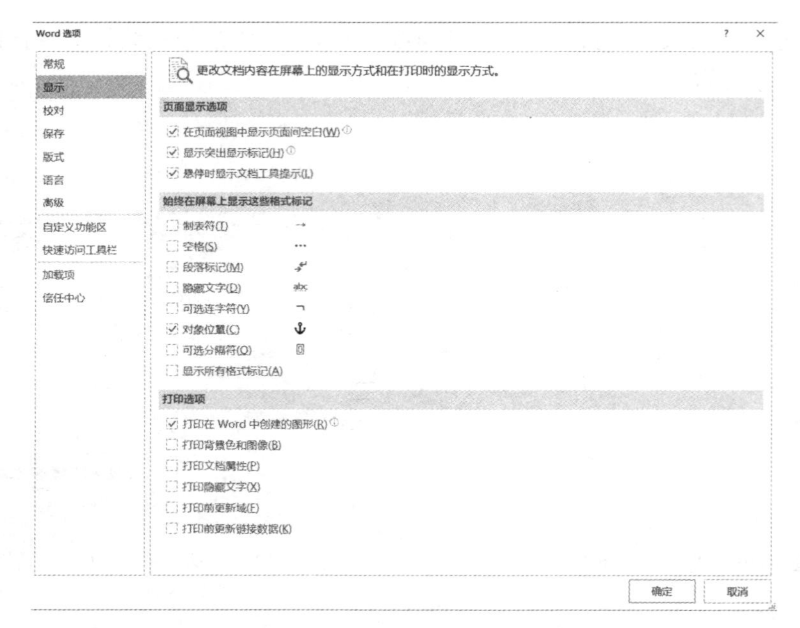

图 4-39 “Word 选项”对话框“显示”设置

9. 样式

样式是一组格式特征，例如字体名称、字号、颜色、段落对齐方式和间距。某些样式甚至可以包含边框和底纹。Word 提供了多种样式类型：

- 字符样式和段落样式：用于字符和段落，决定大多数文档中的文本外观，可以通过“开始”→“样式”进行设置，如图 4-24 中的“样式”功能组。
- 列表样式：列表样式决定列表外观，包括特征（如项目符号样式或编号方案、缩进和任何标签文本），可通过“开始”→“段落”中的“多级列表”按钮进行设置。
- 表格样式：表格样式确定表格的外观，包括标题行的文本格式、网格线以及行和列的强调文字颜色等特征。

除此以外，还有图片样式、形状样式、艺术字样式、SmartArt 样式、图表样式等。这些样式可以直接应用系统内置的样式，也可以进行更改或自定义。

（1）使用样式。“开始”选项卡的“样式”组提供了字符样式、段落样式和链接样式三种内置样式，如图 4-40 所示。

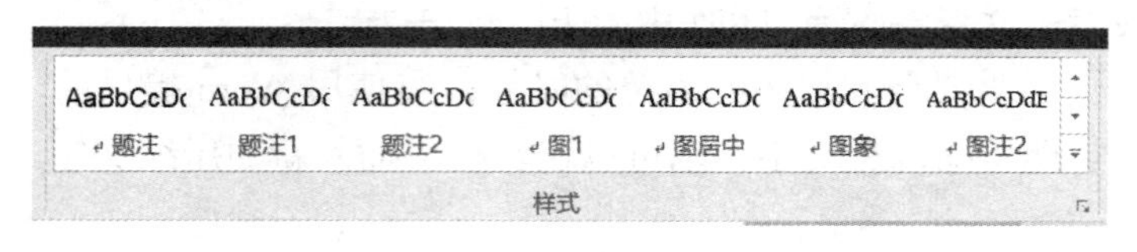

图 4-40 “样式”组

操作步骤如下：

1）选中需要应用样式的文本或段落。

2）在“样式”组的内置样式列表框中选择所需样式即可。

除此以外，还可以通过“设计”选项卡“文档格式”功能组在 Word 内置的文档样式集合中选择自己需要的样式。

（2）更改样式。

操作步骤如下：

1）单击图 4-40 中的其他按钮▾，在内置样式列表框中右击需要修改的某种样式。

2）在弹出的快捷菜单中选择“修改”命令后，将弹出“修改样式”对话框，在对话框中根据需要修改各项后，单击“确定”按钮，如图 4-41 所示。

（3）新建样式。

操作步骤如下：

1）单击“样式”组（图 4-40）中的功能扩展按钮，弹出“样式”窗格，如图 4-42 所示。

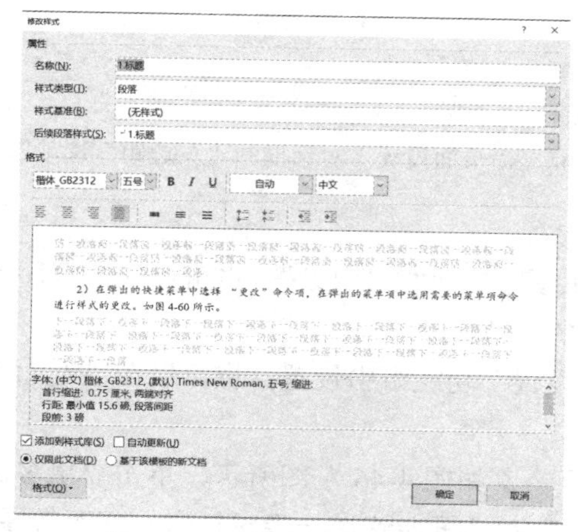

图 4-41　“修改样式”对话框

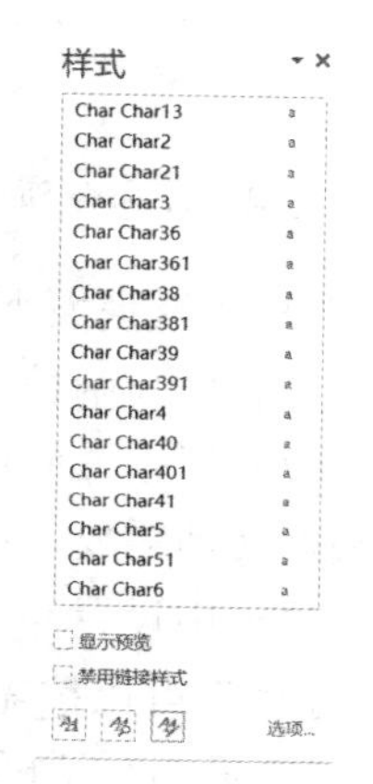

图 4-42　“样式”窗格

2）单击图 4-42 中的按钮，可弹出类似图 4-41 的“根据格式设置创建新样式”对话框。

3）在对话框中根据需要设置好各项后，单击“确定”按钮。

4.3.3　页面格式

1. 页面设置

“页面设置”是设置整篇文档的格式，包括设置文字方向、页边距、纸张方向、纸张大小、分栏等内容，在“布局”选项卡的“页面设置”组中汇集了这些命令，如图 4-43 所示。

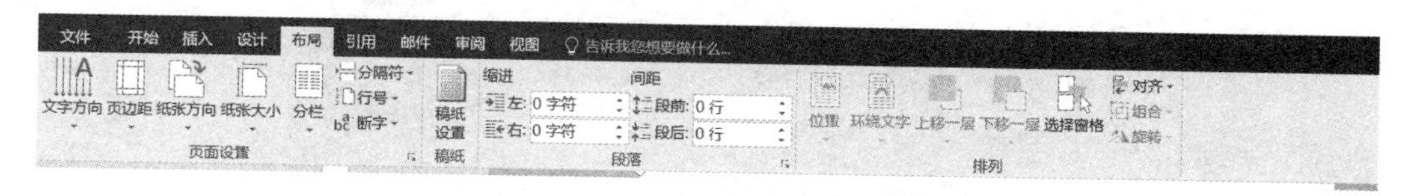

图 4-43　“布局”选项卡

（1）“文字方向”。“文字方向”自定义所选文档或所选文本框中文字的方向，主要包括水平、垂直、将所有文字旋转 90º、将所有文字旋转 270º、将中文符旋转 270º。

（2）“页边距”。“页边距”是指文档内容与页面边界之间的距离。页边距命令项如图 4-44 所示。可以单击已有的页边距进行设置，也可以单击“自定义边距”，在弹出的“页面设置”

对话框的“页边距”选项卡中进行具体的设置，如图 4-45 所示。

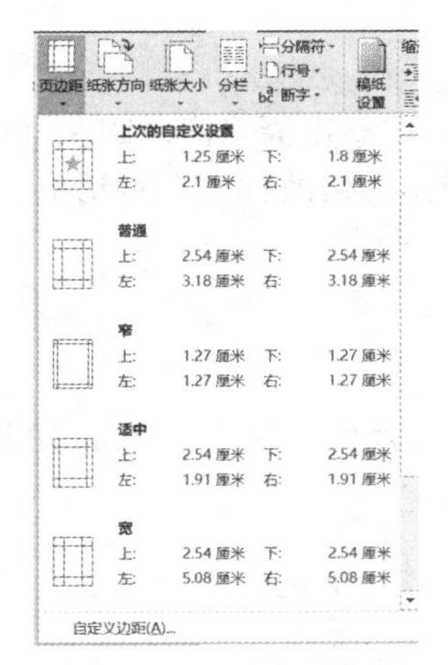

图 4-44　页边距命令项

图 4-45　“页面设置”对话框的“页边距”选项卡

（3）“纸张方向”与“纸张大小”。

“纸张方向”：有纵向、横向两种，可以在“页面设置”功能组中设置，也可以在“页面设置”对话框中进行设置。改变纸张方向可以改变文档的整体风格。

“纸张大小”：根据文档需要，可以在“页面设置”功能组中设置，也可以在“页面设置”对话框的“纸张”选项卡中设置。

（4）“分栏”。“分栏”可以按需将文档分栏显示，如图 4-46 左图所示，单击“更多分栏”将出现如图 4-46 右图所示的对话框。通过“分栏”对话框能够进一步对栏宽、间距等属性进行设置。

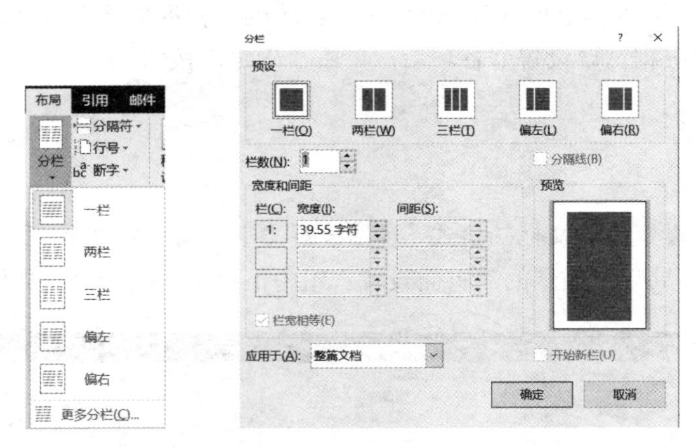

图 4-46　分栏命令项及“分栏”对话框

单击“页面设置”功能组右下角的功能扩展按钮，也可以弹出如图 4-45 所示的对话框，用以完成上面介绍的各种设置。

2. 稿纸设置

Word 提供了 4 种稿纸格式：非稿纸文档、方格式稿纸、行线式稿纸和外框式稿纸。执行“布局”→“稿纸设置”命令，在弹出的“稿纸设置”对话框中可以进行相关的设置，如图 4-47 所示。

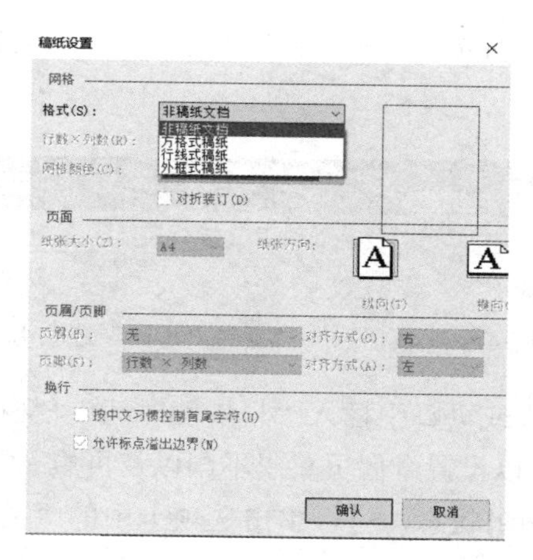

图 4-47　“稿纸设置”对话框

3. *页眉与页脚*

页眉和页脚的作用是说明文档的一些属性。一般页眉可以添加文档的名称、章节的名称等内容，而页脚可用于添加文档的页码。Word 提供了大量内置的页眉、页脚格式，用户可根据自己的需要选择系统内置的格式，也可以通过编辑模式自定义格式。通过“插入”选项卡中“页眉和页脚”功能组的“页眉”“页脚”“页码”可以进行相关设置，如图 4-48 所示。

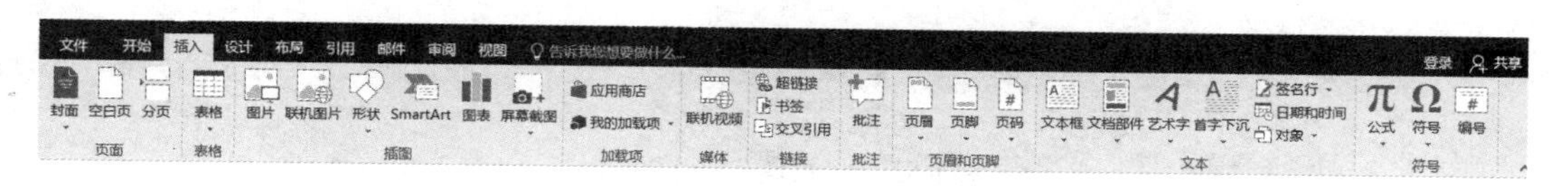

图 4-48　“插入”选项卡

（1）插入页眉（或页脚）。单击“页眉”按钮（或“页脚”按钮），出现如图 4-49（或图 4-50）所示的下拉菜单。

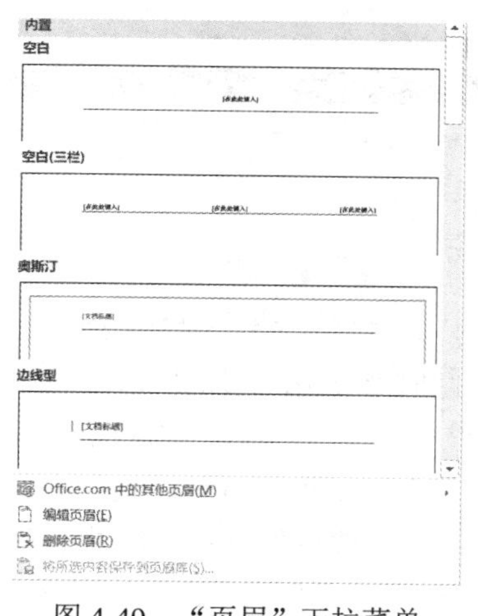

图 4-49　“页眉”下拉菜单

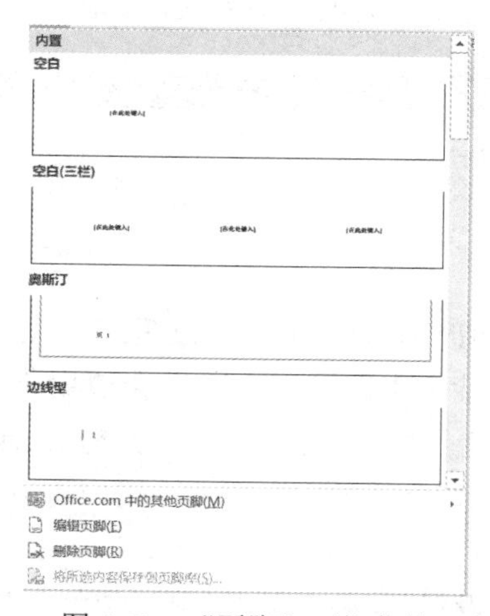

图 4-50　“页脚”下拉菜单

选择“编辑页眉”（或“编辑页脚”）命令进行页眉或页脚的修改或重新定义时，进入“页眉”（或“页脚”）编辑状态，同时 Word 窗口中新增页眉和页脚工具“设计”选项卡，如图 4-51 所示。

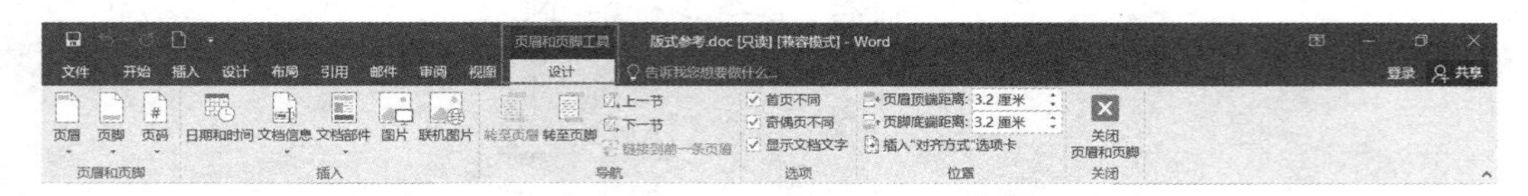

图 4-51　页眉和页脚工具“设计”选项卡

通过该选项卡可以在页眉或页脚中插入“日期和时间”“文档信息”“图片”等对象，可以在页眉 / 页脚之间切换，可以设置奇偶页页码不同以及页眉 / 页脚在文档中的位置等。

若要退出页眉 / 页脚的编辑状态，可以单击选项卡中的“关闭”按钮，或单击文档编辑区域非页眉 / 页脚的任何位置。

（2）页码设置。单击“页眉和页脚”栏中的“页码”，出现如图 4-52 所示的下拉菜单。通过下拉菜单，可以设置页码的位置、页码格式以及删除页码。

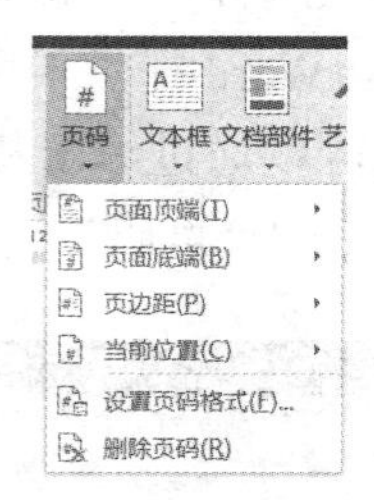

图 4-52　“页码”下拉菜单

4. 主题设置

“主题”组用于设置文档的整体风格，它是一组格式选项，包括一组主题颜色、一组主题字体（包括标题字体和正文字体）和一组主题效果（包括线条和填充效果）。Word 文档主题的设置在“设计”选项卡中完成，如图 4-53 所示。

图 4-53　“设计”选项卡

通过选项卡中的“主题”按钮，可以进行主题的浏览、选择、保存操作，如图 4-54 所示。

当选用某个主题时，该主题会应用于当前文档，同时基于这种主题的各种文档样式集、主题颜色、主题字体、主题效果会分别出现在图 5-53 中的“文档格式”列表框中，并显示在“颜色”“字体”“效果”按钮上，用户可以在“文档格式”列表框中进一步选用合适的样式。

若需要对当前主题进行修改，可以在“颜色”“字体”“效果”下拉菜单中选用已有的格式选项进行设置，其中“字体”和“颜色”主题还能进行自定义设置，如图 4-55 至图 4-57 所示。设置完成后会直接应用到文档，同时文档格式中的各种样式集也会相应变化，可供用户进一步选择设置。

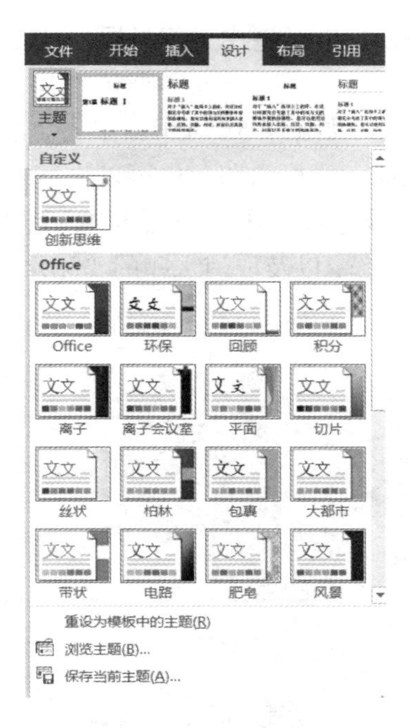

图 4-54　“主题”下拉菜单

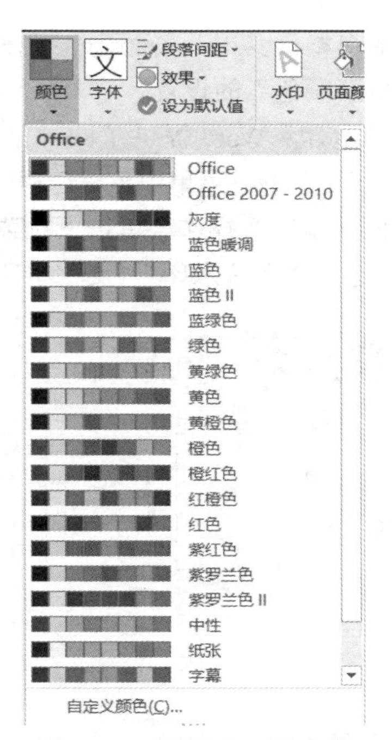

图 4-55　“颜色”下拉菜单

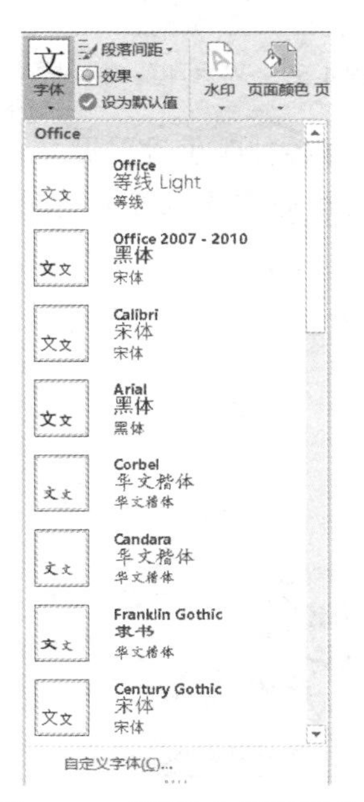

图 4-56　“字体”下拉菜单

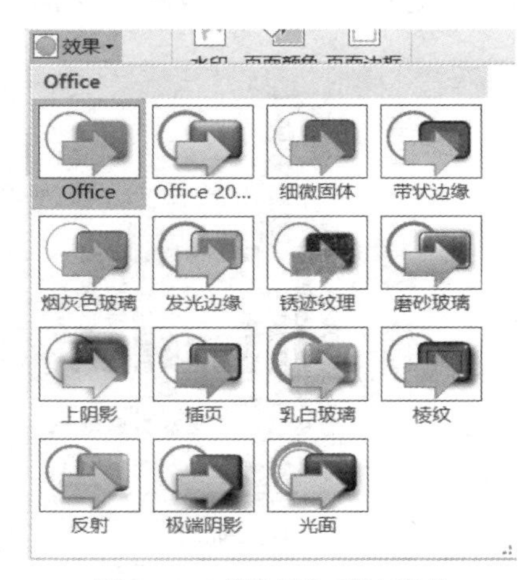

图 4-57　“效果”下拉菜单

若要将新设置的各组格式保存为新的主题，则在“主题”下拉菜单中选择“保存当前主题”命令。保存后的自定义主题会出现在“主题”下拉菜单的“自定义”组中，供用户后续使用，如图 4-54 所示。

5. 页面背景

“页面背景”用于设置文档的水印、页面颜色和页面边框，通过“页面背景”设置可以改变整篇文档的风格。其中，页面边框可在如图 4-37 所示的对话框中进行设置，此处讲“文档水印”和“页面颜色”的设置。

（1）文档水印。Word 提供了四种常用的水印格式，如图 4-58 所示。单击“页面背景”组中的“水印”，在下拉菜单中可以选用系统内置的水印、联机水印，也可以进行“自定义水印”以及“删除水印”等操作。单击下拉菜单中的“自定义水印”，出现如图 4-59 所示的“水印”对话框，可以进行“图片水印”“文字水印”的自定义操作，以及取消水印的“无水印”操作。

图 4-58 “水印”下拉菜单

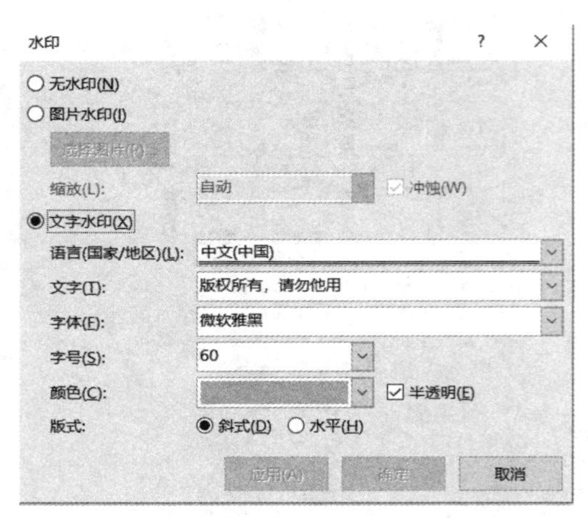

图 4-59 “水印”对话框

（2）页面颜色。单击“页面颜色”，在下拉菜单中可以选择各种颜色设置页面。在“填充效果”对话框中还可以选择“渐变”“纹理”“图案”“图片”4 种填充方式设置页面，如图 4-60 所示。

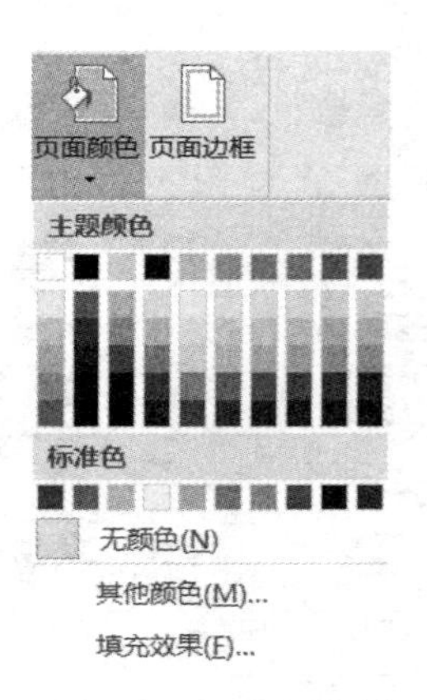

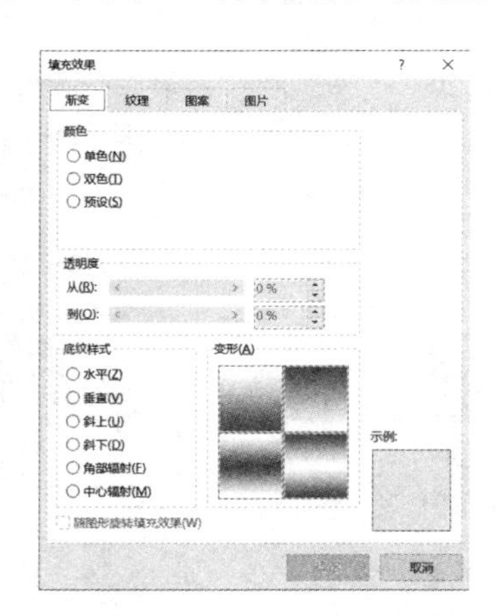

图 4-60 “页面颜色”下拉菜单及“填充效果”对话框

4.4 表格

Word 文档中经常会用到表格，它的操作包括创建表格、编辑表格、设置表格格式、数据的排序与计算。

4.4.1　创建表格

执行“插入”→“表格”命令，弹出如图 4-61 所示的“表格”下拉菜单，在此菜单中，可以创建规则表格，也可以创建不规则表格（或复杂表格）。表格只有横线和竖线，所有行的单元格个数和行宽都相同即表格中所有横线长度相等，所有竖线长度也都相等，这样的表格称为规则表格，否则称为不规则表格。

1. 规则表格的创建

规则表格的创建有三种方法。

（1）使用表格网格创建表格。

创建步骤：

1）将光标定位到要插入表格的位置。

2）执行“插入”→“表格”命令，在如图 4-62 所示的表格网格上拖动鼠标选定新表格需要的行数和列数。

3）松开鼠标，在插入点处出现一张 4 行 3 列的表格。

图 4-61　“表格”下拉菜单

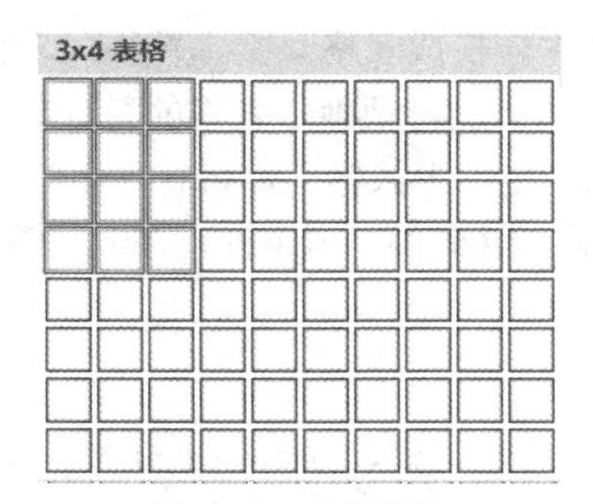

图 4-62　表格网格

这种方法创建的表格最大可以达到 8 行 10 列。

一个表格建好后，插入点会出现在表格第一行第一列的单元格中，此时在选项功能区自动出现表格工具“设计”选项卡（图 4-63）和“布局”选项卡（图 4-64），用来完成表格的样式设置和编辑操作。

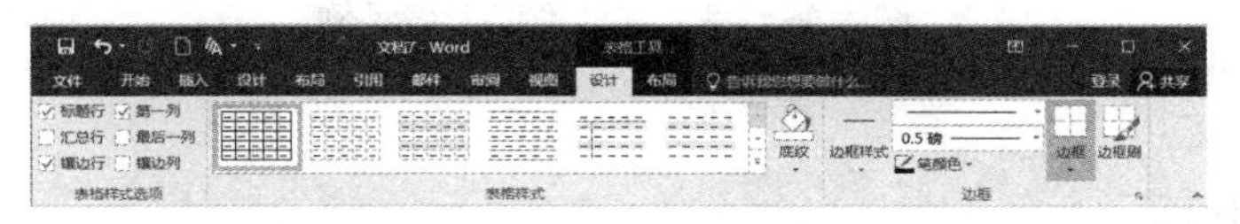

图 4-63　表格工具“设计”选项卡

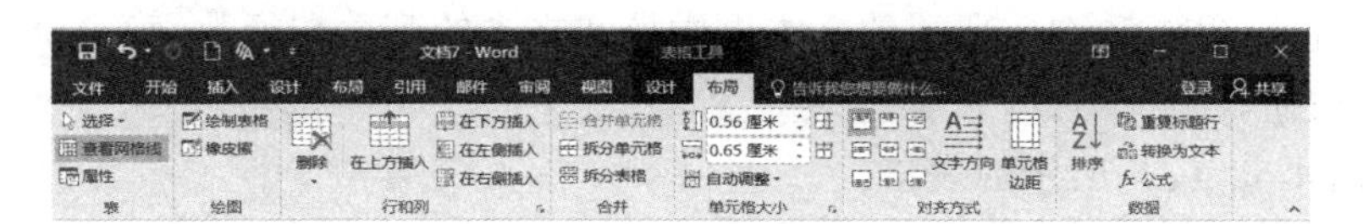

图 4-64　表格工具“布局”选项卡

（2）使用“插入表格”对话框创建。

创建步骤：

1）将光标定位到要插入表格的位置。

2）执行“插入”→“表格”→“插入表格 ...”命令，弹出如图 4-65 所示的“插入表格”对话框。

3）在对话框中进行相应设置，单击“确定”按钮后在光标位置将出现相应表格。

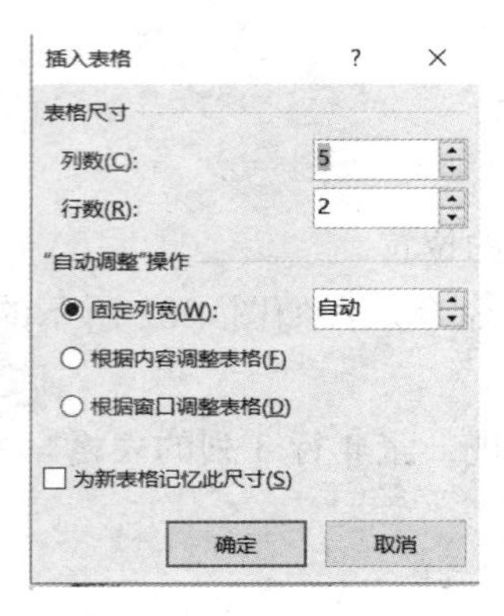

图 4-65　“插入表格”对话框

（3）文本转换成表格。文本转换成表格是先逐行输入表格内的文本部分，然后由系统根据文本的具体情况自动确定表格的行数和列数，形成表格，文本自动填充到表格中，要求这些文本按照一定的形式输入，每行使用特定的分隔符，如段落标记、空格、逗号、制表符等。例如，将如图 4-66（a）所示的以 Tab 键位为间隔的文本转换成表格。

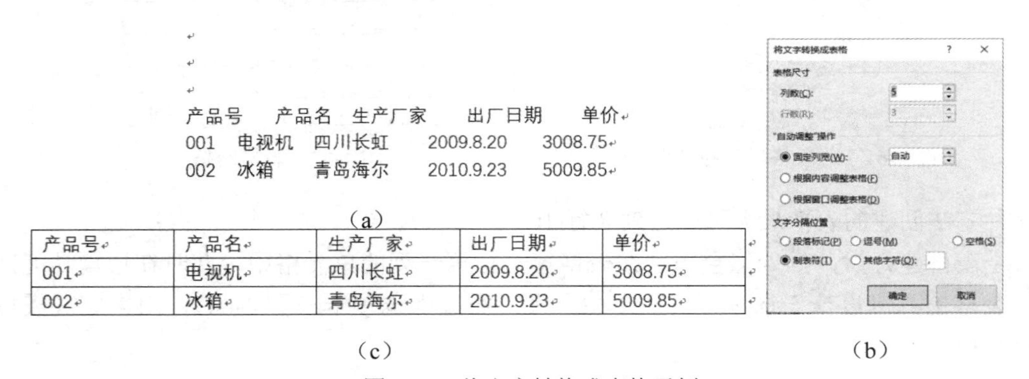

产品号	产品名	生产厂家	出厂日期	单价
001	电视机	四川长虹	2009.8.20	3008.75
002	冰箱	青岛海尔	2010.9.23	5009.85

（c）　　（b）

图 4-66　将文字转换成表格示例

转换步骤：

1）选中要转换的文本。

2）选择“插入”→“表格”→“文本转换成表格”命令。

3）在弹出的如图 4-66（b）所示的文本框中核实文本的列数和行数，确定分隔符等选项后，单击“确定”按钮。

4）得如图 4-66（c）所示的表格。

注意：对已有的表格，将光标插入表格任意位置后，可以通过单击表格工具“布局”选项卡“数据”组的“将表格转换为文本”功能按钮转换成文本。

2. 复杂表格的创建

使用“表格”下拉菜单中的“绘制表格”命令，可以创建复杂的不规则表格或是在表格中绘制斜线。

创建步骤：

（1）确定创建表格的位置。

（2）选择“插入”→“表格”→“绘制表格”命令，光标形状此时变为“笔尖”形状。

（3）根据需要直接用鼠标绘制表格。在绘制表格的过程中，可以在图 6-63 所示的“设计”选项卡的“边框”组中设置“笔样式”“笔画粗细”“笔颜色”，结合图 6-64 所示的“布局”选项卡的“绘制”组中的“绘制表格”按钮和“橡皮擦”按钮进行复杂表格的绘制。

3. 快速表格的创建

使用“插入”→“表格”→“快速表格”命令可以选用某种表格模板，单击后即插入该表格，如图 4-67 所示。此时模板中的数据也会出现在新建的表格中。

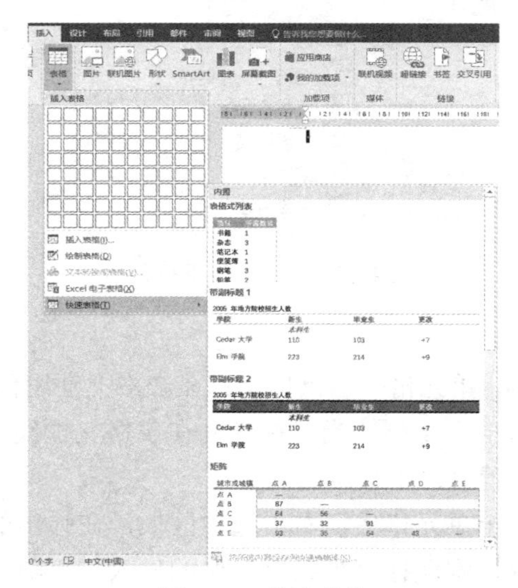

图 4-67　快速表格

4.4.2　编辑表格

1. 选择单元格、行、列以及表格

（1）表格控制点和选定表格。当移动鼠标在表格范围内活动时，表格左上角和右下角会出现两个控制点（图 4-68）：表格移动控制点和表格大小控制点。通过拖拽这两个控制点可以分别实现表格的移动和表格大小的调整。

当单击任意一个控制点时，可以选定整个表格。

（2）选定某个单元格。当鼠标指针指向要选定的单元格左侧，鼠标形状呈⬈时，单击可以选定指定的单元格，单元格以阴影显示，此时可以拖动单元格两侧的竖线，改变当前单元格及左（或右）侧单元格的列宽，当前列所在其他行单元格不发生变化。

（3）选定行和列。当鼠标指针移到要选定表格行的左侧，指针形状变成⇗时，单击可选择指向的整行，此时纵向拖动鼠标可以连续选定多行，选定的行以阴影显示。

表格移动控制点

表格大小控制点

图 4-68 表格及表格控制点

当鼠标指针移到表格上方，指针形状变成⬇时，单击可以指定列，此时横向拖动鼠标可以连续选定多列，选定的列以阴影显示。

单击表格工具“布局”选项卡“表”组中的“选择”可以选择插入点所在的单元格，列，行以及整个表格，如图 4-69 所示。

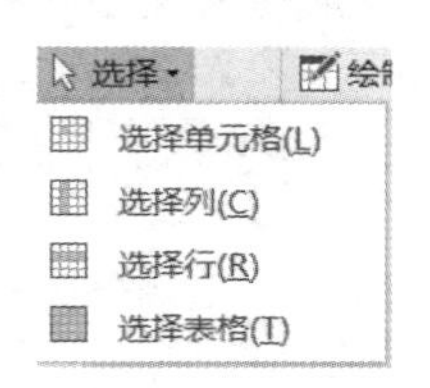

图 4-69 “选择”下拉菜单

2. 对行或列的操作

（1）插入或删除行、列、单元格。当鼠标指针在表格上框线移动，出现⊕形状时，单击中间的 + 号，可以在当前位置插入 1 列；当鼠标指针在表格左框线移动，出现⊕形状时，单击中间的 + 号，可以在当前位置插入 1 行。

在选中某行、某列或某个单元格后，右击选中区域，在弹出的快捷菜单中可以选择对应的“插入”或“删除”命令，实现行、列或单元格的插入、删除。当选中多行、多列进行前述操作时，会实现同等数量的多行、多列的插入或删除。

（2）合并和拆分单元格。对单元格进行合并和拆分后，表格将变成不规则的复杂表格。

选定需要合并的单元格，右击选定区域，可以在快捷菜单中选择“合并单元格”命令，选中的单元格合并成一个单元格。

右击要拆分的单元格，在弹出的快捷菜单中选择“拆分单元格”命令，在弹出的对话框中设置好要拆分的行、列数，则完成单元格的拆分。

（3）改变行高和列宽。通常情况下，Word 会根据单元格中输入的内容多少自动调整每行的高度和每列的宽度，也可以根据需要自行调整。

将鼠标指针移向需要调整宽度的列，鼠标指针形状变成✥时，按下鼠标左键，横向拖动鼠标，可以调整列宽。将鼠标指针移向需要调整高度的行，鼠标指针形状变成÷时，按下鼠标左键，纵向拖动鼠标，可以调整行高。

也可以右击选中的行或列后，选择快捷菜单中的“表格属性 ...”命令，在弹出的“表格属性”

对话框中，如图 4-70 所示，选择“行”或“列”选项卡，对行高或列宽进行精确的设置。

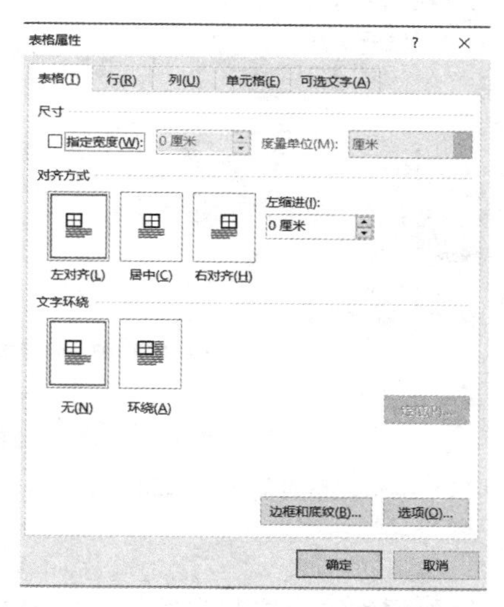

图 4-70　“表格属性”对话框

当需要行高和列宽都相等时，选中整个表格，在选择区域右击，在快捷菜单中选择“平均分布各行”或“平均分布各列”进行设置。

3. 重复标题行

当一个表格超过一页时，如果希望在其他页的续表中也包括表格的标题行，可以选中标题行后，在标题工具“布局”选项卡的数据组中使用“重复标题行”命令。

4.4.3　设置表格格式

表格格式包括设置表格的边框底纹、表格在页面中的位置和文字在单元格中的对齐方式。

1. 表格样式

创建表格后就可以对表格的样式进行设置，即对表格的字符、颜色、底纹、边框等进行设置，Word 提供的表格样式有的还包含了标题行、汇总行等格式，方便用户查找表格中的数据，用户可以根据个人需要选择各种样式。

操作步骤如下：

（1）先将插入点定位在需要套用样式的表格中。

（2）在表格工具“设计”选项卡的“表格样式选项”组中按需进行设置。

（3）在表格工具“设计”选项卡的“表格样式”组中选择所需样式，如图 4-63 所示。

2. 边框和底纹

使用边框和底纹可以让表格更生动，操作步骤如下：

（1）选中需要设置边框的单元格或表格。

（2）使用表格工具“设计”选项卡“边框”组各项进行边框、底纹的设置。或者单击“边框”组的功能扩展按钮，在弹出的如图 4-71 所示的“边框和底纹”对话框中进行设置。此时的对话框和前面设置文本边框和底纹的对话框相比，应用对象在“文字”“段落”的基础上增加了“表格”和“单元格”。

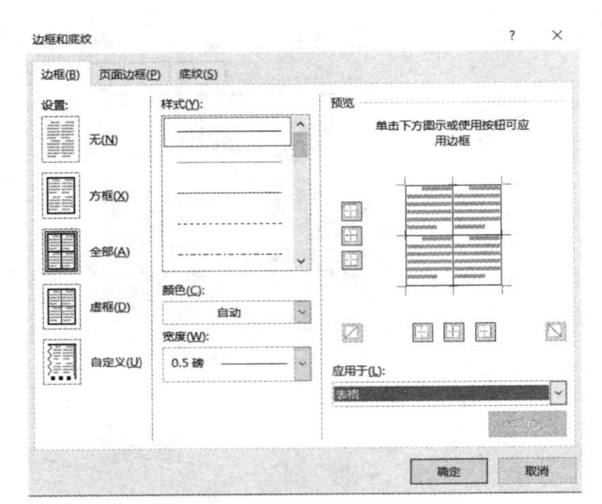

图 4-71　编辑表格时的“边框和底纹”对话框

3. 单元格的文本格式

单元格中文本的字体、字号、颜色等设置与字符格式的设置一样；单元格中文本段落的格式设置与段落格式设置一样。与非表格中的文本不同的是，单元格中的文本可以进行对齐方式设置，水平方向上有左、中、右 3 种，垂直方向上有上、中、下 3 种，共有 9 种对齐方式，如图 4-72 所示。

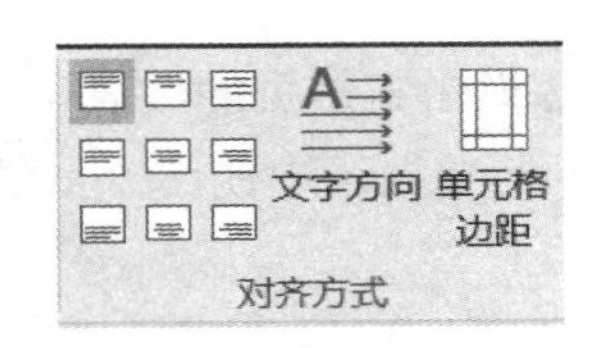

图 4-72　单元格文本的对齐方式

4. 表格属性的设置

表格的属性包括表格在页面中的对齐方式、文字环绕表格的方式。

操作步骤如下：

（1）将插入点置于表格的任一单元格。

（2）右击，选择“表格属性”命令，弹出“表格属性”对话框，在“表格”选项卡中进行相应设置后，单击“确定”按钮，如图 4-70 所示。

对话框中：

“尺寸”：勾选此复选框后，可以在右边的数值框中输入表格宽度的具体数值。

“对齐方式”：可以设置表格在页面中的位置，有“左对齐”“居中”“右对齐”，以及“缩进”设置。

“文字环绕”：可以设置是否将文字环绕表格。

4.4.4　数据的排序与计算

1. 排序

通常表格中的第一行对应每列的其余行表示的含义，称为标题行（也可以没有标题行），其余各行称为记录，排序是按照表中某一列或某几列的顺序重新调整表中每条记录的顺序。

【例 1】请将表 4-2（成绩表）中的数据按语文成绩降序排，语文成绩相同的按学号升序排。

表 4-2　成绩表

学号	姓名	语文	数学	总分
1001	刘飞	80	85	
1002	张海	88	90	
1003	王平	80	88	

操作步骤如下：

（1）将插入点定位在表 4-2 的任一单元格。

（2）单击“布局”选项卡中的“排序”按钮，弹出“排序”对话框，如图 4-73 左图所示。

（3）选择是否有标题行。根据题意，本表有标题行，在列表属性中选中“有标题行”单选按钮，此时关键字列表框中分项显示标题行中的各列。

（4）设置关键字、排序类型及选择升序或降序。

本题中，主要关键字为“语文”，类型为“数字”，选择降序；次要关键字为“学号”，类型为“数字”，选择升序。操作结果如图 4-73 右图所示。

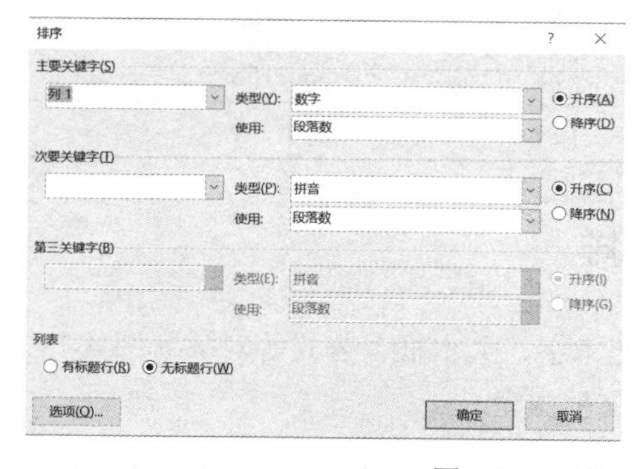

表 4-2 成绩表

学号	姓名	语文	数学	总分
1002	张海	88	90	
1001	刘飞	80	85	
1003	王平	80	88	

图 4-73　“排序”对话框及排序后的成绩表

2. 计算

在 Word 中可以对表格中的数据进行简单的计算，如求和、求平均值等。

【例 2】为表 4-2 计算每个同学的总成绩，以及每门课程的平均分。

操作步骤如下（为方便演示，将排序后的表 4-2 的数据复制到表 4-3 中进行操作）：

（1）增加一行，在第一列录入：“平均分”。

（2）计算总分。

1）定位计算结果所在单元格：将光标插入第 2 行第 5 列单元格。

2）插入公式计算：单击表格工具“布局”选项卡“数据”组的“公式”按钮 fx 公式，弹出“公式”对话框，如图 4-74 所示。对话框中的 SUM 表示求和，LEFT 表示当前单元格向左连续的所有数字单元格。单击“确定”按钮，得出计算结果。在第 5 列第 3、4 行重复进行以上操作。

（3）计算平均分。

1）定位到第 5 行第 3 列。

2）单击“布局”选项卡“数据”组的“公式”按钮 f_x 公式，弹出“公式”对话框，此时“公式”文本框中显示“=SUM(ABOVE)”，其中 ABOVE 表示当前单元格向上连续的所有数字单元格，由于是计算平均分，故将公式改为“=AVERAGE(ABOVE)”，单击“确定”按钮。

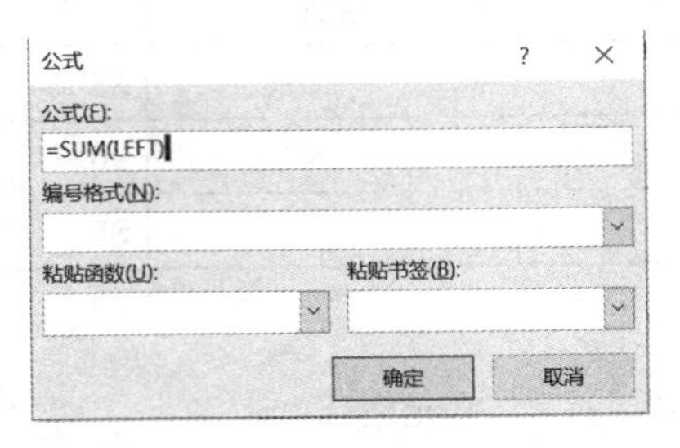

图 4-74　“公式”对话框

在第 5 行第 4 列重复进行以上操作。最后结果见表 4-3。

表 4-3　计算总分和平均分

学号	姓名	语文	数学	总分
1002	张海	88	90	178
1001	刘飞	80	85	165
1003	王平	80	88	168
平均分		82.67	82.67	

4.5　图文混排

在 Word 中，通过插入图片、形状、SmartArt、艺术字、文本框、公式等对象（图 4-75），并对这些对象进行编辑，实现图文混排，丰富 Word 文档内容。

图 4-75　“插入”选项卡

4.5.1　图片

Word 可以将现有的图片或屏幕素材加入文档，通过如图 4-76 所示的图片工具“格式”选项卡，可以对其设置样式、大小、颜色、亮度、艺术效果，并按需排列位置。

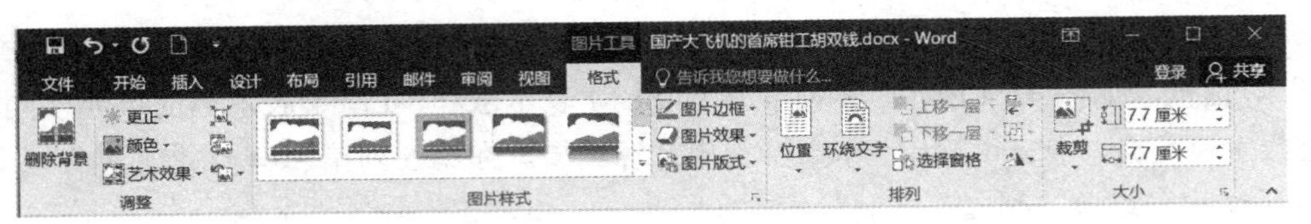

图 4-76　图片工具“格式”选项卡

1. 插入图片和屏幕截图

Word 中插入图片的步骤：选择“插入”→“插图”→“图片”命令，弹出“插入图片”对话框，如图 4-77 所示。通过对话框，在本机上选择所需要的图片，单击“插入”按钮完成图片插入。

图 4-77　“插入图片”对话框

Word 中插入屏幕截图的步骤：选择“插入”→“插图”→“屏幕截图”命令，弹出“屏幕截图”下拉菜单（图 4-78），可在“可用的视窗”列表框中选择当前打开的未被最小化的应用程序的完整窗口；也可以通过“屏幕剪辑”命令，截取“可用的视窗”列表第一个视窗中的部分窗口内容。

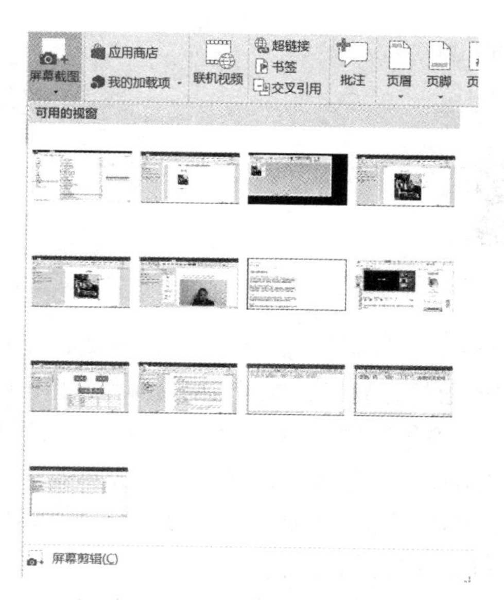

图 4-78　“屏幕截图”下拉菜单

注意：使用“屏幕剪辑”命令后，“可用的视窗”列表中第一个视窗会切换到屏幕最前面，窗口显示“模糊”。拖拽鼠标选择所需的部分内容之后，选择的内容清晰显示，松开鼠标，截取内容出现在当前编辑文档插入点位置。若要截取多个部分，需要重复进行屏幕剪辑操作。

Word 中还以通过粘贴的方式插入其他应用程序获取到的粘贴板上的屏幕截图。

2. 图片的移动、复制和大小改变

对图片进行操作前需要先选中图片，此时窗口选项卡区域会出现图片工具“格式”选项卡，如图 4-76 所示，可以通过该选项卡中的命令按钮对图片进行编辑；同时在图片周围出现 8 个白色小圆圈（称为控点）和一个叫旋转手柄的旋转箭头，如图 4-79 所示。

（1）改变图片方向和大小。单击图片，将鼠标指针指向旋转手柄，按下左键旋转，可以对图片进行任意角度的旋转或翻转操作。

选中图片后，用鼠标拖动控点，可以改变图片的大小。其中拖动 4 个角控点（在图片四角的控点）可以同时改变图片水平尺寸和垂直尺寸，拖动上下左右 4 个边控点（在图片四条边上的控点），可以改变图片垂直或水平尺寸。

除此之外，改变图片方向和大小也可以通过如图 4-76 所示的图片工具“格式”选项卡中对应的功能按钮完成，还可以通过图片工具“格式”→“大小”→功能扩展按钮 打开“布局”对话框，然后选择“大小”选项卡，以精准实现图片的大小调整、翻转及角度旋转，如图 4-80 所示。

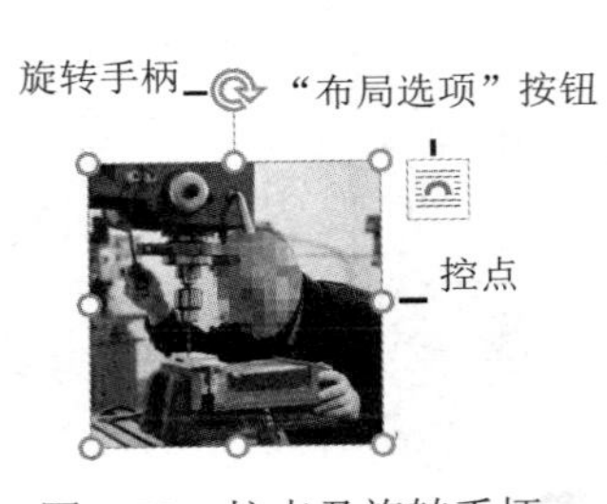

图 4-79 控点及旋转手柄

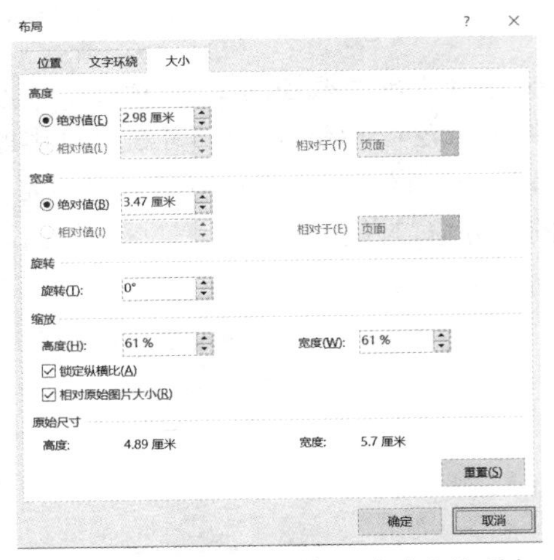

图 4-80 “布局”对话框“大小”选项卡

（2）移动、复制和删除图片。与字符等其他对象的移动、复制和删除操作一样：选中图片以后，使用鼠标拖动或剪贴板进行剪切、复制、粘贴操作；使用 Delete 或 Backspace 键删除。

（3）裁剪图片。裁剪是改变图片显示区域大小的操作，可以向内裁剪也可以向外裁剪。具体的操作步骤是：①选中图片；②选择“格式”→“大小”→“裁剪”命令，此时图片周边出现黑色裁剪图柄，如图 4-81 所示；③通过拖拽裁剪图柄，将图片需要的部分保留在图柄圈内；④单击其他地方或按 Enter 键，确定裁剪。

在操作第②步时，还可以单击裁剪命令按钮下方的下三角按钮，在弹出的“裁剪”下拉菜单（图 4-82）中选择“裁剪”模式进行裁剪。

在“裁剪”下拉菜单中，有五种裁剪模式：

“裁剪”：可以通过任一裁剪图柄进行图片的裁剪。

图 4-81　裁剪图柄

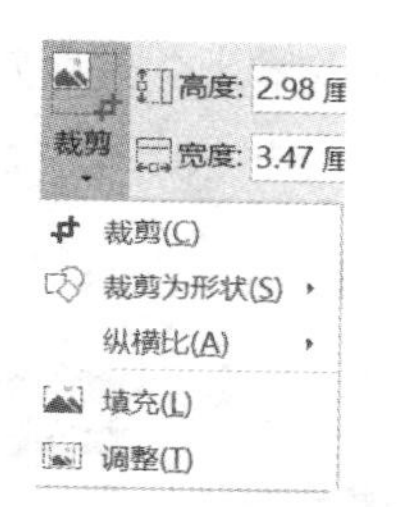

图 4-82　“裁剪”下拉菜单

“裁剪为形状”：可以在下一级菜单中选择图片裁剪后的各种图形形状。该功能将图片转换为图形，此时无法应用图片样式，可以使用绘图工具对其进行操作。

“纵横比”：直接将图片按某种比例精准裁剪。

“填充”：调整图片大小，以便填充整个图片区域，同时保持原始纵横比。

“调整”：调整图片大小，以便整个图片在图片区显示，同时保持原始纵横比。

3. 图片调整

Word 提供的图片调整功能有 7 种：

（1）删除背景：可以自动删除不需要的图片背景，以强调或突出图片的主题或删除杂乱的细节。

（2）更正：锐化和柔化图片效果以及调节图片的亮度和对比度。

（3）颜色：设置图片颜色饱和度以及重新设置颜色。

（4）艺术效果：将艺术效果添加到图片，以使其更像草图或油画。

（5）压缩图片：压缩文档中的图片，以减小其尺寸，选择该命令后将在“压缩图片”对话框中进行相应压缩设置。

（6）更改图片：更改为其他图片，但保存当前图片的格式和大小。

（7）重设图片：放弃对此图片所做的全部格式更改。

以上功能的操作步骤:①单击图片;②在图片工具“格式”选项卡“调整”组选择对应命令。

4. 图片样式

图片样式是一组图片边框、图片效果等格式的组合。Word 提供了 28 种图片样式，用户可以直接使用，也可以自定义图片边框、图片效果等格式。

图片样式的使用步骤：

（1）单击图片。

（2）选择图片工具“格式”选项卡“图片样式”组。

（3）单击选择“图片样式”列表框中的某种样式，如图 4-83 所示。

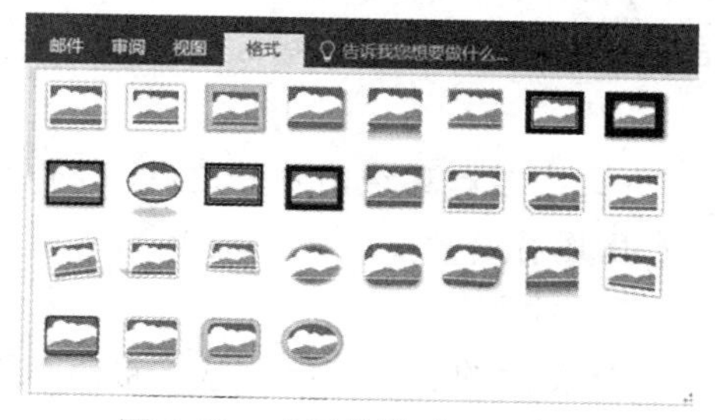

图 4-83　“图片样式”列表框

或者选择“图片边框”“图片效果”等进行设置，相应下拉菜单如图 4-84 所示。

或者单击本组功能扩展按钮 ，进行更多的图片格式设置，“设置图片格式”窗格如图 4-85 所示。

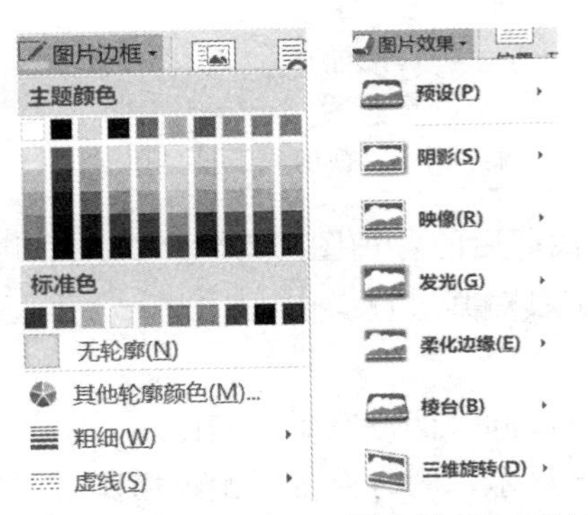

图 4-84 “图片边框”和“图片效果”下拉菜单

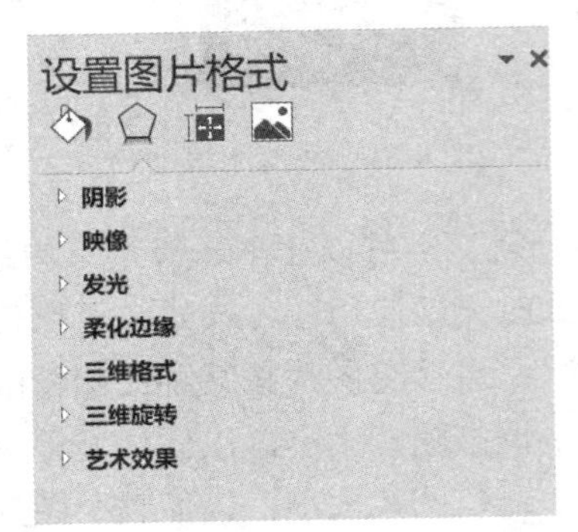

图 4-85 “设置图片格式”窗格

5. 图片位置

图片在页面上显示时，垂直方向可以在上、中、下任一位置，水平方向同样可以在左、中、右任一位置，一共有 9 个位置可以选择。图片位置的设置过程如下：

（1）单击图片。

（2）选择图片工具“格式”选项卡→“排列”→“位置”命令，在弹出的“位置”下拉菜单中进行设置，如图 4-86 所示。

6. 文字环绕方式

文字环绕所选图片的方式一共有 7 种：嵌入型、四周型、紧密型、穿越型、上下型、衬于文字下方、浮于文字上方。其中，“嵌入型”是将图片作为文本放置在段落中，图片将随着文字的添加或删除而改变位置，选择其他方式可在页面任意移动图片，除后面两种方式外，文字将排列在图片周围。

设置文字环绕方式的操作步骤如下：

（1）单击图片。

（2）选择图片工具“格式”选项卡→“排列”→“环绕文字”命令，在弹出的下拉菜单中进行设置，如图 4-87 所示；也可以在如图 4-80 所示的“布局”对话框的“文字环绕”选项卡中设置；还可以通过图片右上方的“布局选项”按钮进行设置。

注意：将图片的文字环绕方式设置为非嵌入型时可进行下述操作。

1）可以设置图片是否随文字移动：默认情况下，图片“随文字移动”。当添加 / 删除文本，要使对象保留在页面上的固定位置时，需要在设置文字环绕方式时，勾选“修复页面上的位置”。

2）可以“编辑环绕顶点”：即文字可以环绕图片的边界，操作方法是：右击非嵌入型图片，选择“编辑环绕顶点”，拖动包围图片的顶点（小黑块）。

7. 图片上移一层、下移一层、对齐与组合

（1）上移一层、下移一层。当图片的文字环绕方式为嵌入式时，无法实现上移一层、下移一层操作。图片工具“格式”选项卡的“排列”组中的相关命令呈灰色，不可使用。

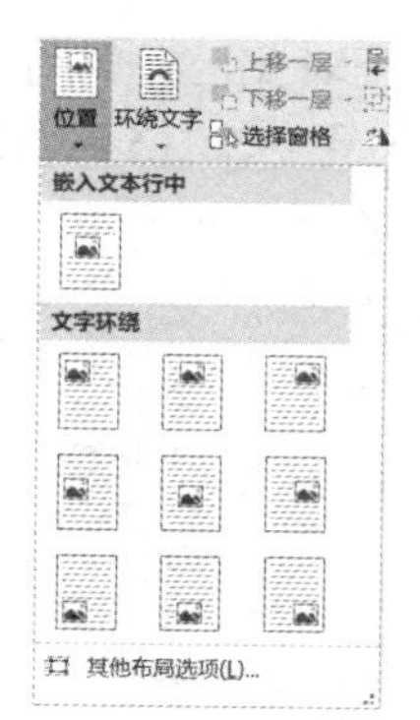

图 4-86　“位置”下拉菜单

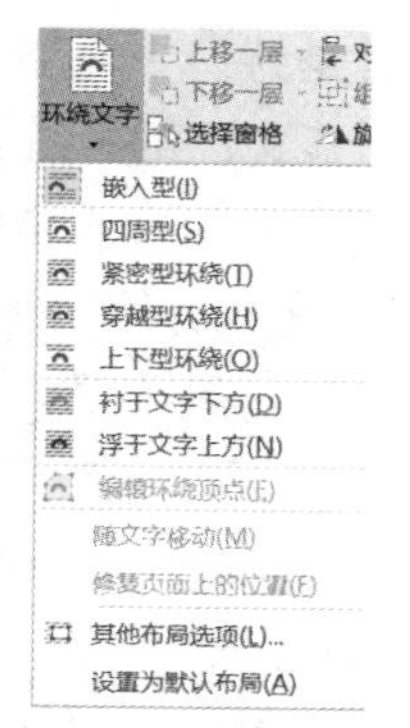

图 4-87　“环绕文字”下拉菜单

当图片设置为非嵌入式的文字环绕方式后，在图片和其他对象发生重叠时，选中图片进行上移一层、下移一层操作。操作步骤：①单击图片；②执行图片工具“格式”选项卡→“排列”组→“上移一层”（或“下移一层”）命令；③在弹出的下拉菜单中，选择需要的命令，如图 4-88 所示。

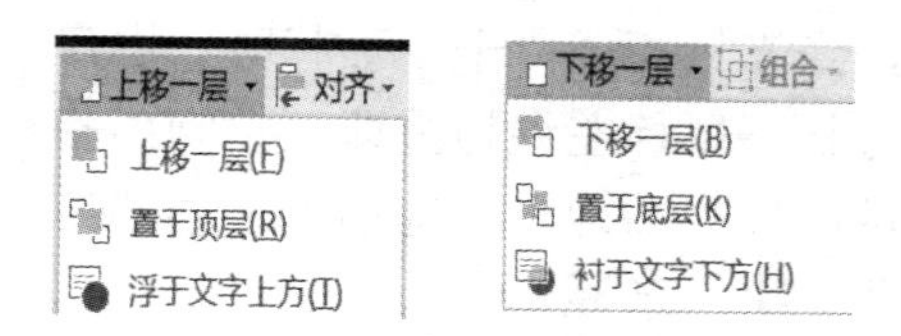

图 4-88　“上移一层”和“下移一层”下拉菜单

（2）对齐。嵌入式的图片只能选择单个图片具有的对齐功能，如“对齐页面”“对齐边距”等，如图 4-89 左图所示。设置为非嵌入式的环绕方式的图片，则可以在其他图片或对象同时被选中后，进行对齐操作。

设置对齐的操作步骤：①按住 Ctrl 键，连续单击需要对齐的非嵌入式图片或对象；②执行图片工具“格式”选项卡→“排列”组→“对齐”命令，在弹出的对话框中选择需要使用的对齐命令，如图 4-89 右图所示。

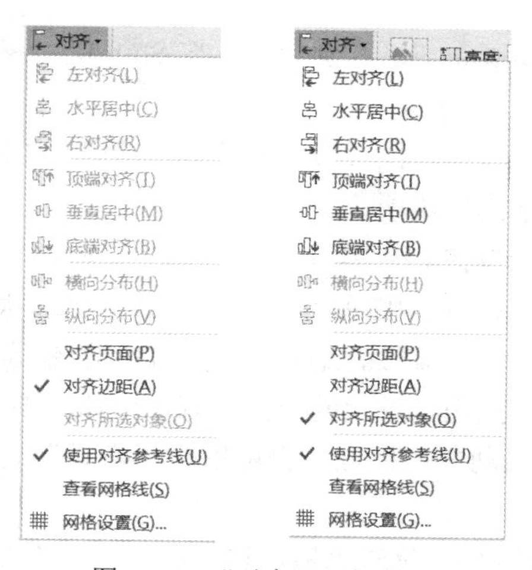

图 4-89　“对齐”下拉菜单

（3）组合。组合是将多个非嵌入式图片或对象组合成一个对象，此时可以用绘图工具的选项卡对该对象进行格式设置。组合后的对象也可以在非嵌入式文字环绕方式下，取消组合。

组合（或取消组合）的操作步骤：①按住 Ctrl 键，连续单击需要组合（或取消组合）的非嵌入式图片或对象；②执行图片工具“格式”选项卡→“排列”组→“组合”命令，在下一级菜单中选择“组合”“重新组合”（或“取消组合”）命令。

4.5.2 形状

Word 提供了线条、矩形、基本形状、箭头总汇、公式形状、流程图、星与旗帜、标注共 8 类形状。

1. 绘制形状

绘制形状的步骤：

（1）执行“插入”→“插图”→“形状”命令，在出现的下拉菜单中可以查看并选择需要的形状，如图 4-90 所示。

（2）单击选择好的形状，当光标变成“十”形状时，用户在文档中需要绘制形状的地方按下鼠标左键拖拽即可绘制出相应形状，同时，在选项卡区域出现与图片工具选项卡不同的绘图工具“格式”选项卡，如图 4-91 所示。

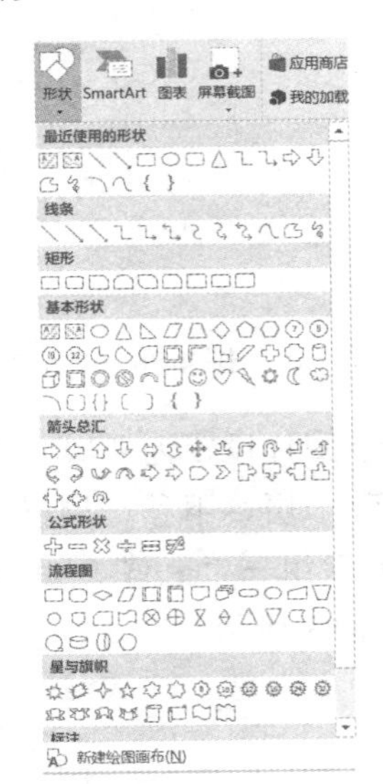

图 4-90 “形状”下拉菜单

图 4-91 绘图工具“格式”选项卡

操作要点：

- 画直线、带箭头的直线时，如果绘制水平、垂直、斜 45° 方向直线，按 Shift 键 + 鼠标拖动。
- 使用矩形、椭圆按钮画正方形、圆形时，按 Shift 键 + 鼠标拖动。

2. 形状基本操作

（1）形状的选择。和图片一样，在对形状进行操作前需要先选中相应形状。选中形状后，选项卡区域出现绘图工具“格式”选项卡。

单击可以选择单个形状；按住 Ctrl 键后，则可以逐次单击，选中多个形状。

（2）形状的大小和旋转。如图 4-92 所示，被选中的单个形状周围均有白色控点、一个旋转手柄和一个“布局选项”按钮。需要注意的是：有的形状被选中后还有黄色控点（图 4-92 中被圈的控点）出现。黄色控点用于形状的局部微调，微调时不改变白色控点的位置。

形状大小的调整方法：拖动白色控点。也可以在“格式”选项卡“大小”组中手动录入或使用微调按钮进行调整。

形状的旋转或翻转的方法：拖拽旋转手柄。也可以使用“格式”选项卡“大小”组中的“旋转”命令进行调整。

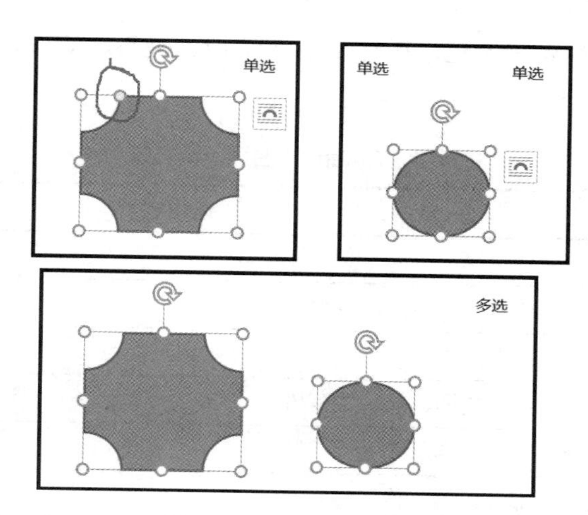

图 4-92　形状的单选与多选

多个形状被选中后，对任一形状进行大小调整或旋转时，其他形状同步变化。

（3）形状的移动、复制、删除。

形状的移动、复制和删除操作与图片相似。

3. 编辑顶点

编辑顶点的步骤：

（1）右击形状。

（2）在快捷菜单中选择“编辑顶点”，此时形状周边出现小黑块，如图 4-93 所示。

（3）拖动小黑块进行调整。

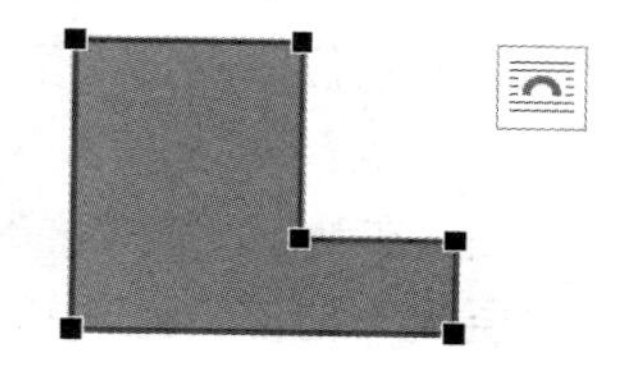

图 4-93　编辑顶点

4. 在形状中添加文字

对于封闭的自选图形可以向其中添加文字。操作步骤：右击需要添加文字的形状，在弹出的快捷菜单中选择“添加文字”命令，光标将出现在形状中，此时可以向形状中添加文字。

5. 设置形状样式

形状的样式是一组形状填充、形状轮廓、形状效果等格式组合，通过添加边框、填充、阴影、发光、映像、柔化边缘等效果来增强形状的感染力。用户可以使用 Word 内置的形状样式，也可以对形状的这三种格式分别进行设置。

形状样式的设置步骤：

（1）选中形状。

（2）在绘图工具“格式”选项卡“形状样式”组的列表框中选择需要的样式，如图 4-91 所示，或者分别进入“形状填充”“形状轮廓”“形状效果”的下拉菜单中进行设置。

6. 形状的“排列”

形状的“排列”包括“位置”“文字环绕方式”“上移一层”“下移一层”“对齐”“组合”“旋转”等项。其设置和非嵌入式图片操作相同。

4.5.3 SmartArt 图形

SmartArt 图形是将文字和结构图形结合起来，完成直观交流的综合应用。Word 提供了多种 SmartArt 图形，包括列表、流程、循环、层次结构、关系、矩阵、棱锥图、图片等类型。SmartArt 图形适用情况见表 4-4。

表 4-4　SmartArt 图形适用情况

SmartArt 图形类型	适用情况
列表	显示无序信息
流程	在流程或时间线中显示步骤
循环	显示连续的流程
层次结构	创建组织结构图、显示决策树
关系	对连接进行图解
矩阵	显示各部分如何与整体关联
棱锥图	显示与顶部或底部最大一部分之间的比例关系
图片	使用图片传达或强调内容（在 Office 2007 中不可用）

1. 插入 SmartArt 图形

插入 SmartArt 图形的步骤：

（1）定位图形插入位置。

（2）执行“插入”→“插图”→“SmartArt”命令。

（3）在弹出的“选择 SmartArt 图形”对话框（图 4-94）中，先在左侧区域选择需要的类型，如“层次结构”，再在中间区域选择该类型中适合的图形，如组织结构图。

（4）单击“确定”按钮。此时，插入一个层次结构的 SmartArt 图形，同时选项卡区域新增 SmartArt 工具“设计”选项卡（图 4-95）和“格式”选项卡（图 4-96）。

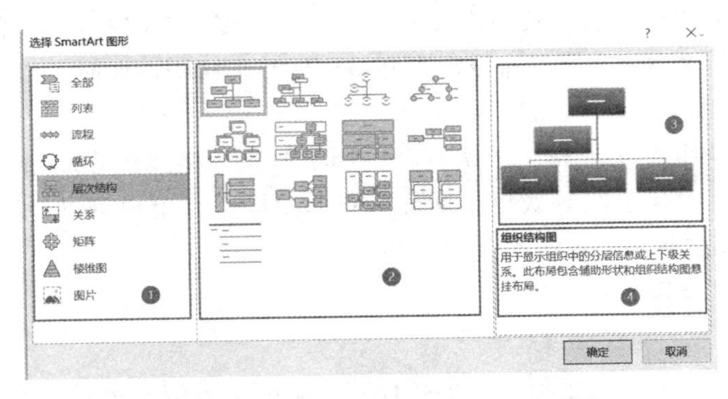

图 4-94　“选择 SmartArt 图形”对话框

在“选择 SmartArt 图形”对话框中：

❶区：显示 SmartArt 各种图形类型。

❷区：显示在❶区选择的某种图形类型对应的所有图形。

❸区：显示该图形的效果。

❹区：显示该图形名称以及该图的作用与特点。

当在❶区中选择“全部”时，在❷区将按❶区中类型顺序逐类显示 SmartArt 图形。

图 4-95　SmartArt 工具“设计”选项卡

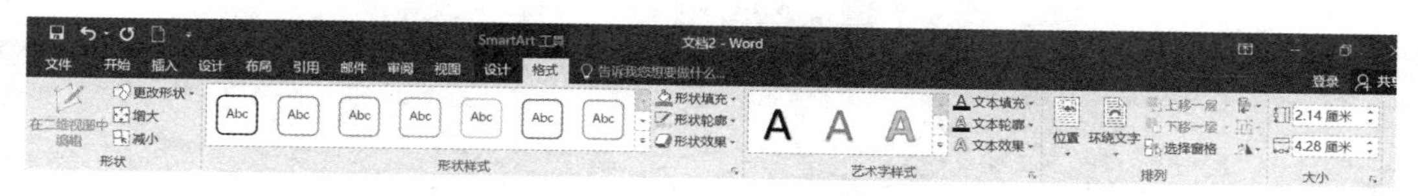

图 4-96　SmartArt 工具“格式”选项卡

2. 编辑 SmartArt 图形

（1）文本信息录入。插入 SmartArt 图形后，需要用具体的信息内容填充图形中的文本占位符，如图 4-97 左图所示，此时可以选中 SmartArt 图形，单击左侧的文本窗格展开按钮，在文本窗格中录入文本信息，录入的文本自动填充到图形中，如图 4-97 右图所示；也可以直接单击占位符输入文本信息。执行“设计”→“创建图形”→“文本窗格”命令也可以打开文本窗格。

图 4-97　组织结构图和编辑 SmartArt 图形文本信息

（2）设计和格式化。在创建好 SmartArt 图形后，可以在 SmartArt 图形“设计”选项卡（图 4-95）中完成图形结构的调整、版式的更换，以及整个图形的样式选取和颜色调整。

其中，SmartArt 图形中的文本占位符是形状对象，可以通过 SmartArt 图形“格式”选项卡（图 4-96）为它们更换其他合适的形状、调整大小、设置形状样式以及占位符中文本的艺术字样式等。

4.5.4　图表

在 Word 中可以引入 Excel 中的图表。

1. 插入图表

插入图表的步骤：

（1）定位图表位置。

（2）执行“插入”→“插图”→“图表”命令，出现如图 4-98 所示的对话框。

（3）选择需要的图表，然后单击“确定”按钮。此时 Word 启动 Excel 并自动生成图表，同时选项卡中出现图表工具的“设计”选项卡和“格式”选项卡。

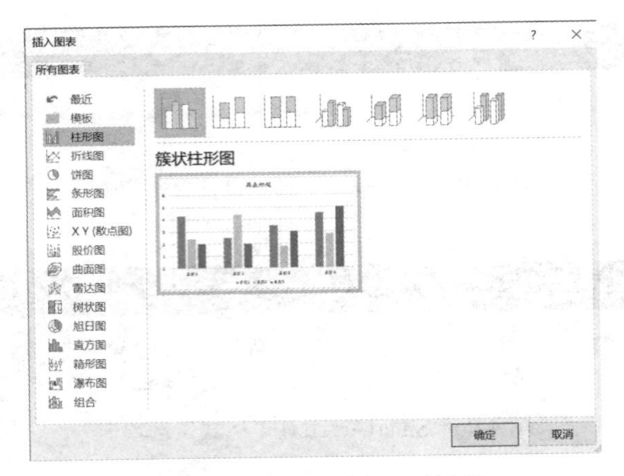

图 4-98 “插入图表”对话框

2. 更新图表数据

（1）插入图表时，在启动的 Excel 窗口中，将内嵌的数据替换成自己的数据。

（2）已经建立好的图表中需要进行数据更新，则：

1）选中图表。

2）执行“设计”→“数据”→“编辑数据”命令。

3）在启动的 Excel 窗口中更新数据。

3. 图表的设计与格式化操作

选中图表后，在“设计”选项卡和“格式”选项卡中按需选择命令执行。进行格式设置时，单击需要进行格式设置的图表元素，在窗口右侧会出现对应的格式窗格。

4.5.5 文本框、艺术字和首字下沉

在 Word 中，文本类对象包括文本框、文档部件、艺术字、首字下沉、签名行、日期和时间、其他文件中的文字等。此处对文本框、艺术字、首字下沉进行介绍。

1. 文本框

文本框是放入文本的一个形状，一般 Word 设置的形状是矩形框。文本框除了可添加文本外还可以加入图片等内容。当采用文本框编辑文本或添加图片时，这些文本或图片可以根据用户需要随着文本框放到文档的任何一个地方。

插入文本框的步骤：

（1）定位文本框插入的位置。

（2）执行“插入”→“文本”→“文本框”命令，弹出如图 4-99 所示的下拉菜单。

（3）选用 Word 内置的文本框样式或使用绘制形状的方法绘制需要的文本框。

用户也可以先插入一个封闭的形状，然后在形状中添加文字。此时，插入的这个形状可以看作一个有特殊效果的文本框。

单击文本框，可以通过绘图工具“格式”选项卡对文本框进行格式设置和美化操作。多个文本框之间可以通过“文本”工作组中的“创建链接”命令创建“链接”。

2. 艺术字

艺术字是将文字做成特殊的图形。

插入艺术字的步骤：

（1）定位艺术字插入的位置。

（2）执行“插入”→“文本”→“艺术字”命令，弹出如图 4-100 所示的列表框，列表框中显示了内置的 15 种艺术字图形。

（3）选择其中一种艺术字，根据提示录入要设置为艺术字格式的文本。

在 Word 中，可以通过绘图工具“格式”选项卡中的“艺术字样式”功能组进行文本填充、文本轮廓、文本效果的进一步设置，如图 4-101 所示。

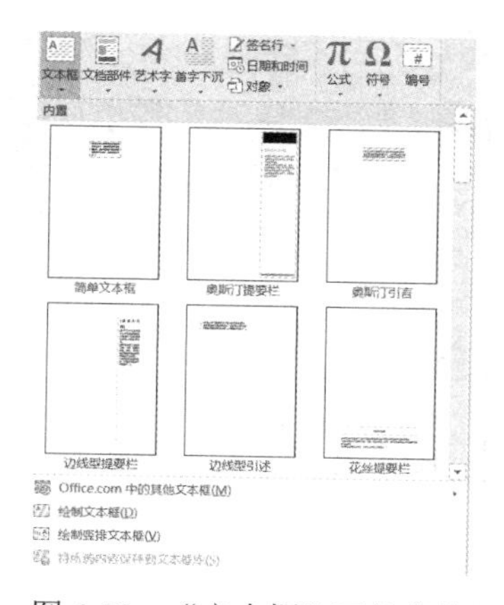

图 4-99　“文本框”下拉菜单

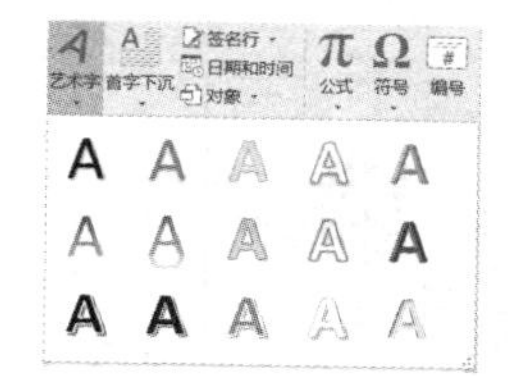

图 4-100　“艺术字”列表框

图 4-101“艺术字样式”功能组

3. 首字下沉

首字下沉是指将段落的首字做成文本框。

设置首字下沉的步骤：

（1）将插入点定位在要设置首字下沉的段落。

（2）执行“插入”→“文本”→“首字下沉”命令，显示如图 4-102 所示的下拉菜单。

（3）选择下拉菜单中的某种下沉样式，也可以单击“首字下沉选项 ...”，在如图 4-103 所示的对话框中做进一步设置，最后单击“确定”按钮。

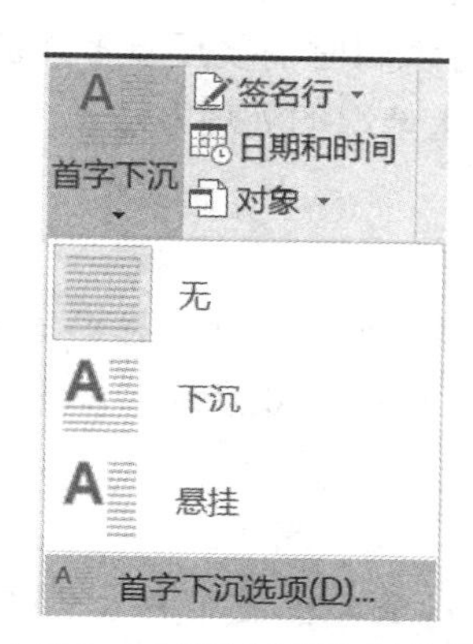

图 4-102　“首字下沉”下拉菜单

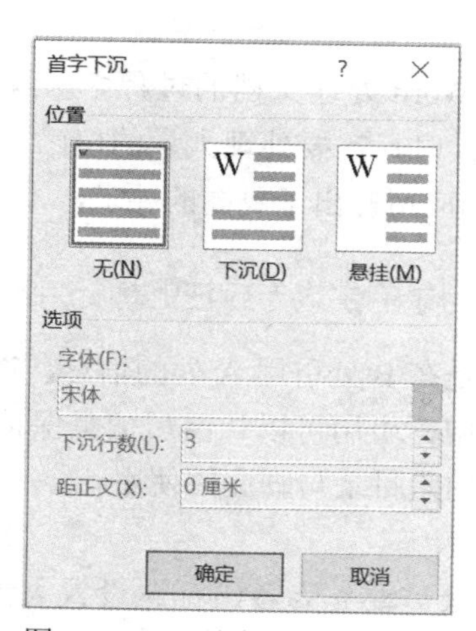

图 4-103　“首字下沉”对话框

在 Word 中，可以通过绘图工具“格式”选项卡对文本类对象进行进一步的格式设置。

4.5.6 封面

Word 内置了一个封面库，文档通过使用这些时尚封面，可给人留下良好的第一印象。

使用封面的步骤：

（1）执行“插入”→“页面”→“封面”命令，弹出“封面”下拉菜单，如图 4-104 所示。

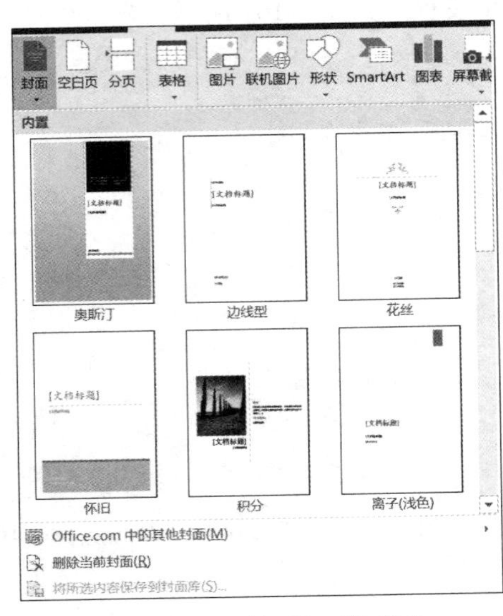

图 4-104　“封面”下拉菜单

（2）在内置下拉列表框中选择需要的封面模板，Word 将该封面添加到文档首页。

（3）完成封面各项内容的填充。

（4）根据需要对封面对象进行格式设置。

4.6 高级应用

在使用 Word 处理文档的过程中，编辑长文档时，为方便查阅，需要进行适当的引用；召开大型会议时，需要处理大量的信函；对重要文档进行编辑时需要反复多次的审阅。这些都对 Word 的应用提出了更高的要求，本节内容将介绍以上情况的处理办法。

4.6.1 目录的生成与脚注的标记

引用就是在 B 处引用 A 处的信息，当 A 处信息发生变化时，B 处信息也变化。在长文档的编排过程中，引用可以让前后信息保持一致，是简化工作的有效措施。作为初级学者，我们需要掌握的是目录与脚注的使用。

1. 生成目录

创建目录需要先为各级标题设置大纲级别，再插入目录。设置大纲级别可以在“段落”对话框的“缩进和间距”选项卡中进行，也可以在大纲视图中进行。在大纲视图中设置大纲级别更适用于长文档操作，本书以此方法为例进行讲解。

具体操作步骤：

（1）设置大纲级别。将整个文档置于大纲视图下，然后对每一个主题（章、节、小节等）安排好各层次关系，设置大纲级别，如图 4-105 所示。

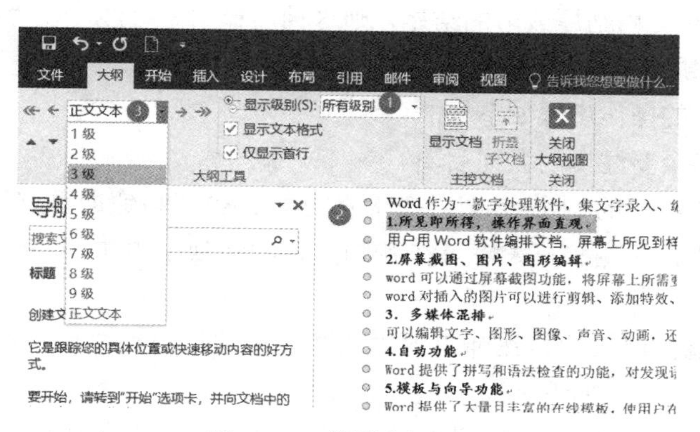

图 4-105　设置大纲级别

（2）插入目录。将光标定位在要插入目录的位置，在如图 4-106 所示的“目录”下拉菜单中可以选择内置的目录样式插入目录；或选择“自定义目录”命令，在如图 4-107 所示的“目录”对话框中做相应的设置后，单击“确定”按钮完成目录的插入。

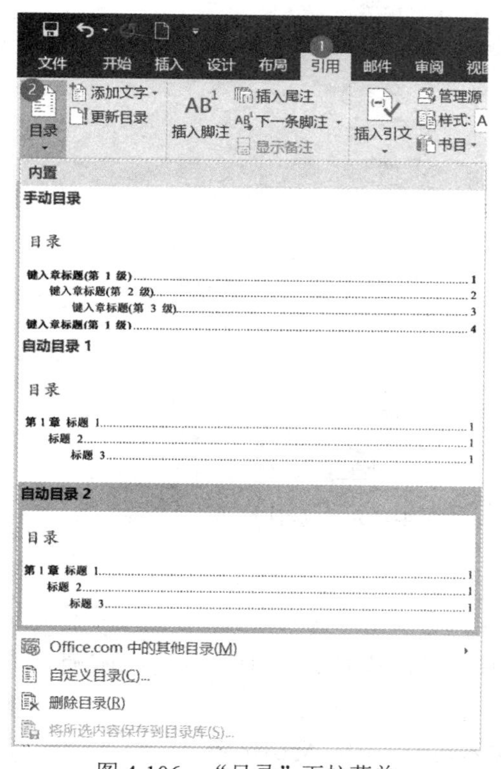

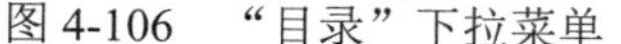
图 4-106　“目录”下拉菜单

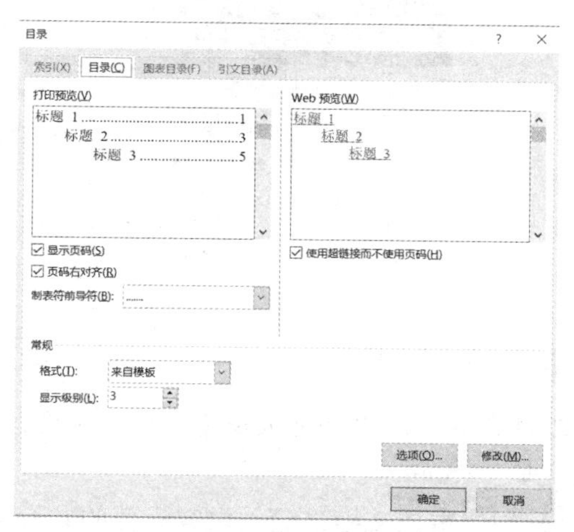

图 4-107　“目录”对话框

当正文的内容有所修改，需要更新目录时，则右击目录，在弹出的快捷菜单中选择“更新域”命令，在“更新目录”对话框中选择“更新整个目录”，单击“确定”按钮即可。

2. 脚注和尾注

脚注和尾注都是对文档某处做一个注释，只是注释的位置不同。例如，文档中在一个名词后面有一个上标编号，若在该页结尾处有对应这个编号的该名词的注释，这种注释叫做脚注；若这个注释出现在文档结尾或节的结尾，则这种注释叫做尾注。在“脚注”组（图 4-108）中，可以实现脚注和尾注的插入操作。

插入脚注和尾注的操作步骤如下：

（1）将插入点移至要注释的名词后面。

（2）选择“脚注”组中的“插入脚注”按钮或“插入尾注”按钮即可进行脚注或尾注的插入。

在“脚注”组中，单击 AB 下一条脚注 可在各脚注之间切换；单击 显示备注 可显示相应的脚注、尾注内容。

也可以单击功能扩展按钮，在弹出的“脚注和尾注”对话框中进行脚注和尾注的插入，如图 4-109 所示。操作步骤如下：

（1）在“位置”区域选中“脚注”/“尾注”单选按钮，再在其后的下拉列表框中选择脚注或尾注的位置。

（2）按照需要对格式进行设置。

（3）单击“插入”按钮，完成脚注或尾注的插入。

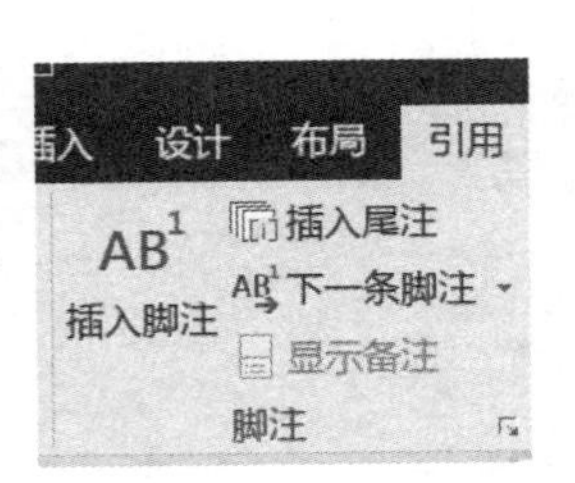

图 4-108 “脚注”组

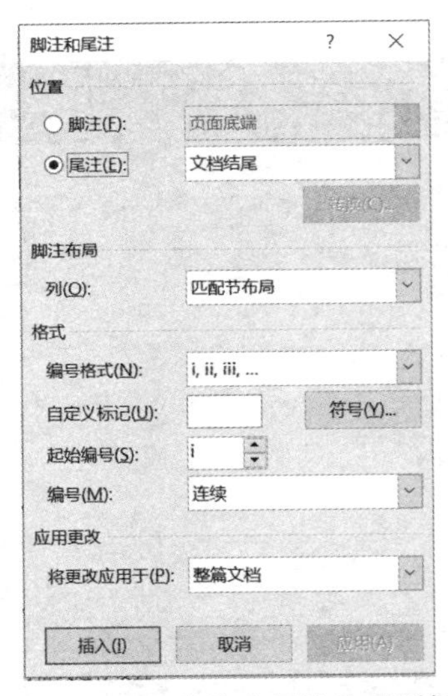

图 4-109 “脚注和尾注”对话框

4.6.2 邮件合并

“邮件合并”用以处理大量主要内容不变，只有具体数据变化的日常报表和信件。

1. 邮件合并的思路

（1）创建主控文档：输入内容不变的共有文本内容，做好文档排版。

（2）创建或打开数据源，存放可变的数据。

（3）编辑主控文档，在主控文档中需要的位置插入合并域名字。

（4）执行合并操作，将数据源中的可变数据通过合并域和主控文档的共有文本进行合并。

（5）生成一个合并文档或打印输出。

在 Word 中，通过“邮件”选项卡实现邮件合并，如图 4-110 所示。

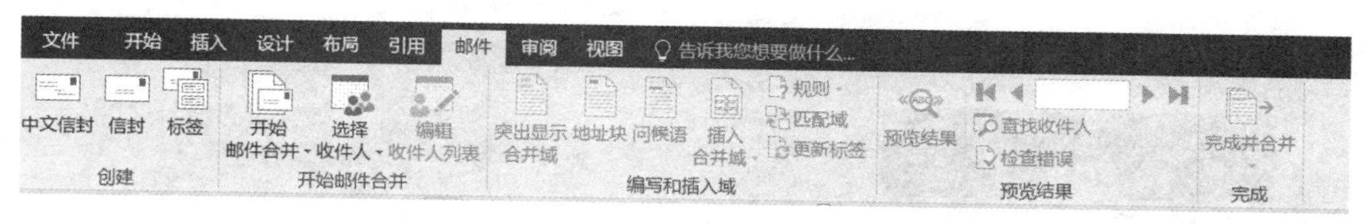

图 4-110　“邮件”选项卡

2. 邮件合并的操作步骤

以表 4-5 为例，打印每位同学的成绩通知单。

表 4-5　成绩

学号	姓名	语文	数学	科学	音乐	美术
1001	刘飞	80	85	95	85	88
1002	张海	88	90	89	88	82
1003	王平	80	88	92	83	89

具体的操作步骤如下：

（1）创建一个文档，输入成绩通知单模板。单击“邮件”选项卡“开始邮件合并”组中的“开始邮件合并”按钮，选择主控文档的类型为“信函”，并输入成绩通知单模板内容，如图 4-111 所示。

成绩通知单

同学（学号 ）：

你在 2019-2020-2 期成绩如下：

语文	数学	科学	音乐	美术

特此通知！

XX 学校

2020.7.3

图 4-111　主控文档

（2）创建并指定数据源。

1）新建一个文档，文档以“成绩 .docx”为名，录入表 4-5 中的数据后保存在“我的文档”文件夹下“我的数据源”文件夹中。

2）在主控文档中选择“邮件”→“开始邮件合并”→“选择收件人”→“使用现有列表”命令，如图 4-112 左图所示。在弹出的“选取数据源”对话框中选择“成绩 .docx”，单击“打开”按钮，如图 4-112 右图所示。

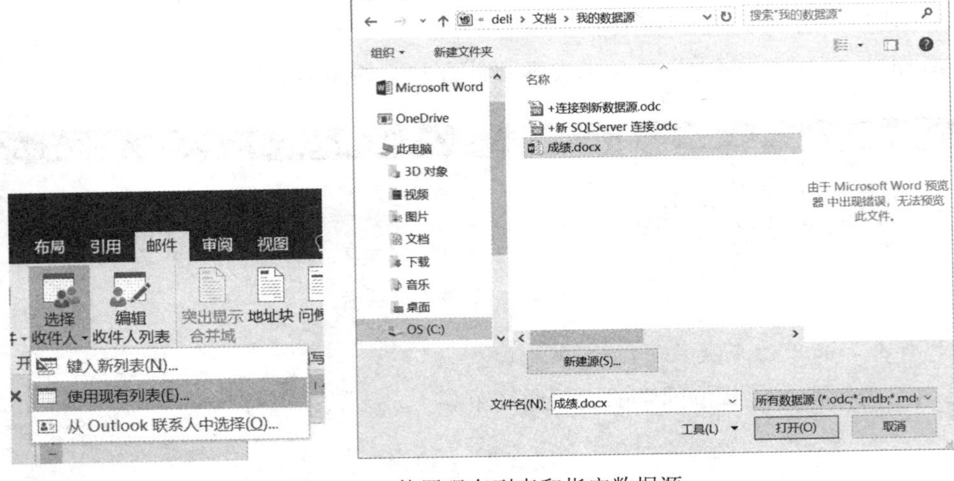

图 4-112　使用现有列表和指定数据源

3）在主控文档中插入合并域。将插入点定位在主控文档中需要插入数据源的位置，再单击“插入合并域”按钮右方下三角按钮，选择需要的数据源名称。插入合并域后的效果如图 4-113 所示。

4）预览结果。单击“预览结果”组中的“预览结果”按钮，可以预览合并情况，如图 4-114 所示。

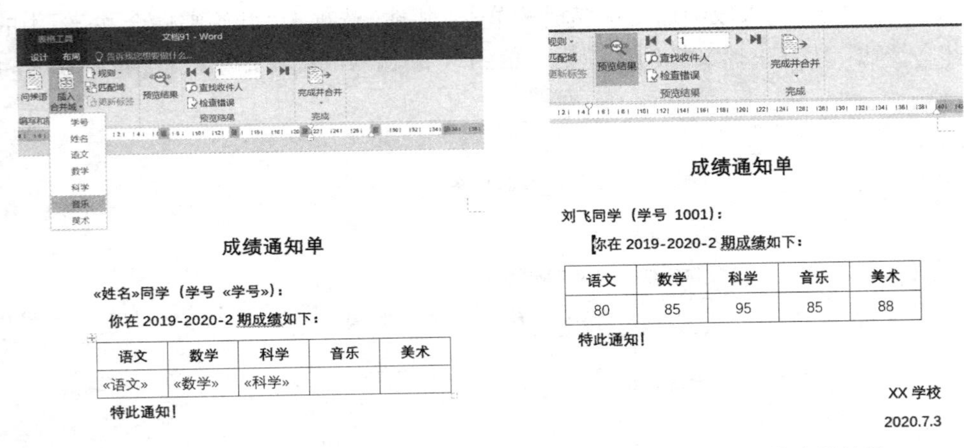

图 4-113　插入合并域后的效果　　　　图 4-114　预览合并结果

5）完成合并。单击“完成并合并”按钮，可以选择合并结果的去向，如图 4-115 所示。先选择“编辑单个文档”，此时弹出“合并到新文档”对话框，根据提示选择好需要的记录后，单击“确定”按钮，将生成一个名为“信函 1”的新文档，所有选中的记录都在该文档中。

注意：（1）数据源文档也可以是 Excel 文档、Access 文档。

（2）在插入合并域的过程中，还可以根据需要指定邮件合并的规则等。

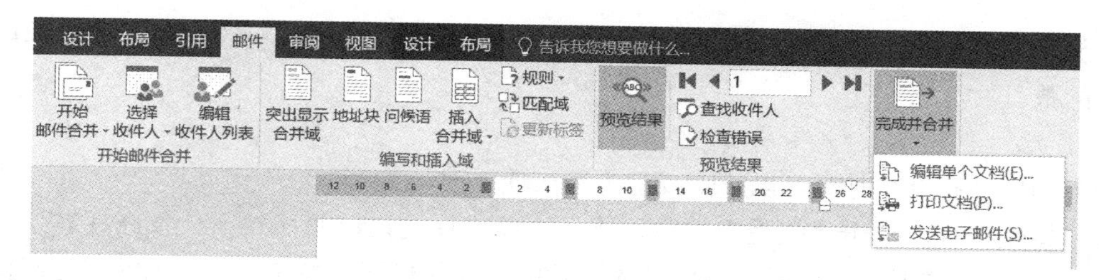

图4-115 设置合并结果去向

4.6.3 文档审阅

文档从编辑到定稿的过程中，常常会涉及校对、批注、修订、比较等操作，Word的“审阅”选项卡就包含了这样一些功能，如图4-116所示。

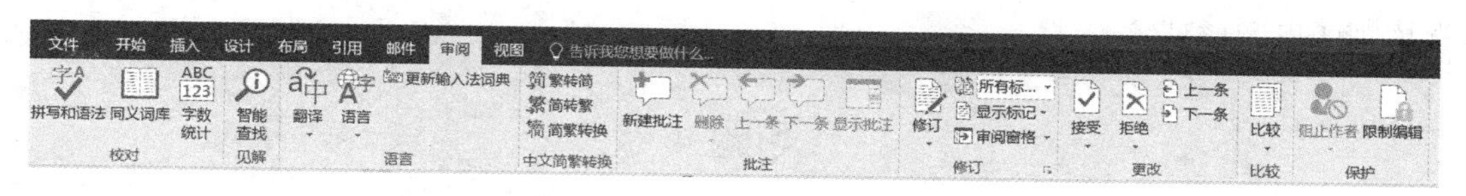

图4-116 “审阅”选项卡

1. 校对

“校对”组中常用的是拼写和语法检查以及字数统计功能。

（1）拼写和语法检查功能：用于进行拼写和语法检查，可以对选中的文本或段落进行检查，也可以在全文范围内逐步检查。该工具更适用于英文文本或段落。

（2）字数统计功能：确定文档的页数、字数、字符数、段落数以及行数。在状态栏中也可以查看字数信息。

2. 中文简繁转换

通过“中文简繁转换”组可以实现汉字在繁体字和简体字之间的转换。

3. 批注

在修改文档时，使用批注不影响文档原有排版。具体操作步骤如下：

（1）选定要进行批注的文本。

（2）执行“审阅”→“批注”→“新建批注”命令。

（3）在出现的“批注”文本框中输入批注信息。

批注的显示或隐藏：执行“审阅”→“修订”→“显示标记”→“批注”命令。

批注的删除与切换：选择“审阅”选项卡“批注”功能组中的对应命令。

4. 修订

在修改文档的过程中，使用修订可以保留修改痕迹。

（1）修订的启用与结束。单击“审阅”选项卡“修订”组的“修订”按钮，当按钮被选中时，进入修订状态；反之，则退出修订状态。

（2）选择显示标记。通过“修订”组中的“显示标记”按钮 显示标记 可以选择要在文档中显示的标记的类型，如批注标记、插入和删除标记、格式更改标记以及其他类型的标记。

（3）审阅窗格。单击“审阅窗格”按钮 审阅窗格 可以选择以垂直或水平的方式在单独的窗口中显示修订。在“审阅窗格”中显示了文档中当前出现的所有更改、更改的总数以及每类更改的数目。

5. 更改

当审阅修订和批注时，可以接受或拒绝每一项更改。

（1）接受修订。单击“接受”按钮，接受当前修订建议，并移到下一条修订建议。单击“接受”按钮下方的下三角按钮，还可以选择只接受当前修订、接受所有显示的修订和接受所有的修订。

（2）拒绝修订。单击“拒绝”按钮，拒绝当前修订建议，并移到下一条修订建议。单击“拒绝”按钮下方的下三角按钮，还可以选择只拒绝当前修订、拒绝所有显示的修订和拒绝所有的修订。

（3）顺序审阅修订。在“审阅”选项卡上的“更改”组中，单击“下一条”或“上一条”实现按顺序审阅修订。

习题 4

一、填空题

1. 在 Word 中选择 ________ 选项卡的“剪贴板”命令，可以打开“剪贴板”任务窗格。

2. 在 Word 环境下，“开始”选项卡“字体”组中黑体大写的 B 可以把选定的字体改变为 ________ ；黑体大写的 I 可以把选定的字体改变为 ________。

3. 在 Word 环境下，文件中用于删除插入点后面一个字符的按键为 ________。

4. 在 Word 环境下，实现粘贴功能的快捷键是 ________。

5. 在 Word 环境下，要为文本插入常用特殊符号的方法是：单击“插入”选项卡中 ________ 组的“符号”命令按钮，在所列符号中选择常用符号。

6. 在 Word 环境下，编辑过程中只需按一次 Enter 键，Word 就会根据左右缩进的设定为该段落 ________ 排版。

7. 要自定义 Word 文件的保存方式，应在 ________ 对话框中的“保存”项中进行设置。

8. 在 Word 中，执行命令的方法是：使用工具按钮、快捷菜单和 ________。

9. Word 提供了各种类型文档的模板和向导，用户选用时应选择“文件”选项卡中的 ________ 命令。

10. Word 提供了 5 种视图方式，它们分别是大纲视图、Web 版式视图、阅读版式视图、页面视图和 ________ 视图。

11. Word 主窗口有两个滚动条，它们分别是 ________ 和水平滚动条。

12. 在 Word“开始”选项卡“字体”组中，按钮的功能是 ________。

13. 在 Word 中，“撤消”和“恢复”按钮在 ________。

14. 在使用 Word 的过程中，可随时按键盘上的 ________ 键，以获得联机帮助。

15. 在 Word 中，“水印”按钮在 ________ 选项卡中。

二、选择题

1．在 Word 中要选定整个文档，可以将鼠标指针移到文本选定区中任意位置，然后按住（　）键并单击。

A．Esc　　B．Shift　　C．Ctrl　　D．Alt

2．在 Word 中要进行替换操作，可用快捷键（　）。

A．Ctrl+H　　B．Shift+H
C．Alt+H　　D．Ctrl+F

3．在 Word 对话框中，（　）是一种开关形式的选择方式。

A．复选框　　B．文本框
C．列表框　　D．下拉列表框

4．在 Word 中要选取光标所在位置的一个段落，可按下 F8 键（　）次。

A．两　　B．三　　C．四　　D．五

5．在 Word 中使用模板的过程是：单击（　），选择模板名。

A．文件→打开　　B．文件→新建
C．格式→模板　　D．工具→选项

6．选择 Word 表格中的一行或一列以后，（　）就能删除该行或该列中的文本内容。

A．按 Backspace 键　　B．按 Ctrl+Tab 组合键
C．单击“剪切”按钮　　D．按 Delete 键

7．在 Word（　）选项卡中选择“打印”命令，屏幕中可以预览打印效果。

A．文件　　B．页面布局
C．视图　　D．加载项

8．在 Word 环境下，设置页面时，以下说法错误的是（　）。

A．可以自定义页面的大小　　B．可以设置页面的边距
C．可以按纵向或横向排版　　D．不可改变字体的方向

9．下面关于 Word 制表功能叙述不正确的是（　）。

A．用户可以绘制页面范围内任意高度和宽度的单个单元格
B．可以方便地删除任何单元格、行、列、边框
C．只能对同一行中的单元格进行合并
D．可以对任何相邻的单元格进行合并，无论是垂直还是水平相邻

10．Word 应用软件（　）。

A．只能打开一个文件　　B．不可以打开文本文件和系统文件
C．可以同时打开多个文件　　D．最多打开五个文件

11．在 Word 中，有关“审阅”选项卡中的“字数统计”命令说法错误的是（　）。

A．无法统计空格　　B．可分别对英文、中文进行统计
C．可对行数进行统计　　D．可对段落、页数进行统计

12．如果想选择 Word 文档中的一个矩形部分，正确的方法是（　）。

A．直接拖动鼠标　　B．按住 Shift 键拖动鼠标
C．按住 Ctrl 键拖动鼠标　　D．按住 Alt 键拖动鼠标

13．在 Word 中，能实现查找文本的快捷键是（ ）。

A．Ctrl + F　　B．Alt + F

C．Ctrl+ E　　D．Alt + E

14．在 Word 中，在图中加入批注，应选择的操作是（ ）。

A．在“插入”选项卡中选择“新建批注”

B．在“引用”选项卡中选择“插入题注”

C．在“插入”选项卡中选择“文本框”

D．在“审阅”选项卡中选择“新建批注”

15．在 Word 中，图像可以以多种环绕形式与文本混排，以下（ ）不是它提供的环绕方式。

A．四周型　　B．穿越型

C．上下型　　D．左右型

16．在 Word 中，以下说法正确的是（ ）。

A．在 Word 中可将文本转化为表，但表不能转成文本

B．在 Word 中可将表转化为文本，但文本不能转成表

C．在 Word 中文本和表不能互相转化

D．在 Word 中文本和表可以互相转化

17. Word 可为文档添加页码，用户可将页码放置在任一标准位置。其标准位置可以是（ ）。

A．页的顶部或底部　　B．居中

C．左对齐或右对齐　　D．以上都是

18．在 Word 编辑状态下，文档窗口显示出水平标尺，拖动水平标尺上沿的“首行缩进”滑块，则（ ）。

A．文档中各段落的首行起始位置都重新确定

B．文档中被选择的各段首行起始位置重新确定

C．文档中各行的起始位置都重新确定

D．插入点所在行的起始位置重新确定

19．在 Word 中，关于页眉和页脚的设置，下列叙述错误的是（ ）。

A．允许为文档的第一页设置不同的页眉和页脚

B．允许为文档的每个节设置不同的页眉和页脚

C．允许为偶数页和奇数页设置不同的页眉和页脚

D．不允许页眉或页脚的内容超出页边距范围

20．在 Word 中，首字下沉在（ ）选项卡中进行操作。

A．开始　　B．插入

C．布局　　D．视图

21．在 Word 中，分栏在（ ）选项卡中进行操作。

A．开始　　B．插入　　C．布局　　D．视图

三、简答题

1．Word 的主要特点有哪些？

2．简述建立 Word 文档的操作过程。
3．在 Word 中，如何在文档中插入其他文件的内容？
4．在 Word 中，什么是段落、段落标记、段落的格式？
5．简述 Word 字处理的功能。
6．关闭 Word 应用程序窗口与关闭 Word 文档窗口是同一种操作吗？
7．Word 字处理中基本编辑操作有哪些？
8．如何将 Word 文档转换成 Web 页？
9．保存文档的含义是什么？需要提供哪些参数？

第 5 章　电子表格软件 Excel 应用

本章导读

Excel 是 Microsoft Office 办公自动化软件的重要组件之一，是一种功能强大、操作灵活的电子表格处理软件。Excel 能够对数据进行组织、运算、分析和统计，制作出各种形象直观的图表，便于用户进行分析和处理，因而广泛应用于财务、统计、金融、审计等各个领域。读者应在理解相关概念的基础上重点掌握 Excel 数据的组织与管理。

本章要点

- 工作簿、工作表及单元格的基本概念与组成。
- Excel 数据类型及输入要点。
- 公式的建立与编辑、常用函数的使用。
- 数据清单及排序、筛选、分类汇总和数据透视表等数据管理。
- 图表的制作与编辑。

5.1　Excel 概述

Excel 提供了丰富的电子表格模板，可制作各类美观实用的统计表格，具有丰富的图表功能，依据表格中的数据生成各类直观、实用的统计图表，同时提供了丰富的函数和数据分析工具，可以进行复杂的表内及表间数据运算和统计分析，具有强大的 Web 功能，用户可直接从浏览器中拖动 Excel 的表格数据，在网页上对图形和对象进行操作。

5.2　Excel 基本操作

5.2.1　工作簿、工作表及单元格

1. Excel 窗口组成

打开 Excel 应用程序，其工作窗口由标题栏、选项卡、功能区、编辑栏、工作表区、工作表标签、状态栏等组成，如图 5-1 所示。

（1）选项卡与功能区。Excel 主要有八大功能区：文件、开始、插入、页面布局、公式、数据、审阅和视图。每个功能区中收录相应的功能组，方便用户切换、选用。

当启动 Excel 时，默认显示的是“开始”功能区，该功能区是用户最常用的功能区，包括剪贴板、字体、对齐方式、数字、样式、单元格和编辑 7 个组，如图 5-2 所示。

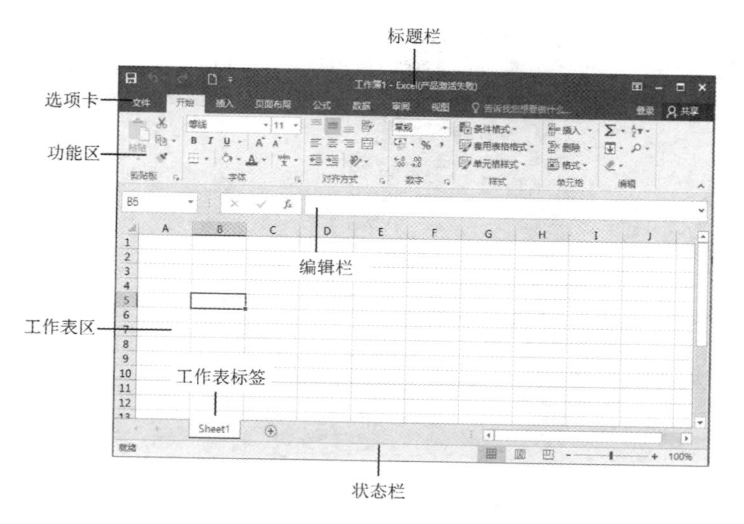

图 5-1　Excel 应用程序窗口

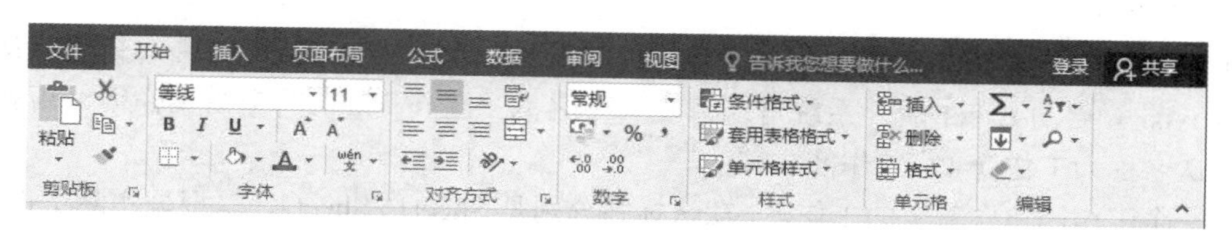

图 5-2　“开始”功能区

“文件”功能区主要用于创建新文件，打开、保存、打印文件，设置 Excel 选项等。“插入”功能区主要用于在 Excel 中插入和编辑图表等各种对象。“页面布局”功能区用于设置 Excel 页面样式。“公式”功能区用于进行各种数据计算。“数据”功能区主要用于进行数据处理相关方面的操作。“审阅”功能区主要用于对 Excel 进行校对和修订等操作。“视图”功能区用于设置 Excel 视图类型以方便操作。各功能区的具体操作后面会详细介绍，此处不再赘述。

（2）编辑栏。编辑栏由名称框和编辑框两部分组成。左边是名称框，显示活动单元格或区域的地址及名称。右边为编辑框，用于输入或编辑活动单元格的数据或公式。当进行输入或编辑数据时，编辑栏中还有 3 个按钮：“取消”按钮×、“输入”按钮✓、“公式”按钮fx。

（3）工作表区。工作表区是用来进行输入、编辑和计算数据的区域，由列和行相交所形成的单元格组成。工作表区的第一行为列标，用 A ～ Z，AA ～ XFD 表示，左边第一列为行号，用 1 ～ 1048576 表示。

（4）工作表标签。用于显示当前工作簿中所包含的工作表。当前工作表标签以白底显示，其他工作表标签以灰底显示。用户可以单击工作表标签来实现不同工作表之间的切换。

（5）快速访问工具栏。快速访问工具栏默认放置在 Excel 窗口的最上方，启动 Excel 时，该工具栏中有 3 个常用的工具：保存、撤消、恢复。用户若想将其他常用工具加入到该工具栏，可以单击快速访问工具栏右边的▾按钮进行设置，如图 5-3 所示。

（6）状态栏。工作窗口的最下面是状态栏，状态栏右边是视图显示方式、缩放比例与缩放滑块，如图 5-4 所示。单击“缩放比例”按钮，弹出“显示比例”对话框，用户可在其中设置显示比例。在状态栏的空白处右击可自定义状态栏。

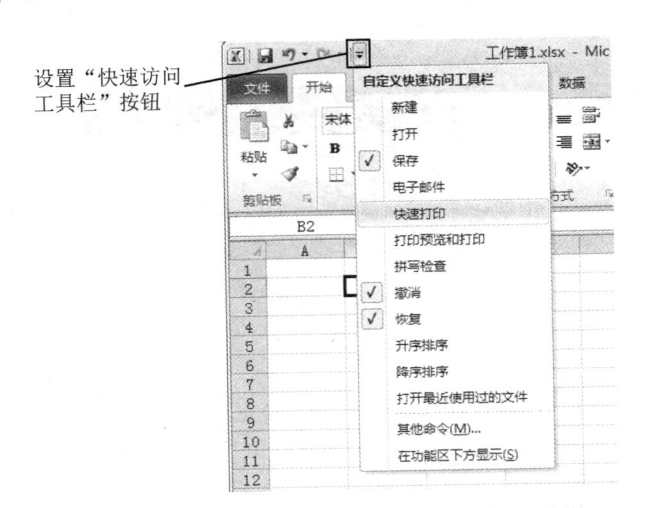

图 5-3　自定义快速访问工具栏

2. 工作簿

工作簿是用于存储并处理数据的文件，也就是通常意义上的 Excel 文件，系统默认的扩展名为 .xlsx。启动 Excel 后，系统自动建立一个名为“工作簿 1”的空白工作簿，新建工作簿的默认名称为工作簿 1、工作簿 2 等。

每一个工作簿包含若干的工作表，默认标签分别是 Sheet1、Sheet2 等，根据实际工作需要，可对工作表进行添加和删除。用户可以选择“文件”选项卡中的“选项”命令打开“Excel 选项”对话框，在“常规”选项卡设定新建工作簿时包含的工作表数（输入从 1 到 255 的整数），如图 5-5 所示。

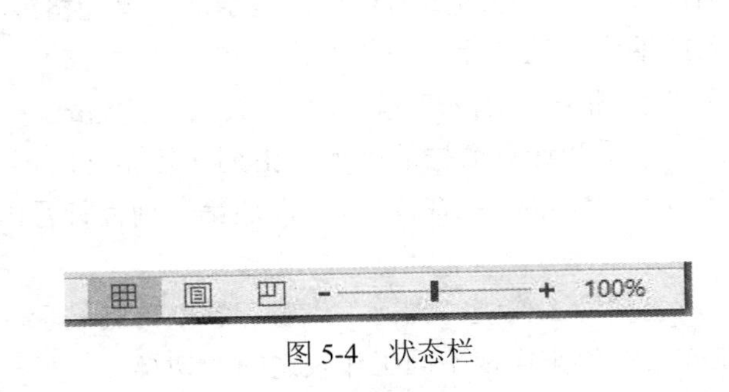

图 5-4　状态栏

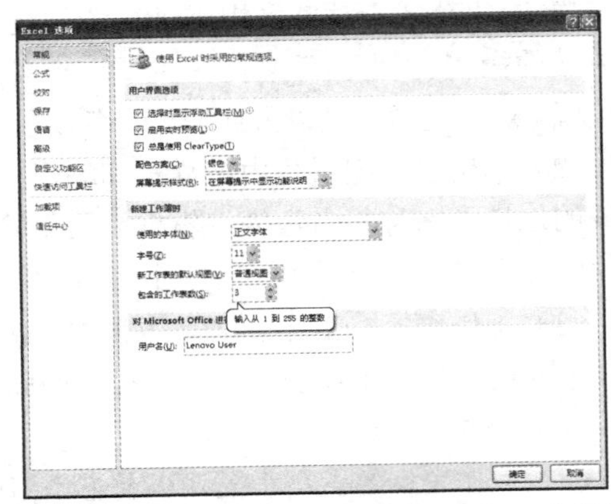

图 5-5　“Excel 选项”对话框的“常规”选项卡

工作簿的新建、打开、保存、另存为等操作与 Word 十分相似，在此不再赘述。

3. 工作表

工作表是工作簿的重要组成部分，是 Excel 对数据进行组织和管理的基本单位。每张工作表都有一个工作表标签加以区别，如 Sheet1、Sheet2 等。用户可以在工作表标签处进行工作表的增加、删除、切换、重命名等操作，在同一时刻用户只能在一张工作表上进行工作，通常把该工作表称为活动工作表或当前工作表。

4. 单元格

每一张工作表由若干个单元格组成。工作表中每一行、列交叉处即为一个单元格，每张工作表由 16384 列和 1048576 行组成。所有列号用英文字母表示，从 A 到 XFD，所有行号用数字表示，从 1 到 1048576。每个单元格地址由所在列号和行号来标识，如 B3 表示位于工作表中第 B 列、第 3 行的单元格。

5. 活动单元格

活动单元格指当前被选中的单元格，由粗线框突出显示，如图 5-1 中由粗线框显示的 B5 单元格即为活动单元格，可以在该单元格中输入和编辑数据。

5.2.2　Excel 数据类型

Excel 有多种类型的数据，不同类型的数据属性是不相同的，具体分为数值型数据、文本型数据、日期与时间型数据、逻辑型数据等。Excel 对输入的数据会自动区分类型，一般采取默认的对齐格式。

1. 数值型数据

数值型数据是表示数量，可以进行数值运算的数据类型，包括数字 0 ～ 9、负号(-)、小数点(.)、千位符（,）、分数线（/）、货币符号（$、￥）和百分号（%）等，例如 12，-23，34.6，1.5E+3。科学记数法表示形式为“尾数 E 指数”。默认情况下，数值型数据在单元格中右对齐。

2. 文本型数据

文本型数据是指一些非数值型的文字、符号，包括字母、汉字或其他符号等，如“计算机”“ABCD”“a#1”等。除此之外，一些不需要进行数值计算的数字也可以看作文本数据，如电话号码、身份证号码等。默认情况下，文本型数据在单元格中左对齐。

3. 日期与时间型数据

日期与时间型数据的显示方法取决于单元格所用的数字格式，一般情况下，日期输入格式为 yy-mm-dd 或 yy/mm/dd，如 07-01-15 或 07/01/15；时间输入格式为 hh:mm（am/pm），如 15:25 或 3:25 pm。默认情况下，日期与时间型数据在单元格中右对齐。

4. 逻辑型数据

在 Excel 中，可以直接输入逻辑值 TRUE（真）或 FALSE（假），默认情况下，逻辑型数据在单元格中居中对齐。

5.2.3　在单元格中输入数据

在输入数据前，先选定要输入数据的单元格，输入数据后按 Enter 键或单击编辑栏中的“输入”按钮✔确定输入。如果按 Esc 键或单击编辑栏中的“取消”按钮×可以取消输入。若用户想在单元格内进行换行，可通过 Alt+Enter 组合键实现。

1. 各类型数据输入要点

（1）数值型数据。输入数值型数据，当输入的数字长度超过 11 位或超出单元格宽度时，Excel 自动以科学记数法表示，编辑栏中至多显示前 15 位数字原样。若科学记数法仍无法显示，则用“####”表示。

Excel 中可以以分数形式输入数值。为避免被视作日期，分数输入时，要求输入整数和分数两部分，并用一个空格隔开。如输入“1/2”时，先输入一个“0”和空格，再输入分数1/2，即输入“0 1/2”。再比如输入“2 1/3”。

（2）文本型数据。输入文本，当字符数超出单元格宽度时，其显示方法由右侧相邻单元格决定，若右侧相邻单元格空白，则跨越到右侧相邻单元格显示，否则超出单元格宽度部分不显示。

如果将数字作为文本输入，可以在数字数据前加上英文输入状态下的单引号，如“'123456”，其中单引号是一个对齐前缀，仅在编辑栏中出现。

（3）日期与时间型数据。输入当前的系统日期，可使用 Ctrl+; 组合键；输入当前的系统时间，可使用 Ctrl+Shift+; 组合键。

当输入的日期与时间数据长度超出单元格宽度时，会用“####”表示。用户可以调整单元格宽度，使日期与时间数据能正常显示。

2. 在多个单元格中输入相同内容

在多个单元格中输入相同内容的方法是：选择要输入相同内容的单元格，输入数据后按 Ctrl+Enter 组合键，则刚才所选的单元格都将被填充同样的数据。

3. 采用填充方式输入数据

Excel 设置了自动填充功能，利用鼠标拖动填充柄和定义有序系列，用户可以快速方便地输入一些有规律的序列值，如 1，2，3 等。

（1）使用填充柄进行填充。每个选定单元格或区域都有一个填充柄，把鼠标移动到选定区域的右下角，鼠标就会变成黑“十”字，这个黑十字就称为填充柄。将鼠标指向填充柄，用户根据需要可向上、下、左、右 4 个方向拖动鼠标完成填充。

例如在单元格区域 A2:A5 利用填充柄自动填充序列 1，2，3，4。操作如下：先在 A2 单元格中输入数字“1”并确认，选中 A2 单元格，然后将鼠标移到该单元格的填充柄处，待鼠标变成黑“十”字时按住鼠标左键不放拖动至单元格 A5 释放，接着单击弹出的“自动填充选项”按钮，在展开的下拉列表中选择“填充序列”选项，即可将数字以序列方式填充在单元格中，如图 5-6 所示。

另外还有两种方法也可以实现自动填充上面的序列。

方法一：分别在 A2 和 A3 单元格中输入数字“1”和“2”并确认，选中这两个单元格，将鼠标指向 A3 单元格的填充柄，拖动鼠标填充至 A5 单元格，也可得到 1，2，3，4 序列。

方法二：在 A2 单元格中输入数字“1”并确认，选中 A2 单元格，在其填充柄上按住鼠标右键不放，拖动至 A5 单元格处，在弹出的快捷菜单中选择“填充序列”命令，如图 5-7 所示。

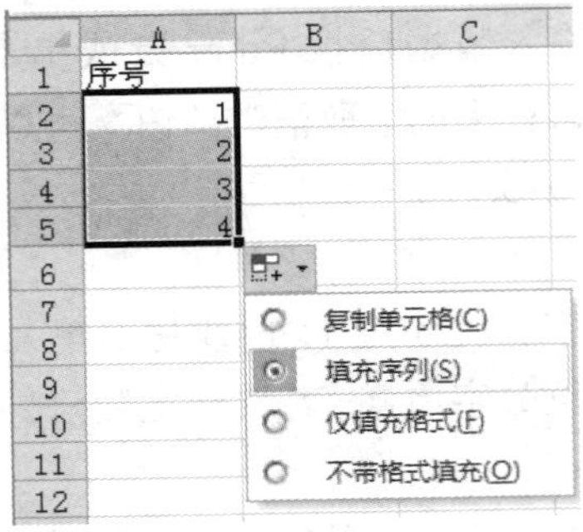

图 5-6 使用填充柄自动填充序列

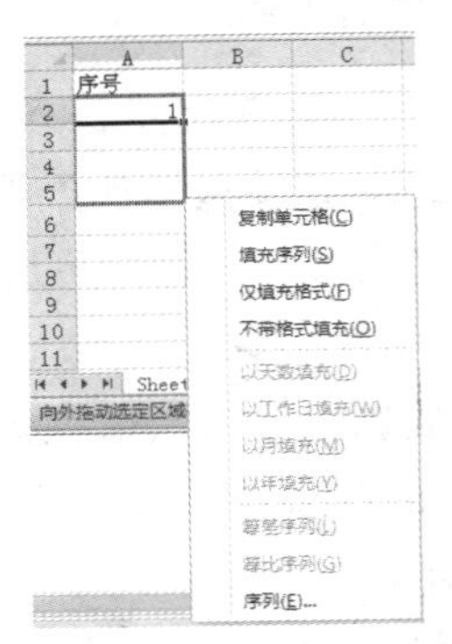

图 5-7 数据填充快捷菜单

（2）使用“序列”对话框填充数据。采用填充序列方式输入数据，可以输入等差或等比数列的数据，用户还可以进行等差或等比序列的设定。具体操作步骤如下：

1）在第一个单元格中输入起始数据。

2）在“开始”选项卡的“编辑”组中单击“填充”按钮的下三角按钮，如图 5-8 所示，在展开的列表中选择“序列”命令，弹出“序列”对话框，如图 5-9 所示。

3）在其中指定“行”或“列”，指定等差序列或等比序列等类型，在“步长值”文本框中输入数列的步长，在“终止值”文本框中输入最后一个数据。

4）单击“确定”按钮，在行上或列上产生定义的数据序列。

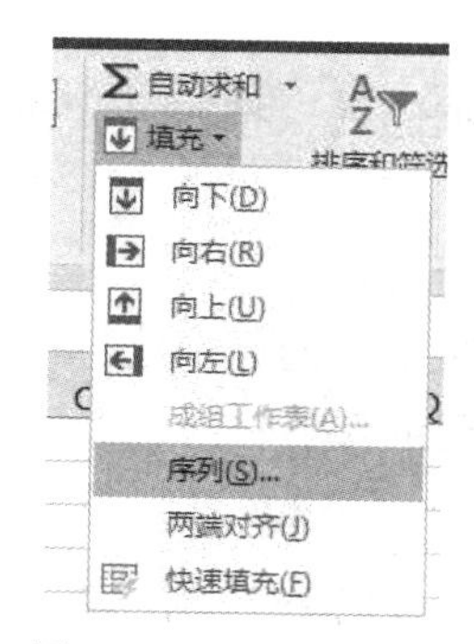

图 5-8　“填充”按钮

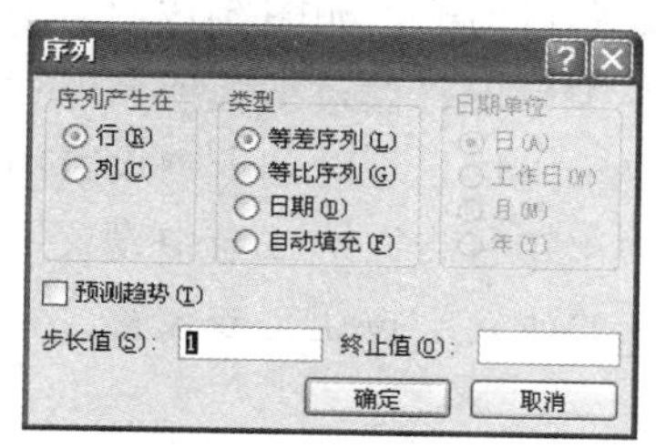

图 5-9　“序列”对话框

4. 采用自定义序列填充数据

Excel 中可以使用自定义序列填充数据。用户可使用系统默认序列填充数据，也可建立自己所需要的序列。选择“文件”选项卡中的“选项”命令，弹出“Excel 选项”对话框，在“高级”选项卡中单击“编辑自定义列表”按钮，弹出“自定义序列”对话框，如图 5-10 所示。

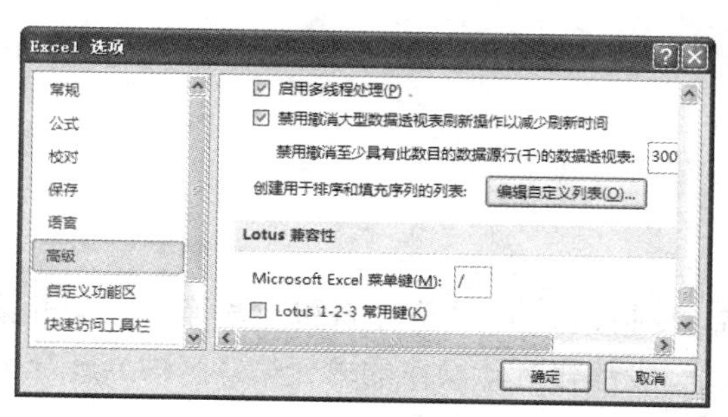

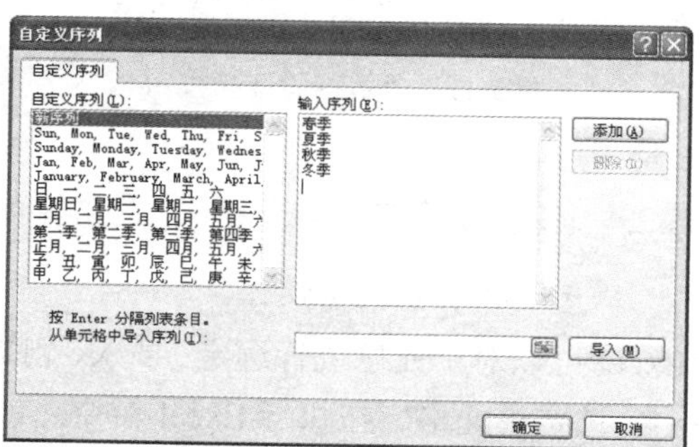

图 5-10　“编辑自定义列表”按钮及“自定义序列”对话框

（1）使用默认序列。具体操作步骤如下：

1）在单元格中输入系统默认自定义序列中的一项数据，如“星期日”。

2）将鼠标移到该单元格右下角填充柄的位置，拖动鼠标，即可在拖动范围内的单元格中依次自动输入系统自定义序列的数据，例如星期一，星期二，星期三等。

（2）用户自定义序列。若用户想自行定义填充序列，如要填充“春季，夏季，秋季，冬季”序列，可以自定义序列。具体操作步骤如下：

1）在图 5-10 所示对话框的“自定义序列”列表框中选择“新序列”。

2）在“输入序列”列表框中依次输入新建序列的每一项，例如依次输入“春季，夏季，秋季，冬季”序列项，每项之间按回车键分隔。

3）单击“添加”按钮，将用户自定义序列添加到“自定义序列”列表框中，最后单击“确定”按钮，用户就可以使用该自定义序列了。

5. 数据验证

为了输入有效数据，用户可以预先设置某一单元格区域允许输入的数据类型、范围，并可设置数据输入提示信息和出错提示信息。具体操作步骤如下：

（1）选定要定义有效数据的单元格区域。

（2）在“数据”选项卡的“数据工具”组中单击“数据验证”按钮，如图 5-11 所示，弹出“数据验证”对话框，如图 5-12 所示。

（3）在其中单击“设置”选项卡进行数据验证条件的设置。

（4）在“输入信息”选项卡中设置用户选定该单元格时出现的提示信息。

（5）在“出错警告”选项卡中设置用户输入出错时出现的警告信息。

（6）单击“确定”按钮完成设置。

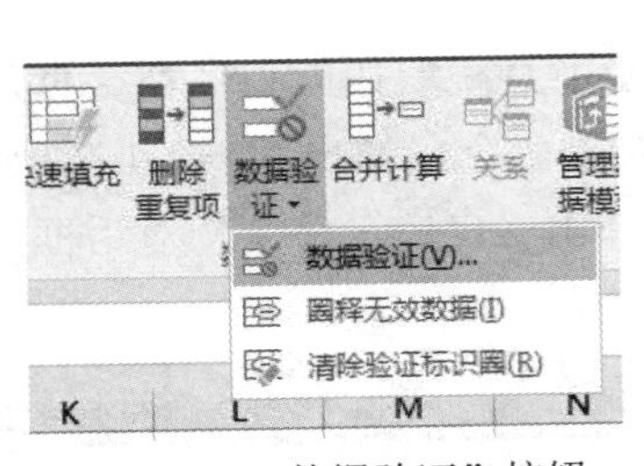

图 5-11　“数据验证”按钮

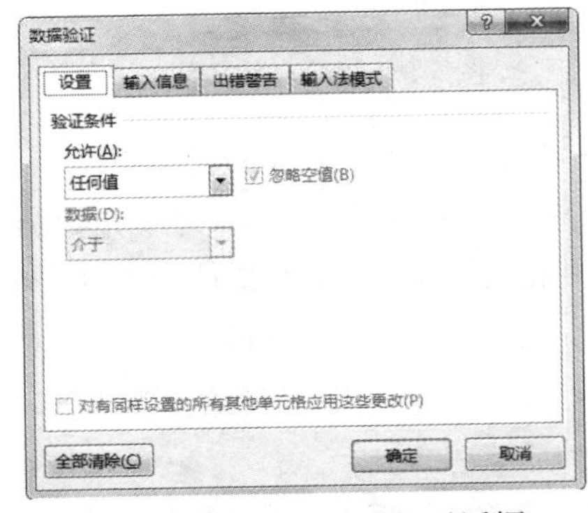

图 5-12　“数据验证”对话框

5.2.4 编辑及格式化单元格

1. 单元格的基本编辑操作

Excel 可以对单元格进行选定、插入、删除、复制、移动、调整行高和列宽等基本编辑操作。

（1）选定单元格。在执行 Excel 命令之前，一般都要对其操作的单元格（区域）进行选定，被选定的单元格（区域）称为活动单元格（区域）或当前单元格（区域），其四周用黑色粗边框进行标明，选定方法见表 5-1。

表 5-1　单元格（区域）选定

选定区域	操作方法
一个单元格	单击某个单元格
整行（列）	单击工作表相应的行号（列标）
整张工作表	单击全选框（工作表左上角行列交叉处按钮）

续表

选定区域	操作方法
相邻行（列）	鼠标拖过相邻的行号（列标）
不相邻行（列）	选定第一行（列）后按住 Ctrl 键，再选择其他行（列）
相邻单元格区域	单击区域左上角单元格，拖至右下角（或按住 Shift 键后单击右下角单元格）
不相邻单元格区域	选定一个区域后按住 Ctrl 键，再选择其他区域

此外，还可以通过编辑栏中的名称框进行单元格（区域）的选定，如在名称框中输入“X99”，按 Enter 键确认输入后，即可选定“X99”单元格。

（2）复制、移动单元格。移动单元格时，首先选定要移动的单元格，然后单击“开始”选项卡“剪贴板”组中的“剪切”按钮（或使用 Ctrl+X 组合键），此时该单元格会出现一个闪烁的虚线框，选定目标单元格，再单击“开始”选项卡“剪贴板”组中的“粘贴”按钮（或使用 Ctrl+V 组合键），即可完成单元格的移动操作，同时闪烁的虚线框消失。

也可以采用鼠标拖动的方法：将鼠标指针指向该单元格的四边边缘，当鼠标指针变为四向箭头形状时，拖动鼠标左键到目标单元格后释放，即可完成单元格的移动。如果目标单元格已有数据，则系统会弹出询问“是否替换目标单元格内容”的对话框，单击“确定”或“取消”按钮。

单元格的复制方法与移动方法相似，在选定要复制的单元格后，单击“开始”选项卡“剪贴板”组中的“复制”按钮（或使用 Ctrl+C 组合键），此时该单元格也会出现一个闪烁的虚线框，选定目标单元格，再单击“开始”选项卡“剪贴板”组中的“粘贴”按钮，即可完成单元格的复制操作。如果此时仍有虚线框，可进行多次粘贴操作，若想取消虚线框，按 Esc 键即可。

同样可以采用鼠标拖动的方法来实现单元格的复制操作，只要在拖动鼠标左键的同时按住 Ctrl 键即可。

（3）选择性粘贴的使用。一个单元格含有多种特性，如内容、格式、公式等，有时在复制单元格时只需复制其中的部分特性，这时就要通过选择性粘贴来实现。先选择要复制的源单元格并执行“复制”命令，然后将鼠标移动到目标单元格，在“开始”选项卡的“剪贴板”组中单击“粘贴”下三角按钮，在下拉列表中选择要粘贴的相应选项，如图 5-13 所示。也可以选择“选择性粘贴”命令，弹出“选择性粘贴”对话框，如图 5-14 所示，在其中选择要粘贴的相应选项，单击“确定”按钮。

（4）插入、删除单元格。插入单元格是指在原来的位置插入新的空白单元格，而原位置的单元格按照用户指定的方式顺延到其他的位置上。操作步骤如下：首先选定要插入单元格的位置，然后在“开始”选项卡的“单元格”组中单击“插入”下三角按钮，在下拉列表中选择“插入单元格”命令，弹出“插入”对话框，如图 5-15 所示，在其中按需要选择一种插入方式后单击“确定”按钮。

要插入单元格，也可在选定单元格后右击，在弹出的快捷菜单中选择“插入”命令，弹出“插入”对话框。

要删除单元格，先选定单元格（区域），然后在“开始”选项卡的“单元格”组中单击“删除”下三角按钮，在下拉列表中选择“删除单元格”命令，弹出“删除”对话框，如图 5-16

所示。在其中选择删除当前单元格后相邻单元格的移动方式，单击“确定”按钮。此对话框还可通过右击并选择“删除”命令打开。

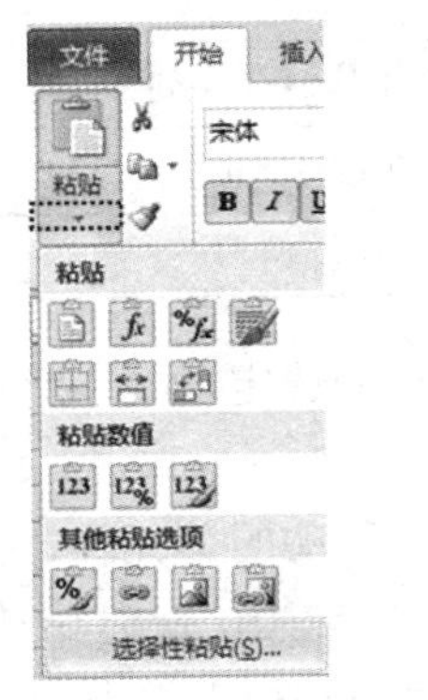

图 5-13 “粘贴”下拉列表

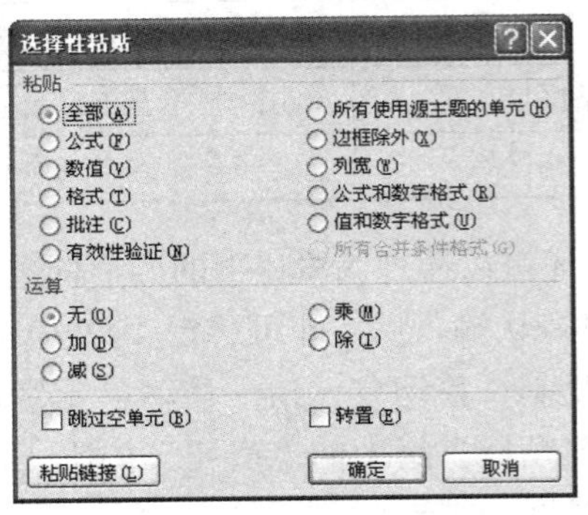

图 5-14 “选择性粘贴”对话框

图 5-15 “插入”对话框

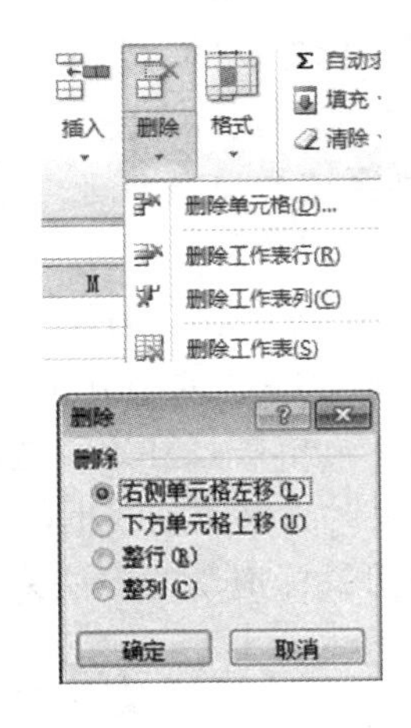

图 5-16 “删除”对话框

在 Excel 中，有两种不同含义的对数据删除的操作，即数据清除和数据删除。

- 数据清除。数据清除是指将单元格中的格式、内容、批注、超链接等成分删除，不影响单元格本身。要清除指定数据，首先选定数据所在的单元格（区域），然后单击“开始”选项卡“编辑”组中的“清除”按钮，在下拉列表中选择合适的命令（需要清除的选项），如图 5-17 所示，即可清除单元格数据的相应成分。如果要清除单元格内容，也可以在选定单元格后按 Delete 键或右击并选择“清除内容”命令。
- 数据删除。数据删除是指将选定的单元格（区域）中的数据及其所在单元格（区域）的位置一起删除，删除后将影响其他单元格的位置。删除方法如上述删除单元格方法。

（5）插入、删除行或列。插入行的操作：单击要插入行的单元格，单击“开始”选项卡“单元格”组中的“插入”下三角按钮，在下拉列表中选择“插入工作表行”命令，即可在当前行的上面插入一行新行，如图 5-15 所示。若需要插入列，则在下拉列表中选择“插入工作表列”命令，即可在当前列的左边插入一列新列。

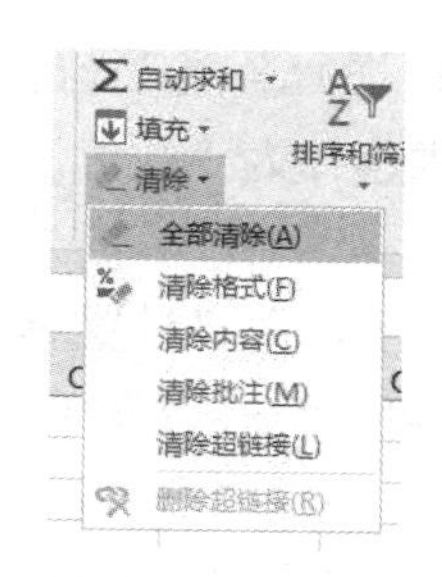

图 5-17　“清除”按钮的下拉列表

行（列）的删除方法与删除单元格的方法类似，在图 5-16 所示的下拉列表中选择“删除工作表行”或“删除工作表列”即可。插入或者删除单元格、行、列后系统会自动调整行号或列标。

（6）调整行高和列宽。在 Excel 使用中经常会根据实际需求对行高和列宽进行调整，可以使用鼠标进行调整或在对话框中精确设置。

- 使用鼠标调整：将鼠标指向要调整高度的行所在行号的下边框，当鼠标指针变成 ✢ 形状时，按住鼠标左键拖动即可改变该行行高，拖动过程中有一条虚线指示此时释放鼠标后该行下框边线的所在位置，同时指针的右上角显示此时的行高。调整列宽也可以采用相似的方法，将鼠标指向要调整宽度的列所在列标的右边框，当鼠标指针变成 ✢ 形状时，按住鼠标左键拖动即可改变该列列宽。
- 使用对话框精确设置行高或列宽：在“开始”选项卡的“单元格”组中单击“格式”按钮，从下拉列表中选择“行高”或“列宽”，弹出“行高”或“列宽”对话框，如图 5-18 所示。在文本框中输入数值后单击“确定”按钮。也可以选定行号或列标后右击，在弹出的快捷菜单中选择“行高”或“列宽”命令，在弹出的对话框中进行设置。

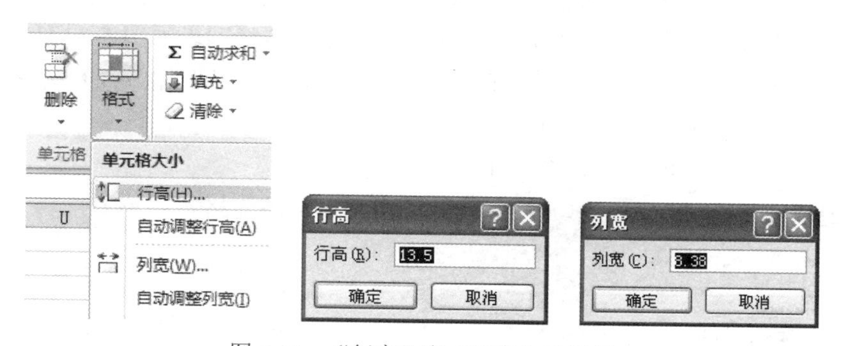

图 5-18　“行高”和“列宽”对话框

2. 单元格的格式化

对单元格格式进行设置可以使工作表更加美观，排列更整齐。首先选中需要设置格式的单元格，然后在“开始”选项卡的“单元格”组中单击“格式”按钮，从下拉列表中选择“设置单元格格式”命令（或在选定单元格后右击，在弹出的快捷菜单中选择“设置单元格格式”命令），弹出“设置单元格格式”对话框，如图 5-19 所示。该对话框共有数字、对齐、字体、边框、填充、保护 6 个选项卡。

（1）“数字”选项卡，如图 5-19 所示，主要设置单元格数字格式。Excel 提供了大量的数字格式，并对它们进行分类。用户可以在“分类”列表框中根据需要选择所需的格式，再对右侧的不同属性进行设置，比如将分类选择为“数值”，再对小数位数进行设置，设置结束后单击“确定”按钮。

（2）“对齐”选项卡，如图 5-20 所示，主要设置单元格对齐格式。Excel 对输入的数据会根据类型采取默认的对齐方式，用户也可以自行改变单元格的对齐方式。在“对齐”选项卡中，“水平对齐”和“垂直对齐”下拉列表框中的选项可以改变单元格的水平和垂直对齐方式。

“文本控制”区域中的 3 个复选框用来设定单元格中数据超出单元格宽度时的显示样式。

- 自动换行：对输入的数据根据单元格的宽度自动换行显示。
- 缩小字体填充：减小数据的字号，使输入数据的宽度与列宽相同。
- 合并单元格：将多个单元格合并为一个单元格。

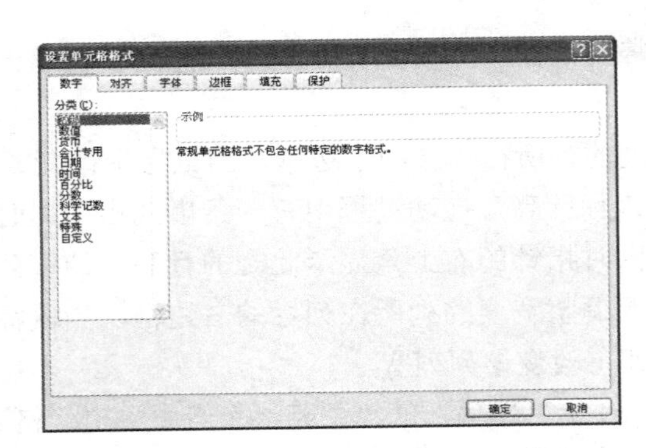

图 5-19 “设置单元格格式”对话框

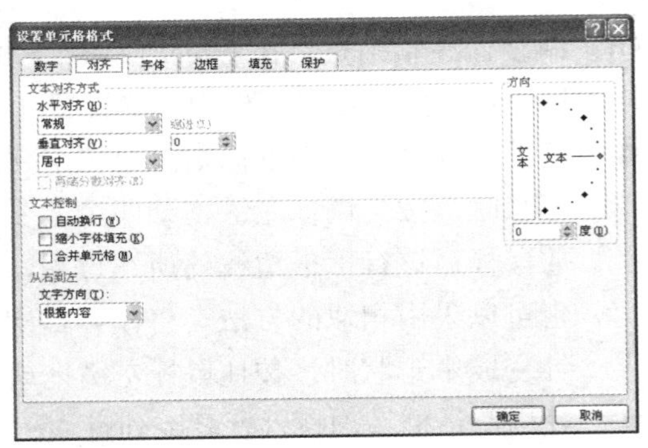

图 5-20 “对齐”选项卡

单元格对齐功能还可以通过单击“开始”选项卡“对齐方式”组中的各种对齐按钮实现，如图 5-21 所示。合并单元格功能还可以通过在“开始”选项卡的“对齐方式”组中单击“合并后居中”按钮实现。单击“合并后居中”下三角按钮，下拉列表如图 5-22 所示。

- 合并后居中：将选择的多个单元格合并为一个较大的单元格，新单元格内容居中。
- 跨越合并：将所选单元格的每行合并为一个更大的单元格。
- 合并单元格：将所选单元格合并为一个单元格。
- 取消单元格合并：取消单元格的合并，变为多个单元格。

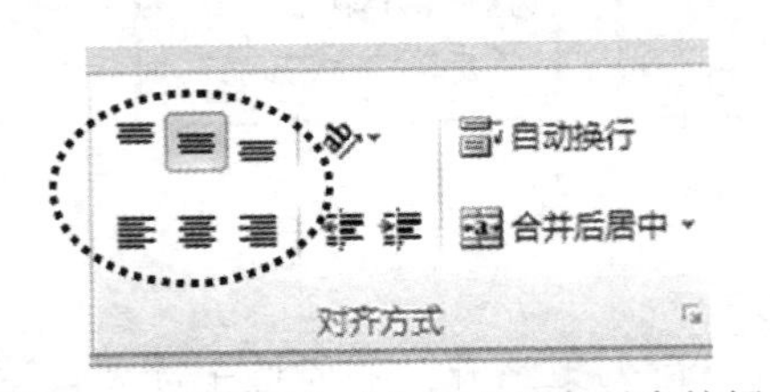

图 5-21 “对齐方式”组中的各对齐按钮

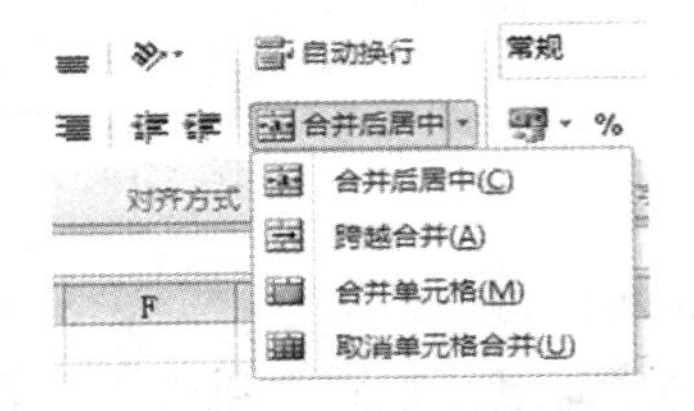

图 5-22 “合并后居中”按钮的下拉列表

（3）“边框”选项卡，如图 5-23 所示，主要设置单元格边框与底纹。默认情况下，Excel 的单元格线都是统一的淡虚线，在打印预览及打印时不会出现。用户可以根据需要通过“边框”选项卡设置单元格的上、下、左、右、对角或外框，线条样式和颜色可以任意选择。也可以在“开始”选项卡的“字体”组中单击“边框”按钮进行设置。

（4）“填充”选项卡，如图 5-24 所示。用户设置单元格底纹时可以填充颜色，也可以填充图案，还可以设置填充效果。

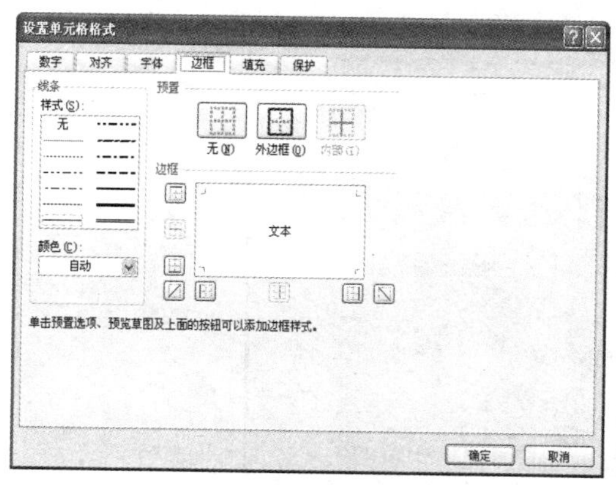

图 5-23　“边框”选项卡

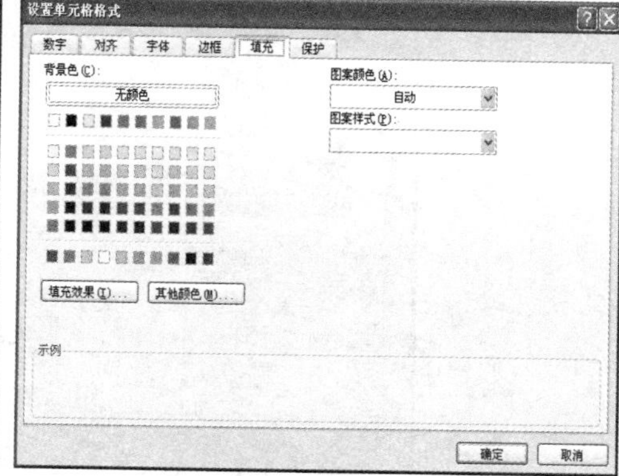

图 5-24　“填充”选项卡

3. 使用“自动套用格式”格式化单元格

Excel 提供了自动格式化功能，用户可以根据预设的格式将制作的单元格格式化。Excel 2016 自动套用格式的命令默认不出现在功能区或快速访问工具栏中，需要将该命令手动添加到快速访问工具栏或自定义功能区中，操作步骤如下：

（1）选择“文件”选项卡中的“选项”命令打开“Excel 选项”对话框，在其中选择“快速访问工具栏”或“自定义功能区”标签。

（2）在“从下列位置选择命令”下拉列表框中选择“所有命令”，在下面的列表框中找到“自动套用格式”选项，再单击“添加”按钮，如图 5-25 所示。

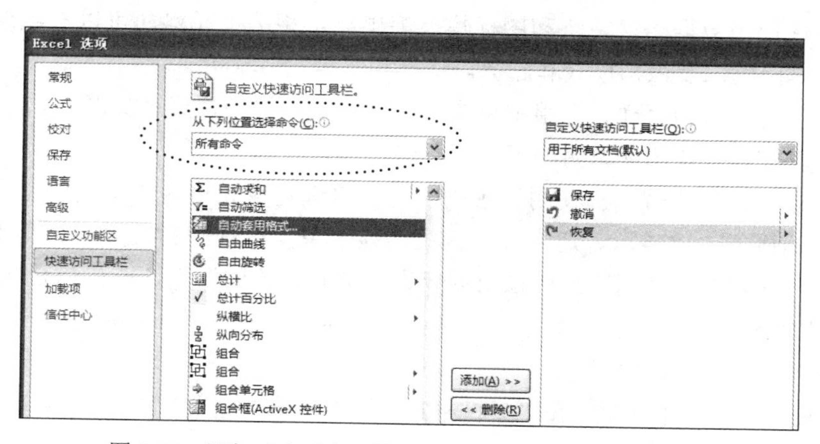

图 5-25　添加“自动套用格式”命令到快速访问工具栏中

（3）单击“确定”按钮，即可将“自动套用格式”命令添加到快速访问工具栏或自定义功能区中。

在单元格中应用自动套用格式的操作步骤如下：

（1）选择要格式化的单元格区域，单击被添加到“自定义功能区”或“快速访问工具栏”中的“自动套用格式”命令，弹出“自动套用格式”对话框，如图 5-26 所示。

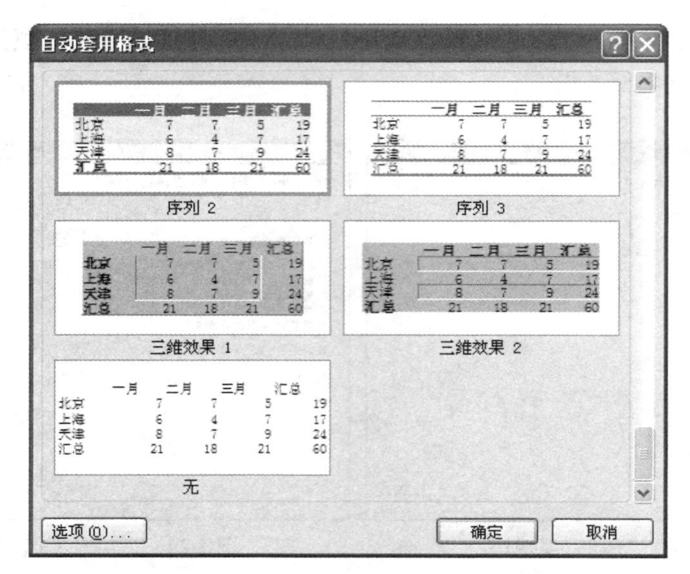

图 5-26 “自动套用格式”对话框

（2）在其中选择要使用的格式，单击“确定”按钮。

如果要删除自动套用格式，则在对话框的列表中选择“无”格式，单击“确定”按钮。

此外，也可以使用“套用表格格式”命令按钮将选定的单元格区域快速转换为指定格式的表格。操作方法：选定需要设置格式的单元格区域，然后单击“开始”选项卡“样式”组中的“套用表格格式”按钮，从展开的样式列表中选择一种样式。

4. 条件格式

条件格式是指当指定条件为真时，Excel 对选定区域内满足条件的单元格应用预定义的格式，根据条件使用数据条、色阶和图标集，突出显示相关单元格，可以直观地查看和分析数据，发现关键问题以及识别模式和趋势。

在“开始”选项卡的“样式”组中单击“条件格式”按钮，展开如图 5-27 所示的“条件格式”下拉列表，其中各选项说明如下：

（1）突出显示单元格规则。使用该规则，可以将选定单元格区域中某些符合特定规则的单元格以特殊的格式突出显示。通常，作为突出显示单元格规则的有大于、小于、等于、文本包含、发生日期和重复值，用户可以根据要设置单元格的数据类型选择最合适的规则。

例如将图 5-28 所示的语文、数学、英语 3 门课成绩大于 80 分的单元格设置为“浅红填充色深红色文本”。操作步骤如下：

1）选择 E2:G7 单元格区域，在“条件格式”下拉列表中选择“突出显示单元格规则”→“大于”命令，如图 5-29 所示。

2）弹出“大于”对话框，在文本框中输入“80”，在“设置为”下拉列表框中选择“浅红填充色深红色文本”选项，如图 5-30 所示，单击“确定”按钮，即可实现大于 80 分的单元格用相应格式突出显示。

若要设置其他格式，可在“设置为”下拉列表框中选择“自定义格式”选项，在弹出的“设置单元格格式”对话框中进行自定义格式设置。

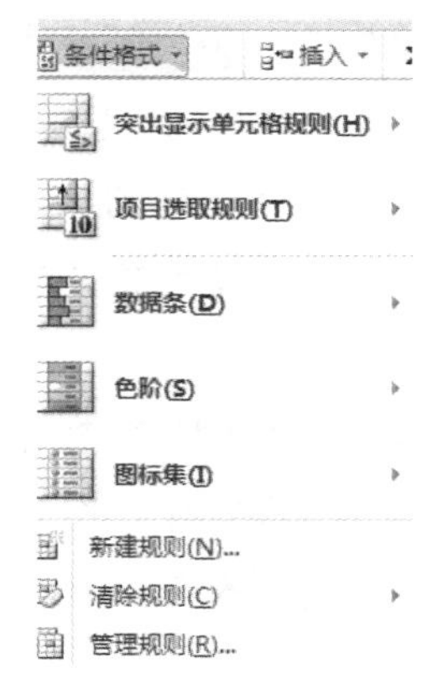

图 5-27　“条件格式”按钮的下拉列表

E	F	G
语文	数学	英语
78	67	72
88	92	93
56	69	71
89	90	92
77	73	69
78	80	71

图 5-28　3 门课成绩

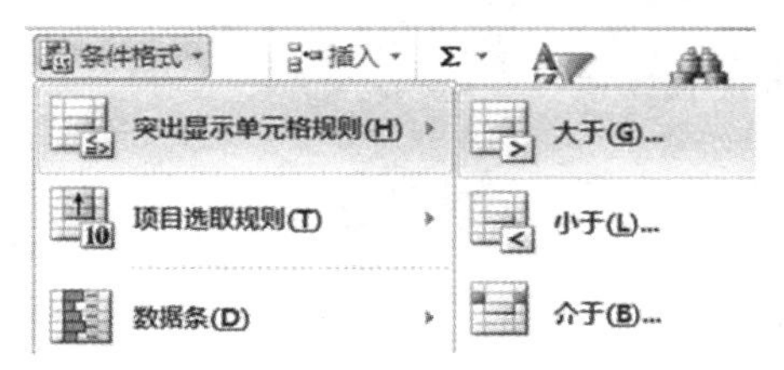

图 5-29　“突出显示单元格规则”子菜单

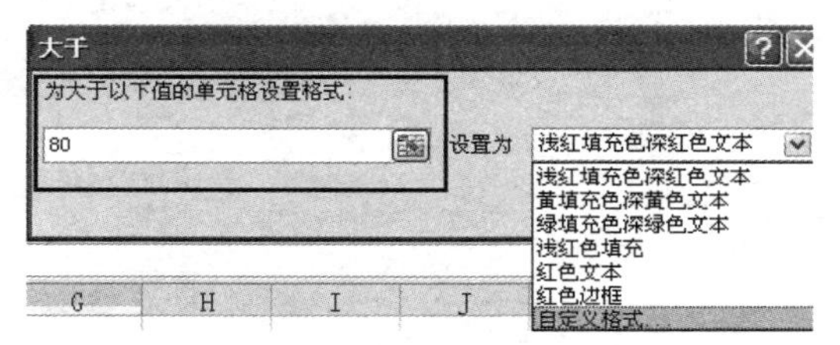

图 5-30　“大于”对话框

说明：其他突出显示单元格规则，如等于、小于、文本包含等与“大于”规则相似，在此不再赘述。

（2）项目选取规则。用户可以使用该规则来选择最大、最小或排名前面或排名后面的记录。通常，作为项目选取规则的有前 10 项、前 10%、最后 10 项、最后 10%、高于平均值、低于平均值等。

（3）数据条。查看单元格中带颜色的数据条。数据条的长度表示单元格中数据值的大小，数据条越长，代表数值越大，数据条越短，代表数据值越小。当需要查看较高和较低的数据值时，数据条特别有效。例如将语文成绩用“渐变填充”数据条表示，可以通过数据条的长短比较醒目地显示数据大小，如图 5-31 所示。

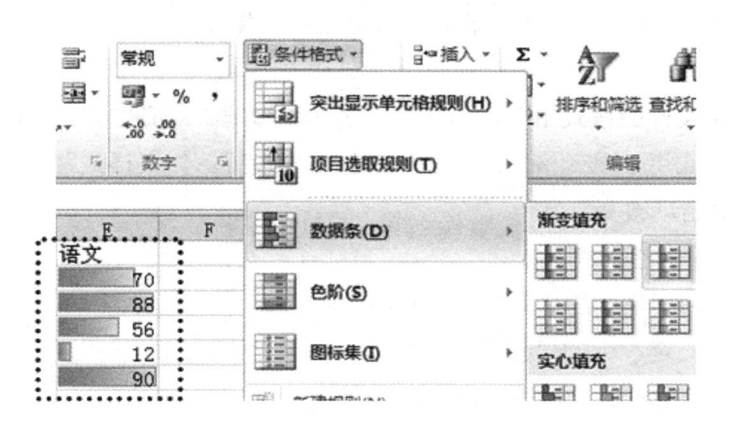

图 5-31　“数据条”效果

（4）色阶。色阶是指用不同颜色刻度来分析单元格中的数据，颜色刻度作为一种直观的提示，可以帮助用户了解数据分布和数据变化。Excel 常用的颜色刻度有双色刻度和三色刻度，颜色的深浅表示值的大小，如在绿、黄、红三色刻度中，较大值单元格的颜色为绿色，中间值单元格的颜色为黄色，较小值单元格的颜色为红色，那么最大值单元格的颜色是最深的绿色，最小值单元格的颜色是最深的红色。

（5）图标集。Excel 可以使用图标集对数据进行注释，还可以按阈值将数据分为 3 ～ 5 个类别，每个图标代表一个值的范围。例如，在三向箭头（彩色）图标中，绿色的上箭头代表较大值，黄色的横向箭头代表中间值，红色的下箭头代表较小值。图 5-32 所示是将语文成绩用三向箭头（彩色）图标表示的效果。

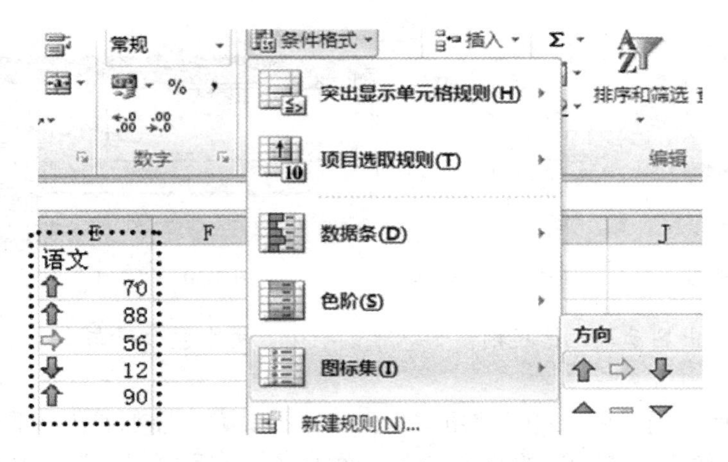

图 5-32　三向箭头（彩色）图标效果

（6）新建规则。除了可以用前面的规则来分析单元格数据外，Excel 还支持用户自定义规则来分析数据。在图 5-27 所示的“条件格式”下拉列表中选择“新建规则”命令，弹出“新建格式规则”对话框，用户可在其中设置规则类型并编辑规则说明。

（7）清除规则。用户若需要对某单元格（区域）清除应用的条件格式，可在“条件格式”下拉列表中选择“清除规则”命令，再在下级列表中选择具体清除的对象。

5. 使用样式

样式是一组定义好的格式集合，如数字、字体、边框、对齐方式、底纹等。利用样式可以快速地将多种格式用于单元格，简化工作表的格式设置。如果样式发生变化，所有使用该样式的单元格都会自动改变。

应用样式的操作步骤如下：

（1）选择需要应用样式的单元格或单元格区域。

（2）在“开始”选项卡的“样式”组中单击“单元格格式”按钮，在下拉列表中选择要应用的样式或者右击并选择“应用”命令，如图 5-33 所示。

用户还可以新建、修改和删除样式。

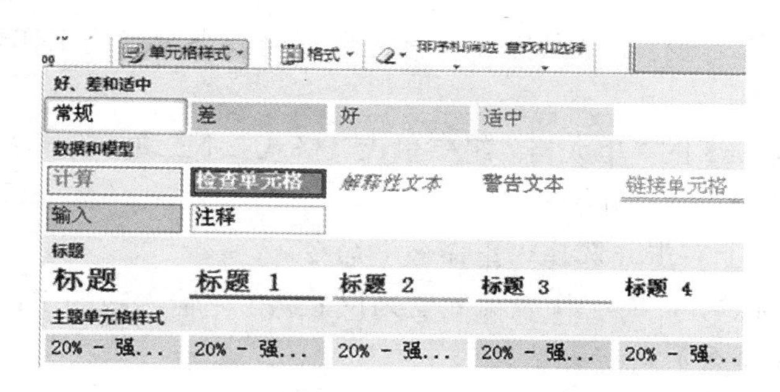

图 5-33　“单元格样式”按钮的下拉列表

5.2.5　管理工作表

工作表是 Excel 对数据进行组织和管理的基本单位，用户可以根据需要插入、删除、重命名、移动或复制工作表。

1. 插入工作表

可以用以下方法实现插入工作表的操作：

（1）直接单击工作表标签右侧的“新工作表”按钮，系统默认在工作表标签最后插入一张新工作表。

（2）选定一张工作表，在工作表标签上右击，在弹出的快捷菜单中选择“插入”命令，在弹出的“插入”对话框中选择“工作表”，单击“确定”按钮，即可在选定的工作表之前插入一张新工作表。

（3）选定一张工作表，在“开始”选项卡的“单元格”组中单击“插入”下三角按钮，在下拉列表中选择“插入工作表”命令，即可在选定的工作表之前插入一张新工作表。

新插入的工作表为当前工作表，其名称由系统按 Sheet2、Sheet3 的顺序自动命名。

2. 删除工作表

删除工作表之前先选定要删除的工作表，然后用以下方法实现删除工作表的操作：

（1）在“开始”选项卡的“单元格”组中单击“删除”下三角按钮，从下拉列表中选择“删除工作表”命令。

（2）在工作表标签上右击并选择“删除”命令。如果删除的工作表中有数据，会弹出如图 5-34 所示的系统对话框对用户进行提示。如果确认删除，单击“删除”按钮完成删除操作。但是需要注意：工作表被删除后，不能使用快速访问工具栏中的“撤消”按钮（或 Ctrl+Z 组合键）进行操作的撤消。

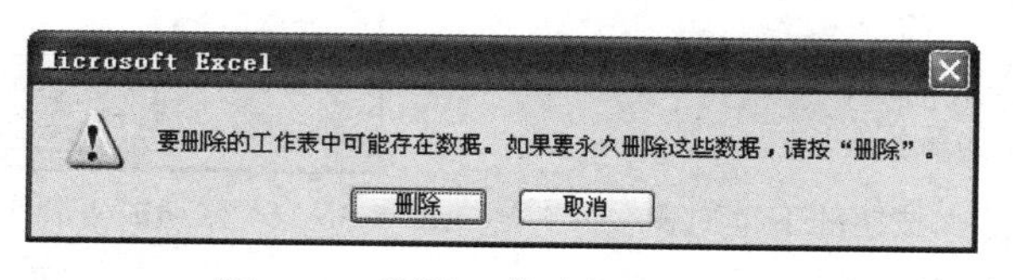

图 5-34　删除工作表提示对话框

3. 重命名工作表

默认情况下，工作表都是以 Sheet1、Sheet2、Sheet3 等来命名的，为了便于用户直观识别工作表，可以对工作表进行重命名操作。首先选定需要重命名的工作表，然后用以下方法实现重命名工作表的操作：

（1）在“开始”选项卡的“单元格”组中单击“格式”下三角按钮，从下拉列表中选择“重命名工作表”命令，如图 5-35 所示。

（2）在工作表标签上右击并选择“重命名”命令。

（3）双击工作表标签，此时工作表标签变为反显状态，输入新的工作表名称，按 Enter 键（或单击工作表的任意位置）进行确认。

4. 更改工作表标签的颜色

默认的工作表标签颜色是白色，用户可以根据自己的爱好将工作表标签设置为其他的颜色。首先选定需要更改工作表标签颜色的工作表，然后用以下方法实现操作：

（1）在“开始”选项卡的“单元格”组中单击“格式”下三角按钮，在下拉列表中选择“工作表标签颜色”命令，再从下级列表中选择需要的颜色。

（2）在工作表标签上右击并选择“工作表标签颜色”命令，再从下级列表中选择需要的颜色。

5. 移动或复制工作表

移动或复制工作表既可以在工作簿内部进行，也可以在工作簿之间进行。操作步骤如下：

（1）选定需要移动或复制的工作表，若在不同的工作簿之间进行，则分别打开源工作表与目标工作表所在的工作簿。

（2）在“开始”选项卡的“单元格”组中单击“格式”下三角按钮，在下拉列表中选择“移动或复制工作表”命令，如图 5-35 所示，弹出“移动或复制工作表”对话框，如图 5-36 所示。

（3）在“工作簿”下拉列表框中选择目标工作簿，在“下列选定工作表之前”列表框中选择插入的位置，若选择“建立副本”复选项则进行工作表的复制操作，否则进行工作表的移动操作。

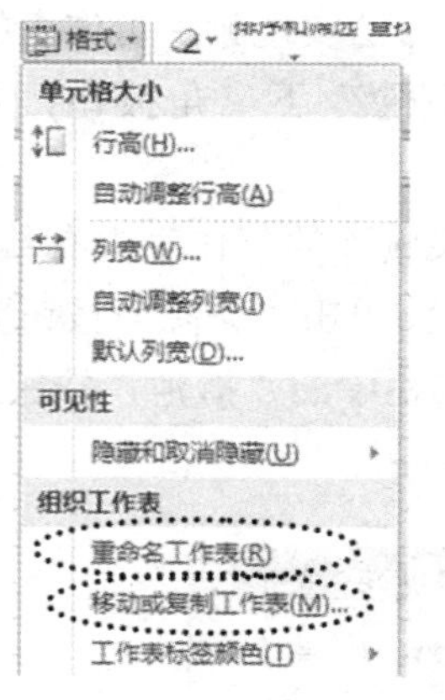

图 5-35 “格式”按钮的下拉列表

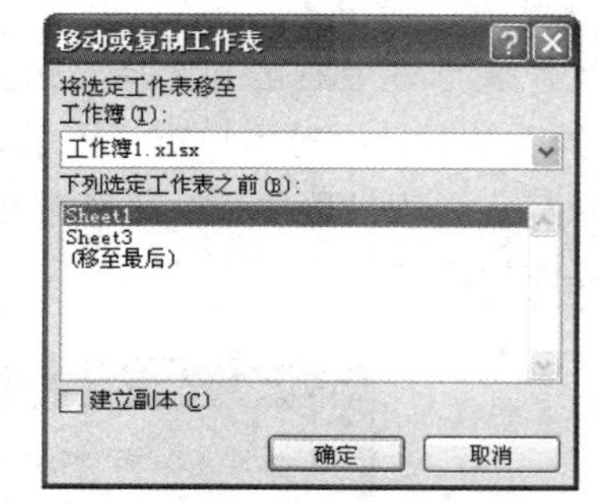

图 5-36 “移动或复制工作表”对话框

（4）单击“确定”按钮完成操作。

6. 隐藏与显示工作表

Excel 可以根据需要隐藏和显示工作表。当不希望其他用户看到某个工作表时可以暂时将它隐藏起来，当需要查看或编辑时再通过取消隐藏恢复显示工作表。

通过以下方法可以隐藏工作表：

（1）选择要隐藏的工作表标签，在“开始”选项卡的“单元格”组中单击“格式”下三角按钮，在下拉列表中选择“隐藏和取消隐藏”→“隐藏工作表”命令，如图 5-37 所示。

（2）在需要隐藏的工作表标签上右击，在弹出的快捷菜单中选择“隐藏”命令。

取消隐藏恢复显示工作表，可以通过以下方法实现：

（1）选择需要恢复显示的工作表标签，在“开始”选项卡的“单元格”组中单击“格式”下三角按钮，在下拉列表中选择“隐藏和取消隐藏”→“取消隐藏工作表”命令。

（2）在任意工作表标签上右击，在弹出的快捷菜单中选择“取消隐藏”命令，弹出“取消隐藏”对话框，如图 5-38 所示，在其中选择需要取消隐藏的工作表，然后单击“确定”按钮。

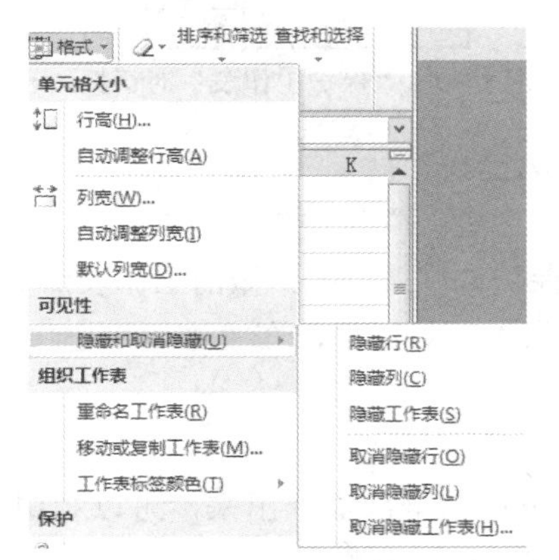

图 5-37　“隐藏和取消隐藏”命令列表

图 5-38　“取消隐藏”对话框

行或列的隐藏和显示操作与工作表的隐藏和显示相似。

7. 保护工作簿与工作表

（1）保护工作簿。对工作簿进行保护可以防止他人对工作簿的结构和窗口进行改动，具体设置步骤如下：

1）打开工作簿，在“审阅”选项卡的“更改”组中单击“保护工作簿”按钮，弹出“保护结构和窗口”对话框，如图 5-39 所示。

2）在其中设置各选项（“结构”和“窗口”），并根据需要输入密码。其中，“结构”选项是指保护工作簿的结构，防止别人进行删除、移动、隐藏、取消隐藏、重命名工作表或者插入工作表等操作；“窗口”选项是指保护工作表的窗口，防止别人进行移动、缩放工作表窗口等操作。

要撤消对工作簿的保护，只需在“审阅”选项卡的“更改”组中再单击一次“保护工作簿”按钮。若保护时设置了密码，单击“保护工作簿”按钮时会弹出“撤消工作簿保护”对话框，在“密码”框中输入正确的密码即可。

（2）保护工作表。保护工作表是指防止别人对工作表进行单元格格式设置、插入或删除行（列）、插入超链接等操作。具体设置步骤如下：

1）选定要设置保护的工作表。

2）在“审阅”选项卡的“更改”组中单击“保护工作表”按钮，弹出“保护工作表”对话框，如图 5-40 所示。该对话框也可以通过在“开始”选项卡的“单元格”组中单击“格式”下三角按钮，在下拉列表中选择“保护工作表”命令打开。

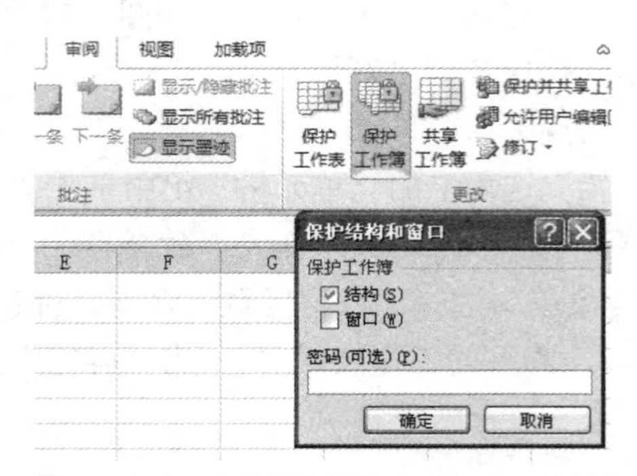

图 5-39 打开“保护结构和窗口”对话框

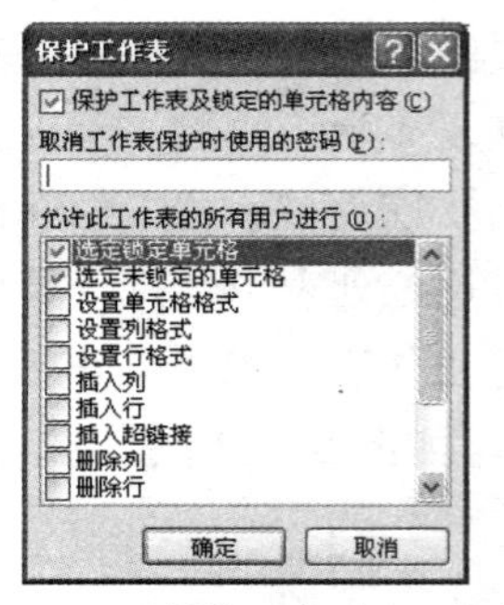

图 5-40 “保护工作表”对话框

3）在其中对各复选项进行设置，并根据需要输入密码。

当对选定的工作表设置保护后，“审阅”选项卡“更改”组中的“保护工作表”按钮会变成“撤消工作表保护”按钮。要撤消对工作表的保护，只需单击“撤消工作表保护”按钮。若设置保护时输入了密码，则会弹出“撤消工作表保护”对话框，在“密码”框中输入正确的密码即可。

8. 工作表窗口的冻结拆分

如果工作表中的内容过长或过宽，无法在一个窗口中全部显示出来，可以利用 Excel 提供的“冻结拆分窗格”功能来解决。

（1）冻结拆分窗格。选定要冻结窗格的单元格，在“视图”选项卡的“窗口”组中单击“冻结窗格”按钮，在下拉列表中选择“冻结拆分窗格”命令（图 5-41），工作表窗口即可出现两条分隔线（默认以所选定的单元格的上边线和左边线作为分界线），把当前窗口分成上下、左右 4 个区域，如图 5-42 所示。

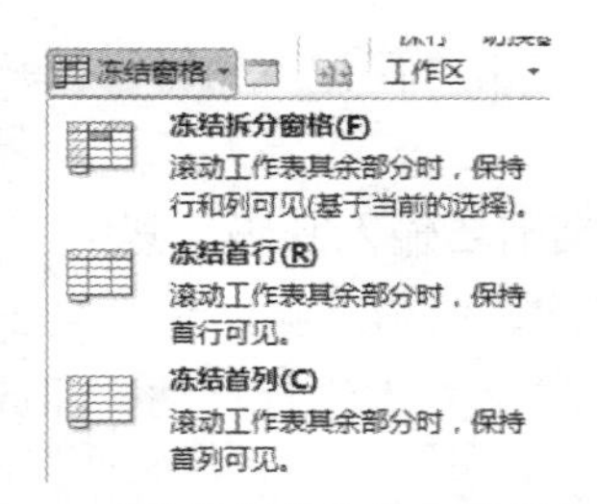

图 5-41 “冻结窗格”按钮的下拉列表

	A	B	C	D	E
1	学号	姓名	性别	出生日期	语文
2	201110001	张芳	FALSE	1993-2-10	78
3	201110002	王春	FALSE	1992-12-9	88
4	201110003	赵柯	TRUE	1993-4-28	56
5	201110004	李富强	TRUE	1992-10-15	89

图 5-42 冻结拆分窗格

冻结拆分窗格后，原来的“冻结拆分窗格”命令变成“取消冻结窗格”，单击该命令可以取消冻结窗格操作，并还原成原来的窗口。

（2）冻结首行。在“冻结窗格”下拉列表中选择“冻结首行”命令，工作表窗口中第一行（首行）下边出现一条分隔线，把当前窗口分成上下两个区域，其中首行为单独的一个区域且被冻结（固定）了，滚动工作表其余部分时首行固定，如图 5-43 所示。

	A	B	C	D	E
1	学号	姓名	性别	出生日期	语文
2	201110001	张芳	FALSE	1993-2-10	78
3	201110002	王春	FALSE	1992-12-9	88
4	201110003	赵柯	TRUE	1993-4-28	56
5	201110004	李富强	TRUE	1992-10-15	89

图 5-43　冻结首行

（3）冻结首列。在“冻结窗格”下拉列表中选择“冻结首列”命令，工作表窗口中第一列（首列）右边出现一条分隔线，把当前窗口分成左右两个区域，其中首列为单独的一个区域且被冻结（固定）了，滚动工作表其余部分时首列固定。

冻结首行或首列后，原来的“冻结拆分窗格”命令也会变成“取消冻结窗格”，单击该命令可以取消冻结首行或首列操作，并还原成原来的窗口。

5.2.6　排版与输出

通常，在打印工作表之前先要进行页面设置，如页边距、页眉 / 页脚等，通过打印预览查看工作表外观和版面是否符合要求，若符合即可进行打印输出。

1. 页面设置

页面设置可以改变纸张大小、打印方向，设置页边距、页眉 / 页脚等。在“页面布局”选项卡的“页面设置”组中有页边距、纸张方向、纸张大小、打印区域、打印标题等命令按钮，可以选择需要的命令按钮进行相应设置，如图 5-44 所示。其中，单击“打印标题”按钮，即可在弹出的对话框中设置“顶端标题行”位置，这样，当打印多页内容时设置为“顶端标题行”的内容就会在每页重复打印。

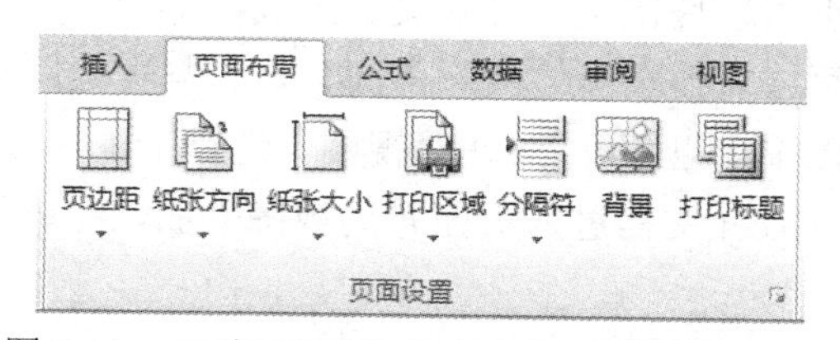

图 5-44　“页面布局”选项卡的“页面设置”组

2. 设置页眉页脚

在“插入”选项卡的“文本”组中单击“页眉和页脚”按钮（图 5-45），Excel 文档进入页眉页脚编辑界面（图 5-46），功能区会显示出“页眉和页脚工具 / 设计”选项卡，其中包括页眉和页脚、页眉和页脚元素、导航、选项 4 个组，下面介绍这几个组的功能及操作。

图 5-45　“页眉和页脚”按钮

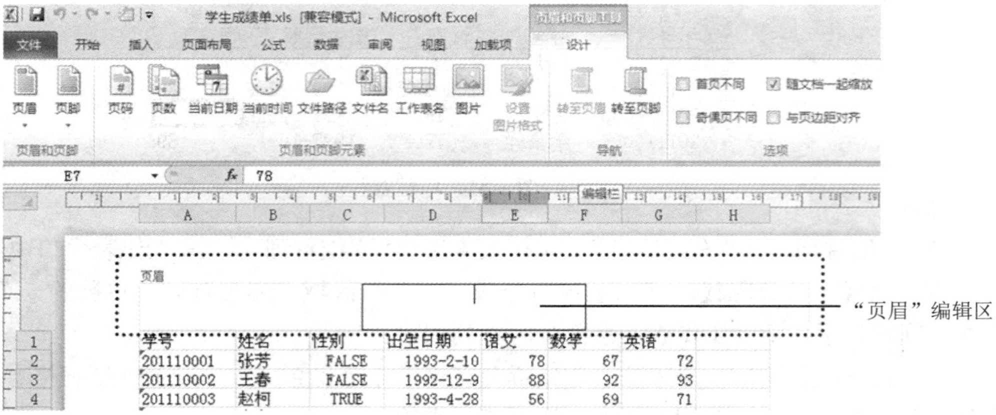

图 5-46　页眉页脚编辑窗口界面

（1）页眉和页脚。用于在页眉或页脚中插入系统预定义的一些页眉页脚选项，如“第 1 页”“第 1 页，共？页”、文件标签名等信息，单击“页眉”或“页脚”下三角按钮，在下拉列表中选择需要的信息选项即可插入页眉或页脚的内容，如图 5-47 所示。

（2）页眉和页脚元素。单击各元素按钮可在页眉或页脚中插入页码、页数、作者名、当前日期、当前时间、文件路径、文件名等信息。

用户如果不插入系统预定义的页眉页脚选项和元素，要自行编辑页眉页脚内容，可在图 5-46 所示的“页眉”或“页脚”编辑区域直接输入要编写的内容。编辑完页眉页脚后，在空白处单击即可。

（3）导航。实现“页眉”和“页脚”区域的切换。单击“转至页脚”按钮即可转到页脚区域编辑，若单击“转至页眉”按钮又可转到页眉区域编辑。

（4）选项。可设置首页或奇偶页页眉页脚不同、是否与页边距对齐等。

页眉页脚的设置也可以采用以下操作：在“视图”选项卡的“工作簿视图”组中单击“页面布局”按钮（图 5-48），Excel 文档进入页面布局视图界面，在该界面中也可编辑页眉页脚。

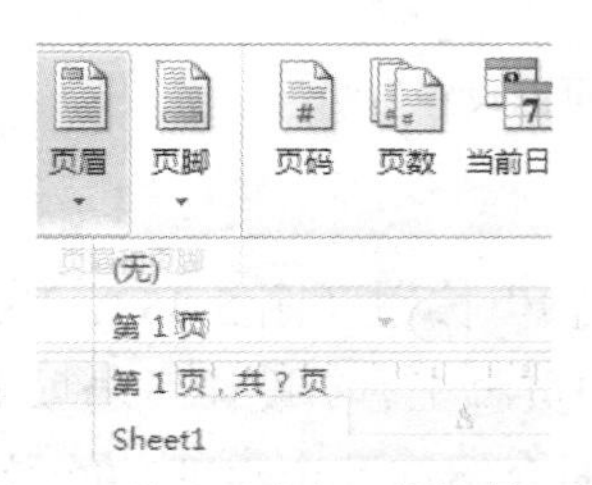

图 5-47　“页眉 / 页脚”按钮的下拉列表

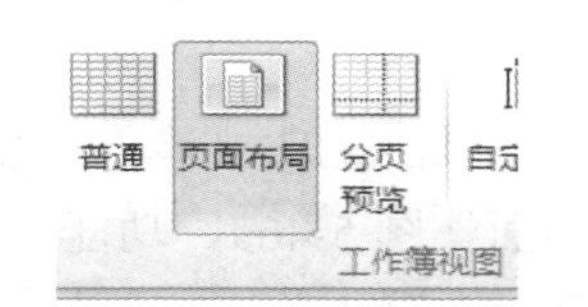

图 5-48　“页面布局”按钮

3. 打印预览和打印

在打印之前可以利用打印预览功能查看工作表的外观和版面，显示打印的设置效果，如果达到理想效果即可执行打印操作。

Excel 打印预览和打印功能在同一个界面中。执行“文件”选项卡中的“打印”命令，显示“打印预览和打印”界面，如图 5-49 所示。

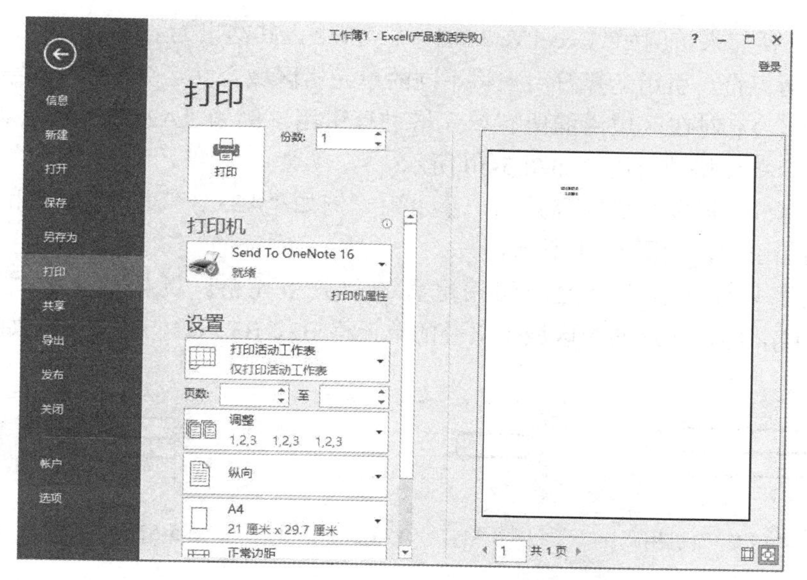

图 5-49　“打印预览和打印”界面

“打印预览和打印”界面右侧是打印预览的效果，用户可以通过单击右下角的“缩放到页面”按钮和“显示边距”按钮查看工作表的打印效果、设置页边距等。

在“打印预览和打印”界面左侧可以查看打印机的状态，设置打印份数、打印范围、打印内容、打印方向等，最后单击“打印”按钮开始打印。

使用 Ctrl+P 组合键也可以显示“打印预览和打印”界面。

5.3　公式应用

公式和函数是 Excel 的重要组成部分，使用公式可以简化计算的过程，极大地提高工作效率。

5.3.1　公式

1. 公式组成

Excel 公式以“=”开始，由运算符、常量、单元格引用、函数等元素组成。

2. 运算符

Excel 包含算术运算符、比较运算符、文本运算符和引用运算符 4 种类型。

（1）算术运算符。算术运算符用来进行基本的数学运算，其运算结果均为数值，包括 +（加）、-（减）、*（乘）、/（除）、%（百分比）、^（乘方）等。

（2）比较运算符。比较运算符用来比较两个数值的大小，其运算结果为逻辑值 TRUE 或 FALSE，包括 =（等于）、>（大于）、<（小于）、>=（大于或等于）、<=（小于或等于）、<>（不等于）等。

（3）文本运算符。文本运算符只有一个：&，其作用是进行文本的连接。文本运算符的操作对象可以是单元格地址，也可以是文本常量。如果是文本常量，则该字符串必须用一对英文引号（""）括起来，例如 "Excel"& " 2010 中文版 "，其结果为：Excel 2010 中文版。

（4）引用运算符。引用运算符用来将不同的单元格区域合并运算，包括冒号、逗号、空格。

- 冒号（:）：对在区域内的所有单元格进行引用。例如“A2:C3”表示对 A2 ～ C3 所有 6 个单元格的引用，如图 5-50 所示。
- 逗号（,）：将多个引用合并为一个引用。例如“A2,C3”表示对 A2 和 C3 这两个单元格的引用，如图 5-51 所示。
- 空格：只处理各引用区域间相重叠的部分单元格。例如输入公式 =SUM(A2:C3 B2:D4)，即求出这两个区域中重叠的单元格 B2、B3、C2、C3 的和，如图 5-52 所示。

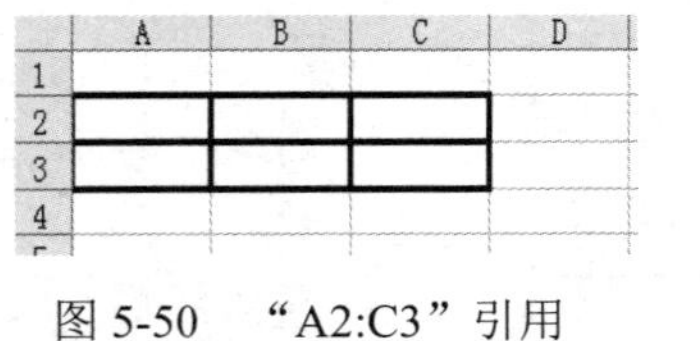

图 5-50　“A2:C3”引用

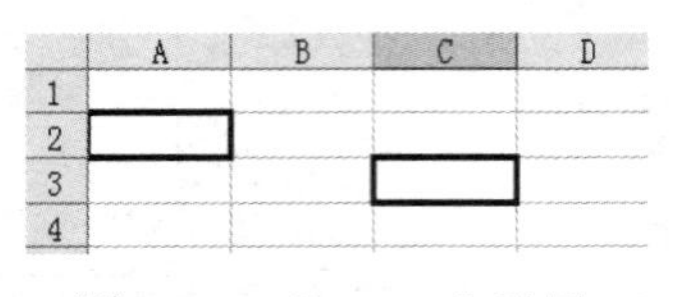

图 5-51　“A2,C3”引用

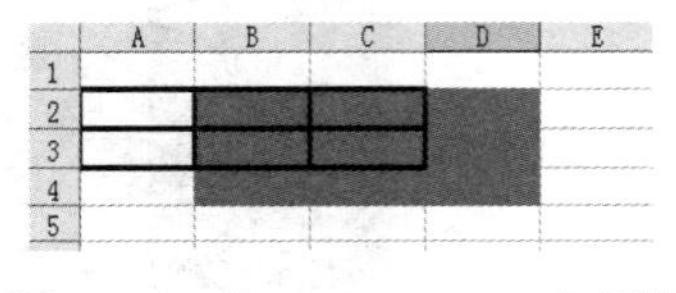

图 5-52　“A2:C3　B2:D4”引用

在 Excel 中，所有的运算符都要遵守一定的运算优先级规则，优先级由高到低为：引用运算符、算术运算符、文本运算符、比较运算符。

5.3.2　公式输入

公式的输入可以在编辑栏中进行，也可以在单元格中进行。首先选定要输入公式的单元格，输入“=”后继续输入公式的其他部分，然后按 Enter 键或单击编辑栏中的“输入”按钮 ✓ 即可完成，如图 5-53 所示。

SUM　× ✓ fx　=C2+D2+E2

	A	B	C	D	E	F
1	学号	姓名	语文	数学	英语	总分
2	201110001	张芳	78	67	72	=C2+D2+E2
3	201110002	王春	88	92	93	
4	201110003	赵柯	56	69	71	

图 5-53　输入公式

公式输入完毕，默认情况下，单元格中将显示计算的结果，编辑框中显示公式本身。

5.3.3　公式编辑

当某个单元格输入公式后，若相邻的单元格也需要进行同类型的计算，这时用户不必一一输入公式，可进行公式的复制操作。最常用的方法是使用填充柄进行公式复制，操作如下：将鼠标放在要复制公式的单元格右下角，变成填充柄状态后拖动鼠标到同行或同列的其他单元格上即可。

公式在复制的时候，若公式中包含单元格地址的引用，则在复制过程中根据不同的情况使用不同的单元格引用。

5.3.4　引用单元格地址

单元格地址的引用包括相对引用、绝对引用和混合引用 3 种。

1. 相对引用

相对引用是指当公式复制时，公式中单元格地址引用随公式所在单元格位置的变化而改变，是 Excel 中单元格引用的默认方式。相对引用的格式是“列标行号”，如 A1、B2 等。其特点是：当公式被复制时，目标单元格中公式参数的行号与列标会根据源公式所在的单元格和其引用单元格之间的相对位置进行自动变化。下面以图 5-54 所示为例来进行说明。

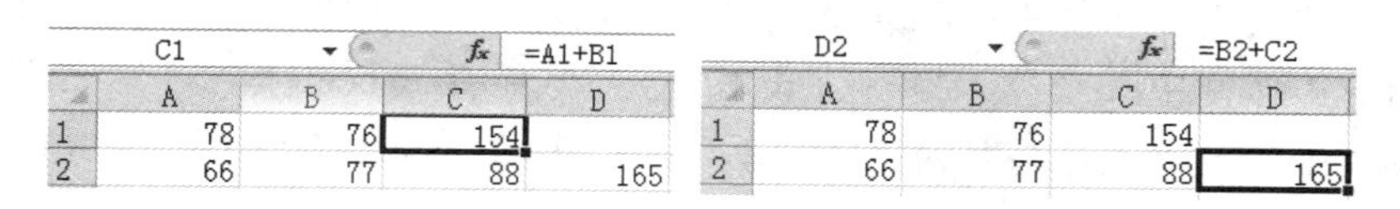

图 5-54　相对引用

（1）在 C1 单元格中输入公式“=A1+B1”，确认输入。

（2）选择 C1 单元格，将其复制到 D2 单元格。公式从 C1 到 D2 变化为：列标加 1，行号加 1，由于采用了相对引用，因此公式中所引用的单元格地址发生同样的变化，D2 单元格中的公式为“=B2+C2”。

2. 绝对引用

绝对引用是指当公式复制或移动时，被绝对引用的单元格将不随公式位置的变化而改变。绝对引用的格式是“$ 列标 $ 行号”，即引用时必须在列标、行号前加“$”符号，如 $A$1、$B$2 等。如上例中，若在 C1 单元格中输入公式“=$A$1+$B$1”，则在复制到 D2 单元格后，D2 单元格中的公式仍为“=$A$1+$B$1”，如图 5-55 所示。

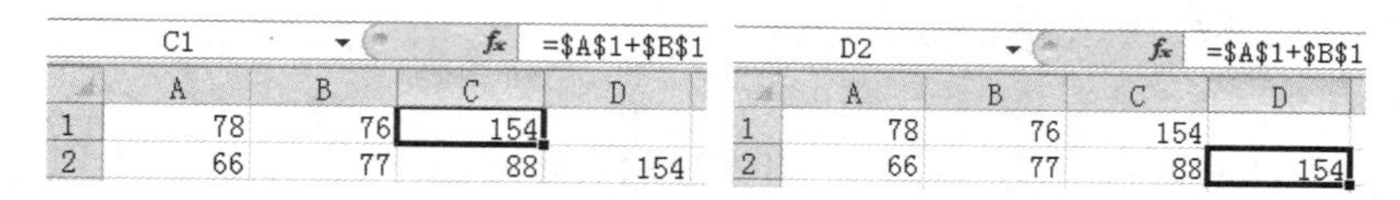

图 5-55　绝对引用

3. 混合引用

混合引用是指单元格引用中，一个地址是绝对引用，一个地址是相对引用，如 $A1、B$2 等。当公式复制时，公式的相对地址部分随位置变化而改变，而绝对地址部分不变。下面以图 5-56 所示为例来进行说明。

（1）在 C1 单元格中输入公式“=$A1+B$1”，$A1 和 B$1 单元格都是混合引用，其中，“$A1”是列地址采用绝对引用，行地址采用相对引用；“B$1”是列地址采用相对引用，行地址采用绝对引用。

（2）将 C1 单元格复制到 D2 单元格。公式从 C1 到 D2 变化为：列标加 1，行号加 1。“$A1”单元格的变化为“$A2”；“B$1”单元格的变化为“C$1”，D2 单元格中的公式为“=$A2+C$1”。

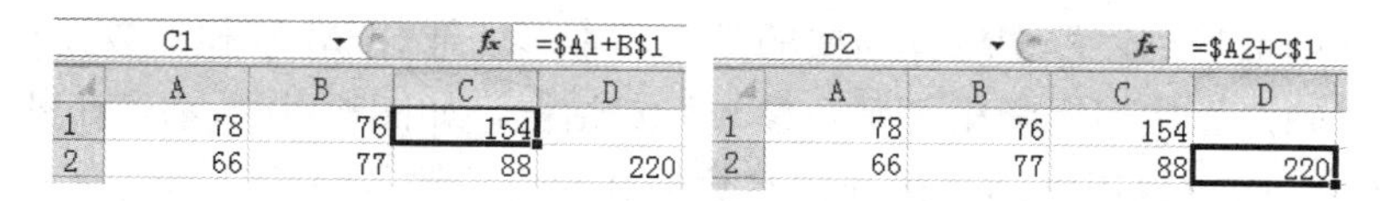

图 5-56　混合引用

4. 三维地址引用

三维地址引用是在一个工作表中引用另一个工作表中的单元格地址。引用方法为“工作表标签名！单元格地址引用”。例如当前工作表为Sheet1，则公式“=A1+Sheet2!A2”表示将Sheet1 工作表中 A1 单元格的值和 Sheet2 工作表中 A2 单元格的值相加。

5. 工作簿的引用

Excel 引用非当前工作簿中的单元格，引用方式为“[工作簿名字] 工作表标签！单元格地址”，如当前工作簿中某一单元格有公式“=A5+[成绩单]Sheet1!$A$3”，则表示当前工作簿当前工作表中的 A5 单元格与名为“成绩单”的工作簿 Sheet1 工作表中的 A3 单元格求和。

5.4 Excel 的函数

5.4.1 函数的概念及输入

1. 函数的概念

函数是系统预定义的公式程序，用户可直接使用。

Excel 函数的语法格式：函数名 (参数 1, 参数 2,...)。其中，函数名用来指明函数要执行的功能和运算；参数是函数运算必需的条件，可以是数字、文本、逻辑值、单元格引用、函数等，各个参数之间用逗号隔开。

根据函数的功能，可以将函数分为财务函数、日期与时间函数、数学与三角函数、统计函数、查找与引用函数、数据库函数、逻辑函数等。

2. 函数的输入

函数输入的方法有两种。第一种是采用直接输入函数的方法，该方法类似于公式的输入。先选定单元格，输入等号“=”后直接输入函数本身，如输入：=SUM(C1:D2)。

第二种是采用函数粘贴法，通过“插入函数”对话框进行函数的输入。例如，用函数粘贴法计算语文和数学的总分，如图 5-57 所示，操作步骤如下：

（1）选定要输入函数的单元格（本例中选定 C2 单元格）。

（2）单击编辑栏左侧的“插入函数”按钮或在“公式”选项卡的“函数库”组中单击“插入函数”按钮，如图 5-58 所示，弹出“插入函数”对话框，如图 5-59 所示。

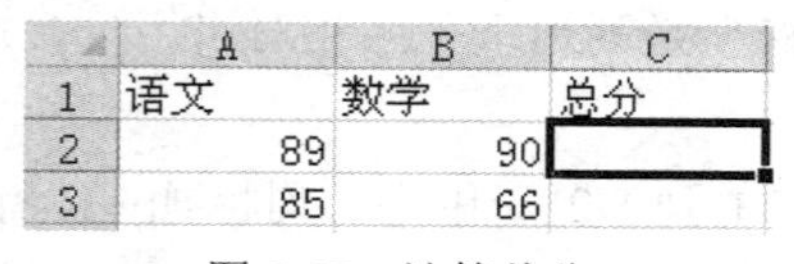

	A	B	C
1	语文	数学	总分
2	89	90	
3	85	66	

图 5-57 计算总分

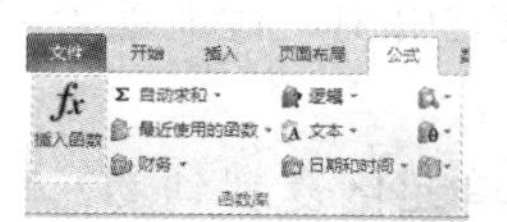

图 5-58 “函数库”组

（3）在“或选择类别”下拉列表框中选择要输入的函数的类别，本例选择“常用函数”选项；在“选择函数”列表框中选择需要的函数，本例选择 SUM 求和函数。

（4）单击“确定”按钮，弹出“函数参数”对话框，如图 5-60 所示。在其中可以手动输入参数“A2:B2”，也可以用拖动鼠标选择参数区域的方法输入参数。拖动鼠标选择参数区域的操作步骤：单击 Number1 文本框右侧的“压缩对话框”按钮折叠“函数参数”对话框，在工作表中拖动鼠标选择参数区域“A2:B2”，此时闪烁的虚线框代表该区域为参数区域，再单击“展开对话框”按钮展开“函数参数”对话框。

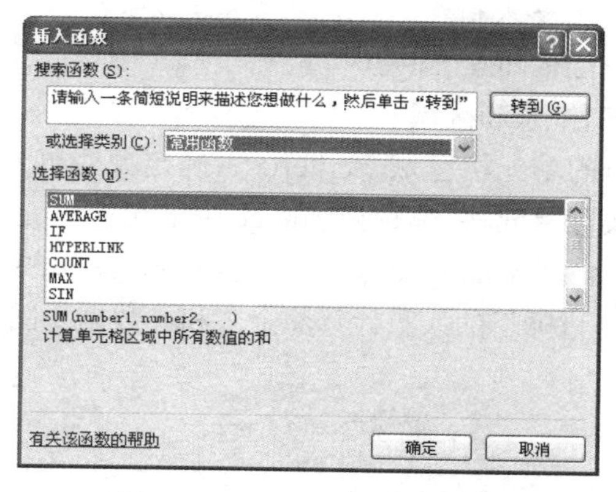

图 5-59　“插入函数”对话框

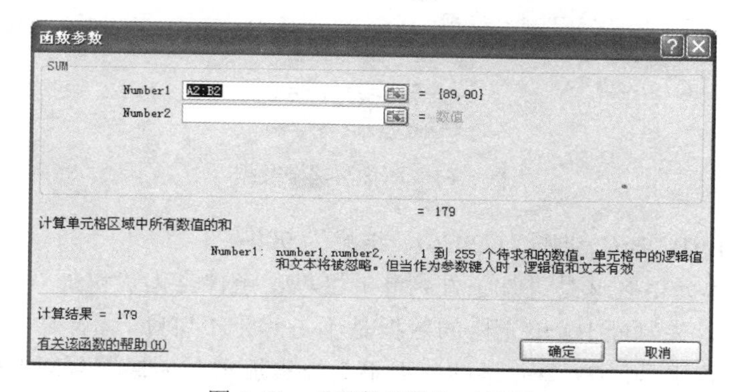

图 5-60　“函数参数”对话框

（5）单击“确定”按钮完成函数的输入。最后将公式复制到其他单元格，完成多位同学的语文和数学的求和工作。

5.4.2　常用函数的使用

1. SUM() 函数

功能：计算单元格区域中所有数值的和。

语法：SUM(number1,number2,...)

说明：SUM(数据 1,数据 2,...)

number1,number2,... 为 1 ～ 30 个需要求和的参数。单元格中的逻辑值和文本将被忽略。但当作为参数键入时，逻辑值和文本有效。

使用示例：SUM(1,2) 等于 3。

若单元格 A1:A3 中有数字 10、20、30，则 SUM(A1:A3) 等于 60，SUM(A1:A2,5) 等于 35。

SUM("3",2,TRUE) 等于 6，因为文本值和逻辑值作为参数键入，将被计算。文本 "3" 被转化为数字 3，逻辑值“TRUE”被转化为数字 1，若是逻辑值“FALSE”则被转化为数字 0。

若 A1 单元格中的数据为文本 "3"，B1 单元格中的数据为逻辑值“TRUE”，则

SUM(A1,B1,2) 等于 2，因为单元格引用中的逻辑值和文本被忽略，不能被转化为数字。

2. SUMIF() 函数

功能：对满足条件的单元格求和。

语法：SUMIF(range,criteria,sum_range)

说明：SUMIF(区域 ,条件 ,求和区域)

range 为用于条件判断的单元格区域；criteria 为确定哪些单元格将被相加求和的条件；sum_range 为需要求和的实际单元格。只有当 range 中的相应单元格满足条件时，才对 sum_range 中的单元格求和。如果省略 sum_range，则直接对 range 中的单元格求和。

使用示例：对职称为“讲师”的人员计算奖金之和，数据如图 5-61 所示。

	A	B	C
1	姓名	职称	奖金
2	马婷	助教	300
3	陈小	讲师	400
4	刘昆	教授	1000
5	赵敏	副教授	800
6	武斌	讲师	500
7	李玉	助教	350
8	王海	讲师	550

图 5-61　职称与奖金数据

公式为 =SUMIF(B2:B6," 讲师 ",C2:C6)，结果为 900。

分析：B2:B6 单元格区域是进行条件判断的区域，条件是为“讲师”，C2:C6 单元格区域是实际求和区域。首先判断 B2 单元格的数据是不是等于“讲师”，若是，则 C2 单元格的数据会被累加求和，若不是，C2 单元格的数据不会被累加求和；接着判断 B3 单元格的数据是不是等于“讲师”，若是，则 C3 单元格的数据会被累加求和，若不是，C3 单元格的数据不会被累加求和……，一直判断到 B6 单元格。在 B2 到 B6 单元格中，B3 和 B6 两个单元格的数据等于“讲师”，则 C3 和 C6 两个单元格数据相加求和，最后结果为 900。

3. AVERAGE() 函数

功能：计算参数的算术平均值。

语法：AVERAGE(number1,number2,...)

说明：AVERAGE(数据 1,数据 2,...)

使用示例：若单元格 A1:A3 中有数字 80、82、90，则 AVERAGE (A1:A3) 等于 84。

4. ROUND() 函数

功能：按指定的位数对数值进行四舍五入。

语法：ROUND(number,num_digits)

说明：ROUND(数据 ,小数位数)

number 是需要四舍五入的数据，num_digits 是指定的位数，按此位数进行舍入。如果 num_digits 大于 0，则舍入到指定的小数位；如果 num_digits 等于 0，则舍入到最接近的整数；如果 num_digits 小于 0，则在小数点左侧进行舍入。

使用示例：ROUND(3.125,1) 等于 3.1；ROUND(3.125,2) 等于 3.13；ROUND(3.125,0) 等于 3；

ROUND(3.125,-1) 等于 0。

5. MAX()/MIN() 函数

功能：返回一组数值中的最大（小）值。

语法：MAX(number1,number2,...)/MIN(number1,number2,...)

说明：MAX(数据 1,数据 2,...)/MIN(数据 1,数据 2,...)

使用示例：若单元格 A1:A3 中有数字 80、82、90，则 MAX(A1:A3) 等于 90，MIN(A1:A3) 等于 80。

6. COUNT() 函数

功能：计算参数的数字项的个数。

语法：COUNT(value1,value2,...)

说明：COUNT(数值 1,数值 2,...)

value1,value2,... 是包含或引用各种类型数据的参数，但只有数字类型的数据才被计数。单元格中的逻辑值和文本将被忽略。但当作为参数键入时，逻辑值和文本有效。

使用示例：若单元格 A1:A5 的内容分别为 80、“销售”、90.3、TRUE、2003-12-20，则 COUNT(A1:A3) 等于 2，COUNT(A1:A4) 等于 2，COUNT(A1:A5) 等于 3。

7. COUNTIF() 函数

功能：计算给定区域中满足给定条件的单元格的数目。

语法：COUNTIF(range,criteria)

说明：COUNTIF(区域 ,条件)

range 为进行条件判断的单元格区域；criteria 为确定哪些单元格将被计数的条件。

使用示例：若单元格 A1:A5 的内容分别为 32、55、12、76、86，则 COUNTIF(A1:A5, ">33") 等于 3。

8. IF() 函数

功能：根据逻辑测试的真假值返回不同的结果。

语法：IF(logical_test,value_if_true,value_if_false)

说明：IF(测试条件 ,真值 ,假值)

logical_test 是计算结果为 TRUE 或 FALSE 的任意值或表达式；value_if_true 是 logical_test 为 TRUE 时返回的值，如果忽略则返回 TRUE；value_if_false 是 logical_test 为 FALSE 时返回的值，如果忽略则返回 FALSE。

使用示例：对平均分给出评语，若大于等于 60 分则合格，小于 60 分则不合格，如图 5-62 所示。在 C2 单元格中输入公式 “=IF(B2>=60," 合格 "," 不合格 ")”，再将公式复制到 C3、C4 单元格。

C2　fx　=IF(B2>=60,"合格","不合格")

	A	B	C	D	E
1	姓名	平均分	评语		
2	张芳	67	合格		
3	王春	81			
4	赵柯	56			

图 5-62　IF 函数示例

9. RANK() 函数

功能：返回某数字在一列数字中的大小排位。

语法：RANK(number,ref,order)

说明：RANK(数据 ,引用 ,排位方式)

number 为需要找到排位的数字；ref 为包含一组数字的数组或引用，引用内的非数值型将被忽略；order 指定排位的方式，如果为 0 或忽略，降序；非零值，升序；函数 RANK 对重复数的排位相同，但重复数的存在将影响后续数值的排位。例如，在一列整数里，如果整数 10 出现两次，其排位为 5，则 11 的排位为 7（没有排位为 6 的数值）。

使用示例：如果 A1:A5 中分别含有数字 7、20、5、11、22，则 RANK(A2,A1:A5,1) 等于 4；RANK(A5,A1:A5,0) 等于 1。

10. VLOOKUP() 函数

Excel 的数据一般会分散存储于多个工作表，为了快速找到相关数据之间的对应关系，可以使用 VLOOKUP 函数在表格或区域中查找数据。

功能：按列查找，最终返回该列所需查询序列所对应的值。

语法：VLOOKUP(lookup_value, table_array, col_index_num, [range_lookup])

说明：VLOOKUP(查找值 , 数据表 , 列序数 , [匹配条件])

lookup_value 表示要查找的数据值，可以是数字、文本等常量，也可以是单元格地址；table_array 表示要查找的区域，需要注意的是，查找的值应该始终位于这个区域的第一列；col_index_num 表示区域中包含返回值的列号；range_lookup 表示查找匹配方式，TRUE、1 或缺省表示近似匹配，FALSE 或 0 表示精确匹配。

使用示例：从图 5-63 所示的 A1:F11 数据区域中查找出学号为 160305039、160504033、161004001、160406014 的成绩并存放在 C14 ～ C17 中。

	A	B	C	D	E	F
1	班级	学号	姓名	性别	课程名	成绩
2	电子工程学院16级4班	160304019	张利	女	计算机基础	82
3	电子工程学院16级5班	160305039	雷茂	男	计算机基础	75
4	外国语学院16级4班	160404001	杨杰	男	计算机基础	90
5	外国语学院16级4班	160404020	陈欣	女	计算机基础	67
6	法学院16级4班	160504033	胡荣	男	计算机基础	55
7	体育学院16级1班	161001006	陈均	男	计算机基础	88
8	体育学院16级4班	161004001	石鹏	男	计算机基础	76
9	外国语学院16级6班	160406014	杨雯	女	计算机基础	92
10	数学学院16及2班	160202008	龙怡	女	计算机基础	76
11	数学学院16及2班	160202009	刘雪梅	女	计算机基础	74
12						
13	学号	姓名	成绩			
14	160305039	雷茂				
15	160504033	胡荣				
16	161004001	石鹏				
17	160406014	杨雯				
18						
19						

图 5-63 VLOOKUP() 函数示例

操作步骤：在 C14 单元格中输入公式“=VLOOKUP(A14,$B$2:$F$11,5,FALSE)”，再用填充柄将公式复制到 C15 ～ C17 单元格。VLOOKUP() 函数参数设置如图 5-64 所示。

公式参数说明：第 1 个参数查找学号 160305039，对应的是 A14 单元格；第 2 个参数输入要返回数据的区域，即“$B$2:$F$11”（为什么不是 A2:F11 ？因为使用 VLOOKUP() 函数时，

lookup_value 的值必须在 table_array 中处于第一列，即“学号”列（B 列）是要返回数据的区域的第一列），查找时只会用 A14 与 B 列的内容匹配；同时请同学们思考，为什么该区域使用绝对地址引用？第 3 个参数“成绩”是区域的第 5 列，所以这里输入“5”（注意：这里的列数不是 Excel 默认的列数，而是查找范围的第几列）；第 4 个参数，要精确查找学号，所以输入“FALSE”或“0”。

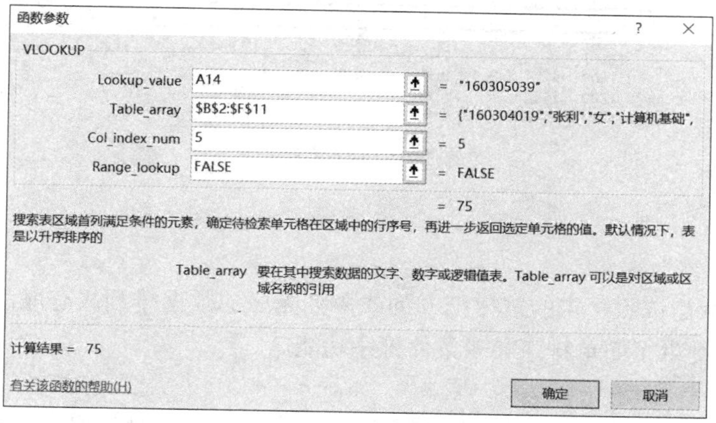

函数参数
VLOOKUP
Lookup_value　A14　= "160305039"
Table_array　$B$2:$F$11　= {"160304019","张利","女","计算机基础",
Col_index_num　5　= 5
Range_lookup　FALSE　= FALSE
= 75
搜索表区域首列满足条件的元素，确定待检索单元格在区域中的行序号，再进一步返回选定单元格的值。默认情况下，表是以升序排序的
Table_array　要在其中搜索数据的文字、数字或逻辑值表。Table_array 可以是对区域或区域名称的引用
计算结果 = 75
有关该函数的帮助(H)　确定　取消

图 5-64　VLOOKUP() 函数参数设置对话框

特别注意：使用 VLOOKUP() 函数时，返回的是目标区域第一个符合查找值的数值。如果找不到数据，函数总会传回一个这样的错误值 #N/A。

11. 自动求和

如果需要快速完成数据求和，还可以在“公式”选项卡的“函数库”组中单击“自动求和”按钮 Σ 自动求和 ▾，若单击右侧的下三角按钮，下拉列表中还包含了求平均值、计数、求最大值和最小值等计算，可以实现一般数据的快速计算。

5.5　数据处理

Excel 不仅具备数据计算处理能力，同时在数据管理和分析方面具有数据库管理的功能。利用 Excel 提供的一系列命令可以对数据进行排序、筛选、分类汇总、插入图表等操作。

5.5.1　数据清单

1. 数据清单的概念

数据清单是包含相关数据的一系列工作表数据行，从形式上看是一个二维表。数据清单的列是数据清单的字段，第一行是列的标题，称为字段名，其他每一行称为一条记录。

2. 创建数据清单时应同时满足的条件

（1）数据清单第一行是字段名。

（2）每列应包含同一类型的数据，如文本型、数值型。

（3）清单区域内不能有空行或空列。

（4）如果数据列表有标题，应与其他行（如字段名行）至少间隔一个空行。

凡符合上述条件的工作表，Excel 就把它识别为数据清单，并支持对它进行编辑、排序、筛选等基本的数据管理操作。如图 5-65 所示为一个数据清单。

学号	姓名	性别	籍贯	数学	英语	计算机	总分
011201	钱宇	男	四川	68	89	0	157
011202	周亮	男	海南	78	84	82	244
011203	张扬	男	云南	88	66	90	244
011204	李玉	女	四川	98	92	88	278
011205	王海	男	福建	86	78	65	229
011206	马婷	女	山东	96	95	76	267
011207	陈小	女	四川	78	69	64	211
011208	刘昆	男	山东	87	58	91	236
011209	赵敏	女	广西	98	70	88	256
011210	武斌	男	四川	100	80	95	275

字段名行

一条记录

图 5-65　数据清单

5.5.2 排序

数据的排序就是按照一定的规律把一列或多列无序的数据排列成有序的数据，以便于管理和分析。Excel 提供了简单排序和多条件排序功能。

1. 简单排序

简单排序是使用“升序”（或“降序”）按钮依据一个字段对数据进行排序。操作方法：单击排序依据列中的任一单元格，然后在“数据”选项卡的“排序和筛选”组中单击“升序”按钮 或“降序”按钮 ，即可自动实现按该列进行排序，如图 5-66 所示。

在“开始”选项卡的“编辑”组中单击“排序和筛选”按钮，在下拉列表中选择“升序”命令或“降序”命令，也可实现简单排序，如图 5-67 所示。

图 5-66　“排序和筛选”组

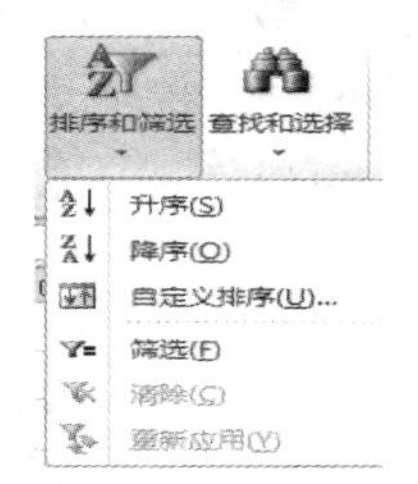

图 5-67　“排序和筛选”按钮的下拉列表

提示：如果选中要排序的整列，再单击“升序”或“降序”按钮，则会弹出如图 5-68 所示的“排序提醒”对话框。在“给出排序依据”区域中，如果选择“扩展选定区域”则按选定的关键字字段对扩展区域数据进行排序；如果选择“以当前选定区域排序”则不会对数据进行排序。

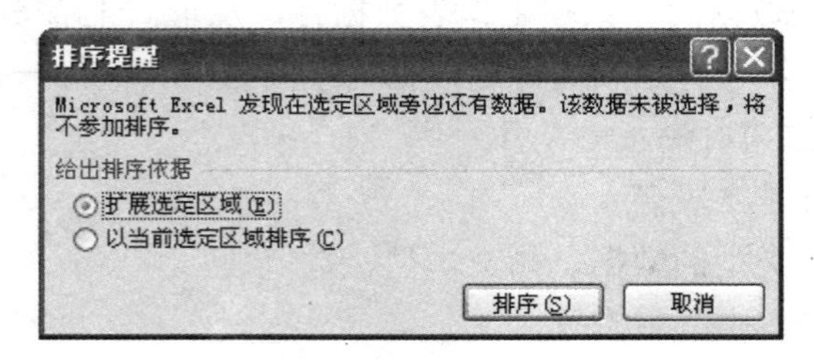

图 5-68　“排序提醒”对话框

2. 多条件排序

利用单列数据内容进行排序时，数据清单中的记录可能出现相同数据，这时如果要进一步对这些记录排序，就需要根据多列数据对数据清单进行排序。多条件排序的操作方法如下：

（1）单击数据清单中的任一单元格。

（2）在“数据”选项卡的“排序和筛选”组中单击“排序”按钮，或者在“开始”选项卡的“编辑”组中单击“排序和筛选”按钮，在下拉列表中选择“自定义排序”命令。这两种操作都会弹出“排序”对话框，如图 5-69 所示。

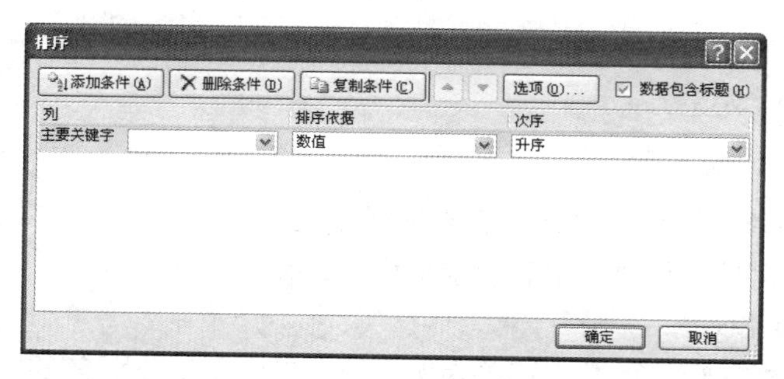

图 5-69　“排序”对话框

（3）在“主要关键字”下拉列表框中选择需要排序的主关键字段；在“排序依据”下拉列表框中选择排序依据类别，可以作为排序依据的有数值、单元格颜色、字体颜色和单元格图标；在“次序”下拉列表框中选择升序、降序、自定义序列。

若用户还需要按其他字段进行排序，则可单击“添加条件”按钮添加次要关键字，再选择次要关键字、排序依据及次序。多次单击“添加条件”按钮可添加多个次要关键字，如图 5-70 所示。单击“删除条件”按钮可删除选中的排序关键字，每单击一次该按钮删除一个选中的排序关键字。

（4）单击“确定”按钮，完成多条件排序操作。

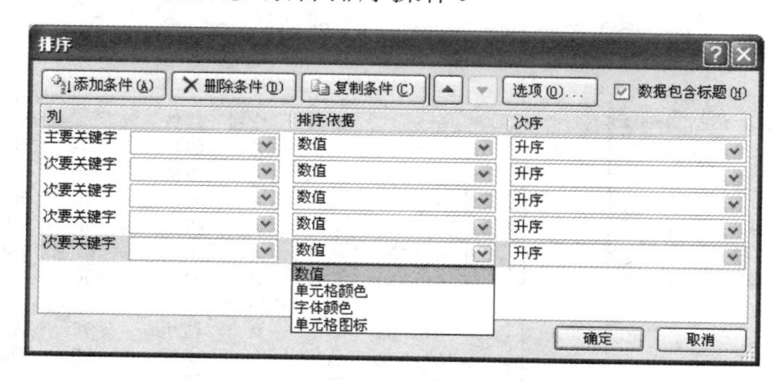

图 5-70　添加次要关键字的“排序”对话框

3. 排序选项设置

在 Excel 中，用户可以设置按照大小、笔画或某种特定的顺序排序，操作步骤如下：

（1）在“排序”对话框中，单击“选项”按钮，弹出“排序选项”对话框，如图 5-71 所示。

（2）在其中设置是否区分大小写，选择排序的方向和方法，最后单击“确定”按钮回到“排序”对话框。

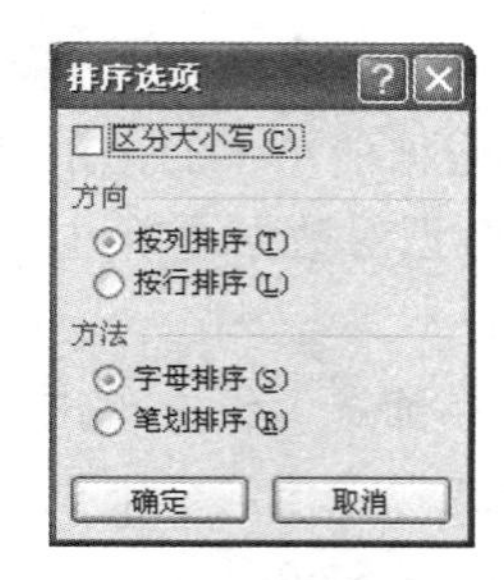

图 5-71 “排序选项”对话框

5.5.3 数据的分类汇总

1. 数据分类汇总的概念

分类汇总是指将数据清单按照某个字段进行分类，然后统计同一类记录的相关信息。在汇总过程中，可以对某些数值进行求和、求平均、计数等运算。

2. 分类汇总的操作步骤

使用示例：以图 5-65 所示的数据清单为例，统计男生女生分别有多少人。操作步骤如下：

（1）将数据清单按照分类的字段进行排序，目的是让分类字段中值相同的数据排列在一起。本例中分类字段是“性别”，先按“性别”对数据清单排序，这样，男生记录排在一起，女生记录排在一起。

（2）单击数据清单中的任一单元格。

（3）在“数据”选项卡的“分级显示”组中单击“分类汇总”按钮，弹出“分类汇总”对话框，如图 5-72 所示。

（4）在其中进行相应选项设置。本例中，在“分类字段”下拉列表框中选择“性别”，在“汇总方式”下拉列表框中选择“计数”，在“选定汇总项”列表框中选择“姓名”，如图 5-72 所示。

（5）单击“确定”按钮。分类汇总后的结果如图 5-73 所示。

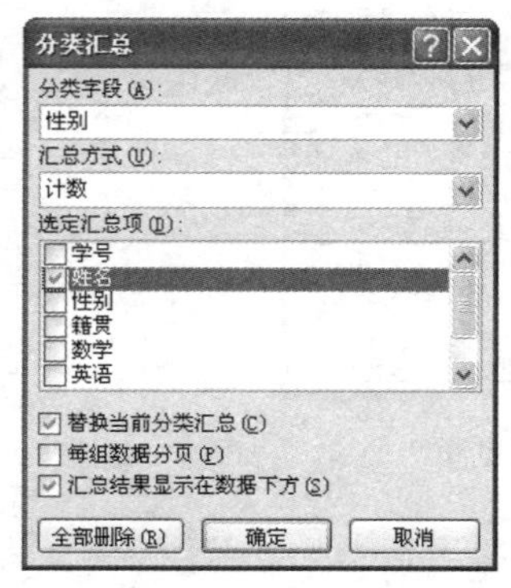

图 5-72 “分类汇总”对话框

	A	B	C	D	E	F	G	H
1	学号	姓名	性别	籍贯	数学	英语	计算机	总分
2	011201	钱宇	男	四川	68	89	0	157
3	011202	周亮	男	海南	78	84	82	244
4	011203	张扬	男	云南	88	66	90	244
5	011205	王海	男	福建	86	78	65	229
6	011208	刘昆	男	山东	87	58	91	236
7	011210	武斌	男	四川	100	80	95	275
8		6	男 计数					
9	011204	李玉	女	四川	98	92	88	278
10	011206	马婷	女	山东	96	95	76	267
11	011207	陈小	女	四川	78	69	64	211
12	011209	赵敏	女	广西	98	70	88	256
13		4	女 计数					
14		10	总计数					

图 5-73 分类汇总结果

3. 查看分类汇总项

对数据进行分类汇总后，汇总表的左边出现分类汇总的层次，可以单击旁边的“-”将对应层次的内容隐藏起来，此时“-”变为“+”。在汇总之后，工作表内的数据包括具体的数据记录、各分类的数据汇总和整个表格数据的汇总 3 个层次，这时单击汇总表左上角的 1 2 3 层次按钮可以查看和显示各层次的汇总情况。

4. 删除分类汇总

删除分类汇总的操作：在“分类汇总”对话框中，单击“全部删除”按钮即可将已经设置好的分类汇总全部删除。

5.5.4 数据筛选

数据筛选就是将数据清单中符合特定条件的数据查找出来，并将不符合条件的数据暂时隐藏。数据筛选是一种用于查找数据清单中特定数据的快速方法。Excel 提供了筛选和高级筛选两种方法。

1. 筛选

对于满足一个条件或需要同时满足多个条件的筛选，可以采用筛选的方式。

使用示例：以图 5-65 所示的数据清单为例，筛选出男生的记录。操作步骤如下：

（1）单击数据清单中的任一单元格。

（2）在“数据”选项卡的“排序和筛选”组中单击“筛选”按钮，此时数据清单第一行每个字段名右侧出现一个向下的箭头，称为“筛选箭头”。

（3）单击筛选箭头，弹出筛选列表，在列表中勾选需要的数据。本例中，单击“性别”字段旁的筛选箭头，在弹出的筛选列表中选中“男”复选项，如图 5-74 所示。

（4）单击“确定”按钮，所有男生记录被筛选出来，女生记录隐藏，筛选结果如图 5-75 所示。同时，“性别”字段旁的向下箭头会变成。

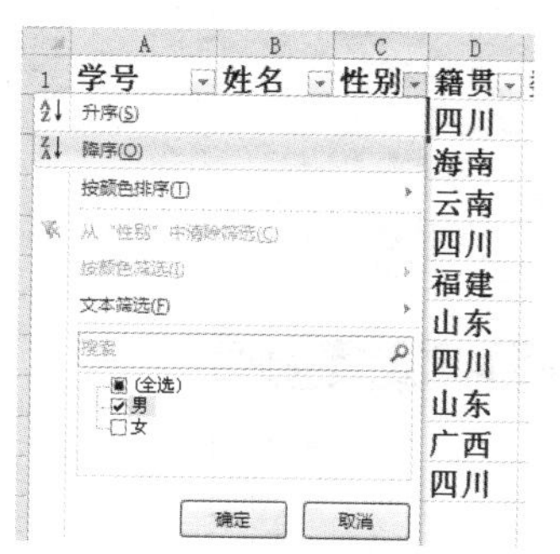

图 5-74　“性别”字段“筛选”列表

	学号	姓名	性别	籍贯	数学	英语	计算机	总分
2	011201	钱宇	男	四川	68	89	0	157
3	011202	周亮	男	海南	78	84	82	244
4	011203	张扬	男	云南	88	66	90	244
6	011205	王海	男	福建	86	78	65	229
9	011208	刘昆	男	山东	87	58	91	236
11	011210	武斌	男	四川	100	80	95	275

图 5-75　筛选性别为“男”的记录结果

多次使用筛选，可以选出同时满足多个筛选条件的记录。例如，要筛选出籍贯是四川的男生，可以先筛选出“性别”是“男”的记录，再单击“籍贯”字段旁的筛选箭头，在弹出的筛选列表中选中“四川”复选项，如图 5-76 所示。单击“确定”按钮，所有籍贯是四川的男生记录会被筛选出来，其他不合条件的记录隐藏，筛选结果如图 5-77 所示。

此外，用户还可以选择自定义筛选方式。在筛选列表中常见的自定义筛选方式有文本筛选、数字筛选、日期筛选等。默认情况下，如果字段是文本类型，筛选列表中显示的是“文本筛选”，如图 5-74 中，“性别”字段的筛选列表中是“文本筛选”。如果字段是数值类型，筛选列表中显示的就是“数字筛选”。

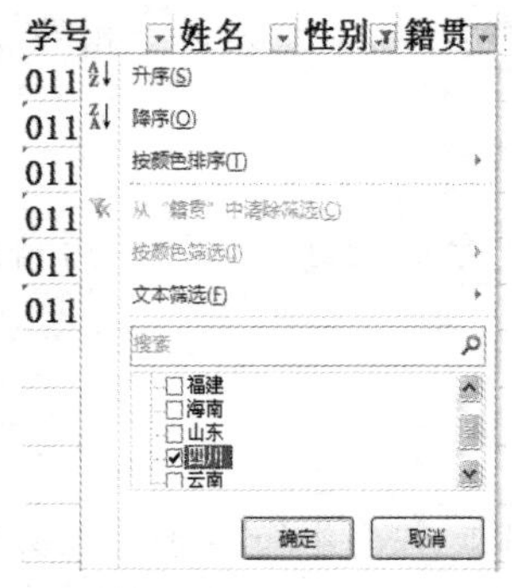

图 5-76 “籍贯”字段“筛选”列表

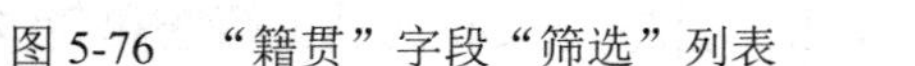

	A	B	C	D	E	F	G	H
1	学号	姓名	性别	籍贯	数学	英语	计算机	总分
2	011201	钱宇	男	四川	68	89	0	157
11	011210	武斌	男	四川	100	80	95	275

图 5-77 筛选籍贯是四川的男生记录结果

用户选择筛选列表中的“文本筛选”或“数字筛选”时都会弹出对应的下级列表，里面有具体的自定义筛选方式。“文本筛选”的下级列表包含这些选项：等于、不等于、开头是、结尾是、包含、不包含、自定义筛选（图 5-78）。当用户单击任意一个选项时都会弹出“自定义自动筛选方式”对话框，如图 5-79 所示，在其中可以设置 1 到 2 个条件。对于设置两个条件的情况，如果两个条件是必须同时满足的，则选中单选项“与”；如果两个条件只要满足其中之一，则选中单选项“或”。

图 5-78 “文本筛选”的下级列表

图 5-79 “自定义自动筛选方式”对话框

“数字筛选”的下级列表包含这些选项：等于、不等于、大于、大于或等于、小于、小于或等于、介于、10 个最大的值、高于平均值、低于平均值、自定义筛选（图 5-80）。用户可以单击任意一个选项进行进一步的设置。

要取消筛选，只需要在“数据”选项卡的“排序和筛选”组中再次单击“筛选”按钮，筛选箭头消失，筛选被取消，显示所有数据。

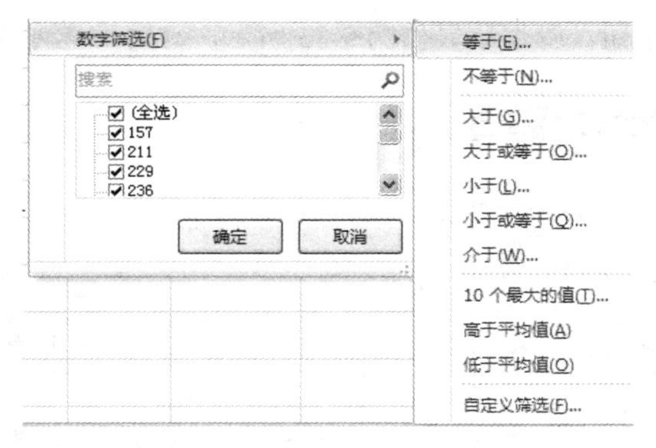

图 5-80　“数字筛选”的下级列表

2. 高级筛选

对于一些较为复杂的筛选操作或者只要满足多个条件之一的筛选，可以使用高级筛选方式完成。使用高级筛选的关键是设置用户自定义的条件，这些条件必须放在一个称为条件区域的单元格区域中。条件区域包括两部分：标题行和条件行。条件区域设置方法如下：

（1）标题行是条件区域的第一行，输入待筛选数据所在的列标题（必须和数据清单中的列标题一致，要筛选多个字段，就输入多个列标题）。

（2）条件行从条件区域的第二行开始输入，在对应的列标题下可以有一行或多行。同一行的条件表示“与”关系，同时满足这些条件的记录才能显示；不同行的条件表示“或”关系，记录只要满足其中任意一个条件就能显示。

条件区域一般与数据清单相隔一行或一列，与数据清单隔开。

使用示例：以图 5-65 所示的数据清单为例，使用高级筛选筛选出籍贯是四川的男生记录。操作步骤如下：

（1）建立条件区域，如图 5-81 中的 C13:D14 单元格区域所示。“男”和“四川”条件在同一行上，表示条件相“与”。

	A	B	C	D	E	F	G	H
1	学号	姓名	性别	籍贯	数学	英语	计算机	总分
2	011201	钱宇	男	四川	68	89	0	157
3	011202	周亮	男	海南	78	84	82	244
4	011203	张扬	男	云南	88	66	90	244
5	011204	李玉	女	四川	98	92	88	278
6	011205	王海	男	福建	86	78	65	229
7	011206	马婷	女	山东	96	95	76	267
8	011207	陈小	女	四川	78	69	64	211
9	011208	刘昆	男	山东	87	58	91	236
10	011209	赵敏	女	广西	98	70	88	256
11	011210	武斌	男	四川	100	80	95	275
12								
13			性别	籍贯	→ 条件区域			
14			男	四川				

图 5-81　设置条件相“与”的条件区域

（2）在“数据”选项卡的“排序和筛选”组中单击“高级”按钮，弹出“高级筛选”对话框。

（3）在其中设置“列表区域”和“条件区域”。本例中，“列表区域”是 A1:H11 单元格区域，“条件区域”是 C13:D14 单元格区域，如图 5-82 所示。若将“方式”设为“将筛选结果复制到其他位置”，“复制到”选项变成黑色，可以设置“复制到”单元格区域。

（4）单击“确定”按钮，筛选结果如图 5-83 所示，与用筛选方式选出的结果一样。

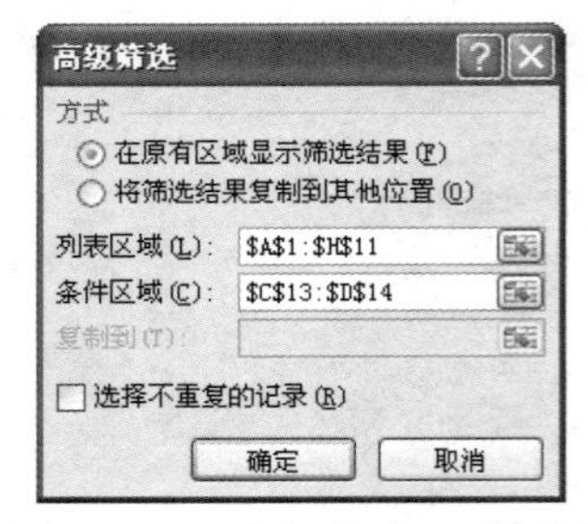

图 5-82 “高级筛选”对话框

	A	B	C	D	E	F	G	H
1	学号	姓名	性别	籍贯	数学	英语	计算机	总分
2	011201	钱宇	男	四川	68	89	0	157
11	011210	武斌	男	四川	100	80	95	275

图 5-83 高级筛选选出籍贯是四川的男生记录结果

如果使用高级筛选筛选出只要满足多个条件之一的数据，如筛选出籍贯是山东，或者总分大于 270 分的记录，那么条件区域应设置条件在不同行，如图 5-84 所示。

在“数据”选项卡的“排序和筛选”组中单击“清除”按钮，如图 5-85 所示，高级筛选被取消，系统显示所有数据。

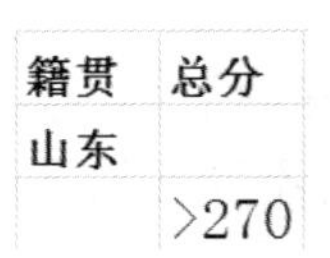

籍贯	总分
山东	
	>270

图 5-84 设置条件相“或”的条件区域

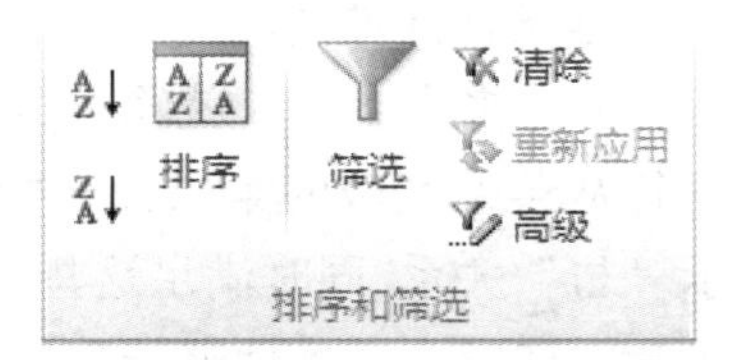

图 5-85 “排序和筛选”组中的“清除”按钮

5.5.5 数据透视表

数据透视表是一种可以对大量数据快速汇总和建立交叉列表的交互式表格。利用数据透视表，可以转换行和列以查看源数据的不同汇总结果，并根据报表筛选字段显示不同的页面，还可以根据需要显示区域中的详细数据，便于用户分析管理数据。

数据透视表建立后，可以重排类表，以便从其他角度查看数据，并可以随时根据数据源的改变来自动更新数据。

1. 建立数据透视表

使用示例：以图 5-65 所示的数据清单为例，统计不同省份男生女生分别有多少人。操作步骤如下：

（1）单击数据清单工作表中的任一单元格，在“插入”选项卡的“表格”组中单击“数据透视表”按钮，弹出“创建数据透视表”对话框，如图 5-86 所示。

（2）在其中选择要分析的数据（“选择一个表或区域”或“使用外部数据源”），再选择放置数据透视表的位置（“新工作表”或“现有工作表”）。本例中，在“请选择要分析的数据”区域中选择“选择一个表或区域”单选项，设置“表 / 区域”数据源为 Sheet1!$A$1:$H$11 单元格区域；在“选择放置数据透视表的位置”区域中选择“新工作表”单选项，然后单击“确定”按钮。

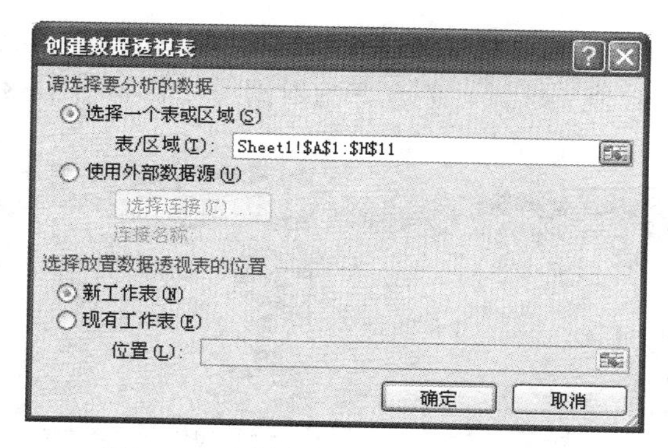

图 5-86　“创建数据透视表”对话框

（3）在一个新工作表中出现创建数据透视表的界面，右侧显示“数据透视表字段列表”对话框，如图 5-87 所示。“数据透视表字段列表”对话框由两部分构成：字段列表部分包含可以添加到布局部分的字段名称；布局部分包含“报表筛选”区域、“列标签”区域、“行标签”区域和“数值”区域。

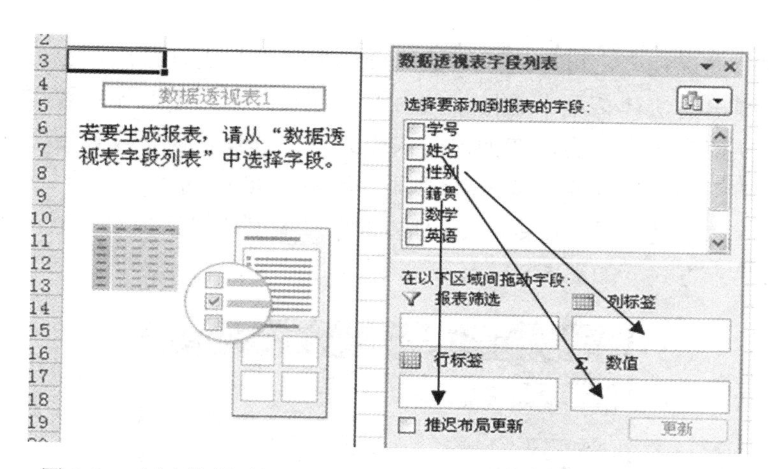

图 5-87　创建数据透视表的界面和“数据透视表字段列表”对话框

布局部分各区域的含义如下：

- “报表筛选”区域：用来存放要对数据透视表进行筛选，显示不同页面的字段，按照该区域字段对整个数据透视表进行筛选，从而显示单个项或所有项的数据。
- “行标签”区域：用来存放在数据透视表中的分行字段名称，字段的数据值个数决定着数据透视表显示的行数。
- “列标签”区域：用来存放在数据透视表中的分列字段名称，字段的数据值个数决定着数据透视表显示的列数。
- “数值”区域：决定在数据透视表中显示的数据，即对原有数据清单进行统计的结果。

若要将字段放置到布局部分的默认区域中，请选中字段列表中相应字段名称旁的复选框。默认情况下，非数值字段会添加到“行标签”区域，数值字段会添加到“数值”区域，而日期和时间层级则会添加到“列标签”区域。

也可以根据设计需要，用鼠标拖动“字段列表”中的某一字段，放置到布局部分相应的位置。本例中，将“籍贯”字段拖动到“行标签”区域，将“性别”字段拖动到“列标签”区域，将“姓名”字段拖动到“数值”区域，创建好的数据透视表如图 5-88 所示。

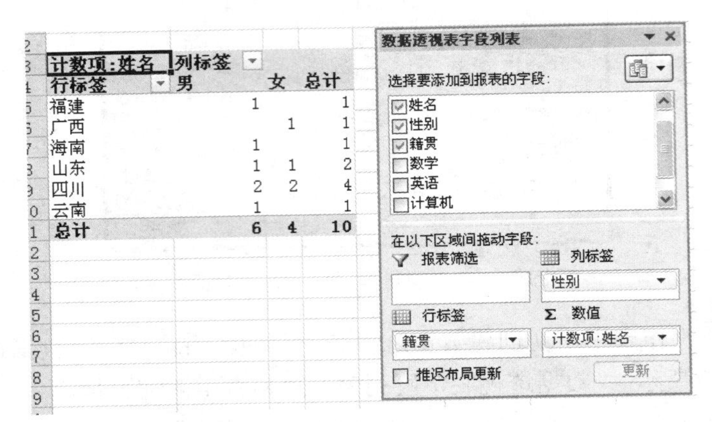

计数项:姓名	列标签		
行标签	男	女	总计
福建	1		1
广西		1	1
海南	1		1
山东	1	1	2
四川	2	2	4
云南	1		1
总计	6	4	10

图 5-88　数据透视表

2. 编辑数据透视表

已经建立的数据透视表，可以通过“数据透视表工具”进行修改，也可以通过右击数据透视表数据，在弹出的快捷菜单中选择相关命令进行修改。其中，如果要更改“值字段”的汇总方式，可以在值字段上右击，在弹出的快捷菜单中选择“值字段设置”命令（或在“数据透视表字段列表”对话框中单击某一汇总项，如图 5-88 中的“计数项：姓名”，在弹出的快捷菜单中选择“值字段设置”命令），这时会弹出“值字段设置”对话框，在其中可以更改值汇总方式或值显示方式，如图 5-89 所示。

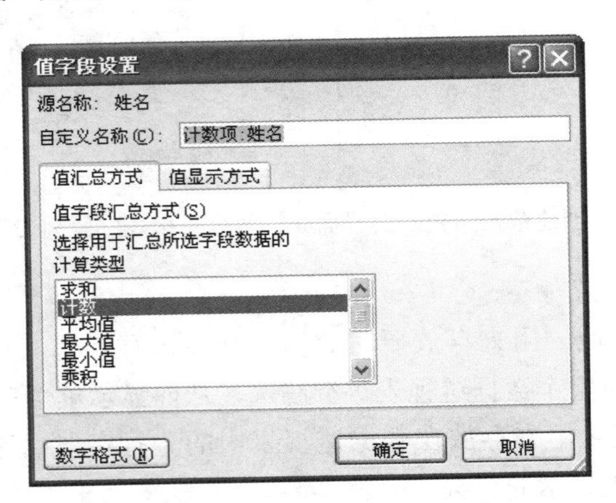

图 5-89　“值字段设置”对话框

3. 数据透视表的更新

在 Excel 数据透视表中，数据不随数据清单中源数据的变动而同步变动，这时可以使用 Excel 提供的“刷新”功能来完成数据的更新。对数据清单的数据进行修改后，在“数据透视表工具 / 选项”选项卡的“数据”组中单击“刷新”按钮，在下拉列表中选择“刷新”或“全部刷新”命令，如图 5-90 所示。其中，“刷新”命令表示更新工作簿中来自数据源的信息，“全部刷新”命令表示更新来自数据源的所有信息。

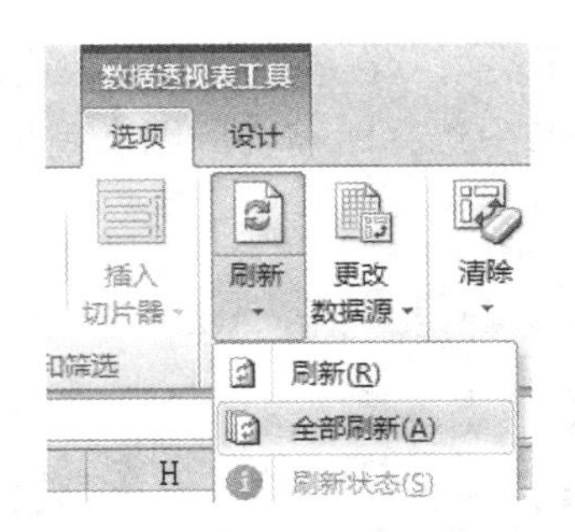

图 5-90　“数据透视表工具 / 选项”选项卡“数据”组中的“刷新”按钮

5.5.6　建立图表

将数据以图表化的形式显示，可使数据显得直观清楚、易于理解，同时也可以帮助用户分析数据，比较不同数据之间的差异，而且在工作表中的数据源发生变化时，图表中对应项的数据也将自动更新变化。

1. 建立图表

Excel 的图表根据插入位置不同分为两种：一种是嵌入式图表，它和建立的数据清单所在的工作表处于同一张表中，打印的时候也同时打印；另一种是独立图表，它处在一个独立的工作表中，打印时也是分开打印的。

Excel 提供了 14 种图表类型，每一种图表又可以分为多种子图表类型。常见的图表类型有柱形图、折线图、饼图、条形图、面积图等。

使用示例：以图 5-65 所示的数据清单为例，将前 5 名学生数学、英语、计算机三门课的成绩用二维簇状柱形图表示，并以嵌入方式插入到当前工作表中。操作步骤如下：

（1）选定生成图表的数据区域。本例中，选择 B1:B6 和 E1:G6 单元格区域。

（2）在“插入”选项卡的“图表”组中单击“柱形图”按钮（图 5-91）展开“柱形图”子图表列表，如图 5-92 所示。在子图表列表中选择“二维柱形图”下的“簇状柱形图”，即可在当前工作表中生成一个二维簇状柱形图的嵌入式图表，制作效果如图 5-93 所示。

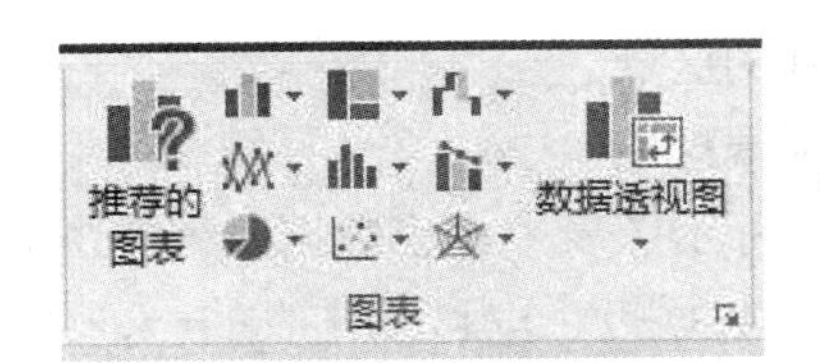

图 5-91　“插入”选项卡的“图表”组

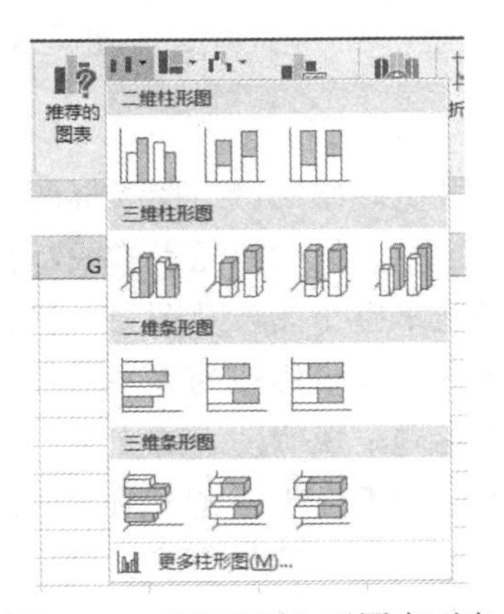

图 5-92　“柱形图”子图表列表

如果用户需要用其他图表表示数据，则在“图表”组中单击“推荐的图表”按钮，从展开的子图表列表中选择所需要的子类型。在子图表列表中选择最后一个选项“所有图表类型”会弹出“插入图表”对话框，在其中选择所需要的图表类型和子类型，单击“确定”按钮生成默认效果的图表，如图 5-94 所示。

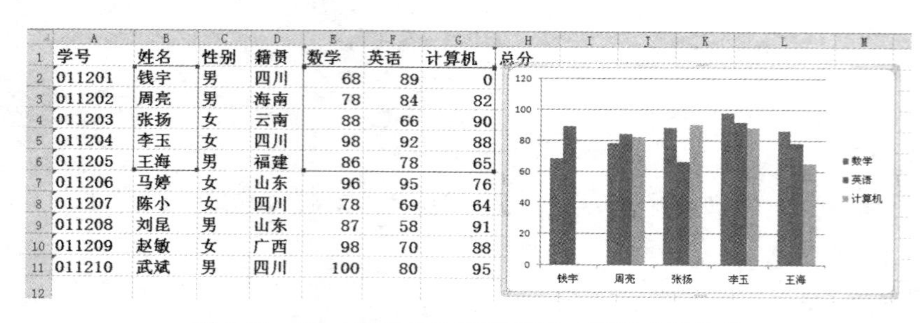

学号	姓名	性别	籍贯	数学	英语	计算机	总分
011201	钱宇	男	四川	68	89	0	
011202	周亮	男	海南	78	84	82	
011203	张扬	女	云南	88	66	90	
011204	李玉	女	四川	98	92	88	
011205	王海	男	福建	86	78	65	
011206	马婷	女	山东	96	95	76	
011207	陈小	女	四川	78	69	64	
011208	刘昆	男	山东	87	58	91	
011209	赵敏	女	广西	98	70	88	
011210	武斌	男	四川	100	80	95	

图 5-93 用二维簇状柱形图表现三门课成绩效果

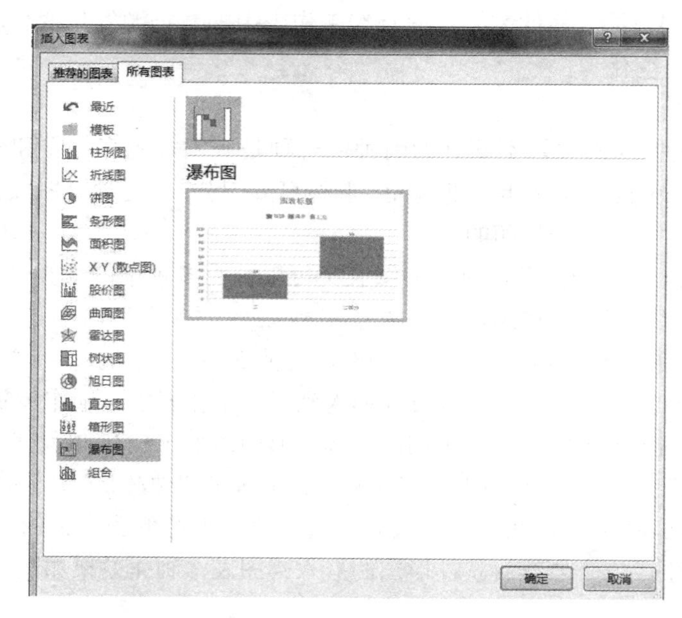

图 5-94 “插入图表”对话框

2. 图表的组成

图表由图表区、绘图区、图表标题、图例、数据系列、水平（类别）轴、垂直（值）轴、垂直（值）轴主要网格线等元素构成，如图 5-95 所示。

（1）图表区：整个图表及图表中包含的元素。

（2）绘图区：以坐标轴为界并包括全部数据系列的区域。

（3）图表标题：说明图表的文字，一般在图表顶端居中。

（4）图例：用于说明图表中的数据系列。图例项标示图表中相应数据系列的图案和颜色。

（5）数据系列：又称为分类，是图表上一组相关数据点，取自工作表的一列或一行。图表中的每个数据系列以不同颜色和图案加以区分。

（6）坐标轴：位于绘图区域边缘的直线，为图表提供计量和比较的参考模型。对于大多数图表，垂直（值）轴表示数值大小，水平（类别）轴表示数值分类点。

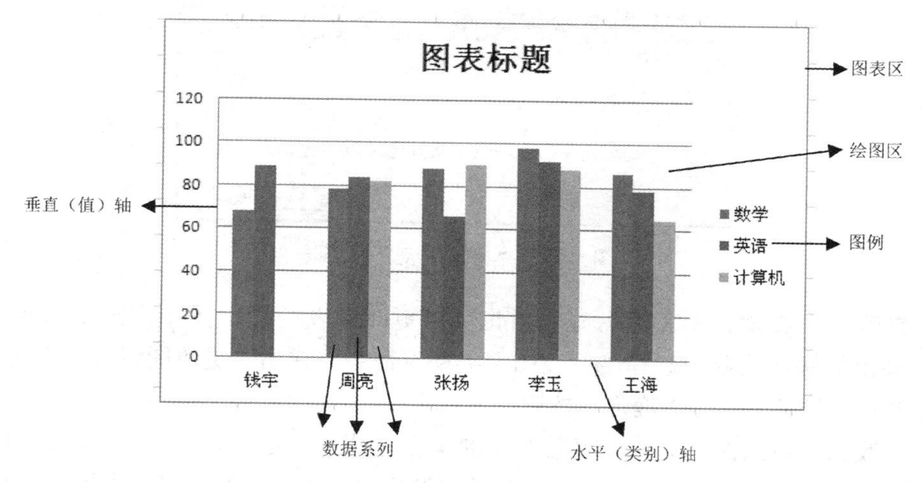

图 5-95　图表构成元素

3. 图表的编辑

图表创建好后，单击图表对象，功能区选项卡会显示出“图表工具”，包含“设计”和“格式”两个选项卡，各选项卡又包含多个组和按钮，可以对图表进行修改和编辑。

对创建好的图表进行修改和编辑，包括调整图表的大小和位置、数据源的修改、图表各元素的选项设置等。

（1）调整图表的大小。单击选中图表，将鼠标移到图表边缘 4 个直角区域，当鼠标变成双向箭头时拖动鼠标调整图表大小。

（2）更改图表位置。新建图表时，系统默认建立嵌入式图表，如果需要修改图表位置，可选定图表区并右击，在弹出的快捷菜单中选择“移动图表”命令，如图 5-96 所示（也可以单击“图表工具 / 设计”选项卡“位置”组中的“移动图表”按钮），弹出“移动图表”对话框，如图 5-97 所示。在其中选择“新工作表”单选项，表示建立独立图表；若选择“对象位于”单选项，则表示建立嵌入式图表。

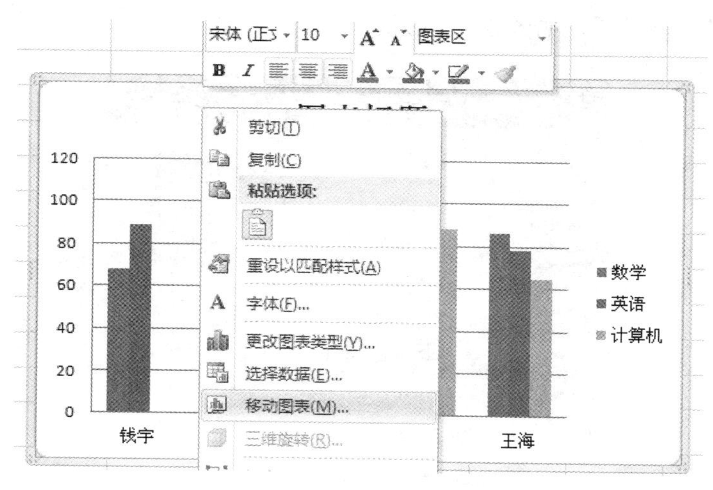

图 5-96　“图表区”右键快捷菜单

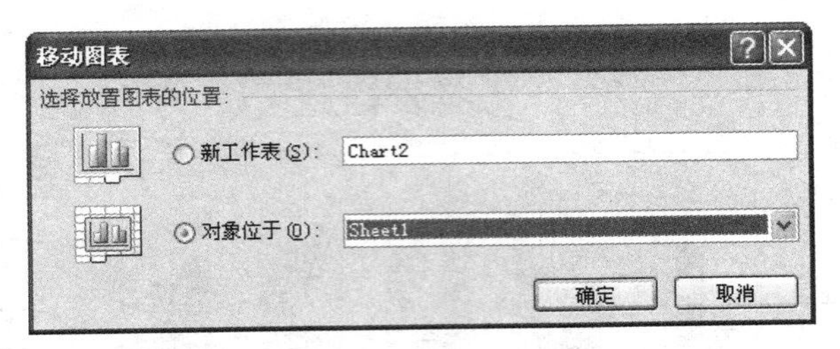

图 5-97 “移动图表”对话框

（3）更改图表类型。图表建立好以后也可以更改图表类型。操作方法：选定图表区并右击，在弹出的快捷菜单中选择“更改图表类型”命令，弹出“更改图表类型”对话框，选择图表类型和子类型后单击“确定”按钮。

（4）更改图表数据源。更改图表数据源的操作方法：选定图表区并右击，在弹出的快捷菜单中选择“选择数据”命令，弹出“选择数据源”对话框，在其中可以设置图表数据区域，增加、删除、编辑系列，编辑水平（分类）轴标签，切换行 / 列，如图 5-98 所示。

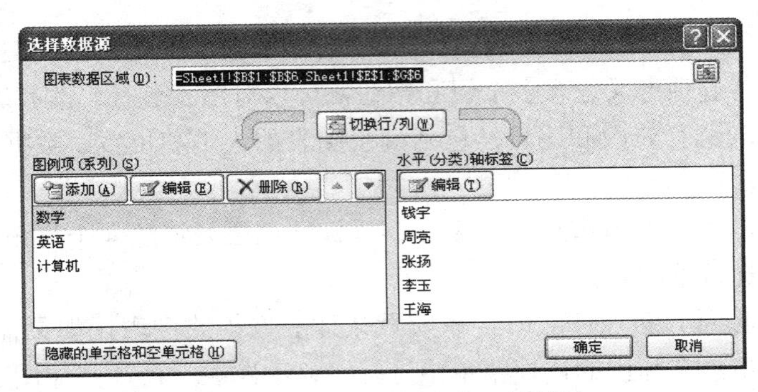

图 5-98 “选择数据源”对话框

（5）添加图表元素。用户可以进一步设置坐标轴、轴标题、图表标题、图表标签、图例等图表元素。单击“图表工具 / 设计”选项卡“图表布局”组中的“添加图表元素”按钮，再根据需要进行进一步设置，如图 5-99 所示。

图 5-99 “图表工具 / 设计”选项卡“图表布局”组中的“添加图表元素”按钮

除了使用右键快捷菜单设置图表格式外，还有一种方法可以使图表快速拥有专业外观，即应用图表的内置样式。选中图表，在“图表工具 / 设计”选项卡的“图表样式”组中选择一种图表样式，随即图表会应用该样式，如图 5-100 所示。

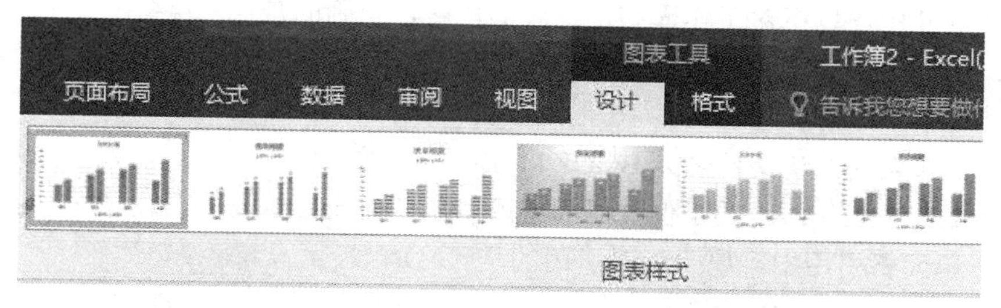

图 5-100　“图表工具 / 设计”选项卡的“图表样式”组

习题 5

一、选择题

1．Excel 的文件是（　）。

A．程序　　B．工作簿　　C．工作表　　D．单元格

2．在 Excel 工作表中，默认情况下，（　）在单元格显示时居中对齐。

A．日期型数据　　B．数值型数据

C．文本型数据　　D．逻辑型数据

3．Excel 文件的默认扩展名是（　）。

A．.xlsx　　B．.txt　　C．.doc　　D．.xcl

4．若在单元格中出现一连串的“######”符号，则需要（　）。

A．删除该单元格　　B．重新输入数据

C．删除这些符号　　D．调整单元格的宽度

5．在 Excel 中，创建一个新的工作簿的方法是（　）。

A．单击“开始”选项卡“单元格”组中的“插入”按钮，然后选择“插入工作表”

B．单击“文件”选项卡中的“新建”，在“可用模板”窗口中单击“空白工作簿”

C．单击“开始”选项卡“单元格”组中的“插入”按钮，然后选择“工作簿”

D．在工作表标签中单击最后一个按钮“插入工作表”按钮

6．以下选项中不是 Excel 合法的数值型数据的是（　）。

A．1200　　B．78%　　C．1.2E+03　　D．lg3

7．在 Excel 当前工作表中，第 11 行第 14 列单元格地址可表示为（　）。

A．M10　　B．N10　　C．N11　　D．M11

8．在 Excel 工作表中，欲右移一个单元格作为当前单元格，不正确的操作是（　）。

A．按 Tab 键　　B．按→键

C．按 Enter 键　　D．用鼠标左键单击右边的单元格

9．在 Excel 中，如果一个单元格中的信息是以“=”开头的，则说明该单元格中的信息是（ ）。

A．常数 B．公式 C．提示信息 D．文本

10．在 Excel 中，以下对工作簿和工作表的理解，正确的是（ ）。

A．要保存工作表中的数据，必须将工作表以单独的文件名存盘

B．一个工作簿可包含至多 16 张工作表

C．工作表的默认文件名为 BOOK1、BOOK2 等

D．保存了工作簿就等于保存了其中所有的工作表

11．以下单元格引用中，属于绝对引用的是（ ）。

A．$A$2 B．A2 C．B$2 D．$A2

12．公式 SUM("3",2,TRUE) 的结果为（ ）。

A．2 B．3 C．6 D．公式错误

13．在 Excel 中，数据清单的排序方式是（ ）。

A．只能递增 B．只能递减 C．递增、递减 D．以上都不对

14．在 Excel 中，图表是工作表数据的一种视觉表示形式，图表是动态的，改变图表( )后，系统就会自动更新图表。

A．标题 B．x 轴数据 C．y 轴数据 D．所依赖的数据

15．在 Excel 中，对指定区域（C2:C4）求平均值的公式是（ ）。

A．sum(C2:C4) B．average(C2:C4)

C．max(C2:C4) D．min(C2:C4)

16．当在某个单元格内输入一个公式后，单元格内容显示为 #REF!，它表示（ ）。

A．公式引用了无效的单元格 B．某个参数不正确

C．公式被零除 D．单元格太小

17．在 Excel 中，要输入像 1/4 这样的分数，首先应输入（ ）。

A．0 B．1 C．- D．+

18．在 Excel 中，C4 单元格中有公式“=A4*$B$9”，如果将该公式复制到单元格 C5，则单元格 C5 中的公式为（ ）。

A．=A4*$B$9 B．=A5*$B$9

C．=A5*$B$10 D．=B4*$B$9

19．在 Excel 中，不能进行的操作是（ ）。

A．插入和删除工作表 B．移动和复制工作表

C．修改工作表的名称 D．恢复被删除的工作表

20．在 Excel 中，合并单元格时，如果多个单元格中有数据，则（ ）。

A．保留所有数据 B．只保留左上角的数据

C．只保留右上角的数据 D．只保留左下角的数据

21．在 Excel 中，以下有关单元格地址的说法中正确的是（ ）。

A．绝对地址、相对地址和混合地址在任何情况下所表示的含义是相同的

B．只包含绝对地址的公式一定会随公式的复制而改变

C．只包含相对地址的公式会随公式的移动而改变

D．包含混合地址的公式一定不会随公式的复制而改变

22．在 Excel 中，不能直接利用自动填充快速输入的序列是（　）。

A．星期一、星期二、星期三、……

B．第一类、第二类、第三类、……

C．甲、乙、丙、……

D．Mon、Tue、Wed、……

23．在绘制 Excel 图表时，要在每个柱形的上方添加数据标签以显示每个柱形的值，可以（　）。

A．插入文本框，手动添加标签

B．更改图表样式

C．将图表布局里的数据标签改为“显示”

D．更改图表类型

24．在 Excel 的单元格内输入日期时，年、月、日的分隔符可以是（　）。

A．“/”或“—”　　　　B．“.”或“|”

C．“/”或“\”　　　　D．“\”或“—”

25．在 Excel 工作表中，默认情况下，在某单元格的编辑区输入“(8)”，单元格内将显示（　）。

A．8　　B．(8)　　C．+8　　D．-8

二、填空题

1．Excel 中，一个工作簿最多有 ________ 张工作表。

2．Excel 默认情况下，数值型数据在单元格中显示时是 ________ 对齐。

3．每一个单元格都处于某一行和某一列的交叉位置，这个位置称为它的 ________。

4．Excel 中，表示从 B3 到 F7 单元格的一个连续区域的表达式是 ________。

5．Excel 中数据删除命令有两个概念，清除的对象是单元格内的内容，而 ________ 的对象是单元格。

6．在 Excel 中，当前工作表是 Sheet2，要引用 Sheet1 工作表第 6 行第 F 列单元格应表示为 ________。

7．图表可以分为两种类型：独立图表和 ________。

8．快速查找数据清单中符合条件的记录，可使用 Excel 提供的 ________ 功能。

9．Excel 的 C4 单元格中有公式“=$B3+C2”，将 C4 单元格中的公式复制到 D7 单元格后，D7 单元格的公式为 ________。

10．求 A1 到 B3 单元格数据的平均值应使用公式 ________。

11．在 Excel 中，在打印学生成绩单时，对不及格的成绩用醒目的方式表示（如用红色表示等），当要处理大量的学生成绩时，利用 ________ 命令最为方便。

12．在 Excel 中，运算符“&”表示 ________。

13．在 Excel 中，若要在一个单元格中输入两行内容，可使用复合键 ________。

三、简答题

1．简述工作簿、工作表、单元格的关系。

2．Excel 单元格地址的引用有哪几种？各有什么特点？

3．数据清单有什么特点？

4．什么是筛选？筛选与高级筛选有什么区别？

5．在条件格式中，如果要将数学成绩在 60 ～ 80 分之间（包含）的单元格用“绿色、倾斜”字体格式表示，应该怎样设置？

6．在条件格式中，如果要将数学成绩最高的 3 个单元格用“蓝色”文本格式表示，应该怎样操作？

7．在条件格式中，如果要将语文成绩用绿色数据条“实心填充”，应该怎样操作？

8．在筛选数据中，如何筛选出数学成绩在 60 ～ 80 分之间（包含）的记录？

9．在筛选数据中，如何筛选出籍贯是“四川”或“山东”的记录？

10．在筛选数据中，使用高级筛选，筛选出英语成绩和数学成绩都在 90 分（含）以上的记录，应如何设置条件区域？

11．在筛选数据中，使用高级筛选，筛选出总分小于 220 分或英语成绩小于 60 分的记录，应如何设置条件区域？

第 6 章　演示文稿软件 PowerPoint 应用

PowerPoint 是办公自动化软件 Office 的组件之一，利用它可以轻松地制作出生动活泼、富有感染力的演示文稿，广泛用于商业展示、会议、报告、演讲、授课等不同场合。在演示文稿的各张幻灯片上，可以插入文字、表格、形状、SmartArt 图形、图片、音频、视频等多媒体元素，使制作出来的幻灯片图文并茂、形象生动、富有表现力。利用该软件制作的演示文稿可以直接在计算机上播放，可以投影到大屏幕上显示，还可以打印成幻灯片、观众讲义、演讲者备注等。

本章要点

- 演示文稿的创建。
- 各种对象的插入与格式设置。
- 主题和母版的使用。
- 超链接及动作按钮的使用。
- 动画设计。
- 演示文稿的打包及放映。

6.1　PowerPoint 简介

6.1.1　PowerPoint 的启动与退出

1. 启动 PowerPoint

启动 PowerPoint 的常用方法：

（1）使用“开始”菜单。依次单击“开始”→“所有程序”→ Microsoft Office → Microsoft PowerPoint 命令，即可启动 PowerPoint。

（2）利用已有的演示文稿。双击一个已有的 PowerPoint 演示文稿（扩展名为 .pptx）文件，将启动 PowerPoint，并将该演示文稿打开。

（3）利用桌面快捷方式。若桌面上已经创建了 PowerPoint 的快捷方式，双击该快捷方式图标即可启动程序。

2. 退出 PowerPoint

退出 PowerPoint 的常用方法：

（1）单击 PowerPoint 窗口右上角的“关闭”按钮 ✕ 。

（2）执行“文件”→“退出”命令。

（3）按 Alt+F4 组合键。

当有多个演示文稿处于打开状态时，使用第（2）种方法可以关闭所有演示文稿并退出 PowerPoint。此外，在退出 PowerPoint 时，若有新建的或编辑修改后尚未保存的演示文稿，系统会提示是否保存。

6.1.2 PowerPoint 窗口界面

启动 PowerPoint 后，窗口界面如图 6-1 所示，主要包括快速访问工具栏、标题栏、功能区、幻灯片 / 大纲浏览窗格、幻灯片编辑窗格、备注窗格、状态栏等。

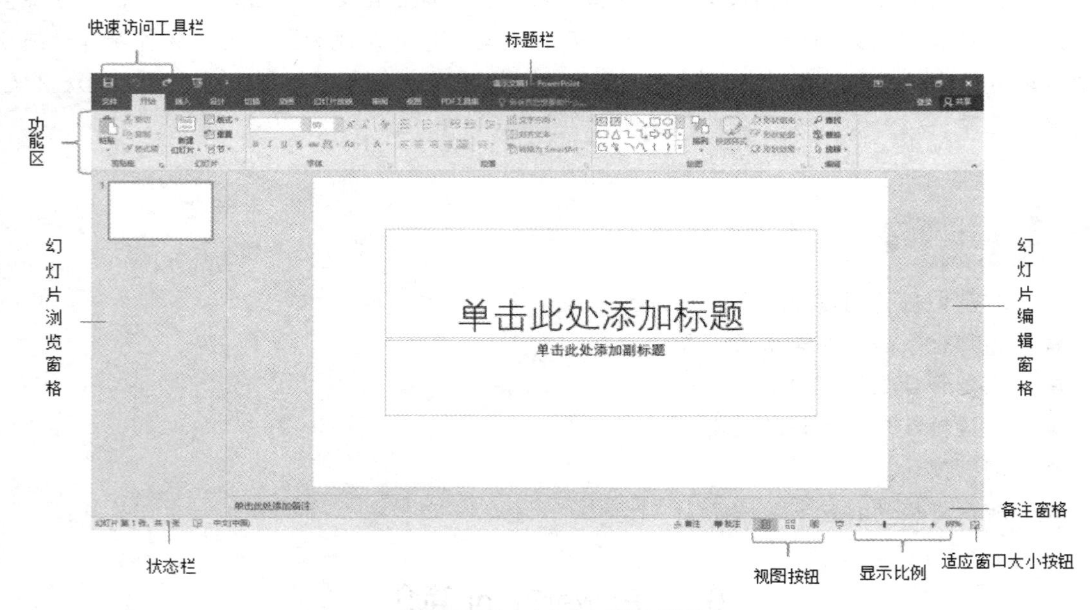

图 6-1 PowerPoint 窗口界面

1. 快速访问工具栏

该工具栏集成了多个常用的按钮，默认情况下包括保存、撤消、恢复 3 个按钮，用户可以根据需要添加或删除按钮，方法是单击快速访问工具栏右侧的下拉按钮，在出现的菜单中勾选或取消勾选按钮项。

2. 标题栏

标题栏位于窗口的最上方，用于显示当前编辑的演示文稿的名字、应用程序的名字 Microsoft PowerPoint，以及最小化、还原 / 最大化和关闭按钮。

3. 功能区

功能区由多个选项卡组成，主要包括文件、开始、插入、设计、切换、动画、幻灯片放映、审阅和视图等选项卡。这些选项卡相当于旧版本中的菜单，当单击某个选项卡时，下方会以组的形式显示与该选项相关的命令按钮。但“文件”选项卡是一个特殊的选项卡，它是一个位于窗口左上角的红色按钮，单击“文件”选项卡可以打开 Backstage 视图，该视图中包含了用于在文档中工作的命令集，如新建、打开、关闭、保存、信息、最近所用文件、打印等常用命令。

选项卡的个数和类型有时会根据用户的操作发生一些变化。例如当用户在幻灯片上单击选中某张图片时，功能区中会多出现一个“图片工具格式”选项卡。

4. 幻灯片 / 大纲浏览窗格

幻灯片 / 大纲浏览窗格由“幻灯片”和“大纲”两个选项卡组成。“幻灯片”选项卡用于显示幻灯片的缩略图，可以轻松地实现幻灯片的插入、移动、删除、隐藏等操作；“大纲”选项卡用于显示幻灯片中的文本大纲，有助于组织演示文稿内容、调整项目内容的大纲级别。

5. 幻灯片编辑窗格

幻灯片编辑窗格是用于详细设计和编辑幻灯片具体内容的地方，演示文稿中的所有幻灯片都是在该窗格中进行设计和完成的。在该窗格中，用户可以向当前幻灯片添加文本、图片、表格、形状等对象，还可以为这些对象设置格式和添加动画效果等。

6. 备注窗格

备注窗格位于幻灯片编辑窗格的下方，在此可以键入幻灯片的相关备注，备注信息在演示文稿放映时不会出现，当其被打印为备注页时才显示。通过拖动幻灯片编辑窗格和备注窗格中间的分隔线，可以调整备注窗格的大小。

7. 状态栏

状态栏用于显示当前幻灯片的状态信息，主要包括幻灯片的总页数、当前页码、当前幻灯片所使用的主题、语言状态等信息。

8. 视图按钮

有普通视图、幻灯片浏览、阅读视图和幻灯片放映 4 个视图按钮，单击其中一个视图按钮可以切换至相应的视图方式，便于以不同的方式查看幻灯片。

9. 显示比例

用于设置幻灯片的显示比例，用户可以拖动滑块方便地调整幻灯片的显示比例。

10. 适应窗口大小按钮

单击该按钮可以快速将幻灯片的大小调整到与当前 PowerPoint 窗口大小相适应。

6.1.3 PowerPoint 视图

视图是指用户编辑、打印或放映演示文稿的工作环境。PowerPoint 有普通视图、大纲视图、幻灯片浏览视图、幻灯片放映视图、备注页视图、阅读视图和母版视图 7 种基本的视图模式，每种视图都有特定的显示方式和加工特色。用户可以使用不同的视图查看幻灯片，在不同的视图模式下对幻灯片进行不同形式的加工处理。

视图的切换有如下一些方法：

（1）单击 PowerPoint 窗口右下角的视图切换按钮　实现视图的切换。这 4 个按钮从左到右分别对应于普通视图、幻灯片浏览视图、阅读视图和幻灯片放映视图。

（2）单击“视图”选项卡“演示文稿视图”组中的 4 个命令按钮，可分别实现普通视图、幻灯片浏览视图、备注页视图和阅读视图之间的切换。

另外，要切换到“母版视图”需要使用“视图”选项卡“母版视图”组中的各个命令按钮；

要切换到“幻灯片放映视图”，可使用“幻灯片放映”选项卡“开始放映幻灯片”组中的相关命令按钮。

1. 普通视图

普通视图是 PowerPoint 默认的视图方式，也是制作演示文稿使用最多的一种视图方式，主要用于设计与编辑幻灯片。该视图有以下 3 个工作区域：

（1）幻灯片浏览窗格。位于窗口左侧的是幻灯片浏览窗格。单击“幻灯片”选项卡，该窗格中的所有幻灯片以缩略图形式显示，如图 6-2 所示，方便选定、添加或删除幻灯片。

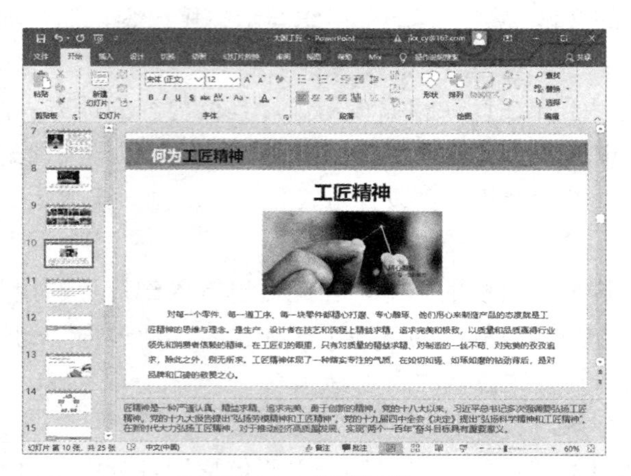

图 6-2　普通视图

（2）幻灯片编辑窗格。位于窗口的中央，用户可以在该窗格中详细设计和编辑幻灯片，如向当前幻灯片中添加文字、形状、表格、声音等对象，设置文本格式、段落格式，调整幻灯片上对象的大小和位置，设置对象的轮廓和填充色等。

（3）备注窗格。位于幻灯片编辑窗格的下方，用于输入幻灯片备注信息。

2. 大纲视图

在“视图”里面选择“大纲视图”，幻灯片浏览窗格以大纲形式显示各张幻灯片中的具体文本（占位符中输入的文本才能显示出来），如图 6-3 所示，这种方式便于查看整个演示文稿的文档结构，也可直接在该窗格中编辑文本。

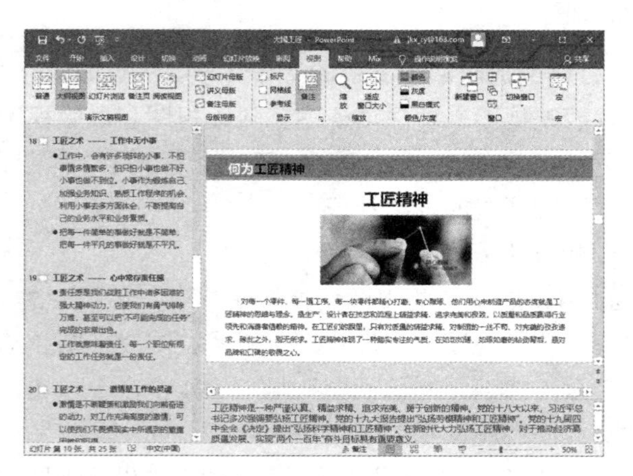

图 6-3　大纲视图

3．幻灯片浏览视图

采用幻灯片浏览视图可以将一个演示文稿包含的所有幻灯片以缩略图的形式顺序排列在工作区中，如图 6-4 所示。在该视图下不能对幻灯片上的对象进行编辑，但可以将幻灯片作为一个整体进行操作，如移动幻灯片、复制或删除幻灯片、插入新幻灯片等。

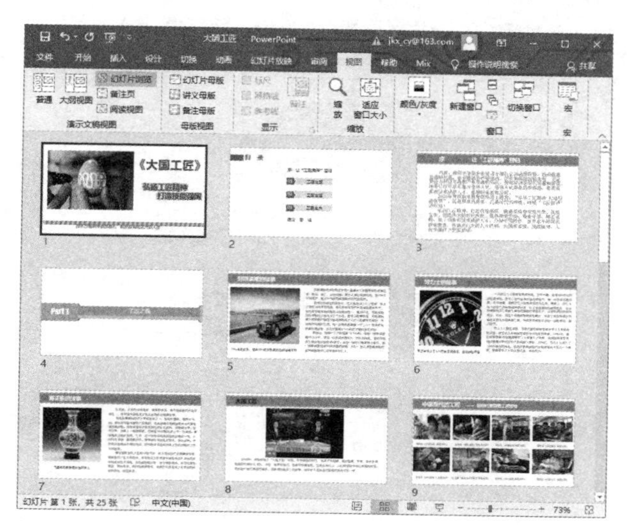

图 6-4　幻灯片浏览视图

4．幻灯片放映视图

幻灯片放映视图主要用于观看幻灯片的放映效果，在该视图下可以看到各对象的动画效果、超链接效果等。给观众放映幻灯片是我们制作演示文稿的最终目的。在幻灯片放映视图下，PowerPoint 的编辑界面消失，系统以全屏方式显示幻灯片，如图 6-5 所示。单击窗口右下角的“幻灯片放映”按钮，系统从当前幻灯片开始放映，每单击一次鼠标或按一次回车键就切换到下一张幻灯片，直至所有幻灯片放映完毕，再次单击鼠标返回 PowerPoint 编辑窗口，中途也可以按 Esc 键退出幻灯片放映视图。

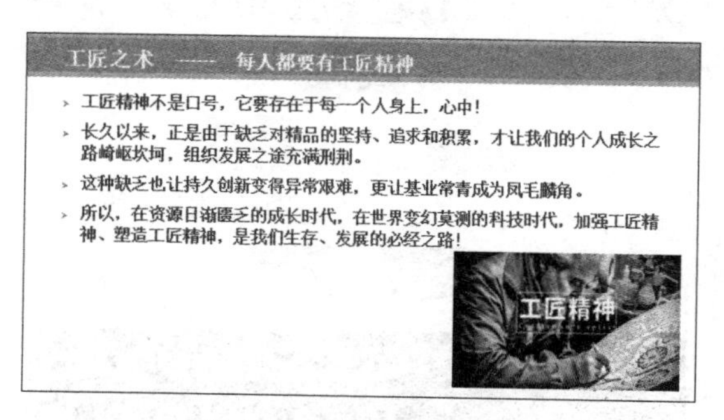

图 6-5　幻灯片放映视图

5．备注页视图

备注页视图主要用于建立、修改和编辑演讲者备注。可以将备注页打印出来，供演讲者在放映演示文稿时进行参考。在该视图中，上方显示的是幻灯片缩略图，用户可以移动其位置、改变其大小，但不可编辑其中的对象，即不可编辑幻灯片缩略图中的文字、图片等；下方显示的是一个文本框，用于输入与编辑备注内容，如图 6-6 所示。备注内容也可以在普通视图下的“备注”窗格中输入或编辑。

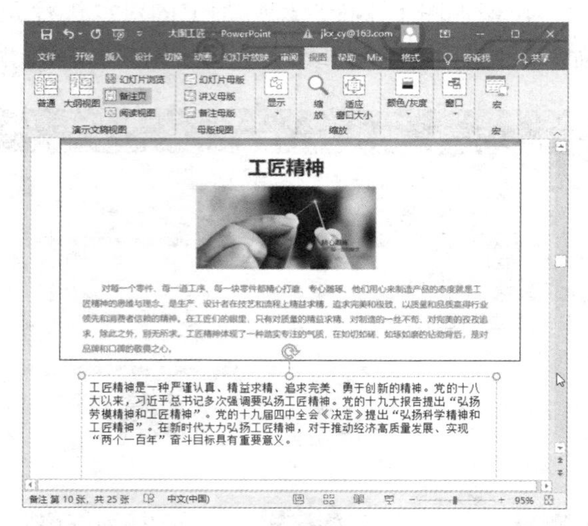

图 6-6　备注页视图

6. 阅读视图

阅读视图用于设计者自己查看、审阅幻灯片的放映效果，此视图模式只显示标题栏、阅读区和状态栏，该视图下的幻灯片播放效果和幻灯片放映视图下的幻灯片播放效果一致，如图 6-7 所示，不同的是阅读视图不是全屏显示幻灯片，而幻灯片放映视图是全屏显示幻灯片。如果在查看幻灯片播放效果的过程中，想要修改演示文稿，可随时单击窗口右下方的视图切换按钮切换至其他视图。

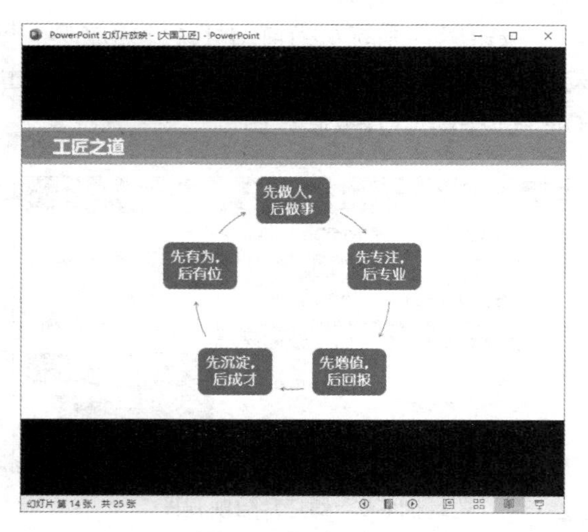

图 6-7　阅读视图

7. 母版视图

母版视图包括幻灯片母版视图、讲义母版视图和备注母版视图。母版是存储演示文稿信息的主要幻灯片，其中包括背景、颜色、字体、效果、占位符大小和位置。使用母版视图的一个主要优点是：在幻灯片母版、备注母版或讲义母版上可以对与演示文稿关联的每张幻灯片、备注页或讲义的样式进行全局更改。母版将在 6.3.3 节进行详细介绍。

6.1.4　演示文稿的创建和保存

1. 演示文稿的创建

通常，人们把利用 PowerPoint 制作出来的演示材料称为“演示文稿”，对应于一个扩展名为 .pptx 的 PowerPoint 文件。在演示文稿内部一般包括若干个页面，这些页面我们把它叫做“幻灯片”，可以将文字、表格、图形、图像、声音等各种演示材料放在幻灯片上，并通过播放幻灯片向人们展示我们需要演讲的内容。

启动 PowerPoint 后，系统默认新建一个名为“演示文稿 1”的空白演示文稿，其中自动包含一张幻灯片。用户即可从当前状态开始设计和制作幻灯片。

若 PowerPoint 已启动，可以单击“文件”→“新建”选项，并在右侧的“可用的模板和主题”中选择创建演示文稿的方式，最后单击右侧窗格中的“创建”按钮。PowerPoint 提供了多种创建演示文稿的方法，如图 6-8 所示，主要有空白演示文稿、样本模板、主题和根据现有内容新建等。

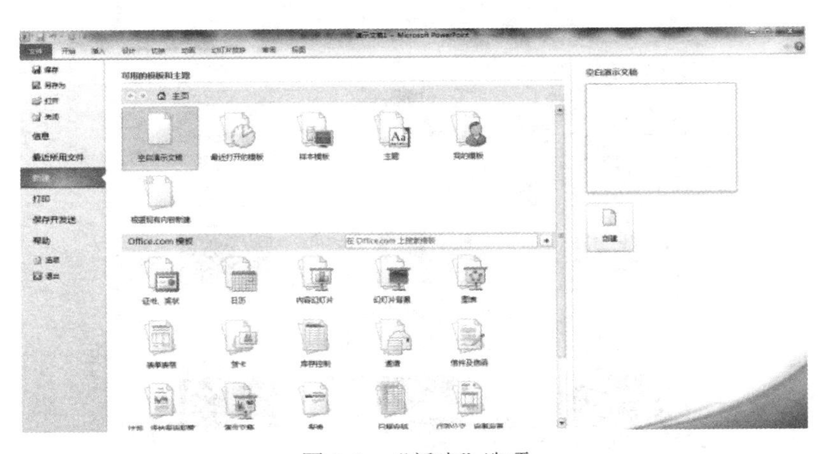

图 6-8　“新建”选项

（1）从“空白演示文稿”开始创建新演示文稿。选择此项后，PowerPoint 会打开一个没有任何设计方案和示例文本的空白幻灯片，完全由用户从空白的演示文稿开始进行设计。此法可以创建具有自己风格和特色的演示文稿，留给用户的设计余地比较大，但用户需要花费更多的精力去修饰美化幻灯片。

（2）从“样本模板”开始创建新演示文稿。模板是系统预先定义好的演示文稿的样式和风格，包括预先定义好的文本、页面结构、文本格式、标题格式、主题颜色、背景图形等。微软预先为常用的办公场景设计了许多精美的 PowerPoint 模板，用户只需简单修改各张幻灯片的内容便可以快速完成演示文稿的制作。图 6-9 所示的是根据样本模板“现代型相册”创建的演示文稿，此模板中包含了示例照片和示例文字，用户只需要将示例照片替换为自己的照片，将示例文字改为自己需要的文字，即可快速创建一个相册。除了系统预安装的样本模板外，还可以从 Office.com 网站上下载更多的模板。

图 6-9　根据“现代型相册”模板创建的演示文稿

（3）根据“主题”创建新演示文稿。主题是一组设计设置，包括对颜色、字体、背景、图形、对象效果等各种元素的设计控制。PowerPoint 提供了多种设置主题，如图 6-10 所示，通过主题可以使演示文稿具有统一的风格，大大简化了演示文稿的创建过程，同时使演示文稿的设计达到专业设计师的水准。与模板相比，主题不包含实际模板可以包含的一些示例内容，主题只能向演示文稿提供颜色、字体、背景等设置信息，它本质上是嵌入到演示文稿中的 XML 代码片段。

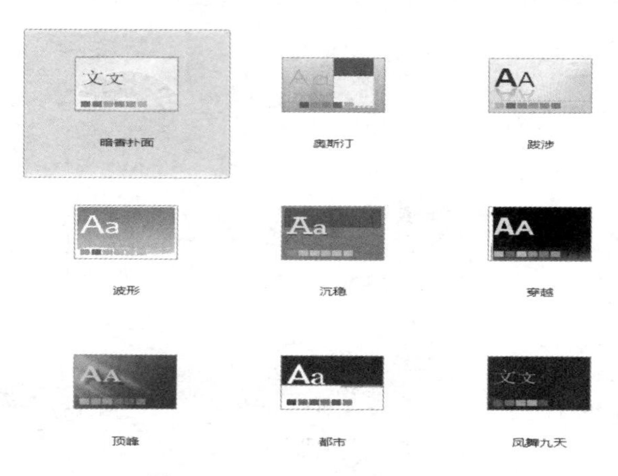

图 6-10　PowerPoint 提供的部分主题

（4）根据“根据现有内容新建”创建新演示文稿。若用户想利用现成的、已经设计好的演示文稿，并对其作一下调整或修改来创建一个新的演示文稿，则可以选择此项。选择该项后将打开如图 6-11 所示的对话框，要求用户打开一个现有的文档。PowerPoint 支持从多种类型的已有文档新建演示文稿，包括扩展名为 .pptx 的演示文稿、扩展名为 .potx 的模板，也支持从 PowerPoint 97-2003 老版本的各种文件类型的演示文稿新建演示文稿。

2. 演示文件的保存

创建或修改好的演示文稿需要以文件的形式保存到磁盘，以免数据丢失。常用的保存方法有：

（1）单击快速访问工具栏中的“保存”按钮。

图 6-11　“根据现有演示文稿新建”对话框

（2）按 Ctrl+S 组合键。

（3）单击“文件”选项卡中的“保存”或“另存为”选项。

默认情况下，保存好的演示文稿的扩展名为 .pptx。

用户也可以将自己设计好的独具风格的演示文稿保存成模板，以便日后重复使用。操作方法：单击“文件”选项卡中的“另存为”选项，在“另存为”对话框中将保存的类型设置为“PowerPoint 模板（*.potx）”。

除此之外，PowerPoint 还允许将演示文稿另存为较低版本的 PowerPoint 97-2003 演示文稿，也可另存为 PDF 文件、Windows Media 视频文件、PowerPoint 放映文件，甚至可以将每张幻灯片保存成一个图片等。

6.2　演示文稿的制作与编辑

6.2.1　占位符、幻灯片版式

“占位符”是一种边框线为虚线的矩形框，占位符的内部有“单击此处添加标题”或“单击此处添加文本”等提示性文本，它是创建新幻灯片时系统根据幻灯片版式自动生成的，如图 6-12 和图 6-13 所示。

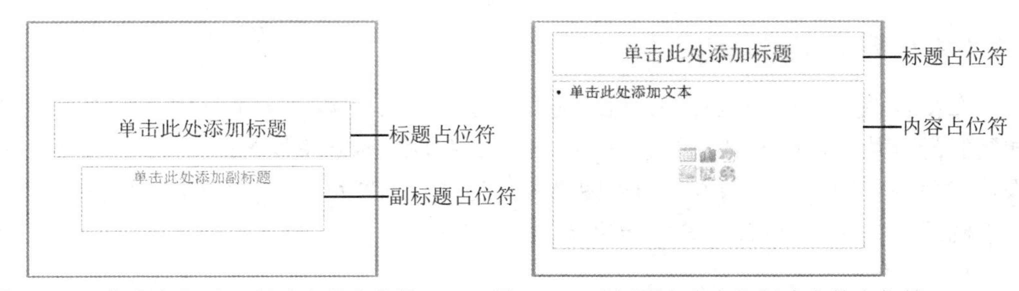

图 6-12　“标题幻灯片”版式上的占位符　　图 6-13　“标题和内容”版式上的占位符

“占位符”是一种容器，可以容纳各种对象，如文本（包括标题、正文文本和项目符号列表）、表格、图表、SmartArt 图形、视频、声音、图片、剪贴画等。PowerPoint 有多种形式的占位符，主要包括标题占位符、文本占位符、内容占位符、图片占位符、图表占位符、表格占位符、媒体占位符等。大部分占位符只能容纳一种类型的对象，如“文本占位符”中只能容纳文字，“图片占位符”中只能容纳图片，而“内容占位符”则可以容纳文本、表格、图片等各种类型的对象。

占位符中的“单击此处添加标题”和“单击此处添加文本”只是一种提示性文本，指示用户如何操作，用户只需在这些区域中单击，提示文本便会消失，并出现闪动的光标，等待用户输入文字。若用户没有向占位符中输入任何信息，占位符本身的提示文本在放映时是不会显示在屏幕上的。

“幻灯片版式”是指幻灯片内容在幻灯片上的排列和布局格式，外观上主要表现为占位符的排列和布局。不同幻灯片版式提供的占位符个数、占位符类型、占位符放置位置是不相同的，图 6-14 所示的是默认主题“Office 主题”提供的 11 种幻灯片版式。

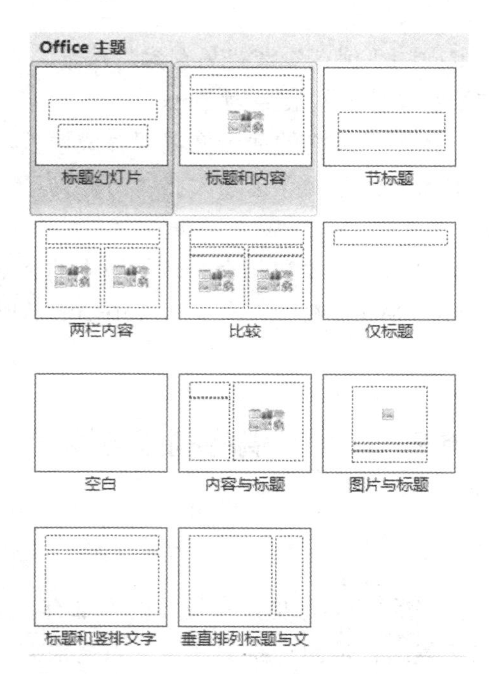

图 6-14 “Office 主题”提供的幻灯片版式

6.2.2 幻灯片基本操作

在制作演示文稿的过程中，经常遇到需要将幻灯片作为一个整体对象进行操作的情况，如复制幻灯片、调整幻灯片的顺序、添加新幻灯片、删除不要的幻灯片等。以整张幻灯片为操作对象进行操作，最为方便的视图模式是幻灯片浏览视图，少量的幻灯片操作也可以在普通视图的幻灯片 / 大纲浏览窗格中进行。

1. 选择幻灯片

在“幻灯片浏览视图”或“普通视图”的幻灯片 / 大纲浏览窗格中进行以下操作：

（1）选择一张幻灯片。将鼠标指针指向幻灯片并单击。

（2）选择连续的多张幻灯片。单击要选择的第一张幻灯片，按住 Shift 键的同时单击要选择的最后一张幻灯片。

（3）选择不连续的多张幻灯片。按住 Ctrl 键不放，依次单击需要的幻灯片；若某张幻灯片已选中，按住 Ctrl 键的同时单击该幻灯片将取消选中。

2. 插入幻灯片

演示文稿是由一张张的幻灯片组成的，当新建一个空白演示文稿时，演示文稿中默认只包含一张幻灯片，这张幻灯片就是标题幻灯片，用户可以根据需要随时向演示文稿添加新的幻灯片。

若要在“选定”的幻灯片“之后”插入一张新幻灯片，可用如下方法：

（1）在“普通视图”的幻灯片 / 大纲浏览窗格中单击选中一张幻灯片，按 Enter 键。

（2）在“普通视图”的幻灯片 / 大纲浏览窗格中或“幻灯片浏览视图”中单击选中一张幻灯片，再单击“开始”选项卡“幻灯片”组中的“新建”按钮。

（3）在“普通视图”的幻灯片 / 大纲浏览窗格中或“幻灯片浏览视图”中单击选中一张幻灯片，按 Ctrl+M 组合键。

（4）在“普通视图”的幻灯片 / 大纲浏览窗格中或“幻灯片浏览视图”中单击选中一张幻灯片，再单击“开始”选项卡“幻灯片”组中的“新建幻灯片”按钮 新建幻灯片，并在弹出的幻灯片版式列表中选择一个版式。

说明： 前 3 种方法用于在选定幻灯片的后面插入一张与选定幻灯片版式相同的幻灯片，而第 4 种方法可以选择插入不同版式的幻灯片。

3. 移动幻灯片

执行如下操作：

（1）采用拖曳的方法。在“幻灯片浏览视图”或“普通视图”的幻灯片 / 大纲浏览窗格中选中需要移动的幻灯片，按住鼠标左键不放将其拖曳至目标位置。

在拖动过程中将会出现一条直线形式的插入点，如图 6-15 所示，当插入点出现在目标位置时放开鼠标左键即完成移动。图 6-15 所示的操作是将第 1 张幻灯片移动到第 6 张幻灯片之后。

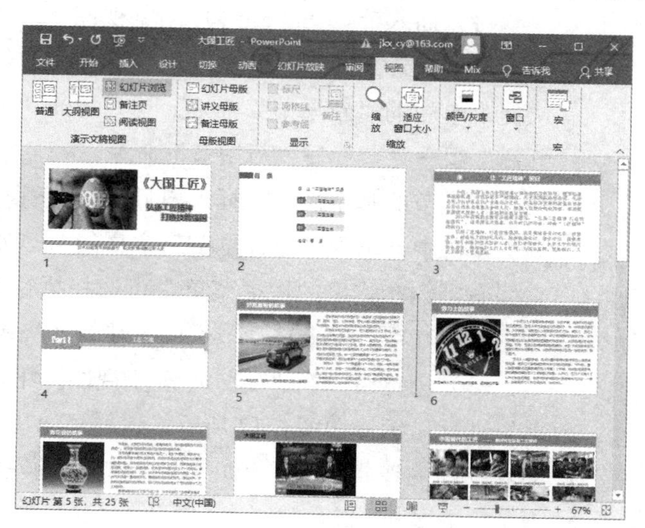

图 6-15　在幻灯片浏览视图中拖曳移动幻灯片

（2）采用剪贴板。在“幻灯片浏览视图”或“普通视图”的幻灯片 / 大纲浏览窗格中选中需要移动的幻灯片，右击并选择弹出快捷菜单中的“剪切”命令，将插入点定位到目标位置，右击并选择弹出快捷菜单中的“粘贴”命令。

说明：在两张幻灯片缩略图中间的空隙处单击即可定位插入点。

4. 复制幻灯片

复制幻灯片与移动幻灯片的方法相似，也可以采用如上两种方法。

（1）采用拖曳的方法。在“幻灯片浏览视图”或“普通视图”的幻灯片 / 大纲浏览窗格中选中幻灯片，按住 Ctrl 键的同时将选中的幻灯片拖曳到目标位置。在拖动过程中将会出现一条直线形式的插入点，并且鼠标指针右上方会显示一个“+”号，当插入点出现在目标位置时放开鼠标左键即完成复制。

（2）采用剪贴板。在“幻灯片浏览视图”或“普通视图”的幻灯片 / 大纲浏览窗格中选中需要复制的幻灯片，右击并选择弹出快捷菜单中的“复制”命令，将插入点定位到目标位置，右击并选择弹出快捷菜单中的“粘贴”命令。

5. 删除幻灯片

在“幻灯片浏览视图”或“普通视图”的幻灯片 / 大纲浏览窗格中选中要删除的幻灯片，右击并选择弹出快捷菜单中的“删除幻灯片”命令；也可以直接按 Delete 键。

6. 隐藏幻灯片

放映演示文稿时，默认将放映演示文稿中的所有幻灯片，若某些幻灯片不想播放给观众看，而又不想将其删除，则可将这些幻灯片隐藏，方法：在“幻灯片浏览视图”或“普通视图”的幻灯片 / 大纲浏览窗格中选中要隐藏的幻灯片，右击并选择弹出快捷菜单中的“隐藏幻灯片”命令；也可以单击“幻灯片放映”选项卡“设置”组中的“隐藏幻灯片”按钮。

7. 将幻灯片组织成节

在 PowerPoint 中，可以使用节的功能来组织幻灯片，就像使用文件夹来组织文件一样，达到分类和导航的效果，这在处理大型演示文稿时非常有用。

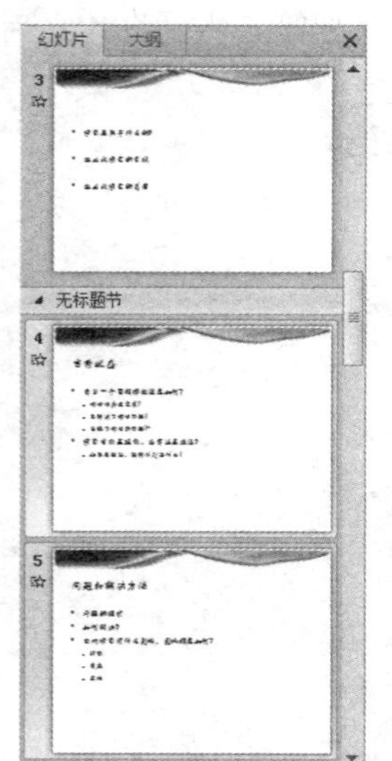

图 6-16 新增的节

（1）插入节。在“幻灯片浏览视图”或“普通视图”的幻灯片 / 大纲浏览窗格中，选择新节开始所在的幻灯片，右击并选择快捷菜单中的“新增节”命令。也可单击“开始”选项卡→“幻灯片”组→“节”→“新增节”命令。

（2）节的基本操作。插入节后，“普通视图”的幻灯片 / 大纲浏览窗格中会出现“无标题节”字样的节，如图 6-16 所示，选中它并右击，在弹出的快捷菜单中可选择执行重命名、删除节、删除节和幻灯片、向上移动节、向下移动节等操作。

（3）浏览节。在“幻灯片浏览视图”中，幻灯片也将以节为单位进行显示，如图 6-17 所示，这样可以更全面、更清晰地查看幻灯片间的逻辑关系，也可以单击节标题左侧的展开 / 折叠按钮 / 来展开 / 折叠节。

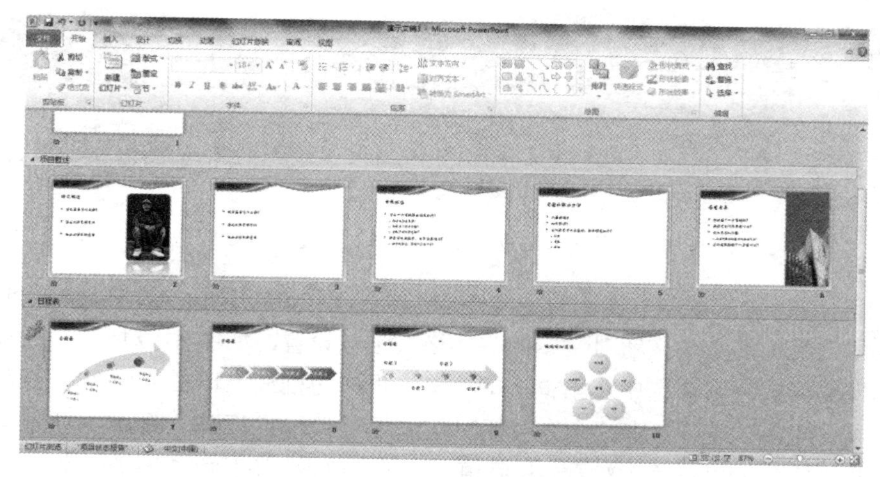

图 6-17　浏览演示文稿中的节

6.2.3　为幻灯片添加内容

要制作出一份生动活泼、富有感染力的演示文稿，往往需要向幻灯片中添加各种媒体对象，如文本、剪贴画、图片、形状、表格、艺术字、图表、声音等。这里主要介绍如何向幻灯片中添加内容，使制作出来的幻灯片图文并茂、形象生动。

1. *为幻灯片添加文本*

文本是幻灯片最基本的组成元素，现介绍如何向幻灯片中添加文本及对文本进行格式设置。以下操作应在“普通视图”的幻灯片编辑窗格中进行。

（1）插入文本。与 Word 不同，用户不能直接在幻灯片的空白处单击鼠标输入文字，要想向幻灯片中添加文字有以下 3 种方法：

- 使用占位符。在标题占位符、内容占位符、文本占位符的虚线框中单击，出现闪动的光标，即可输入文字。
- 使用文本框。使用文本框可以将文本放置到幻灯片的任何位置。单击“插入”选项卡“文本”组中的“绘制横排文本框”按钮，鼠标变成十字架形↓时在幻灯片上拖曳，即可绘制出一个横排文本框。若要绘制竖排文本框，可以单击文本框中的下三角按钮，在出现的列表中选择“竖排文本框”。
- 使用形状或 SmartArt 图形。右击幻灯片上已经绘制好的形状，在弹出的快捷菜单中选择“编辑文字”命令，可向形状中添加文字说明。在 SmartArt 图形内的文本占位符中或 SmartArt 图形左侧的“文本”窗格中也可以输入文字。

（2）格式设置。通过“开始”选项卡“字体”和“段落”两个组中的命令按钮（图 6-18）可以对幻灯片上的文本进行各种字体格式设置和段落格式设置，操作方法和 Word 相似，此处不再赘述。

特别地，若要设置容纳文本的对象的格式，如文本框、占位符等，需要先选中对象，此时功能区中会自动出现针对该对象操作的选项卡，通过该选项卡中的命令按钮可以对对象进行各种编辑操作和格式化操作。

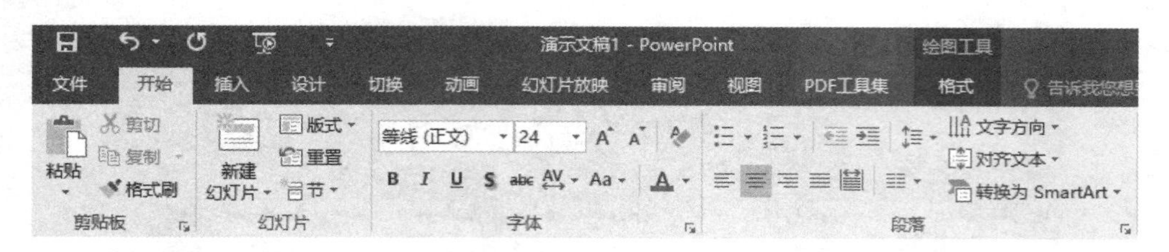

图 6-18 “开始”选项卡中的“字体”组和“段落”组

例如，若只是设置文本框中文本的字体格式，则应该选中文本框中的文本，再通过“开始”选项卡“字体”组中的命令按钮对文本的字体格式进行设置，如图 6-19 所示；如果要设置的是整个文本框的格式，则要选中文本框，即在文本框的边框线上单击，如图 6-20 所示，再通过“绘图工具 / 格式”选项卡中的命令按钮对文本框进行格式设置，图 6-21 所示是设置了文本框的“形状样式”为“浅色 1 轮廓，彩色填充 - 水绿色，强调颜色 5”并修改了“形状效果”为“全映像，4pt 偏移量”的效果图。

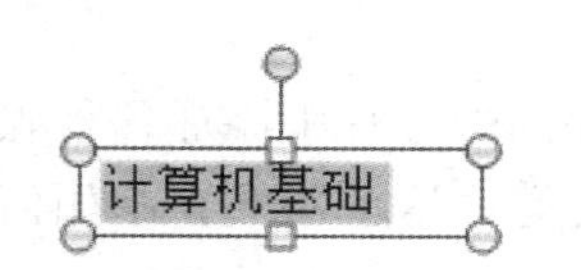

图 6-19 选中文本框中的文本

图 6-20 选中文本框

图 6-21 设置文本框的格式

2. 插入剪贴画和图片

（1）插入剪贴画。Office 内置了大量的剪贴画，用来装饰演示文稿。“普通视图”下，选定要插入剪贴画的幻灯片，单击“插入”选项卡“图像”组中的“剪贴画”按钮，窗口右侧弹出“剪贴画”任务窗格，在“搜索文字”中输入要搜索的剪贴画的关键字，如花、人物、运动等，单击“搜索”按钮，将搜索出与关键字相关的剪贴画，单击所需的剪贴画即可完成插入操作。

除此之外，也可以单击占位符中的“剪贴画”按钮来插入剪贴画，如图 6-22 所示。

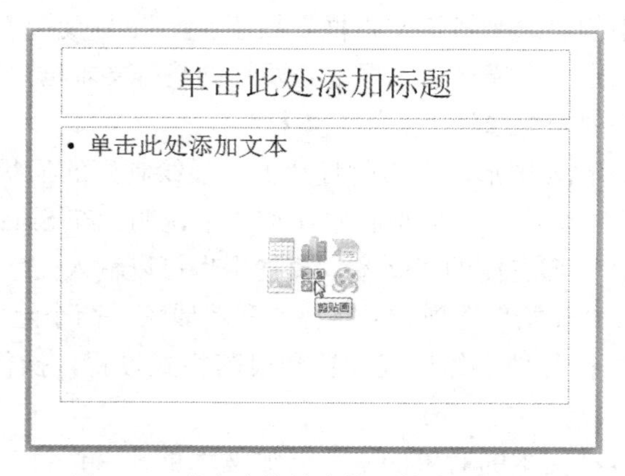

图 6-22 内容占位符中的“剪贴画”按钮

（2）插入图片。可将已保存在计算机中的图片文件直接插入到演示文稿中，操作：“普通视图”下，选定要插入图片的幻灯片，单击“插入”选项卡“图像”组中的“图片”按钮，弹出“插入图片”对话框，在其中选择需要的图片，单击“插入”按钮。

用户还可以选择图片的插入方式，只需单击“插入”按钮右侧的下三角按钮，将弹出一个下拉列表，如图 6-23 所示。若选择“插入”选项，则图片的副本被放置到演示文稿中，当图片文件发生变化时，演示文稿中的图片不变；若选择“链接到文件”选项，则将图片以链接方式插入到幻灯片中，当图片的源文件发生变化时，幻灯片中的图片也会随之变化，但将演示文稿直接拷贝到其他计算机中播放时，将不能显示图片；若选择“插入和链接”选项，则具有以上二者的优点，并保证在任何一台计算机上都能正常显示图片。

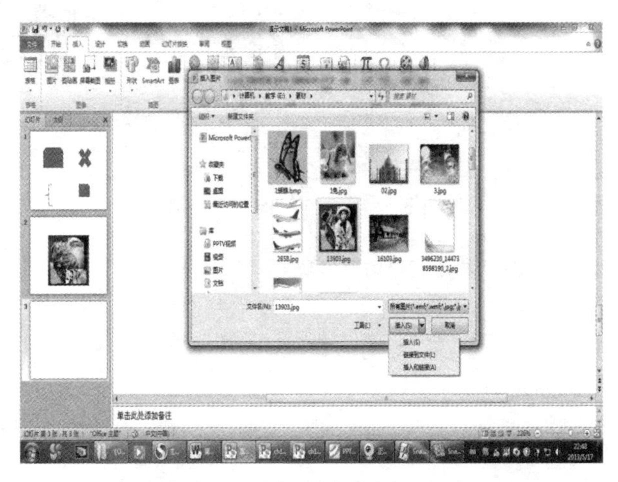

图 6-23 选择图片的插入方式

（3）格式化图片或剪贴画。单击选中图片或剪贴画，功能区中自动出现“图片工具 / 格式”选项卡，如图 6-24 所示，使用该选项卡中的命令按钮可以对图片或剪贴画进行各种编辑操作及格式设置。这些操作主要包括对图片的亮度对比度调整、颜色调整、图片样式设置、图片位置调整、图片大小调整、图片版式设置等。

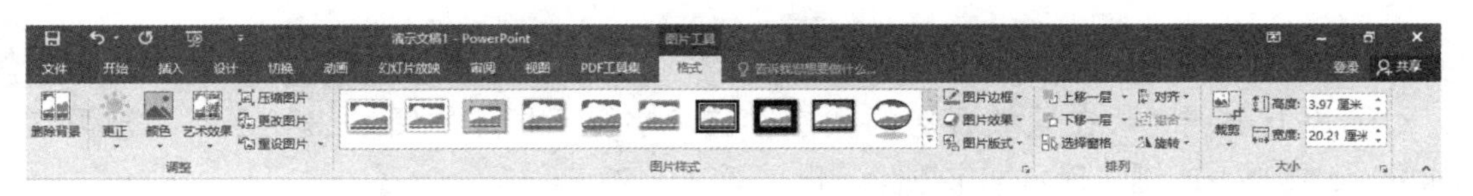

图 6-24 “图片工具 / 格式”选项卡

若要对图片格式进行更为详细的设置可以使用“设置图片格式”对话框，操作方法：右击图片，在弹出的快捷菜单中选择“设置图片格式”命令，在弹出的“设置图片格式”对话框中进行相关设置，如图 6-25 所示

在图 6-26 所示的幻灯片中，对企鹅图片进行了不同形式的编辑和格式化操作，形成了不同的图片效果。而幻灯片右侧的 3 张花朵图片则套用了一种图片版式，单击图片右侧的“[文本]”提示符可以输入相关的文字信息。

3. 插入艺术字

为了美化字体，除了对文本进行格式设置外，还可以使用 PowerPoint 提供的具有多种特殊艺术效果的艺术字。具体操作：单击“插入”选项卡“文本”组中的“艺术字”按钮，在弹出的艺术字列表中选择一种艺术字样式，如图 6-27 所示。

图 6-25 “设置图片格式”对话框

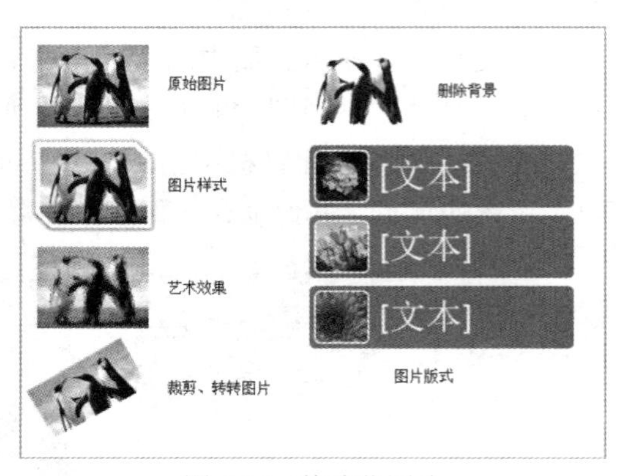

图 6-26 格式化图片

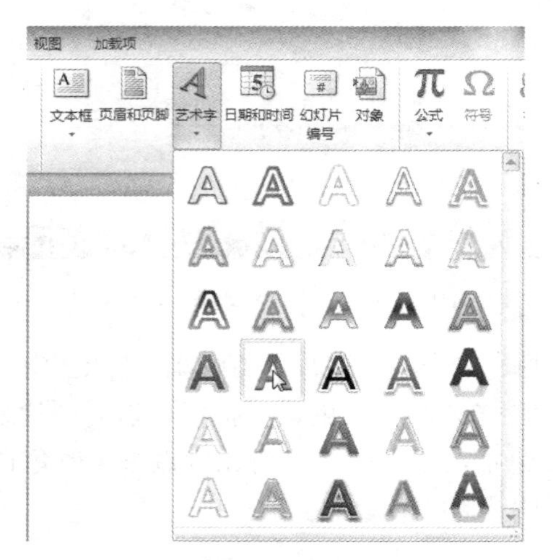

图 6-27 插入艺术字

幻灯片上出现“请在此放置您的文字”艺术字提示框，如图 6-28 所示，用户只需按 BackSpace 或 Delete 键将提示文字删除，再重新输入文字。

请在此放置您的文字

图 6-28 艺术字提示框

在艺术字外部的虚线边框上单击可选中艺术字对象，通过“绘图工具 / 格式”选项卡可以设置艺术字的形状、样式、填充等各种格式。

4. 插入形状和 SmartArt 图形

（1）插入形状。PowerPoint 提供了功能强大的绘图工具，利用绘图工具可以绘制各种线条、连接符、几何图形、星形、箭头等复杂的图形。

单击“插入”选项卡“插图”组中的“形状”按钮，在下拉列表中选择需要的形状，并在幻灯片上拖曳即可绘制形状。

1）格式化形状。选中形状，使用“绘图工具 / 格式”选项卡中的命令按钮可对形状的格式进行详细设置，如精确设置形状的大小、编辑形状顶点、设置形状轮廓、形状填充和形状效果等，还可以让绘制的形状直接套用“形状样式”组中预定义好的形状样式和形状效果。

2）添加文本。右击形状，在弹出的快捷菜单中选择“编辑文字”命令。

3）组合形状。第一步，选中多个需要被组合的形状，操作方法：按住 Shift 键或 Ctrl 键不放，依次单击需要组合的多个形状。第二步，将鼠标指针指向选中的多个形状后右击，在弹出的快捷菜单中选择“组合”→“组合”命令，从而将多个形状组合成一个图形。

（2）插入 SmartArt 图形。SmartArt 图形可以用来说明各种概念性的资料。PowerPoint 提供的 SmartArt 图形主要包括列表图、流程图、循环图、层次结构图、关系图、矩阵图、棱锥图和图片。

单击“插入”选项卡“插图”组中的 SmartArt 或单击幻灯片版式占位符中的“插入 SmartArt 图形”按钮，弹出“选择 SmartArt 图形”对话框，如图 6-29 所示，在其中选择需要的图形，单击“确定”按钮，即可在当前幻灯片中插入 SmartArt 图形。

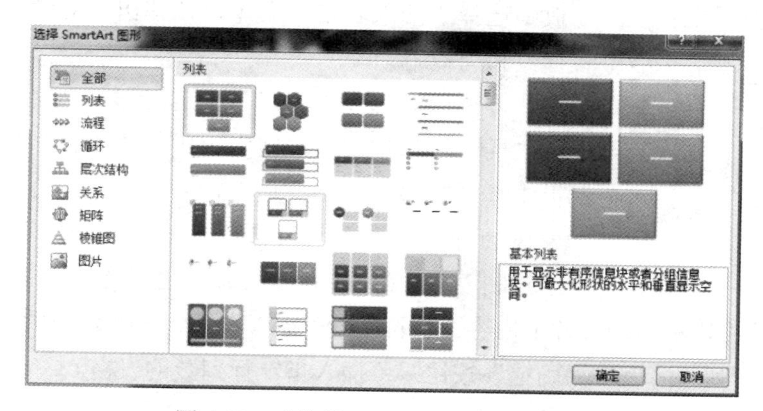

图 6-29　“选择 SmartArt 图形”对话框

在 SmartArt 图形的文本占位符或图片占位符中单击可以向 SmartArt 图形中添加文本、图片等内容；也可以通过 SmartArt 图形左侧的“文本”窗格输入类似于大纲或项目符号列表的段落文字，如图 6-30 所示。“文本”窗格位于 SmartArt 图形的左侧，若未显示出来可以单击 SmartArt 图形左侧的展开 / 折叠按钮将其展开或折叠。

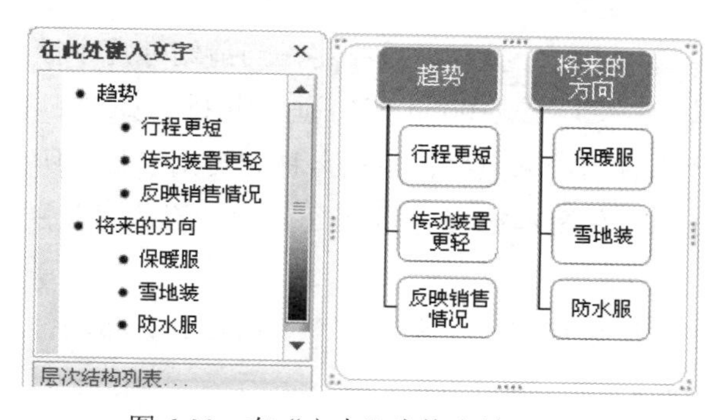

图 6-30　在“文本”窗格中输入文字

对于已插入的 SmartArt 图形，使用“SmartArt 工具”中的“设计”和“格式”选项卡可以对 SmartArt 图形进行各种设置，如在 SmartArt 图形中添加形状、修改 SmartArt 图形布局、更改整个 SmartArt 图形的颜色、应用 SmartArt 样式等。

5. 插入表格和图表

（1）插入表格。表格很适合呈现对比性质的信息，在幻灯片中合理使用表格能够让内容展现更加合理。在 PowerPoint 中，插入表格的方法有多种，可以直接插入指定行数和列数的规则表格，也可以根据需要绘制不规则的表格。

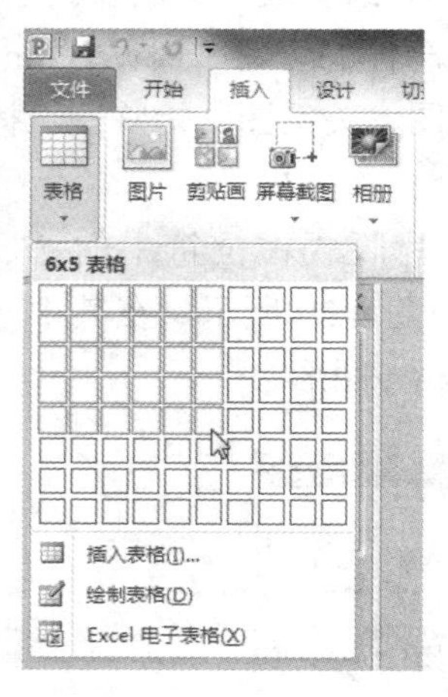

图 6-31 插入表格

方法一：“普通视图”下，选定要插入表格的幻灯片，单击“插入”选项卡“表格”组中的“表格”按钮，在下拉面板中拖曳选取若干行列的空白方格，如图 6-31 所示，选取的空白方格的行数和列数即是插入表格的行列数。

方法二：“普通视图”下，选定要插入表格的幻灯片，单击“插入”选项卡“表格”组中的“表格”按钮，在下拉面板中选择“插入表格”命令，在弹出的对话框中输入表格的行数和列数。

方法三：“普通视图”下，选定要插入表格的幻灯片，单击“插入”选项卡“表格”组中的“表格”按钮，在下拉面板中选择“绘制表格”命令，用鼠标在幻灯片上拖曳绘制出表格的外框；单击“表格工具 / 设计”选项卡“绘图边框”组中的“绘制表格”按钮，可继续绘制表格内的行列，按 Esc 键退出绘制状态。

除此之外，还可以单击幻灯片上内容占位符中的“插入表格”按钮，在弹出的对话框中，输入表格的行数、列数，单击“确定”按钮即可插入指定行列数的表格。

表格插入后，可以通过“表格工具”中的“设计”和“布局”两个选项卡对表格的格式进行设计。如使用“设计”选项卡中的“表格样式”来美化表格，也可以自定义表格的边框和底纹；使用“布局”选项卡可以插入 / 删除行列、合并单元格、调整行高和列宽、设置表格中文字的对齐方式等。

（2）插入图表。与文字数据比较，形象直观的图表更加容易理解。

单击“插入”选项卡“插图”组中的“图表”按钮，在弹出的“插入图表”对话框中选择需要的图表类型，单击“确定”按钮，系统将在当前幻灯片中插入图表，同时自动弹出一个 Excel 工作表设计窗口，与 PowerPoint 窗口垂直并排，如图 6-32 所示。在 Excel 工作表的示例数据区域中修改已有的示例数据、系列名称和类别名称，所作的修改将直接反映在 PowerPoint 窗口中的图表上，在图 6-32 所示的工作表中，已将“类别 1”修改为了“李梅”，修改完毕直接关闭 Excel 窗口。

对于已制作好的图表，可以使用“图表工具”下的设计、布局、格式 3 个选项卡对图表进行编辑及格式设置。

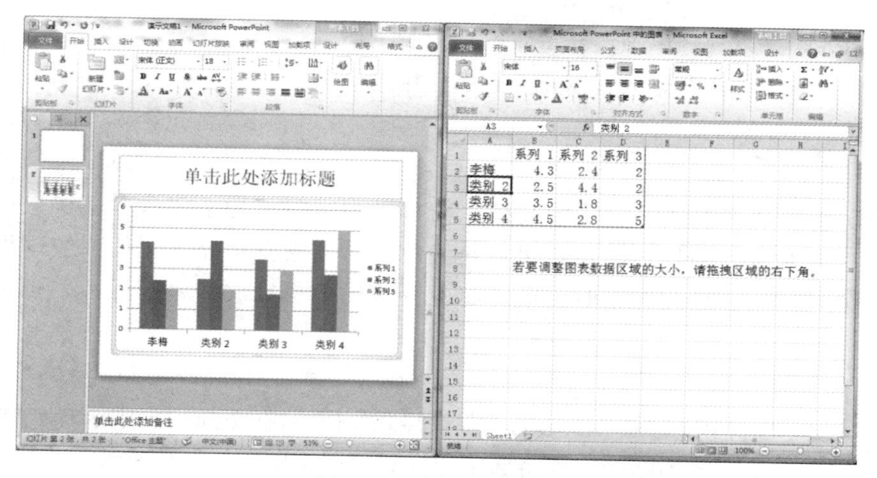

图 6-32　编辑图表数据

6.2.4　修改幻灯片的布局

当用户向幻灯片中插入各种对象后，为了使幻灯片的版面结构看起来更美观整洁，可以修改幻灯片的布局。幻灯片的布局是指幻灯片上的对象及各对象的大小和相对位置关系。在 6.2.1 节中对幻灯片的版式作了介绍，幻灯片版式实际上就是 PowerPoint 提供的幻灯片自动布局格式，用户可以直接套用。但幻灯片版式提供的幻灯片布局格式是有限的，用户可以根据幻灯片上内容的多少、对象的大小等更改幻灯片的布局，主要包括更改幻灯片版式、调整幻灯片上对象的大小和位置等。

1. 更改幻灯片版式

“普通视图”下，选中要修改幻灯片版式的幻灯片，单击“开始”选项卡“幻灯片”组中的“版式”按钮，在弹出的幻灯片版式列表中选择合适的版式。

2. 调整对象的大小

标题占位符、文本占位符、图片、表格、形状等各种对象的大小是可以改变的。调整对象大小的方法：单击对象，对象周围出现 8 个控制点，将鼠标指针指向任意一个控制点，等待鼠标指针变成双向箭头时按下鼠标左键拖曳，调整到适当的大小时放开鼠标左键。

特别地，当用户在调整标题和文本占位符的大小时，文字的大小会随着占位符调整到一定大小时发生变化。

3. 调整对象的位置

选中对象并将鼠标指针指向对象，当指针变成四向箭头时将对象拖动到目标位置。当用户要移动的是文本占位符、标题占位符、文本框、表格、SmartArt 图形时需要把鼠标指针指向这些对象的外部边框，指针才会变为形，然后再拖动对象到目标位置。

6.3　演示文稿风格的统一

为了美化演示文稿，使制作出来的幻灯片具有统一的外观、良好的布局、合理的色彩搭配，可以使用 PowerPoint 提供的现成的主题快速达到此效果，也可以使用幻灯片母版统一设置幻灯片的外观，以减轻单独设计每张幻灯片的工作量。

本节主要介绍幻灯片背景的设置、主题的使用与设置、幻灯片母版的使用。

6.3.1 背景设置

默认情况下，新建的“空白演示文稿”的背景为空白，为了使演示文稿更加美观，可以更改幻灯片的背景。幻灯片的背景可以是纯色填充、渐变填充、图片或纹理填充、图案填充等多种填充方式。更改背景时，既可将改变应用于单独的一张幻灯片，也可应用于所有幻灯片。

1. 使用背景样式

单击“设计”选项卡“背景”组中的“背景样式”按钮，在下拉列表中选择一种背景样式，如图 6-33 所示，单击样式缩略图，则将选定的样式应用于所有幻灯片；若要将样式应用于选定的幻灯片，则需要右击样式缩略图，在弹出的快捷菜单中选择“应用于所选幻灯片”命令。

2. 设置背景格式

单击“设计”选项卡“背景”组中的“背景样式”按钮，在下拉列表中选择“设置背景格式”命令，弹出“设置背景格式”对话框，如图 6-34 所示，在其中可以对背景格式进行详细设置。

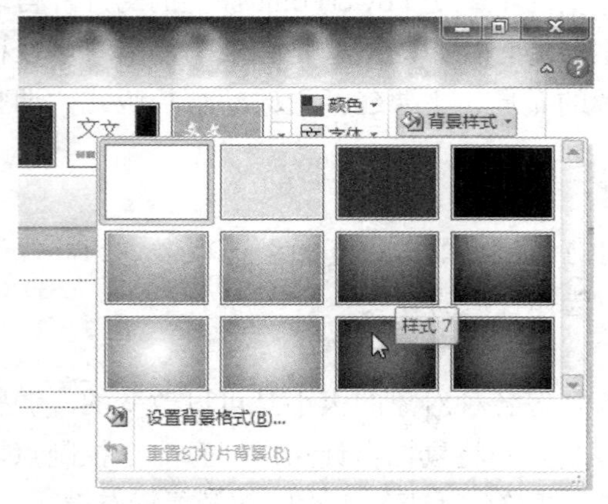

图 6-33 背景样式

图 6-34 “设置背景格式”对话框

（1）填充。

- 纯色填充：用单一颜色填充背景。
- 渐变填充：设置背景从一种颜色过渡到另一种颜色。
- 图片或纹理填充：将指定的图片或纹理效果设置为背景。
- 图案填充：将一些简单的线条、点、方框等组成的图案设置为背景。

例如，选择以图片作为幻灯片的背景，操作方法：单击“文件”按钮，在弹出的“插入图片”对话框中选择需要的图片，单击“插入”按钮。

（2）图片更正。“图片更正”可以设置图片的锐化和柔化程度、图片的亮度和对比度。

（3）图片颜色。“图片颜色”可用来设置图片的颜色、饱和度、色调和重新着色。

（4）艺术效果。“艺术效果”可以为图片设置特殊效果，例如铅笔灰度、水彩海绵、影印等多种特殊图片效果。

只有选择使用“图片或纹理填充”作为幻灯片背景时，图片更正、图片选项和艺术效果组右侧的设置项才可用。

特别注意，在“设置背景格式”对话框中设置好背景效果后，单击“关闭”按钮，将所设置的背景应用于选定幻灯片；单击“全部应用”按钮，将所设置的背景应用于所有幻灯片。

6.3.2　主题应用

主题实际是一组设计设置，包括颜色设置、字体选择和对象效果设置。主题由主题颜色、主题字体和主题效果三者组成，可作为一套独立的选择方案应用于演示文稿。使用主题，可以快速、轻松地设置整个演示文稿的格式，赋予它专业和时尚的外观。

用户可以直接使用 PowerPoint 主题库中的主题，也可以自定义主题。主题的应用与修改操作可以在“设计”选项卡中完成。

1. 将主题应用于演示文稿

默认情况下，新建的“空白演示文稿”使用的是默认主题“Office 主题”，它的背景是白色的，没有背景色彩和背景图案等。要想快速美化演示文稿，可将其他漂亮的主题应用到演示文稿中，操作方法如下：

（1）单击“设计”选项卡，在“主题”组的主题列表框中列出了许多主题的缩略图，若要选择更多的主题，可单击列表框下方的“其他”按钮，在弹出的下拉列表中将显示所有 PowerPoint“内置”的主题，如图 6-35 所示。

图 6-35　PowerPoint 提供的内置主题

（2）若将鼠标停留在某主题的缩略图上，可预览应用了该主题的当前幻灯片外观；若在主题缩略图上单击，则将主题应用于所有幻灯片；若要将主题应用于当前或选定的幻灯片，则需要在主题缩略图上右击，在弹出的快捷菜单中选择“应用于选定幻灯片”。

2. 更改主题颜色、主题字体和主题效果

为演示文稿应用某种主题后，该主题的主题颜色、主题字体和主题效果即被应用到演示文稿中。

“主题颜色”用于控制整个演示文稿的文本颜色、背景颜色、强调文字颜色、超链接颜色等，它是一种颜色方案的组合。

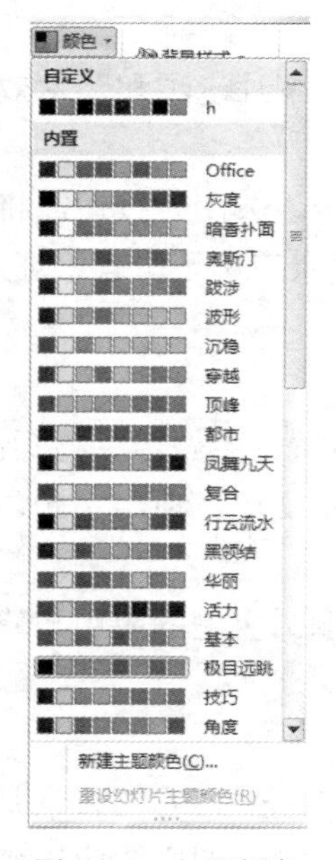

图 6-36 主题颜色

"主题字体"用于控制整个演示文稿中标题和正文文本的字体。

"主题效果"用于控制整个演示文稿中形状的轮廓和填充效果。

若想更改当前主题颜色、主题字体和主题效果，而又不改变当前主题的背景图形等，可以使用"设计"选项卡"主题"组中的颜色、字体、效果 3 个按钮进行设置。

（1）更改主题颜色。单击"设计"选项卡"主题"组中的"颜色"按钮，从弹出的主题颜色列表中选择一种新的主题颜色，如图 6-36 所示，演示文稿将重新应用新的颜色方案。

（2）更改主题字体。单击"设计"选项卡"主题"组中的"字体"按钮，从弹出的主题字体列表中选择一种主题字体，该字体将应用于演示文稿的标题和正文文字。

（3）更改主题效果。单击"设计"选项卡"主题"组中的"效果"按钮，从弹出的效果列表中选择一种主题效果。

3. 自定义主题

为演示文稿应用某种主题后，又对该主题的颜色、字体或效果进行了更改，则可将这种修改保存下来，成为用户自定义主题，以备以后使用。

另外，用户也可以新建主题颜色、主题字体，并将自己新建的主题颜色、主题字体和选择好的主题效果保存成一个主题，成为用户自定义主题。

（1）新建主题颜色。单击"设计"选项卡"主题"组中的"颜色"按钮，在弹出的主题颜色列表框中选择"新建主题颜色"命令，弹出"新建主题颜色"对话框，如图 6-37 所示。主题颜色包含 4 种文本和背景颜色、6 种强调文字颜色、2 种超链接颜色，要修改哪个元素的颜色，就单击哪个元素名称右侧的颜色按钮，并在出现的颜色列表中选择需要的颜色，并为主题颜色取一个适当的名称，然后单击"保存"按钮。值得提醒的是，用户在选择各种元素的颜色时需要考虑各种颜色的搭配是否合理。

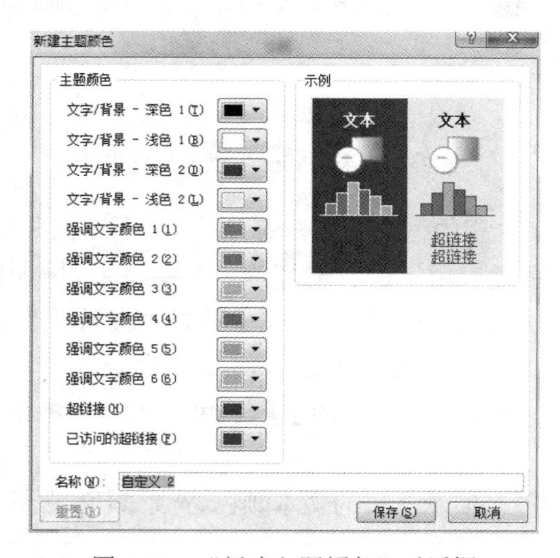

图 6-37 "新建主题颜色"对话框

（2）新建主题字体。单击“设计”选项卡“主题”组中的“字体”按钮，在弹出的主题字体列表框中选择“新建主题字体”命令，弹出“新建主题字体”对话框，如图 6-38 所示。在“标题字体”和“正文字体”下拉列表框中选择要使用的字体，在“名称”文本框中为主题字体输入适当的名称，然后单击“保存”按钮。

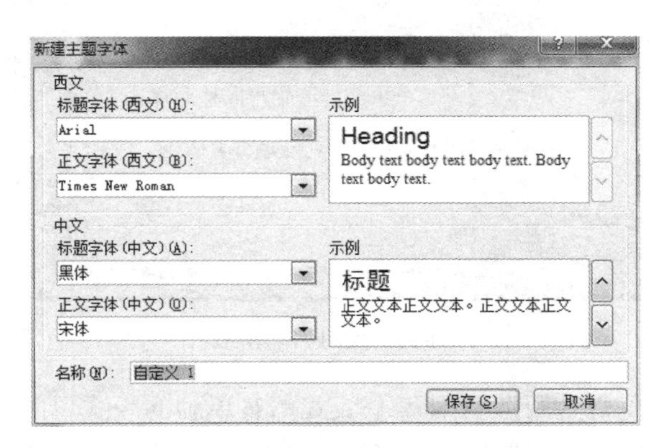

图 6-38　“新建主题字体”对话框

（3）选择主题效果。用户不能创建自己的主题效果，但可以选择一种要应用于演示文稿的主题效果。单击“设计”选项卡“主题”组中的“效果”按钮，从弹出的效果列表中选择一种主题效果。

（4）保存主题。将新建好的主题颜色、主题字体及选择好的主题效果保存成一个主题的方法：单击“设计”选项卡“主题”组中主题列表框右下方的“其他”按钮，在弹出的列表中选择“保存当前主题”命令，在弹出的“保存当前主题”对话框中为主题取一个适当的文件名，单击“保存”按钮。

保存好的用户自定义主题可以应用到其他演示文稿中。

6.3.3　母版应用

母版是一种特殊的幻灯片，是存储有关演示文稿的信息的顶层幻灯片。在 PowerPoint 中，母版主要包括幻灯片母版、讲义母版和备注母版。用户对幻灯片母版、备注母版、讲义母版的更改将直接应用到所有基于此母版的幻灯片、备注页和讲义上。

1. 幻灯片母版

幻灯片母版是幻灯片层次结构中的顶层幻灯片，用于存储有关演示文稿的主题和幻灯片版式的信息，包括背景、颜色、字体、效果、占位符大小和位置。

每个演示文稿至少包含一个幻灯片母版。修改和使用幻灯片母版的主要优点是可以对演示文稿中的每张幻灯片（包括以后添加到演示文稿中的幻灯片）进行统一的样式更改，即在幻灯片母版中设置好的格式或添加的对象将应用到所有基于该母版的幻灯片上。

使用幻灯片母版，由于无需在多张幻灯片上键入相同的信息和进行重复而相同的格式设置，因此大大节省了幻灯片的设计时间，同时也使演示文稿有统一的外观。

（1）打开幻灯片母版视图。单击“视图”选项卡“母版视图”组中的“幻灯片母版”按钮，进入幻灯片母版视图，如图 6-39 所示。

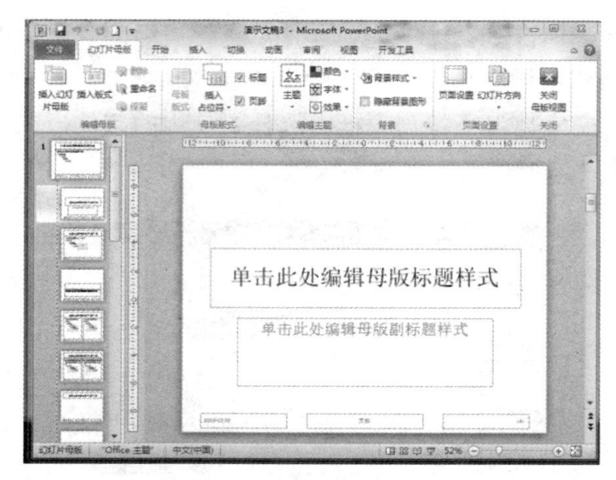

图 6-39　幻灯片母版视图

在 PowerPoint 中，幻灯片母版针对每个版式都有单独的版式母版。在图 6-39 中，左窗格上方第 1 张较大的幻灯片是幻灯片母版，下方较小的 11 张幻灯片是版式母版。

（2）设置幻灯片母版格式。可以对幻灯片母版进行各种格式设置，对幻灯片母版所做的任何设置将会应用到各张版式母版，但是也可以对各张版式母版进行单独定义，以覆盖幻灯片母版的设置。例如，在特定版式中，可以选择忽略背景图形，以便释放其在幻灯片中所占的空间供其他对象使用。

幻灯片母版中包括 5 个占位符：标题占位符、文本占位符、日期和时间占位符、页码占位符和页脚占位符，如图 6-40 所示。

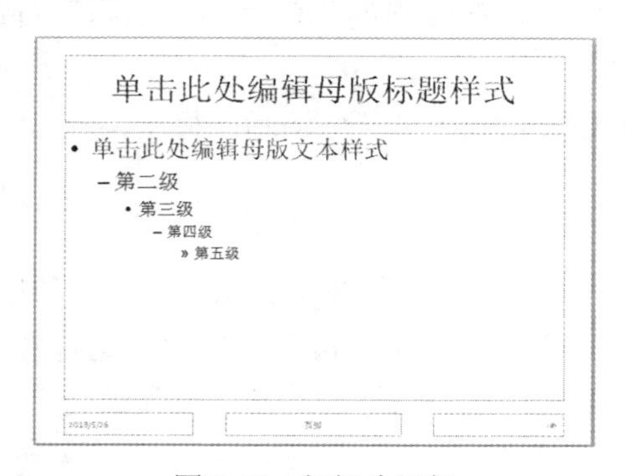

图 6-40　幻灯片母版

选中幻灯片母版，可以对其进行如下格式设置：

- 设置标题和文本的格式。选中标题占位符或文本占位符，使用“开始”选项卡“字体”组或“段落”组中的命令按钮可以对标题或正文的文本格式、段落格式及项目符号进行设置。注意，在占位符中输入文字是无效的，不能应用到演示文稿的各张幻灯片中。
- 设置背景格式。单击“幻灯片母版”选项卡“背景”组中的“背景样式”按钮，在弹出的样式列表中选择一种样式作为背景，也可以单击“设置背景格式”命令选择以图片、纹理等作为背景。

- 插入对象。使用“插入”选项卡中的命令按钮可以向幻灯片母版插入形状、图片等各种对象。
- 添加页眉和页脚。单击“插入”选项卡“文本”组中的“页眉和页脚”按钮，弹出“页眉和页脚”对话框，如图 6-41 所示，在其中选中“日期和时间”和“幻灯片编号”复选项，也可以自定义页脚。

除此之外，还可以调整幻灯片母版上各对象（包括占位符）的大小和位置，也可以直接单击将主题应用于幻灯片母版，以省去格式设置的麻烦。

（3）插入、删除版式母版。默认情况下，幻灯片母版包括 11 张版式母版，可以根据需要添加或删除版式母版。

- 删除版式母版：选中不要的版式母版，按 Delete 键。
- 插入版式母版：单击“幻灯片母版”选项卡“编辑母版”组中的“插入版式”按钮可在选定的版式母版下方插入一张版式母版，用户可以向该版式母版中添加占位符或删除占位符。添加占位符的方法：单击“幻灯片母版”选项卡“母版版式”组中的“插入占位符”按钮，在下拉列表中选择需要的占位符，如图 6-42 所示，当鼠标指针变成十字形时在幻灯片母版上拖曳绘制出占位符。

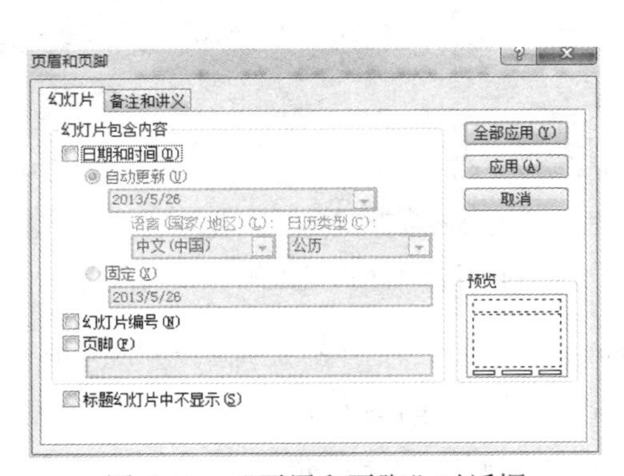

图 6-41　“页眉和页脚”对话框

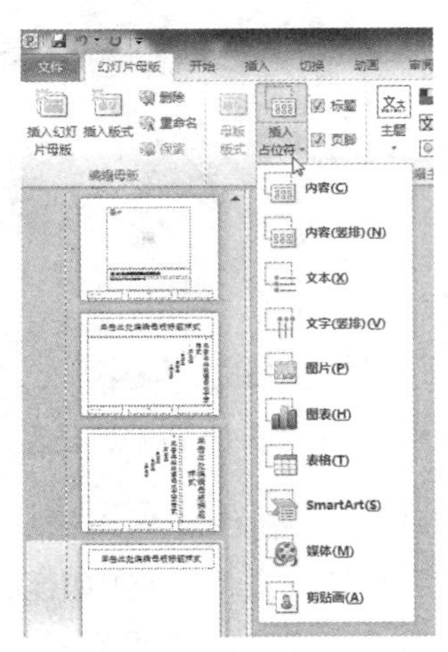

图 6-42　插入占位符

（4）插入、删除幻灯片母版。一个演示文稿至少包含一个幻灯片母版，当用户在某张幻灯片上使用了另一种主题时，该主题对应的幻灯片母版自动被添加到幻灯片母版视图中。除此之外，用户也可以单击“幻灯片母版”选项卡“编辑母版”组中的“插入幻灯片母版”按钮来插入一个幻灯片母版，并自定义该母版的外观。

若演示文稿中所有套用某种幻灯片母版格式的幻灯片已被删除，则可以将该幻灯片母版删除。只需在幻灯片母版视图下选中要删除的幻灯片母版并按 Delete 键，在删除幻灯片母版的同时下方的 11 张版式母版也自动删除。

（5）设置幻灯片母版实例。下面制作一个毕业论文开题报告的母版，并将其存储为 PowerPoint 模板。

1）制作幻灯片母版。新建一个空白演示文稿，单击“视图”选项卡“母版视图”组中的“幻灯片母版”按钮进入幻灯片母版视图，在左侧窗格中选中第 3 张到第 11 张幻灯片并将其删除。选中左侧窗格中第一张最大的幻灯片，在“幻灯片母版”选项卡中设置其“背景样式”为一张图片，并在该幻灯片的左上角添加一张宜宾学院的校徽图片。至此，幻灯片母版制作完毕，效果如图 6-43 所示。

2）制作标题幻灯片的版式母版。在图 6-43 的左侧窗格中选中第二张较小的幻灯片即标题幻灯片的版式母版。通过“插入”选项卡“插图”组中的“形状”按钮在幻灯片右上方插入一个蓝色的大三角形。再在幻灯片中部插入一幅图片，在“图片工具 / 格式”选项卡中设置其“图片样式”为“金属椭圆”，修改图片边框为白色，粗细为 10 磅。再在幻灯片的左上角插入一幅宜宾学院的校徽校名图片。调整标题占位符及副标题占位符的位置，使其位于幻灯片的左中部，进一步调整标题占位符及副标题占位符的文本格式，通过“开始”选项卡设置标题占位符中文本的字体格式为幼圆、加粗、44 磅，副标题为楷体、28 磅、左对齐。设计完毕后的效果如图 6-44 所示。

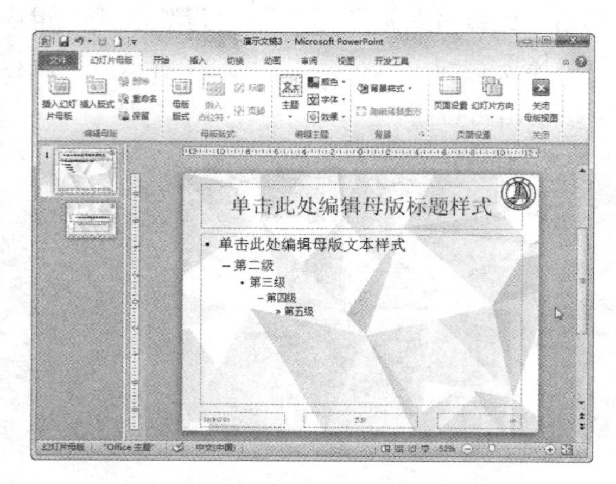

图 6-43　制作好的幻灯片母版

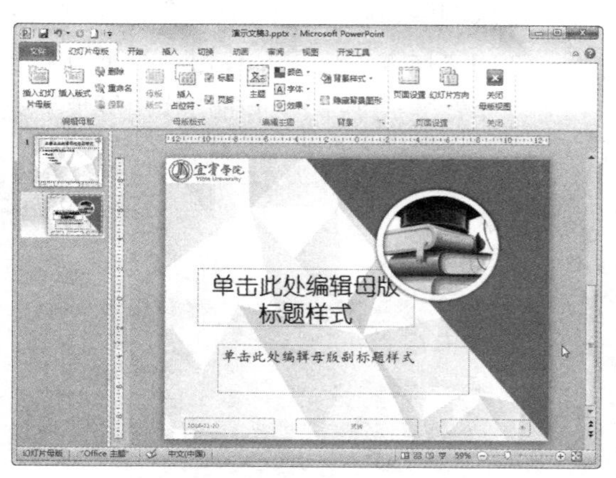

图 6-44　制作好的标题幻灯片版式母版

3）插入新版式，制作名为“论文题目”的版式母版。在“幻灯片母版”选项卡中单击“插入版式”按钮，左侧窗格中出现自定义版式幻灯片，如图 6-45 所示，在左侧窗格中的该幻灯片上右击，在弹出的快捷菜单中选择“重命名版式”命令，将该版式命名为“论文题目”。通过“插入”选项卡在该幻灯片下方插入一个蓝色矩形，再向该幻灯片中插入一幅堆叠的书的图片，移动图片的位置至幻灯片左侧。将标题占位符拖动到幻灯片中部，并设置文本格式为幼圆、加粗、44 磅。单击“幻灯片母版”选项卡“母版版式”组中“插入占位符”右侧的下三角按钮，在下拉列表中选择“内容”，鼠标变成十字形，在标题占位符的下方拖曳鼠标绘制出内容占位符矩形框。单击内容占位符外部虚线框选中整个内容占位符，将占位符中文本的字体格式设置为楷体、28 磅。设计完毕后的效果如图 6-46 所示。

4）插入新版式，制作名为“目录”的版式母版。在“幻灯片母版”选项卡中单击“插入版式”按钮，左侧窗格中新增一张自定义版式幻灯片。在左侧窗格中的新增幻灯片上右击，在弹出的快捷菜单中选择“重命名版式”命令，将该版式命名为“目录”。通过“插入”选项卡向幻灯片中插入图片、绘制形状。通过“幻灯片母版”选项卡“母版版式”组中的“插入占位符”按钮向幻灯片中添加 5 个内容占位符，并将占位符中的二、三、四、五级标题段落删除，调整各占位符的大小及位置，使其均匀分布在绘制图形的右侧。通过“插入”选项卡向幻灯片中插入一个文本框，并在其中输入文字“目录”，并对其字体格式进行设置。设计完成的幻灯片效果如图 6-47 所示。

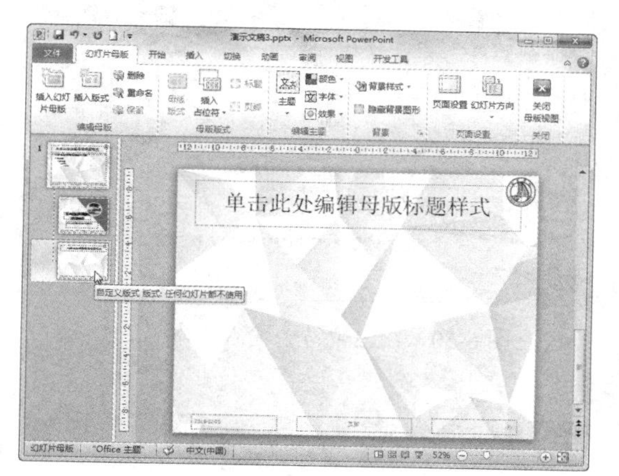

图 6-45　新插入的自定义版式母版

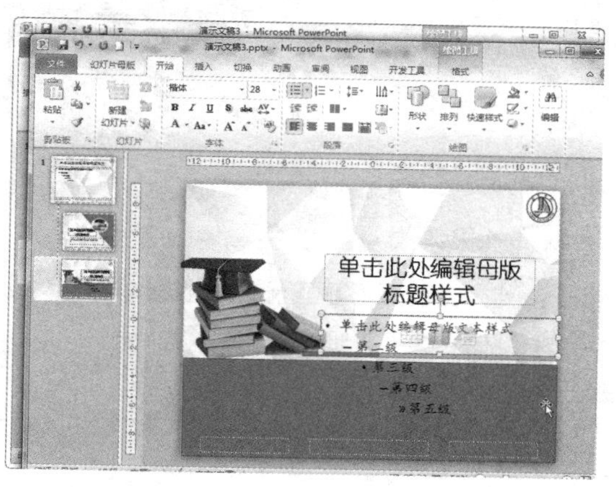

图 6-46　制作好的“论文题目”版式母版

5）以相同的方法插入两张自定义版式幻灯片，并分别将版式重命名为“章”和“页”。以相似的方法设计这两张版式母版的版式。最终设计好的所有版式母版如图 6-48 左侧窗格所示。

图 6-47　制作好的“目录”版式母版

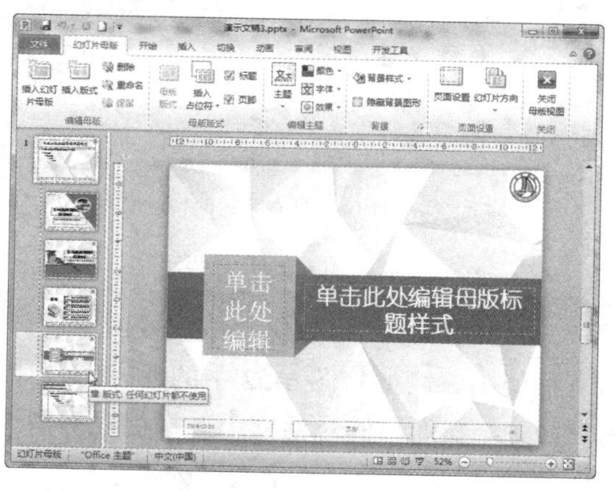

图 6-48　左侧窗格中的所有版式母版

6）使用自己创建的幻灯片版式新建幻灯片。返回普通视图，对演示文稿的具体内容进行设计。单击“视图”选项卡“演示文稿视图”组中的“普通视图”按钮进入普通视图，如图 6-49 所示，单击标题占位符，在里面输入文字“毕业论文开题报告”。单击副标题占位符，在里面输入两段文字“学号：12345678901”和“姓名：张三”，如图 6-50 所示。

继续制作其他幻灯片。单击“开始”选项卡“新建幻灯片”右侧的下三角按钮，弹出版式列表，如图 6-51 所示。这些版式就是前面我们创建的 5 种版式，选择其中的一种版式，在占位符中单击输入自己需要的文本。以相同的方法插入新幻灯片、选择版式、在占位符中输入文本或向幻灯片中插入其他对象，完成演示文稿的制作，如图 6-52 所示，本例中只做了 6 张幻灯片。

图 6-49　普通视图下的标题幻灯片

图 6-50　在占位符中输入文本

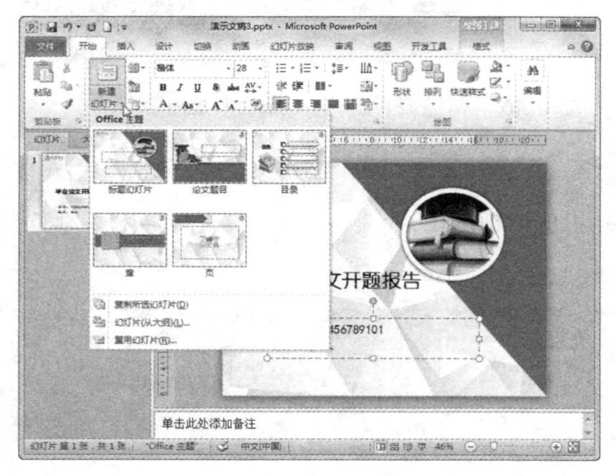

图 6-51　可选的幻灯片版式

图 6-52　套用幻灯片母版制作演示文稿

将演示文稿保存为“我的开题报告 .pptx”。

7）将制作好的母版保存成模板或主题。制作好的母版可以保存成一个模板，便于新建演示文稿使用。例如将图 6-52 中的所有幻灯片删除，只保留母版信息，执行“文件”→“另存为”命令，在弹出的对话框中选择保存类型为“PowerPoint 模板（*.potx）”，文件取名为“HE 模板”，则以后可以在“个人”列表下利用自己创作的模板新建演示文稿，如图 6-53 所示。

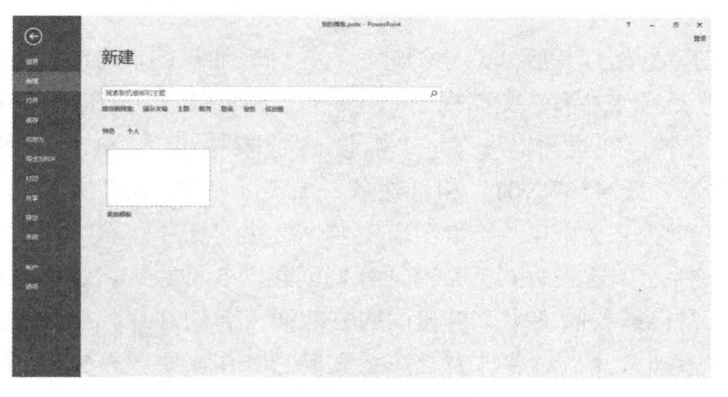

图 6-53　利用“我的模板”新建演示文稿

2. 讲义母版

讲义母版用于控制幻灯片按讲义形式打印的格式。单击“视图”选项卡“母版视图”组中的“讲义母版”按钮打开讲义母版，如图 6-54 所示。通过“讲义母版”选项卡中的命令按钮可以设置一页中打印的幻灯片的数量（可以是 1、2、3、4、6、9），也可以进行页面设置、页眉页脚格式设置等。

3. 备注母版

备注母版用于控制幻灯片按备注页形式打印的格式。单击“视图”选项卡“母版视图”组中的“备注母版”按钮打开备注母版，如图 6-55 所示。在备注母版中包括页眉、页脚、幻灯片缩略图、日期、正文、页码 6 个占位符。用户可以修改除幻灯片缩略图以外的所有占位符中的文本格式和段落格式。

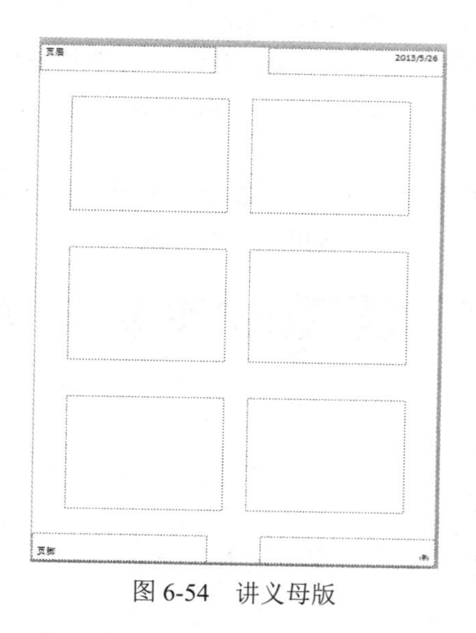

图 6-54　讲义母版

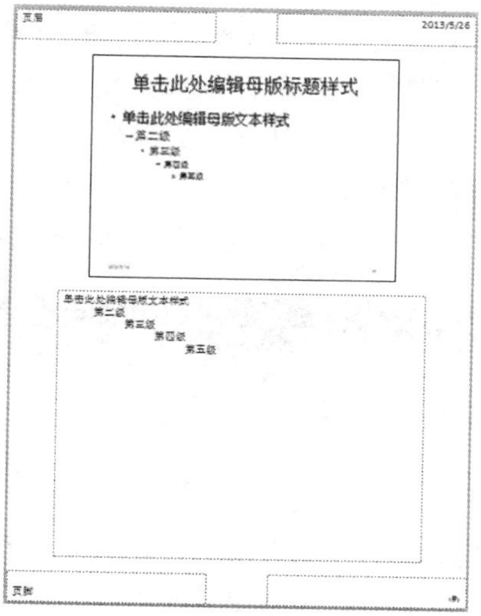

图 6-55　备注母版

4. 关闭母版视图

单击“幻灯片母版”/“讲义母版”/“备注母版”选项卡“关闭”组中的“关闭母版视图”按钮，也可以单击“视图”选项卡“演示文稿视图”组中的“普通视图”按钮返回到普通视图。

6.4　动态演示文稿设计

为幻灯片添加文字、图片、表格等各种对象后演示文稿已具备了要表达的主题和信息，而使用幻灯片母版、设计主题又使演示文稿具有了统一的风格和良好的视觉效果。为了让演示文稿在放映的过程中更能吸引观众的注意力，我们可以在演示文稿中使用动画设计技术。

本节主要介绍如何进行动画设计、如何为对象添加超链接、如何使用动作按钮、如何在演示文稿中插入音频和视频等多媒体对象。

6.4.1　设置动画效果

在 PowerPoint 中，可以为文本、图片、形状、表格等各种对象设置动画，也可以为整张幻灯片设置动画，从而使放映的演示文稿具有动态效果，以集中观众的注意力。PowerPoint 中，动画的类型主要有两种：一种是自定义动画，也称幻灯片内动画，是指幻灯片内部各个对象的动画；另一种是幻灯片切换动画，又称幻灯片间动画，即翻页动画，是指幻灯片在放映时更换幻灯片时的动画效果。

1. 自定义动画

在放映演示文稿的过程中，若要控制文本或对象何时、以何种方式出现在幻灯片上，应选择自定义动画。PowerPoint 提供了四大类自定义动画：进入、强调、退出和动作路径，每一类中又包含了若干种不同的动画效果。一个对象可以添加一种动画效果，也可以添加多种动画效果。

- 进入：用于定义对象以何种方式出现，即定义对象进入屏幕时的动画效果。
- 强调：定义已出现在屏幕上的对象的动画效果，以引起观众注意。
- 退出：定义已出现在屏幕上的对象如何消失，即对象退出屏幕时的动画效果。
- 动作路径：让对象沿着指定的路径运动。可以选择 PowerPoint 已定好的预设路径，也可以由用户自己绘制路径。

（1）为对象设置动画效果。普通视图下，选择要添加动画效果的对象，在“动画”选项卡“动画”组的动画效果列表框中选择一种合适的动画效果，如图 6-56 所示。

图 6-56　选择动画效果

如果所需的动画效果未列出，可单击动画效果列表框右下角的“其他”按钮，将弹出更多的动画效果选项，如图 6-57 所示，在该列表框中动画效果按进入、强调、退出、动作路径分成 4 个组，单击需要的动画效果。

图 6-57 所示的列表框中只按类别列出了该类动画的部分动画效果，如果想查看各类动画包含的所有动画效果，可以选择更多进入效果、更多强调效果、更多退出效果、其他动作路径命令。例如选择“更多进入效果”命令，弹出“更改进入效果”对话框，如图 6-58 所示，其中列出了所有的进入动画效果，选择需要的动画效果，然后单击“确定”按钮。

当为对象设置好动画效果后，对象的左上方将显示一个数字，该数字是动画出现的先后顺序，如图 6-59 所示。

（2）为一个对象添加多种动画效果。一个对象可以添加多个动画效果。采用以上第（1）点的操作方法，当为对象选择另一种动画效果时，原来的动画效果将被替换。若要继续为对象添加多种动画效果，可以单击“动画”选项卡“高级动画”组中的“添加动画”按钮，在弹出的动画效果列表中选择需要的动画效果。添加了多个动画效果的对象左上角将有多个数字，如图 6-60 所示，为企鹅设置了 3 个动画效果。

（3）设置动画效果属性。对于大多数动画效果来说，允许用户设置动画的开始方式、速度和变化方向等属性。这些操作都可以在“动画”选项卡的“动画”组、“高级动画”组和“计时”组中完成，如图 6-61 所示。

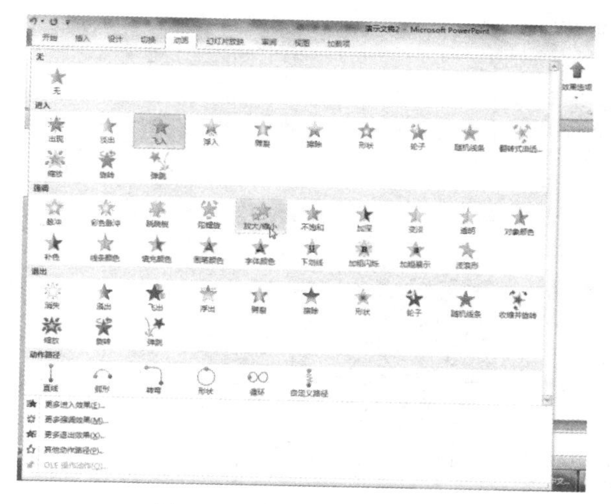

图 6-57　动画效果列表框

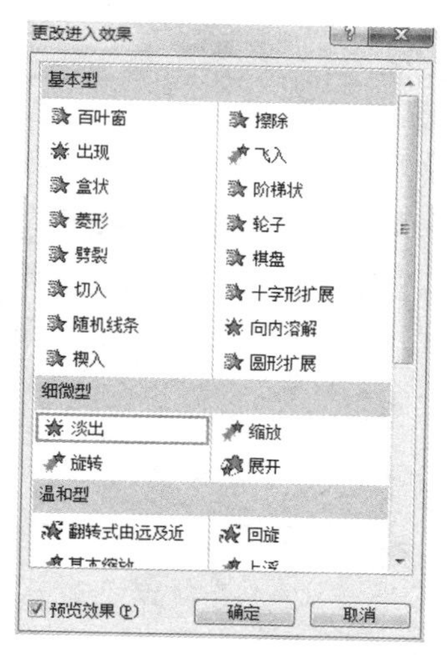

图 6-58　“更改进入效果”对话框

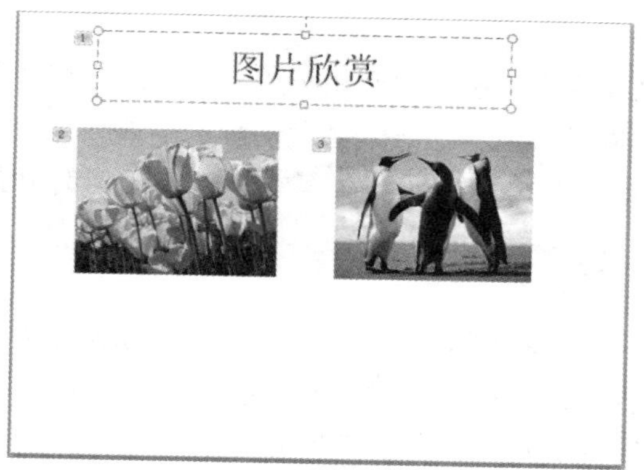

图 6-59　对象左上角的数字

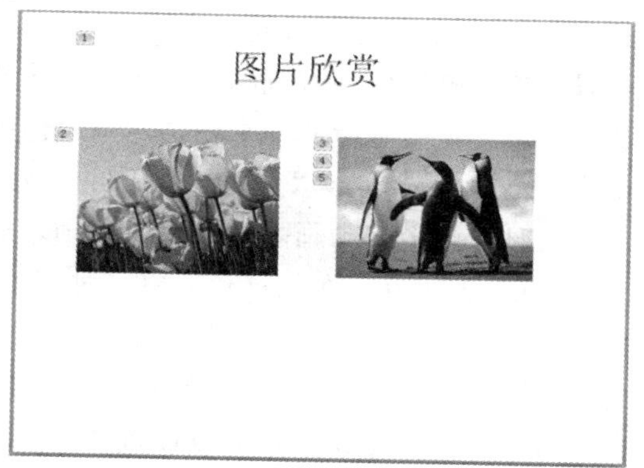

图 6-60　为企鹅设置了 3 个动画效果

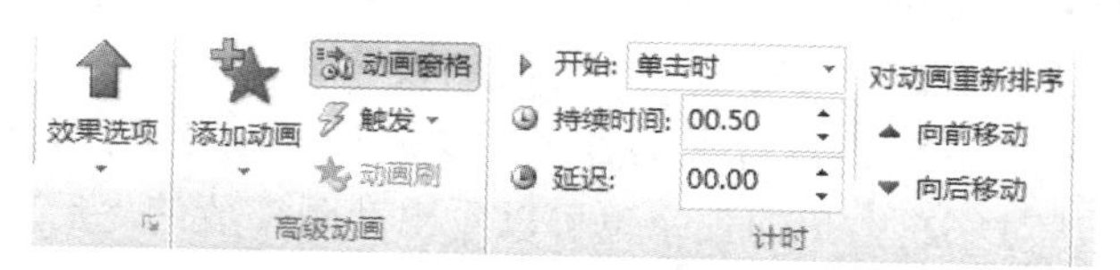

图 6-61　“动画”选项卡功能区的右半部分

1）效果选项。

设置动画的效果选项可以控制动画的方向、形状、序列等。为对象添加一种动画效果后，可立即设置该动画的效果选项，单击“动画”选项卡“动画”组中的“效果选项”按钮，在下拉列表中选择需要的效果选项。图 6-62 所示的是“飞入”动画的效果选项，用户可以选择飞入的方向，如“自底部”或“自左侧”等；也可以选择飞入的方式，如是作为一个对象飞入，还是按段落一个段落一个段落地飞入。

不同的动画效果，其效果选项是不相同的。

如果要修改已有动画的效果选项，可以单击对象左上角代表该动画的数字，然后单击“动画”选项卡“动画”组中的“效果选项”按钮，在下拉列表中选择需要的效果选项。

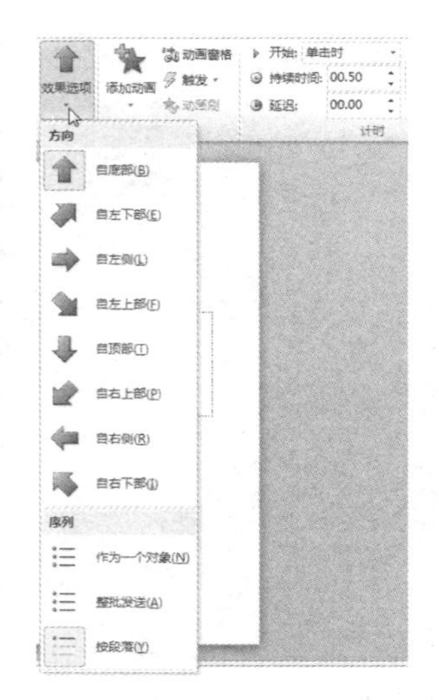

图 6-62 “飞入”动画的效果选项

2）动画的开始与持续时间。

可以设置动画以何种方式触发，或者说动画在什么情况下才开始播放。在播放幻灯片时，一般默认单击一次鼠标播放一个动画，用户也可以设置以其他方式触发动画的播放。

单击“动画”选项卡“计时”组中的“开始”下拉列表框，在其中选择动画何时开始，主要有单击时、与上一动画同时、上一动画之后。

“单击时”表示鼠标在幻灯片上单击时开始播放动画。

“与上一动画同时”表示上一对象的动画效果开始播放的同时自动播放该对象的动画效果。

“上一动画之后”表示上一对象的动画效果播放结束后自动播放该对象的动画效果。

在“持续时间”微调框中可以设置动画播放持续时间的长短，“延迟”微调框用于设置当触发动画开始的事件已发生时再隔多长时间才开始播放动画。

要想更为详细地设置动画的效果属性，可以单击“动画”选项卡“动画”组右下方的对话框生成器，在弹出的对话框中进行效果、计时的设置。

（4）调整动画播放顺序。为幻灯片上的各个对象添加动画效果后，默认添加动画的顺序即是播放动画的顺序，从对象左上角的数字也可以看出动画播放的先后顺序，如图 6-63 所示。

用户可以调整动画的播放顺序，单击对象左上角的数字选中该动画，再单击“动画”选项卡“计时”组中的“向前移动”或“向后移动”按钮，每单击一次该动画排位向前或向后移动一位，不断单击，直到对象左上角的数字变到期望的数字为止。图 6-64 所示是修改后的动画顺序。

也可以单击“动画”选项卡“高级动画”组中的“动画窗格”按钮，在弹出的动画窗格中选中一个动画项，单击“上移”按钮或“下移”按钮来调整动画顺序，调整过程中对象左上角的数字也会发生变化。

（5）更改或删除动画效果。如果不满意对象的某种动画效果，可将该动画效果删除或改为其他动画效果。

删除动画的方法：单击对象左上角的数字，按 Delete 键。也可以在“动画窗格”中选中要删除的动画项，再按 Delete 键。

图 6-63　动画播放顺序

图 6-64　调整后的动画播放顺序

更改动画效果的方法：单击对象左上角的数字，在“动画”选项卡“动画”组的动画效果列表中选择另一种动画效果。

（6）预览动画。在修改动画或添加动画的过程中可随时预览动画效果，也可单击“动画”选项卡“预览”组中的“预览”按钮在普通视图下预览动画的播放效果。

（7）应用动画刷复制动画。PowerPoint 中新增了一个名为“动画刷”的工具，可以使用它轻松地将动画从一个对象复制到另一个对象，操作方法：选择包含要复制的动画的对象，单击“动画”选项卡“高级动画”组中的“动画刷”按钮，鼠标指针变为，在要应用该种动画的对象上单击。

2. 幻灯片切换动画

幻灯片切换动画是指幻灯片在放映时两张幻灯片之间切换时的动画效果，即翻页动画。它属于幻灯片间的动画。设置幻灯片切换动画的操作步骤如下：

（1）在幻灯片浏览视图或普通视图下，选定要应用切换效果的幻灯片。

（2）在“切换”选项卡“切换到此幻灯片”组中的幻灯片切换效果列表框中选择需要的切换效果，如图 6-65 所示。要查看更多切换效果，可单击“其他”按钮。

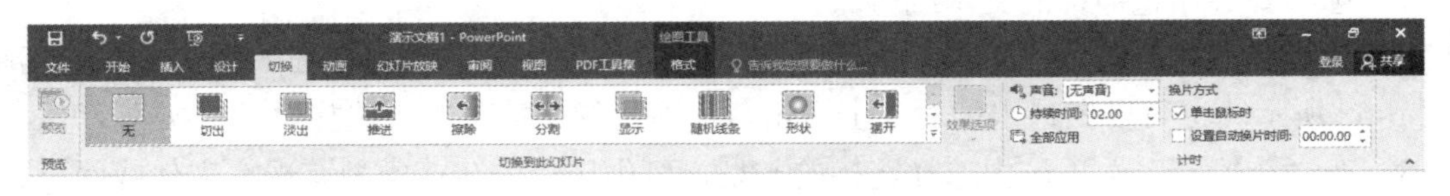

图 6-65　幻灯片切换效果列表

（3）选择好一种切换效果后，可以对该种切换效果设置“效果选项”，以改变切换效果的方向、形式等，如图 6-66 所示。

选择好幻灯片切换效果后，还可以对幻灯片切换效果的持续时间、切换过程中是否播放声音、换片的方式（如单击鼠标切换到下一张幻灯片或在指定时间后自动切换到下一张）等进行详细的设置，这些都可以在“切换”选项卡的“计时”组中进行，如图 6-67 所示。

若要向演示文稿中的所有幻灯片应用相同的切换效果，则在设置好切换效果后单击“切换”选项卡“计时”组中的“全部应用”按钮。

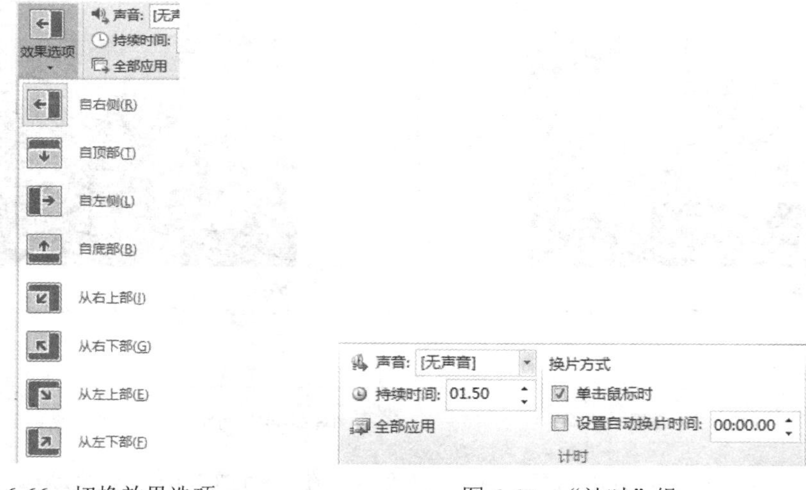

图 6-66　切换效果选项　　　　图 6-67　“计时”组

6.4.2　动作设置与超链接

演示文稿放映时，默认是按幻灯片在演示文稿中的排列顺序进行放映的。为了改变幻灯片的放映顺序，让用户来控制幻灯片的放映，可以通过向演示文稿中插入超链接或动作按钮来实现。

1. 超链接

超链接是从一张幻灯片到另一张幻灯片、另一个文件、网页、电子邮件等的一个连接。在 PowerPoint 中，可以为图片、图形、文字、文本框、文本占位符、艺术字、图表等对象添加超链接。幻灯片放映时，当用户将鼠标移至超链接上时鼠标指针会变为“小手”形状，单击链接则会跳转到指定目标位置。

（1）建立超链接。

操作步骤如下：

1）选中要添加超链接的文本或对象。

2）单击“插入”选项卡“链接”组中的“超链接”按钮，弹出“插入超链接”对话框，如图 6-68 所示。也可以在选中的对象上右击，在弹出的快捷菜单中选择“超链接”命令。

3）在“链接到”选项区中选择链接的类型，可供选择的链接类型有现有文件或网页、本文档中的位置、新建文档和电子邮件地址。若希望链接到本演示文稿中的其他幻灯片，则需要选择“本文档中的位置”，如图 6-69 所示，并在右侧的“请选择文档中的位置”列表框中选定一张幻灯片作为链接的目标。若需要链接到一个已有的文件，则应该选择“现有文件或网页”选项，并选定一个文件作为链接的目标。若要链接到一个网页，则需要在图 6-68 所示的地址栏中输入 Web 页的地址。

4）单击“确定”按钮。图 6-70 所示是为文本添加了超链接的放映效果，文本的下方自动加上了下划线，其链接的目标是本文档中的幻灯片；图 6-71 所示是为图形添加了超链接的放映效果，其链接的目标是一个文件，文件位置为“E:\ 素材 \ 花朵 .jpg”。单击超链接即可跳转到指定位置。

图 6-68　“插入超链接”对话框

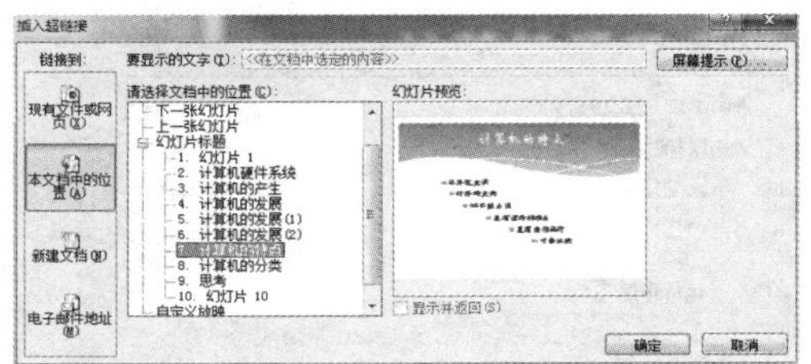

图 6-69　链接至本文档中的其他幻灯片

图 6-70　超链接至本文档中的幻灯片的放映效果

图 6-71　超链接至其他文件的幻灯片的放映效果

说明：若用户对超链接的文字颜色不满意，可编辑配色方案，在“编辑配色方案”对话框中修改“强调文字和超链接”和“强调文字和已访问的超链接”两项的颜色。

（2）编辑和删除超链接。如果要更改超链接的目标，可采用如下方法：选定添加了超链接的文字或对象，然后按 Ctrl+K 组合键，或者在添加了超链接的文字或对象上右击，在弹出的快捷菜单中选择“编辑超链接”命令，弹出“编辑超链接”对话框，该对话框和“插入超链接”对话框相似，用户可以按照添加超链接的方法进行修改。

当用户不再需要某个超链接时，可以在超链接上右击，在弹出的快捷菜单中选择“取消超链接”命令。

2. 动作设置

（1）为对象添加动作设置。动作设置具有与超链接相似的功能，可以通过鼠标单击或鼠标移过某对象时跳转到下一张幻灯片、上一张幻灯片、第一张幻灯片、最后一张幻灯片、指定的某张幻灯片、网页、其他 PowerPoint 演示文稿、其他文件等。除此之外，也可以使用动作设置运行一个程序、宏，或播放音频剪辑。

1）利用动作设置插入超链接。

- 选中要添加动作的文本或对象。
- 单击“插入”选项卡“链接”组中的“动作”按钮，弹出“动作设置”对话框，如图 6-72 所示。
- 在“单击鼠标”或“鼠标移过”选项卡中，选择“超链接到”单选项，并在其下方的下拉列表框中选择超链接的目标位置，如图 6-73 所示。
- 如果要取消超链接或其他的动作，可在“动作设置”对话框中选择“无动作”单选项。

2）动作设置的其他用途。动作设置与超链接有很多相似之处，动作设置几乎可以包括超链接可以指向的所有位置，但动作设置除了可以设置超链接的指向外，还可以设置如下一些属性：

- 运行程序：指定鼠标单击或鼠标移过对象时运行的一个可执行程序，扩展名为 .exe。

图 6-72 “动作设置”对话框

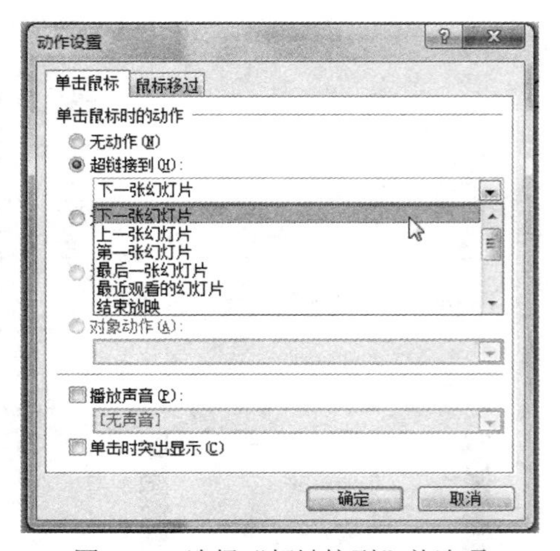

图 6-73 选择“超链接到”单选项

- 运行宏：指定鼠标单击或鼠标移过对象时运行的一个宏，在下拉列表框中列举了当前演示文稿中的所有宏，若当前演示文稿中没有宏，则此选项为灰色。
- 对象动作：指定鼠标单击或鼠标移过一个嵌入对象时执行的动作，一般有“编辑”和“打开”两个动作。若用户选择的不是嵌入对象，则此选项不可用。用户可以单击“插入”选项卡“文本”组中的“对象”按钮插入一个嵌入对象。
- 播放声音：指定鼠标单击或鼠标移过对象时播放的声音。
- 单击时突出显示：指定单击对象或鼠标移过对象上方时让对象突出显示。

（2）使用动作按钮。PowerPoint 中预先设置好了一组带有特定动作的图形按钮，这些按钮被预先设置为指向前一张幻灯片、后一张幻灯片、第一张幻灯片、最后一张幻灯片，以及播放声音等动作，用户可以方便地应用这些动作按钮实现幻灯片放映的跳转。在幻灯片中或幻灯片母版中添加动作按钮的方法如下：

1）单击“插入”选项卡“插图”组中的“形状”按钮，在弹出的形状列表的“动作按钮”组中选择需要的形状按钮，如图 6-74 所示。

图 6-74 形状列表中的“动作按钮”

2）选择某个按钮后，鼠标指针变为“+”形状，在幻灯片的适当位置拖动鼠标绘制动作按钮。

3）当用户松开鼠标左键时系统自动弹出“动作设置”对话框。

4）若不希望修改预先设置好的动作，则直接单击“确定”按钮。

添加在幻灯片中的动作按钮本身也是形状的一种，用户可以像编辑其他形状一样编辑动作按钮，如调整其大小、位置、旋转；使用“绘图工具 / 格式”选项卡中的命令按钮设置动作按钮的轮廓颜色和样式、填充效果等。

值得说明的是，超链接、动作设置和动作按钮只有在放映演示文稿时才能单击鼠标查看其链接效果。

6.5　多媒体应用

为了使演示文稿声色动人、改善幻灯片在放映时的视听效果，用户可以在幻灯片中加入多媒体对象，如音乐、视频等。

6.5.1　在幻灯片中插入音频

1. 插入音频

在幻灯片中插入音频的方法如下：

（1）普通视图下，选定要插入音频的幻灯片。

（2）单击“插入”选项卡“媒体”组中的“音频”按钮。

（3）在下拉列表中选择文件中的音频、剪贴画音频、录制音频中的一项。

若选择“文件中的音频”选项，将弹出“插入音频”对话框，如图 6-75 所示。PowerPoint 支持的声音文件格式主要有 .wav、.mp3、.wma、.aif、.au、mid 等。

若选择“剪贴画音频”选项，将在窗口右侧弹出“剪贴画”任务窗格，如图 6-76 所示。在“搜索文字”文本框中输入要搜索的音频剪辑的关键字，单击“搜索”按钮，然后在搜索的结果中单击需要的项目。

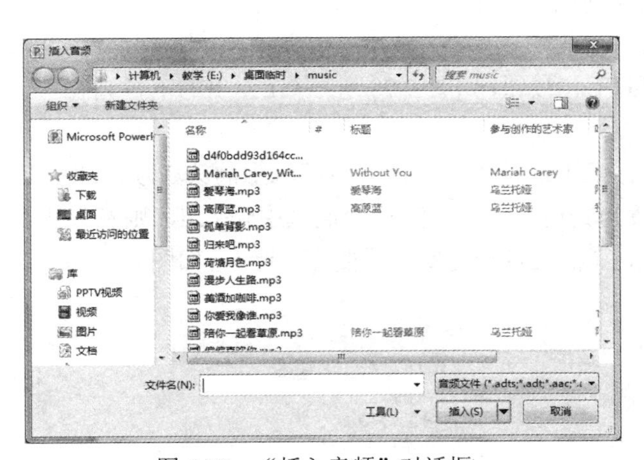

图 6-75　“插入音频”对话框

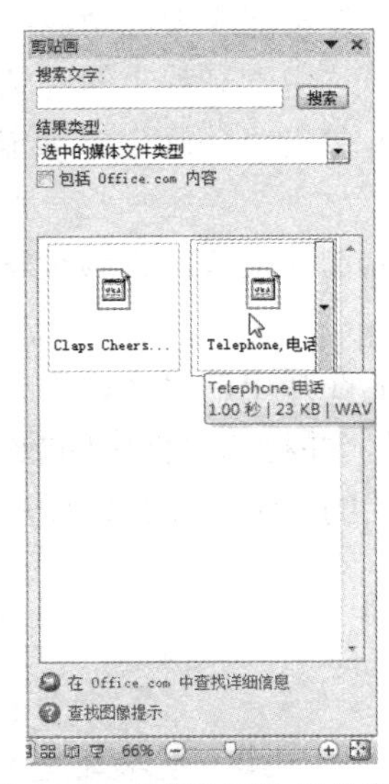

图 6-76　“剪贴画”任务窗格

若选择“录制音频”选项，将弹出录音机等待用户录音，录音结束单击“确定”按钮，将自动把录制好的声音插入到当前幻灯片中。

（4）音频插入成功后，幻灯片上将显示一个小喇叭。将鼠标指针指向它，会显示出播放控制条。

2. 设置音频播放选项

对于插入到幻灯片中的音频，可以对其编辑和设置音频效果选项，如剪裁音频、设置音频的淡入淡出效果、设置何时开始播放音频、是否循环播放、是否隐藏音频图标、调整音量等。

这些操作都可以在“音频工具 / 播放”选项卡中进行，如图 6-77 所示。

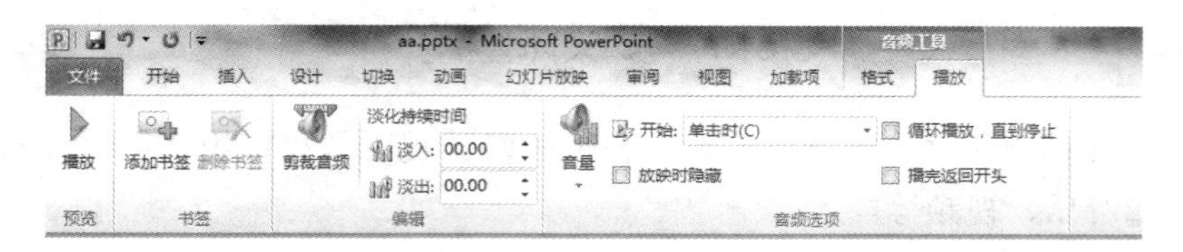

图 6-77　音频播放选项

下面介绍音频的开始方式。

（1）在幻灯片上选中音频图标。

（2）在“音频工具 / 播放”选项卡的“音频选项”组中单击“开始”下拉列表框，其中有 3 个开始选项：

- 自动：放映到该幻灯片时自动播放音频。
- 单击时：放映到该幻灯片时单击音频图标才播放音频。
- 跨越幻灯片：默认情况下，音频只能在插入它的幻灯片中播放，当切换到下一张幻灯片时音频将自动停止播放，若希望幻灯片切换到后面其他的幻灯片时音频仍继续播放，直到音频播放完毕，则应该选择此项。

特殊地，若要使音频从插入它的幻灯片开始连续的 N 张幻灯片中均能播放，则选择“跨越幻灯片”不能实现此功能，具体操作方法应该为：

（1）选中幻灯片上的音频图标。

（2）单击“动画”选项卡“高级动画”组中的“动画窗格”按钮，弹出“动画窗格”任务窗格。

（3）在其中单击音频对象右侧的下拉按钮，如图 6-78 所示，在弹出的下拉列表中选择“效果选项”。

（4）在弹出的“播放音频”对话框中选择“停止播放”区域中的第 3 项，即“在 N 张幻灯片后”，并将数值框中的数字 1 改为其他数字。例如在数值框中输入 4，则音频将在当前幻灯片开始的连续的 4 张幻灯片中播放（插入音频的幻灯片要算一张），如图 6-79 所示。

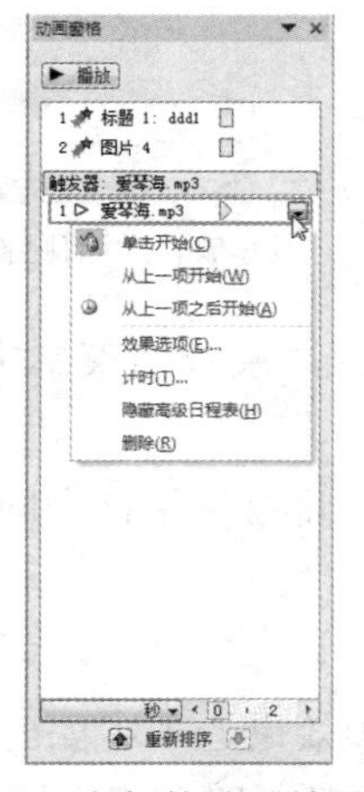

图 6-78　音频的动画效果选项

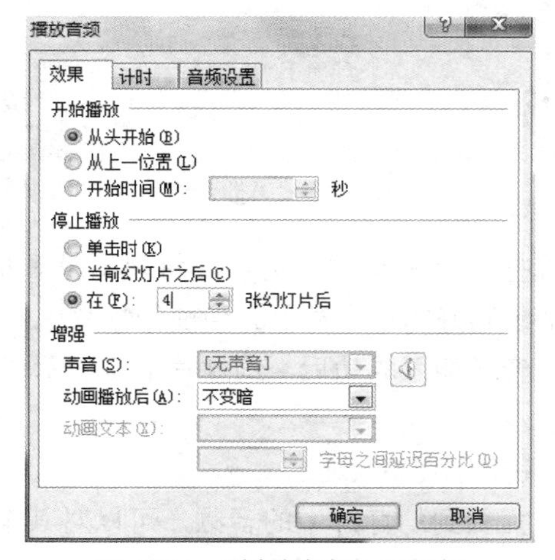

图 6-79　“播放音频”对话框

6.5.2　在幻灯片中插入视频

为了辅助表达讲解的内容、提高演示文稿的可观赏性和说明力，可以向演示文稿中插入一段视频。插入的视频可以是来自文件、网站、剪贴画的视频。PowerPoint 支持扩展名为 .wmv、.asf、.avi、.mpeg 等多种格式的视频文件。

1．插入视频

向幻灯片中插入视频的方法如下：

（1）普通视图下，选中要插入视频的幻灯片。

（2）单击“插入”选项卡“媒体”组中的“视频”按钮。

（3）在下拉列表中选择文件中的视频、来自网站中的视频、剪贴画视频中的一项。

若选择“文件中的视频”选项，将弹出“插入视频文件”对话框，在其中选择一个视频文件；若选择“剪贴画视频”选项，将弹出“剪贴画”任务窗格，在其中将列出一些 gif 动画，选择一项。

2．设置视频播放选项

对于插入到幻灯片中的视频，可以对其编辑和设置视频效果选项，如剪裁视频、设置何时开始播放视频、是否循环播放、是否全屏播放、调整播放音量等。这些都可以在“视频工具 / 播放”选项卡中进行设置，如图 6-80 所示。

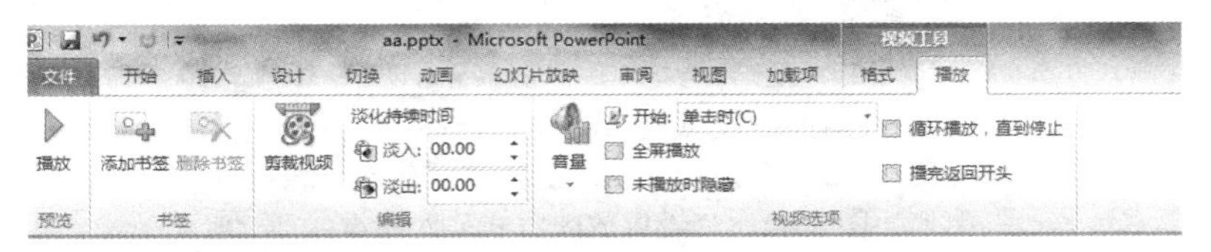

图 6-80　视频播放选项

“开始”下拉列表框用于设置视频的开始方式，可以选择“自动”或“单击时”两种方式。

“剪裁视频”用于从插入的视频文件中截取一部分视频，这在视频文件比较长，却只需要中间的少部分内容时比较有用。剪裁视频的方法如下：

（1）在幻灯片上选中视频对象。

（2）单击“视频工具 / 播放”选项卡“编辑”组中的“剪裁视频”按钮，将弹出“剪裁视频”对话框，在其中通过设置“开始时间”和“结束时间”来截取一段视频，也可以通过手动拖动播放进度条上的开始与结束滑块来截取一段视频，如图 6-81 所示。

图 6-81　剪裁视频

6.6 放映演示文稿

制作演示文稿的最终目的是放映给观众看，放映演示文稿的方式可以根据用户的具体要求进行设置。

6.6.1 设置放映方式

在演示文稿放映之前，可以根据使用者的具体要求设置演示文稿的放映方式，操作方法：单击“幻灯片放映”选项卡“设置”组中的“设置幻灯片放映”按钮，弹出“设置放映方式”对话框，如图 6-82 所示。

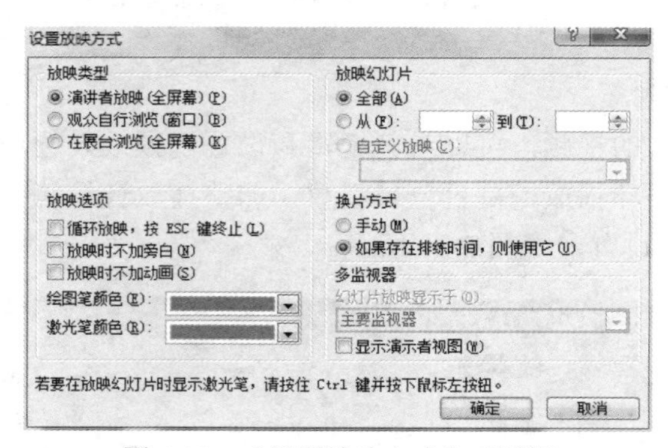

图 6-82 “设置放映方式”对话框

1. 设置放映类型

（1）演讲者放映（全屏幕）。演讲者放映是系统默认的放映类型，也是最常见的放映形式，采用全屏方式显示幻灯片。在这种放映方式下，演讲者可以根据观众的反应随时调整放映的速度或节奏，具有放映的完全控制权。在放映过程中可以切换到指定的幻灯片，还可以用绘图笔在幻灯片上涂写。

（2）观众自行浏览（窗口）。观众自行浏览是在标准的 Windows 窗口中显示幻灯片，其实是将幻灯片以阅读视图放映。右击窗口时能弹出快捷菜单，提供幻灯片定位、编辑、复制和打印命令，方便观众自己浏览和控制演示文稿。

（3）在展台浏览（全屏幕）。采用该放映类型，最主要的特点是不需要专人控制就可以自动放映。该放映模式下，幻灯片以全屏方式显示，放映过程中无法通过键盘或鼠标控制放映，只能自动放映，放映结束后又自动从第一张幻灯片开始重新放映，直至用户按下 Esc 键才会退出放映。该放映类型主要用于展览会的展台或其他需要自动演示的场合。

值得注意的是，使用“在展台浏览（全屏幕）”放映时，由于用户不能对放映过程进行干预，因此事先必须设置每张幻灯片的放映时间或预先设定排练计时。

2. 指定放映范围

在“放映幻灯片”选项组中可以指定演示文稿的放映范围，包括 3 种：全部、从第几张到第几张、自定义放映。

默认放映范围为“全部”，即播放所有幻灯片；从第几张到第几张则表示只播放指定范围的幻灯片，其他幻灯片不播放；“自定义放映”只有事先创建了自定义放映时才能用，否则为灰色。

自定义放映能逻辑地组织演示文稿中的某些幻灯片并为其命名。对同一个演示文稿可以建立多个自定义放映，每个自定义放映可以选择放映演示文稿中的哪些幻灯片。创建自定义放映的方法：单击“幻灯片放映”选项卡“开始放映幻灯片”组中的“自定义幻灯片放映”按钮，在下拉列表中选择“自定义放映”，弹出“自定义放映”对话框，如图 6-83 所示。单击“新建”按钮，弹出“定义自定义放映”对话框，选择添加需要的幻灯片，并在“幻灯片放映名称”文本框中为其命名，如图 6-84 所示。

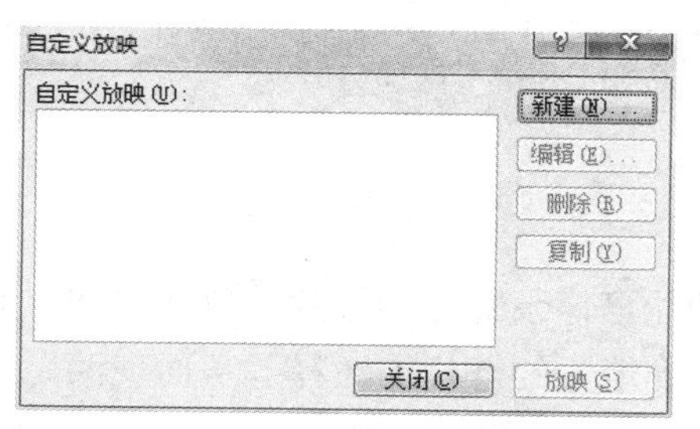

图 6-83　“自定义放映”对话框

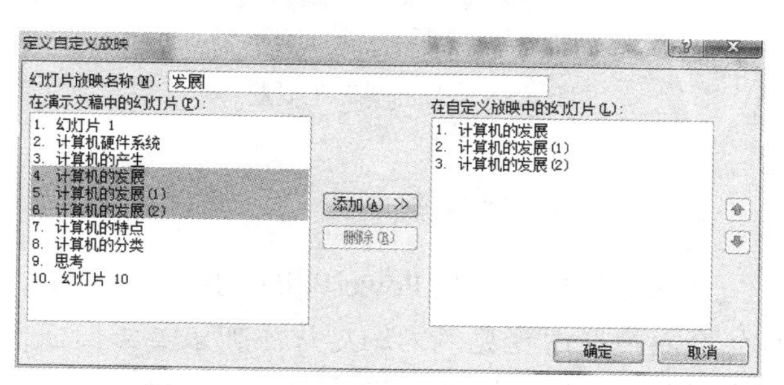

图 6-84　“定义自定义放映”对话框

3. 设置放映选项

在“放映选项”选项组中可以设置幻灯片是否循环放映、放映时是否加旁白、放映时是否加动画、绘图笔颜色等。默认“在展台浏览（全屏幕）”的放映方式会自动采用“循环放映，按 Esc 键终止”，其他放映类型则默认为指定范围的幻灯片播放完毕便结束放映，不会重新从第一张开始重新播放。

4. 指定换片方式

“换片方式”选项组用于指定幻灯片播放过程中如何切换幻灯片。其中，“手动”表示采用单击鼠标或按空格键等人工方式进行幻灯片的切换；“如果存在排练时间，则使用它”表示按照预先设定好的时间自动换片。要预先设置幻灯片的自动换片时间，可以通过排练计时或直接在“切换”选项卡的“计时”组中设置自动换片时间 ☑ 设置自动换片时间: 00:00.81 。

如果计算机上已经安装了多个监视器或投影系统，“多监视器”栏中的选项才有效。

6.6.2　排练计时

为了采用“在展台浏览（全屏幕）”放映模式，使演示文稿自动放映，应事先设置幻灯片的自动换片时间或使用排练计时。

运用 PowerPoint 的“排练计时”功能可以排练每张幻灯片播放的总时间，可以控制幻灯片上对象动画播放的进度、幻灯片切换的时刻等。

进行排练计时的操作步骤如下：

（1）确保当前放映方式为默认的“演讲者放映（全屏幕）”，若不是，则需要先单击“幻灯片放映”选项卡“设置”组中的“设置幻灯片放映”按钮，在弹出的“设置放映方式”对话框中选择“演讲者放映（全屏幕）”。

（2）单击“幻灯片放映”选项卡“设置”组中的“排练计时”按钮进入放映模式，并弹出“录制”工具栏，如图 6-85 所示。

（3）单击鼠标或按空格键来控制对象动画播放进度及幻灯片的切换。在排练过程中，用户也可以单击“录制”工具栏中的“暂停”按钮暂停录制。

（4）当用户控制所有幻灯片播放完毕后，系统会自动弹出一个对话框，提示播放演示文稿所需的总时间，如图 6-86 所示，用户可以根据情况单击“是”或“否”按钮。

图 6-85 “录制”工具栏

图 6-86 排练时间提示信息

6.6.3 录制幻灯片演示

录制幻灯片演示是 PowerPoint 的一项新功能，该功能可记录每张幻灯片的放映时间，并且允许用户使用麦克风为幻灯片添加录音旁白或使用激光笔为幻灯片加注释，从而使演示文稿脱离演讲者自动演示和解说。

录制幻灯片演示的操作步骤如下：

（1）单击“幻灯片放映”选项卡“设置”组中的“录制幻灯片演示”按钮，在下拉列表中选择“从头开始录制”或“从当前幻灯片开始录制”选项。

（2）在“录制幻灯片演示”对话框中，选中“旁白和激光笔”和“幻灯片和动画计时”复选项，然后单击“开始录制”按钮。

（3）在控制幻灯片播放的过程中，用户可以在需要添加解说或旁白的地方使用麦克风录音。

（4）操作结束后，自动保存放映计时及幻灯片上添加的旁白并返回到幻灯片浏览视图。

为幻灯片添加的旁白将被嵌入到幻灯片中，在幻灯片浏览视图或普通视图下，可以看到幻灯片的右下角有一个音频图标。

6.6.4 幻灯片的放映

设置好放映方式后，便可以开始放映幻灯片了。若事先未进行放映方式的设置，则默认为“演讲者放映（全屏幕）”。通过放映幻灯片可以将精心创建的演示文稿展示给观众或客户。

1. 开始放映

放映幻灯片经常采用的方式是单击 PowerPoint 窗口右下角的“幻灯片放映”按钮直接进入放映模式，它的特点是从当前选中的幻灯片开始放映幻灯片。

用户也可以单击“幻灯片放映”选项卡“开始放映幻灯片”组中的 4 个按钮来放映幻灯片，如图 6-87 所示。

（1）从头开始。从第 1 张幻灯片开始放映幻灯片，也可以按 F5 键。

（2）从当前幻灯片开始。从当前选中的幻灯片开始放映幻灯片，也可以按 Shift+F5 组合键。

（3）广播幻灯片。这是 PowerPoint 的新功能，它可以让拥有 Windows Live ID 的用户使用 Microsoft 提供的 PowerPoint Broadcast Service 服务将演示文稿发布为一个网址，网址可以发送给需要观看幻灯片的用户。用户获得网址后，即使没有安装 PowerPoint 程序，也可借助 Internet Explorer、Firefox 等浏览器观看幻灯片。

（4）自定义幻灯片放映。选择该项后，可以在其下拉列表中选择已经定义好的自定义放映，如图 6-88 所示，这样将放映自定义放映中指定的幻灯片。

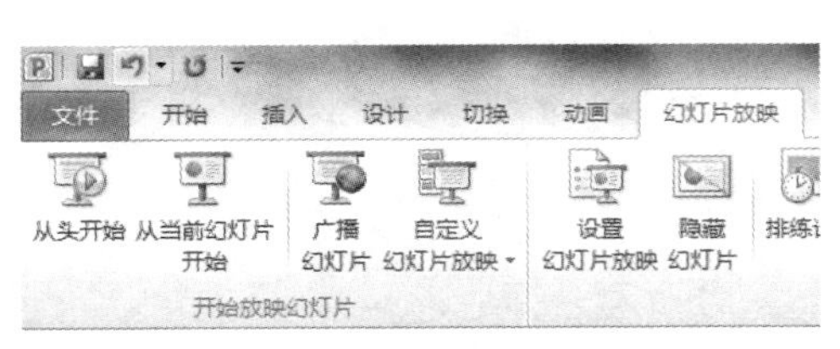

图 6-87　“开始放映幻灯片”组

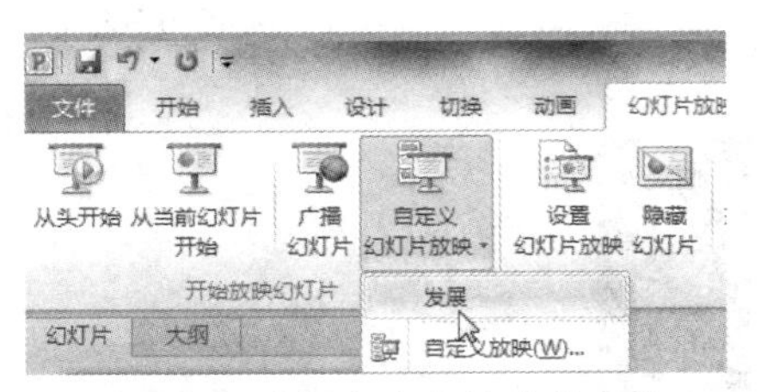

图 6-88　选择自定义放映的名称

2. 控制放映

在系统默认的放映方式即“演讲者放映（全屏幕）”放映方式下，放映控制方法如下：

（1）到下一个画面：单击鼠标左键、空格键、回车键、N 键、PgDn 键、↓键、→键。

（2）到上一个画面：P 键、PgUp 键、↑键、←键。

（3）取消放映：Esc 键。

（4）黑屏：B 键。

（5）白屏：W 键。

（6）使用画笔：Ctrl+P 组合键。

（7）隐藏画笔：Ctrl+A 组合键。

（8）擦除画笔所绘内容：E 键。

此外，在幻灯片放映过程中，还可以在屏幕空白处右击，在弹出的快捷菜单中找到以上控制放映的命令。

6.7　打印演示文稿

在 PowerPoint 中可以将制作好的演示文稿打印出来，方便演讲者使用或分发给观众查看。打印时可以指定是打印幻灯片，还是打印大纲、备注或讲义；还可以指定是打印当前幻灯片还是所有幻灯片、每页打印多少张幻灯片、打印的颜色等。

1. 页面设置

在打印演示文稿之前，有必要对打印页面的大小、方向和幻灯片起始编号等进行设置。单击“设计”选项卡“页面设置”组中的“页面设置”按钮，弹出“页面设置”对话框，如图 6-89 所示，在其中设置幻灯片的大小、方向等。

2. 打印设置

单击“文件”选项卡中的“打印”命令，在打印选项设置区中可以对打印的范围、打印的内容等进行设置，并且在右侧的预览框中可以观看到设置的效果，如图 6-90 所示。

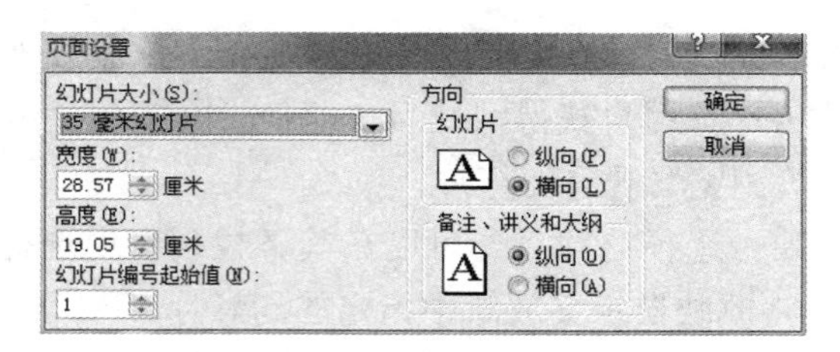

图 6-89 “页面设置”对话框

图 6-90 打印选项

（1）份数。指定打印的份数，即副本数。

（2）打印机。在下拉列表框中选择希望使用的打印机。

（3）打印范围。打印的范围主要包括 4 个选项：打印全部幻灯片、打印所选幻灯片、打印当前幻灯片、自定义范围。若选择“打印所选幻灯片”选项，则应在执行该操作之前在幻灯片浏览视图或普通视图下选择一张或多张需要打印的幻灯片；若选择“自定义范围”，则需要在“幻灯片”文本框中输入各幻灯片的编号或范围，例如 1,3,5-12。另外，还可以指定是否打印隐藏的幻灯片。

（4）打印内容。主要包括如下几个选项：

- 整页幻灯片：一页打印一张幻灯片。
- 备注页：每页除了打印一张幻灯片外，还包括幻灯片的备注信息。
- 大纲：打印演示文稿的大纲，只包括标题占位符、内容占位符、文本占位符中的文字，一页可以打印多张幻灯片的大纲内容。
- 讲义：一页可以打印多张幻灯片（1、2、3、4、6、9 张），还可以指定多张幻灯片的排列布局格式。

（5）逐份打印。选择“调整”选项，表示逐份打印；选择“取消排序”选项表示非逐份打印。若演示文稿中有 3 张幻灯片，打印份数为 2 份，则逐份打印的幻灯片编号顺序是 1、2、3、1、2、3；非逐份打印的顺序是：1、1、2、2、3、3。

（6）打印的颜色。打印的颜色主要包括颜色、灰度、纯黑白。

另外，还可以单击窗格下方的“编辑页眉和页脚”命令，在弹出的“页眉和页脚”对话框进行页眉和页脚的设置。

当完成必要的设置后，单击“打印”按钮即可在所选的打印机上开始打印。

6.8　演示文稿的输出

6.8.1　将演示文稿输出为视频

PowerPoint 中，演示文稿制作完成后，默认保存为扩展名为 .pptx 的文档。也可以使用“另存为”命令将演示文稿保存成 .ppt、.pdf、.xml、.wmv 等多种格式的文件。为了对保存选项进行设置并保存成其他格式的文件，可以使用“文件”选项卡中的“保存并发送”命令。

单击“文件”→“导出”→“创建视频”命令，右侧窗格中出现创建视频的说明，根据播放要求设置“放映每张幻灯片的秒数”之后单击“创建视频”按钮，演示文稿将导出为视频，默认格式为 .wmv，如图 6-91 所示。

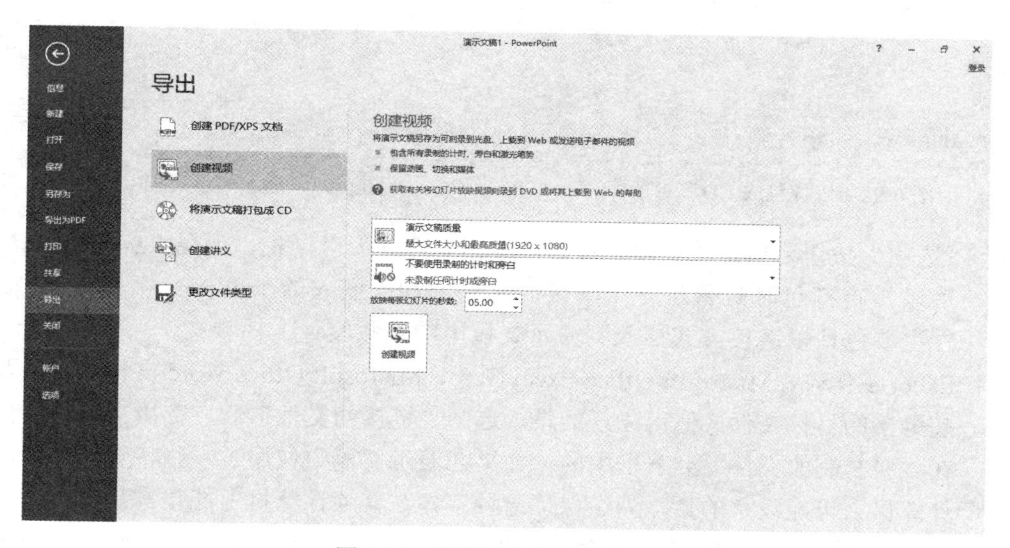

图 6-91　将演示文稿输出为视频

6.8.2　演示文稿的打包

很多情况下，用户要将自己制作好的演示文稿（*.pptx）拷贝到其他计算机上去放映，但有可能遇到这些情况：对方计算机上没有安装 PowerPoint，致使演示文稿无法打开；或者安装有 PowerPoint，但在播放幻灯片时各种链接文件找不到，致使演示文稿播放不正常；自己计算机上显示正常的字体，拷贝到其他计算机上时这些字体完全变了样。此时，我们可以使用 PowerPoint 的打包功能。

这里的打包，指的是使用 PowerPoint 打包命令将演示文稿及其所链接的音频、视频和其他文件等组合在一起，形成一个文件夹，放置到磁盘上或一张可写入的 CD 光盘中。

在这个打包文件夹中还包括了一个 PresentationPackage 文件夹，它提供了下载 PowerPoint

播放器的方法，以便打包成功的演示文稿在没有安装 PowerPoint 的计算机上播放。打包嵌入的 TrueType 字体会随着演示文稿保存，确保在没有安装这种字体的计算机上能正常显示。

打包步骤如下：

（1）打开一个要打包的演示文稿，如“计算机概述 0.pptx”。

（2）单击“文件”→“导出”→“将演示文稿打包成 CD”命令，并在右侧单击“打包成 CD”按钮，弹出“打包成 CD”对话框，如图 6-92 所示。

- “将 CD 命名为”文本框：用于键入打包后的文件夹名。
- “添加”按钮和“删除”按钮：单击“添加”按钮，可添加其他一同打包的 PowerPoint 演示文稿或 Word 文档、文本文件等。添加后的效果如图 6-93 所示。单击“删除”按钮，可将“要复制的文件”列表框中选中的文件删除。

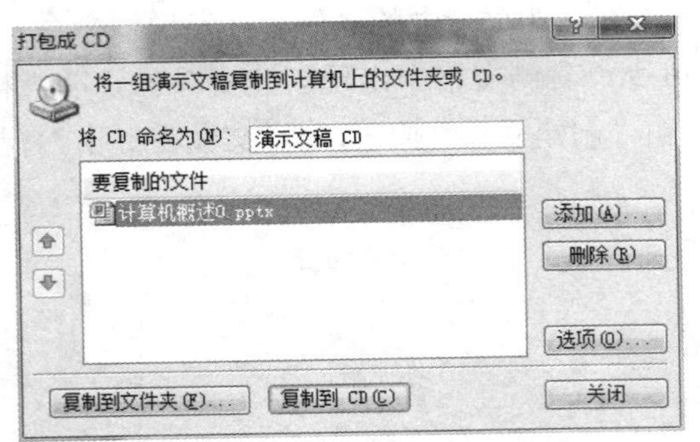

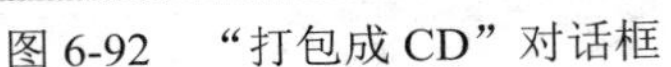
图 6-92 “打包成 CD”对话框

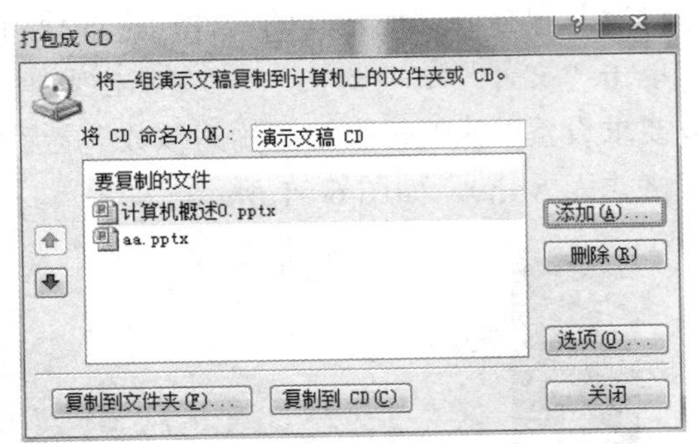

图 6-93 添加演示文稿

- “选项”按钮：单击“选项”按钮，弹出“选项”对话框，如图 6-94 所示。在其中可以指定打包时是否包含“链接的文件”和“嵌入的 TrueType 字体”。链接的文件主要包括以链接方式插入到演示文稿中的音频文件、视频文件、Microsoft Office Excel 工作表、Microsoft Office Excel 图表、Microsoft Office Word 文档等，以及某些超链接的目标文件。值得注意的是，选中“链接的文件”后，链接文件是不会显示在“要复制的文件”列表框中的。如果在演示文稿中使用了一些特殊的字体，其他计算机上可能没有的话，为了保证这种字体在其他计算机上能正常显示，需要单击“文件”选项卡中的“选项”命令，在弹出的“PowerPoint 选项”对话框的左侧窗格中单击“保存”选项，并在右侧窗格中选中“将字体嵌入文件”选项。另外，为了增强文档的安全性，还可以设置打开演示文稿及修改演示文稿的密码。设置好打包选项后，单击“确定”按钮返回到“打包成 CD”对话框。

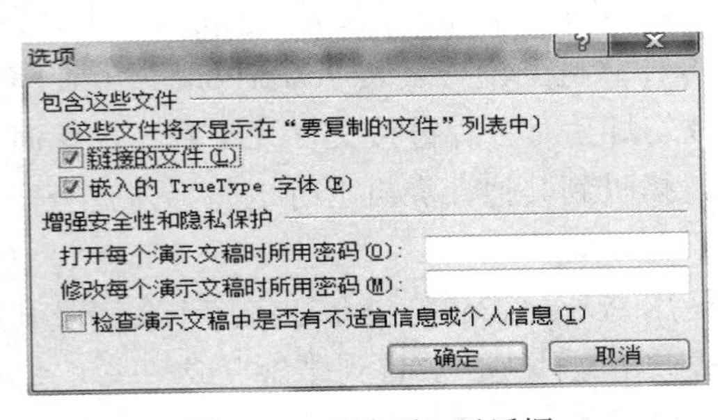

图 6-94 “选项”对话框

- "复制到文件夹"或"复制到 CD"按钮：单击"复制到文件夹"按钮，将指定的内容打包成一个文件夹放置到计算机的硬盘或可移动磁盘上。若希望打包成 CD，则事先应将空白的可写入的 CD 放入刻录机或具有记录功能的 DVD 驱动器中，然后单击"复制到 CD"按钮开始刻录。

需要指出的是，在 PowerPoint 中，图片、音频文件、视频文件默认都是以嵌入的方式插入到演示文稿当中的，所以只要以嵌入方式插入的这些文件在 PowerPoint 环境下不用打包也可以正常播放。

6.8.3　下载 PowerPoint 播放器

将打包文件夹或打包制成的 CD 拿到另一台计算机上去使用时，若目标计算机安装有 PowerPoint 软件，则演示文稿可以直接使用或放映；若目标计算机没有安装 PowerPoint 软件，则需要下载 PowerPoint 播放器。

PowerPoint 播放器是专门进行演示文稿播放的软件，与以往的版本相比，PowerPoint 打包时并不打包 PowerPoint 播放器，要在没有安装 PowerPoint 的计算机上运行 PowerPoint 演示文稿，只需打开打包生成的 PresentationPackage 文件夹，找到 PresentationPackage.html 文件并打开，在弹出的网页中单击 Download Viewer 按钮即可下载 PowerPoint 播放器的安装程序，如图 6-95 所示。播放器下载并安装成功后，启动 pptview.exe，并选择需要放映的演示文稿，单击"打开"按钮即可放映演示文稿。

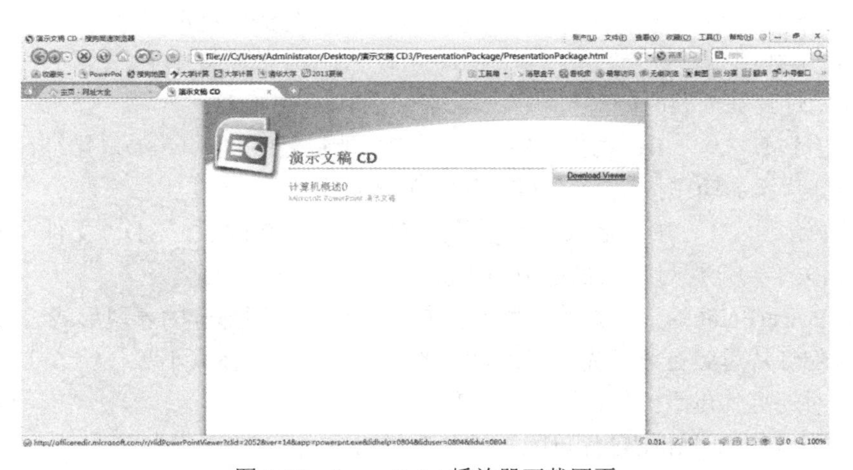

图 6-95　PowerPoint 播放器下载网页

习题 6

一、选择题

1．在演示文稿中新增一张幻灯片的方法是（　）。

A．单击"插入"选项卡"幻灯片"组中的"新建幻灯片"按钮或按 Ctrl+M 组合键

B．单击"开始"选项卡"幻灯片"组中的"新建幻灯片"按钮或按 Ctrl+M 组合键

C．在幻灯片编辑窗格中按 Enter 键

D．在幻灯片编辑窗格中按 Esc 键

2．PowerPoint 中，欲在幻灯片中添加文本框，应该使用（ ）选项卡。

A．视图　　B．插入　　C．开始　　D．动画

3．在使用 PowerPoint 打印演示文稿时，如在“打印内容”栏中选择“讲义”，则每页打印纸上最多输出（ ）张幻灯片。

A．2　　B．4　　C．6　　D．9

4．下列关于幻灯片页面版式的叙述中不正确的是（ ）。

A．幻灯片的大小可以改变

B．幻灯片应用的主题一旦选定，以后不可改变

C．同一演示文稿允许使用多种主题

D．幻灯片的方向可以改变

5．在“幻灯片浏览视图”方式下，双击幻灯片可以（ ）。

A．直接进入普通视图　　B．弹出快捷菜单

C．删除该幻灯片　　D．插入备注或说明

6．在 PowerPoint 中，设置幻灯片放映的换页效果为“随机线条”，应使用的选项卡是（ ）。

A．开始　　B．切换　　C．动画　　D．视图

7．在 PowerPoint 中，已设置了幻灯片的动画，但没有动画效果，应切换到（ ）。

A．普通视图　　B．幻灯片浏览视图

C．母版视图　　D．幻灯片放映视图

8．要使幻灯片在放映时能够自动播放，需要为其设置（ ）。

A．超链接　　B．动作按钮　　C．录制旁白　　D．排练计时

9．为幻灯片添加动作按钮，可以使用（ ）选项卡。

A．开始　　B．插入　　C．幻灯片放映　　D．文件

10．下列关于幻灯片母版的描述中不正确的是（ ）。

A．PowerPoint 通过幻灯片母版来控制幻灯片上不同部分的表现形式

B．幻灯片母版可以预先定义幻灯片的文本颜色、字体大小等

C．对幻灯片母版的修改不影响任何一张幻灯片

D．可以单独设计幻灯片母版下的某个版式母版

11．在 PowerPoint 中，在空白幻灯片中不可以直接插入（ ）。

A．文本框　　B．文字　　C．艺术字　　D．表格

12．在 PowerPoint 中设置文本的行距及段间距可以使用（ ）。

A．“文件”选项卡　　B．“格式”选项卡

C．“开始”选项卡　　D．“插入”选项卡

13．在幻灯片上插入图片，以下说法正确的是（ ）。

A．只能从 PowerPoint 的剪贴图片库中选取

B．PowerPoint 不带图片库，只能从外部插入图片

C．单击“插入”选项卡“图像”组中的“图片”按钮，可以插入一张图片

D．不能通过幻灯片上内容占位符中的按钮插入图片

14．在幻灯片的“动作设置”对话框中设置超链接对象不允许链接到（　）。

A．另一个演示文稿　　B．同一演示文稿的某一张幻灯片

C．其他应用程序的文档　　D．幻灯片中的某个对象

15．在幻灯片浏览视图中，可以进行的操作是（　）。

A．添加、删除、移动、复制幻灯片　　B．添加说明或注释

C．添加文本、图像及其他对象　　D．设置幻灯片上对象的动画效果

16．画矩形时，按住（　）键能画出正方形。

A．Ctrl　　B．Alt　　C．Shift　　D．以上都不是

17．PowerPoint 中，对象动画主要包括（　）几类动画效果。

A．“进入”和“强调”　　B．“退出”和“强调”

C．“进入”和“退出”　　D．“进入”“强调”“退出”和“动作路径”

18．对于已添加“自定义动画”的对象，以下说法错误的是（　）。

A．可以删除对象的动画效果

B．可以更改对象的动画效果

C．幻灯片中对象左上角的数字代表幻灯片放映时对象动画出现的先后顺序

D．不可以调整对象动画的先后顺序

19．在 PowerPoint 的幻灯片浏览视图下，按住 Ctrl 键并拖动某张幻灯片，可以完成（　）操作。

A．移动幻灯片　　B．复制幻灯片

C．删除幻灯片　　D．选定幻灯片

20．PowerPoint 演示文稿的默认扩展名是（　）。

A．.docx　　B．.xlsx　　C．.pptx　　D．.potx

21．下列不属于 PowerPoint 的视图的是（　）。

A．普通视图　　B．幻灯片浏览视图

C．幻灯片放映视图　　D．详细资料视图

22．在 PowerPoint 中，要在各张幻灯片的相同位置插入相同的小图片，较方便的方法是在（　）中设置。

A．普通视图　　B．幻灯片浏览视图

C．幻灯片放映视图　　D．幻灯片母版

23．在 PowerPoint 中，若要设置幻灯片在放映时能每隔 3 秒自动转到下一页，可以使用（　）选项卡进行设置。

A．切换　　B．动画　　C．播放　　D．设计

24．关于“超链接”，以下说法错误的是（　）。

A．超链接只能跳转到另一个演示文稿

B．超链接可以跳转到某个 Word 文档、Excel 文档

C．超链接可以指向某个邮件地址

D．超链接可以链接到某个 Internet 地址

25．演示文稿的基本组成单元是（ ）。

A．文本　　B．图形　　C．超链接　　D．幻灯片

26．在 PowerPoint 中，下列有关幻灯片背景设置的说法中正确的是（ ）。

A．不能用图片作为幻灯片背景

B．不能为演示文稿的不同幻灯片设置不同颜色的背景

C．可以为演示文稿中的所有幻灯片设置相同的背景

D．不能使用纹理作为幻灯片背景

27．在 PowerPoint 中进行了“隐藏幻灯片”操作，幻灯片将会（ ）。

A．被从演示文稿中删除

B．在幻灯片放映时不被放映，但仍保存在文件中

C．在幻灯片放映时可放映，但是幻灯片上的部分内容被隐藏

D．在普通视图的“幻灯片 / 大纲浏览窗格”中被隐藏

28．设置幻灯片页码的操作为（ ）。

A．单击“格式”选项卡“文本”组中的“幻灯片编号”按钮

B．单击“插入”选项卡“文本”组中的“幻灯片编号”按钮

C．单击“切换”选项卡“文本”组中的“幻灯片编号”按钮

D．单击“视图”选项卡“文本”组中的“幻灯片编号”按钮

二、填空题

1．PowerPoint 演示文稿文件的扩展名是 ________。

2．在 ________ 视图中，可以对幻灯片中的对象进行编辑操作。

3．在 PowerPoint 中，插入新幻灯片的快捷键是 ________。

4．在放映幻灯片时，中途要退出播放状态，应按的功能键是 ________。

5．演示文稿中每张幻灯片占位符的布局都是基于某种 ________ 创建的。

6．幻灯片母版视图主要包括 ________、________、________。

7．在演示文稿中可以插入来自 ________、剪贴画音频和录制音频。

三、简答题

1．“占位符”的作用是什么，“占位符”之外是否能够输入文本？

2．演示文稿与幻灯片有什么区别，有哪些联系？

3．演示文稿打包的作用是什么，如何对演示文稿进行打包？

4．母版分为几种，各有什么用途？

5．PowerPoint 允许向幻灯片中插入哪些内容？

6．在自定义动画效果中如何修改幻灯片对象的播放顺序？

7．如何设置幻灯片切换动画？

8．如何删除幻灯片上对象的自定义动画？

第 7 章　计算机网络与信息安全

本章导读

本章介绍计算机网络的概念及功能，网络的分类和拓扑结构，网络的软硬件及无线局域网，计算机网络协议，IP 地址和域名，Internet 的接入方式、服务和应用，IE 浏览器、FTP 和电子邮件的应用，信息安全、计算机病毒的基本知识及应用。

本章要点

- 计算机网络基本概念。
- Internet 原理与技术。
- Internet 服务与应用。
- 计算机信息安全。

7.1　计算机网络基本概念

计算机网络技术自诞生之日起就在以惊人的速度和广泛的应用程度不断发展，计算机网络是随着强烈的社会需求和前期通信技术的成熟而出现的，它是现代计算机技术与通信技术相结合的产物，其应用范围极其广泛。掌握计算机网络技术已经成为当代社会成员在网络化、数字化世界生存的基本条件。随着网络的发展和大数据时代的到来，网络购物、网络支付等技术的普及，信息安全问题变得越来越重要，在实际使用中有大量的数据存储和传输需要得到保护。如何保证计算机网络中存储和传输的数据的安全性是一个重要的问题。信息安全不仅关系到普通民众的利益，也是影响社会经济发展、政治稳定和国家安全的战略性问题。

7.1.1　计算机网络的定义和功能

1. 计算机网络的定义

20 世纪 50 年代初，美国出于军事需要，计划建立一个计算机网络，当网络中的一部分被摧毁时，其余网络部分会很快建立新的联系。当时美国在 4 个地区进行网络互连实验，采用 TCP/IP 作为基础协议，形成了早期的计算机网络。

计算机网络是指利用通信线路和通信设备，把分布在不同地理位置的具有独立功能的多台计算机、终端及其附属设备互相连接，按照网络协议进行数据通信，通过功能完善的网络软件实现资源共享和数据通信的系统。

简单点说，计算机网络就是一些相互连接的、以共享资源为目的的、自治的计算机的集合。对于用户来说，在访问网络共享资源时，可不必考虑这些资源所在的物理位置。

由计算机网络的定义，我们可以从以下几个方面来理解计算机网络：

（1）网络中的计算机具有独立的功能，它们在断开网络连接时仍可单机使用。

（2）网络的目的是实现计算机硬件资源、软件资源及数据资源的共享，以克服单机的局限性。

（3）计算机网络靠通信设备和线路，把处于不同地理位置的计算机连接起来，以实现网络用户间的数据传输。

（4）在计算机网络中，网络软件和网络协议是必不可少的。在计算机网络中，提供信息和服务能力的计算机是网络的资源，索取信息和请求服务的计算机是网络的用户。由于网络资源与网络用户之间的连接方式、服务方式及连接范围的不同，从而形成了不同的网络结构及网络系统。

最简单的计算机网络就是只有两台计算机和连接它们的一条链路，即两个节点和一条链路。因为没有第三台计算机，所以不存在交换的问题。最庞大的计算机网络就是因特网，它由非常多的计算机网络通过许多路由器互联而成，因此因特网也称为“网络的网络”。

另外，从网络媒介的角度来看，计算机网络可以看作是由多台计算机通过特定的设备与软件连接起来的一种新的传播媒介。

2. 计算机网络的功能

计算机网络的功能主要体现在4个方面：资源共享、信息交换和通信、提高系统的可靠性、均衡负荷与分布处理。

（1）资源共享。资源共享包括硬件资源、软件资源和数据资源。网络中的各用户能在自己的位置上部分或全部地使用这些资源，如扫描仪、绘图仪和外部存储设备，而在办公室等部门设置打印机共享更是常见的使用。资源共享可使用户节省开销，避免了重复劳动和重复投资，从而降低整个系统的费用。

（2）信息交换和通信。数据通信是计算机网络的基本功能之一，在网络中，通过通信线路可实现主机与主机之间各种信息的快速传输和交换，让分散在不同地点的生产单位和业务部门的信息得到统一、集中的控制和管理，典型的应用就是电子邮件和即时通讯等。

（3）提高系统的可靠性。在计算机网络中，当某台计算机出现故障而导致系统瘫痪无法运行时，其他计算机可以通过网络代替这台计算机的任务，提高了系统的可靠性。

（4）均衡负荷与分布处理。均衡负荷是指当网络中某台计算机的负荷太重时，通过网络和应用程序的控制和管理，将作业分散到网络中的其他计算机上，由多台计算机共同完成。分布处理是把要处理的任务分散到各个计算机上运行，而不是集中在一台大型计算机上。这样，不仅可以降低软件设计的复杂性，而且可以大大提高工作效率和降低成本。

在以前需要大型机来进行计算的任务，如天气预报、虚拟技术、卫星导航等，现在可以用网络的分布式计算来完成。把一项复杂的任务划分成许多部分，由网络内的各计算机分别协作并完成有关部分，使整个系统的性能大为增强。网络的分布式计算功能是现在网络应用发展的主要方向之一。

7.1.2 计算机网络发展

虽然计算机网络仅有几十年的发展历史，但是它经历了从简单到复杂、从低级到高级、从地区到全球的发展过程。纵观计算机网络的形成与发展历史，大致可以将它分为以下 4 个阶段：

（1）面向终端的计算机网络阶段。第一阶段是 20 世纪五六十年代，面向终端的具有通信功能的单机系统。因为计算机主机昂贵，而通信线路和通信设备相对便宜，为了共享计算机主机资源和进行信息的综合处理，人们通过数据通信系统将地理位置分散的多个终端通过通信线路连接到一台中心计算机上，该计算机以集中方式处理不同地理位置用户的数据，形成以单主机为中心的联机终端系统，如图 7-1 所示。人们将独立的计算机技术与通信技术结合起来，为计算机网络的产生奠定了基础。严格地讲，这不能算是网络，但它将计算机技术与通信技术结合了，可以让用户以终端方式与远程主机进行通信，所以我们视它为计算机网络的雏形，这一阶段的网络是网络主机和终端的通信体系。

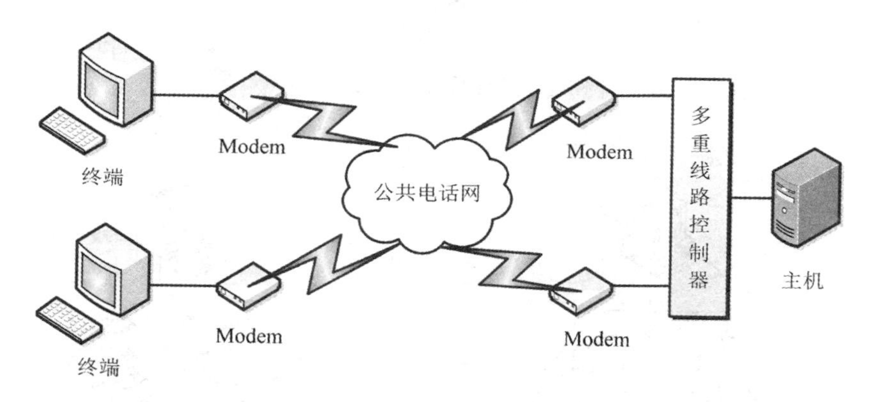

图 7-1　面向终端的计算机通信网络

（2）具有通信功能的多机系统阶段。面向终端的计算机网络只能在终端和主机之间进行通信，计算机之间无法通信。从 20 世纪 60 年代中期开始，出现了多个主机互联的系统，可以实现计算机和计算机之间的通信。表现为以美国的国防军事网络 ARPANET 为标志，与分组交换技术相结合，以资源共享为目的的第二阶段网络系统，如图 7-2 所示。ARPANET 是计算机网络技术发展中的里程碑，它使网络中的用户可以通过本地终端使用本地计算机的软件、硬件与数据资源，也可以使用网络中其他地方的计算机的软件、硬件与数据资源，从而达到计算机资源共享的目的。

第二阶段网络的特点是计算机和计算机互联，是计算机之间的通信，也是真正意义上的计算机网络。

（3）以共享资源为主的计算机网络互联阶段。第三阶段可以从 20 世纪 70 年代计起，国际上各种广域网、局域网与公用分组交换网发展十分迅速。各计算机厂商和研究机构纷纷发展自己的计算机网络系统，制定了自己的网络技术标准，这些网络技术标准只是在一个公司范围内有效，遵从某种标准的、能够互联的网络通信产品。网络通信市场这种各自为政的状况使得用户在投资方向上无所适从，也不利于厂商之间的公平竞争。为了解决互联互通，就需要对网络体系结构与网络协议进行标准化，实现计算机网络之间的互联，如图 7-3 所示。

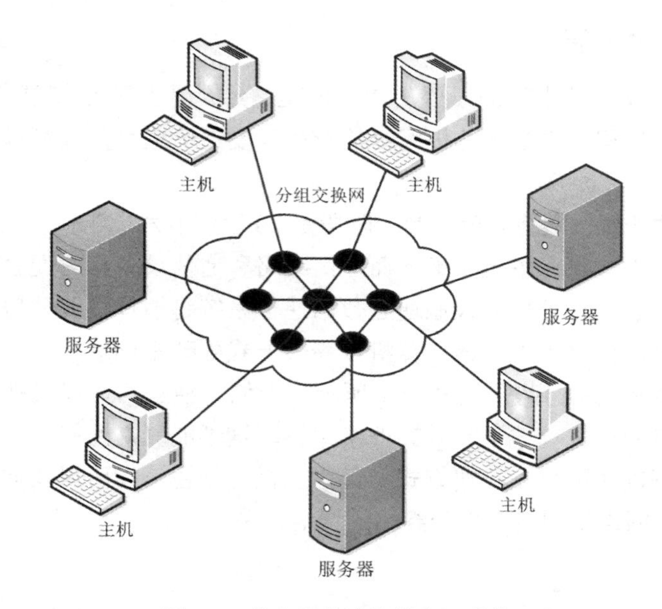

图 7-2 具有通信功能的多机系统

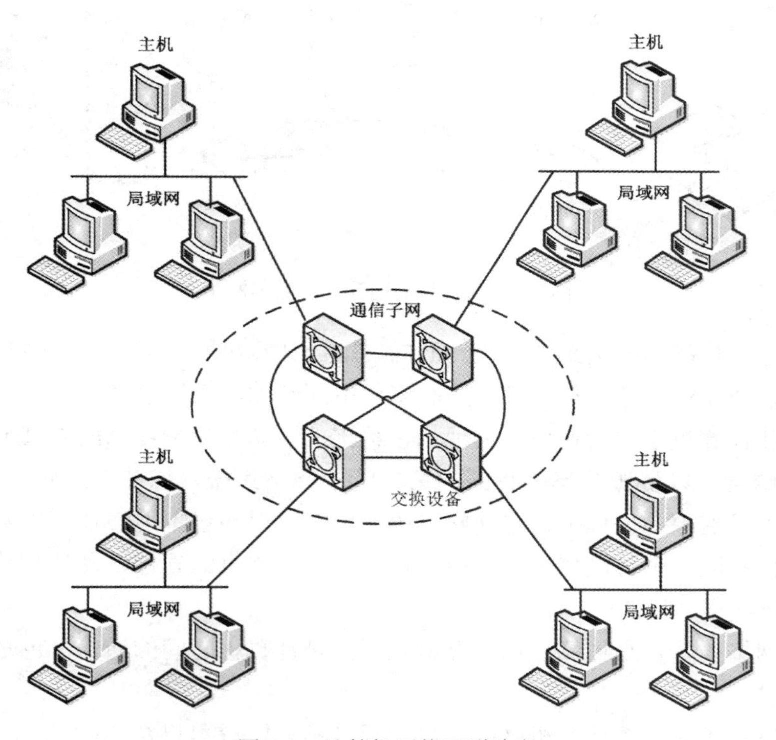

图 7-3 计算机网络互联阶段

1981 年国际标准化组织（International Organization for Standardization，ISO）的 TC97 信息处理系统技术委员会 SC16 分技术委员会着手制定开放系统互连参考模型（OSI/RM），它实现了不同厂家生产的计算机之间的互连，对网络体系的形成与网络技术的发展起到了重要的作用。OSI/RM 标志着第三代计算机网络的诞生。这个阶段的特点是网络的协议标准化，主要以实现资源共享为目的。Internet 充分地体现了这一特征，而 TCP/IP 协议的制定也是它风靡世界的重要原因。

（4）Internet 与高速网络阶段。第四阶段从 20 世纪 90 年代开始，迅速发展的 Internet 信息高速公路、无线网络与网络安全使信息时代全面到来。因特网作为国际性的网际网与大型信息系统，实现了全球网络互联，在当今经济、文化、科学研究教育与社会生活等方面发挥越来越重要的作用，如图 7-4 所示。宽带网络技术的发展为社会信息化提供了技术基础，网络安全技术为网络应用提供了重要安全保障，使得电子邮件、WWW 等 Internet 应用得到了惊人速度的发展。

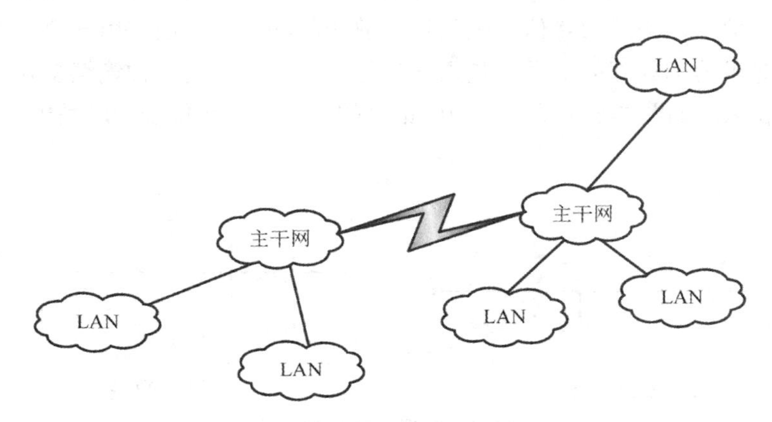

图 7-4　网络互联与高速网络结构示意图

2012 年提出“互联网 +”理念，就是“互联网 + 各个传统行业”，但这并不是简单的两者相加，而是利用信息通信技术以及互联网平台，让互联网与传统行业进行深度融合，创造新的发展生态。它代表一种新的社会形态，即充分发挥互联网在社会资源配置中的优化和集成作用，将互联网的创新成果深度融合于经济、社会各领域之中，提升全社会的创新力和生产力，形成更广泛的以互联网为基础设施和实现工具的经济发展新形态。

7.1.3　数据通信

计算机通信是将一台计算机产生的数据和信息通过通信信道传给其他的计算机，包括数字通信和模拟通信两种方式。数字通信系统抗干扰性强；模拟通信系统信号频谱比较窄，抗干扰性差。数字通信一般应用在局域网和广域网中，模拟通信主要用在广域网中。数据通信是计算机技术与通信技术相结合的产物。

数据在通信线路上传输是有方向的，根据在某一时间信息的传输方向和特点，线路通信方式可分为以下 3 种：

- 单工通信。传送的信息始终在一个方向上的通信。
- 半双工通信。通信信道的每一端可以是发送端，也可以是接收端。但在同一时刻信息只能有一个传输方向。
- 全双工通信。可以双向通信。

1. 信道

信道是信息传输的媒介或通道。信道有物理信道和逻辑信道之分。物理信道是指用来传输数据和信号的物理通路，它由传输介质和相关的通信设备组成。计算机网络中常用的传输介质包括双绞线、同轴电缆、光缆和无线电波等。逻辑信道是指两个节点之间在通信协议中对等层之间的一种连接，是一种逻辑上的“连接”。根据传输介质的不同，物理信道可分为有线信道（如电话线、双绞线、同轴电缆和光缆等）、无线信道和卫星信道。根据信道中传输的信号类型来分，物理信道又可划分为模拟信道和数字信道。模拟信道传输的是模拟信号，如调幅或调频波，而数字信道直接传输二进制脉冲信号。

2. 信号

信号是数据的表现形式。通信是为了传输数据，数据是数字化后的信息形式。信号分为数字信号和模拟信号两类。数字信号是一种离散的脉冲序列，通常用一个脉冲表示一位二进制数。现在计算机内部处理的信号都是数字信号。模拟信号是一种连续变化的信号，可以用连续的电波来表示，如图 7-5 所示，例如电话里的语音信号和传统的广播电视信号等。

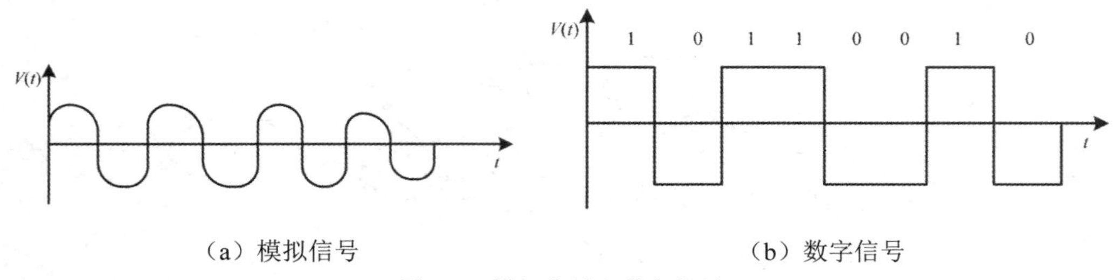

（a）模拟信号　　（b）数字信号

图 7-5　模拟信号和数字信号

3. 调制与解调

计算机内的信息是由“0”和“1”组成的数字信号，而电话线是针对语音通话设计的模拟信道，传递的是模拟信号。于是，当两台计算机要通过电话线进行数据传输时，就需要一个设备负责数模的转换。这个数模转换器就是调制解调器（Modem）。计算机在发送数据时，先由 Modem 把数字信号转换为相应的模拟信号，这个过程称为“调制”，也称 D/A 转换。经过调制的信号通过电话载波传送到另一台计算机之前，也要经由接收方的 Modem 负责把模拟信号还原为计算机能识别的数字信号，这个过程称为“解调”，也称 A/D 转换。正是通过这样一个“调制”与“解调”的数模转换过程才实现了两台计算机之间的远程通信。

4. 带宽与数据传输速率

在模拟信道中，如通过公共电话线传送计算机通信信号，以带宽表示信道传输信息的能力，带宽指传送信号的最高频率和最低频率的范围（即频带宽度），用 Hz、kHz、MHz、GHz 作为单位，信道的频带越宽（带宽数值越大），表示可用的频率就越多，其传输的数据量也就越大。例如，标准电话线路的带宽为 300 ～ 3400Hz（3100Hz），理想情况下为 2400Hz。

在数字信道中，用数据传输速率（也称比特率）表示信道的传输能力，即每秒传输的二进制位数，单位为位 / 秒（b/s）、kb/s、Mb/s、Gb/s 和 Tb/s。例如，调制解调器的传输速率为 56kb/s。

研究证明，通信信道的最大传输率与信道带宽之间存在着明确的关系，所以在网络技术中“带宽”与“速率”几乎成为了同义词。带宽与数据传输速率是通信系统的主要技术指标之一。

5. 误码率

由于种种原因，数字信号在传输过程中不可避免地会产生差错。如发送的信号是“1”，在传输过程中受到外界的干扰，接收到的信号却是“0”，这就是“误码”，也就是说发生了一个差错。在一定时间内收到的数字信号中发生差错的比特数与同一时间所收到的数字信号的总比特数之比，就叫做“误码率”。

误码率 = 错误码元数 / 传输码元总数

误码率是最常用的数据通信传输质量指标，在计算机网络系统中，一般要求误码率低于 10^{-6}（百万分之一）。

6. 通信协议

在通信中双方必须遵守一定的规则才能实现通信，这些规则称为通信协议。

（1）使用不同协议的计算机要进行通信，必须经过中间协议转换设备的转换。

（2）不同的网络采用的通信协议一般不相同，例如，局域网中使用 CSMA/CD 协议、广域网中使用 X.25 协议、因特网中使用 TCP/IP 等。

7.1.4　计算机网络的组成

计算机网络首先是一个通信网络，计算机之间通过通信设备进行数字通信，在此基础上各计算机通过网络软件共享其他计算机上的硬件资源、软件资源和数据资源，通常计算机网络由 3 部分组成：资源子网、通信子网和通信协议，如图 7-6 所示。

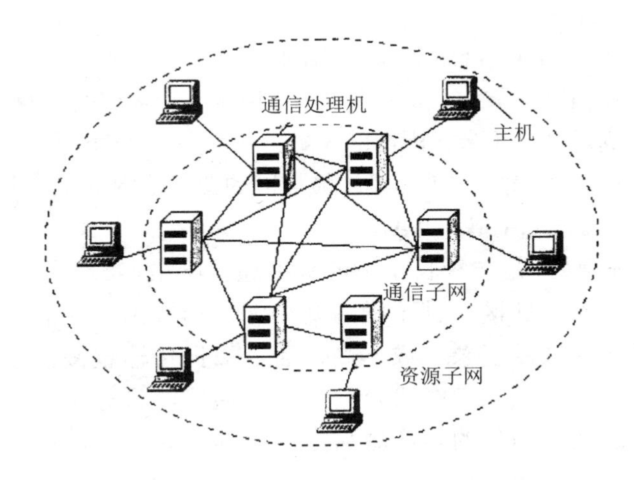

图 7-6　计算机网络的逻辑结构

1. 通信子网

通信子网是指网络中实现网络通信功能的设备及其软件的集合，通信设备、网络通信协议、通信控制软件等属于通信子网，是网络的内层，负责信息的传输，主要为用户提供数据的传输、转接、加工、变换等。

2. 资源子网

资源子网主要包括联网的计算机、终端、外部设备、各种软件资源和信息资源等，代表着网络的数据处理资源和数据存储资源，其主要任务是负责全网的信息处理和数据处理业务，为用户提供网络服务和资源共享功能等。

3. 通信协议

通信协议是指双方实体完成通信或服务所必须遵循的规则和约定。协议定义了数据单元使用的格式、信息单元应该包含的信息与含义、连接方式、信息发送和接收的时序，从而确保网络中的数据能顺利地传送到确定的地方。

7.1.5 网络分类与特征

计算机网络的分类标准有很多种，主要的分类标准有根据网络所使用的传输技术分类、根据网络的拓扑结构分类、根据网络协议分类等，这些只能从某一方面反映网络的特征。根据网络覆盖的地理范围和规模分类是最普遍采用的分类方法，它能较好地反映网络的本质特征。由于网络覆盖的地理范围不同，它们所采用的传输技术也就不同，因此形成了不同的网络技术特点与网络服务功能，依据这种分类标准可以将计算机网络分为局域网、城域网和广域网。

1. 局域网（Local Area Network，LAN）

局域网是指在一个较小地理范围内的各种计算机网络设备相互连接在一起的通信网络，其覆盖的地理范围比较小，一般在几十米到几千米之间。局域网常用于组建一个办公室、一栋楼、一个楼群、一个校园或一个企业的计算机网络。局域网具有传输速率高（100～1000Mb/s）、误码率低、成本低、容易组网、易管理和使用灵活方便等特点，深受广大用户的欢迎，也是最常见、应用最广的一种网络。

2. 城域网（Metropolitan Area Network，MAN）

城域网是一种大型的LAN，它的覆盖范围介于局域网和广域网之间，一般为几千米至几万米，它的设计目标是满足几十千米范围内的大量企业、学校、公司的多个局域网的互联需求，以实现大量用户之间的信息传输。也就是说，城域网的覆盖范围是在一个城市内。

3. 广域网（Wide Area Network，WAN）

广域网也称为远程网络，是一种长距离的数据通信网络，实现了更大范围的资源共享。广域网可能覆盖一个国家、地区，甚至横跨几个洲，形成国际性的远程计算机网络。广域网上的数据通信要比局域网复杂、成本高，而且数据传输较慢。广域网可以使用电话交换网、微波、卫星通信网或它们的组合信道进行通信，将分布在不同地区的计算机系统互联起来，达到资源共享的目的。广域网是网络的公共部分，在我国广域网一般为电信部门所有。

因特网是广域网的一种，但它不是一种具体独立的网络，它将同类或不同类的物理网络（局域网、广域网与城域网）互联，并通过高层协议实现不同类网络间的通信。

7.1.6 网络拓扑结构

拓扑学是几何学的一个分支，从图论演变而来，是研究与大小、形状无关的点、线和面构成的图形特征的方法。计算机网络拓扑结构是将网络的节点和连接节点的线路抽象成点和线，用几何关系表示网络结构，从而反映出网络中各个实体的结构关系。

在网络中把计算机和通信设备抽象为一个点，把传输介质抽象为一条线，由点和线组成的几何图形就是计算机网络的拓扑结构。网络的拓扑结构是设计计算机网络的第一步，是实现各种网络协议的基础，它对网络的性能、系统的可靠性和通信费用都有重大影响。常见的网络拓扑结构主要有星型、环型、总线型、树型和网状等几种。

（1）总线型拓扑结构。总线型中所有设备都直接与采用一条称为公共总线的传输介质相连，如图 7-7 所示。这种结构的特点是节点加入和退出网络都非常方便，可靠性较高，结构也很简单，建网成本低，是目前局域网普遍采用的形式。但网络中所有的数据都需要经过总线传送，总线成为整个网络的瓶颈，同时故障诊断和隔离比较困难。

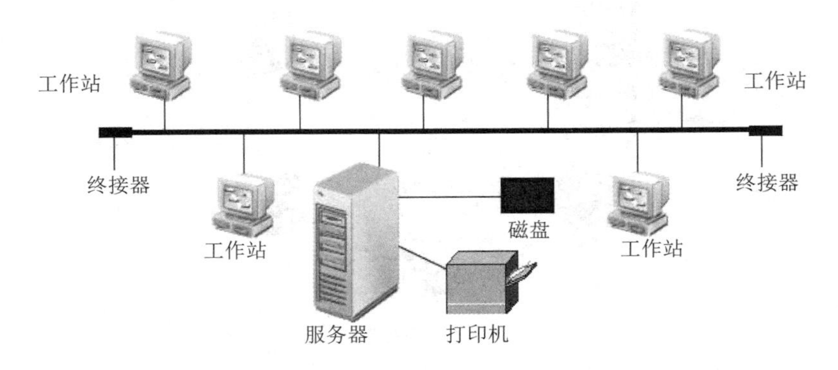

图 7-7　总线型拓扑结构

（2）星型拓扑结构。星型拓扑结构是最早的通用网络拓扑结构形式。在星型拓扑结构中，每个节点与中心节点连接，中心节点控制全网的通信，任何两个节点之间的通信都要通过中心节点，如图 7-8 所示。星型拓扑结构的特点是结构简单、容易实现、便于管理、易于扩展。但是由于它是集中控制方式的结构，一旦中心节点出现故障，就会造成全网瘫痪，可靠性较差。因此，要求中心节点有很高的可靠性。由于每个节点与中心节点之间都要有一条连线，导致费用较高。

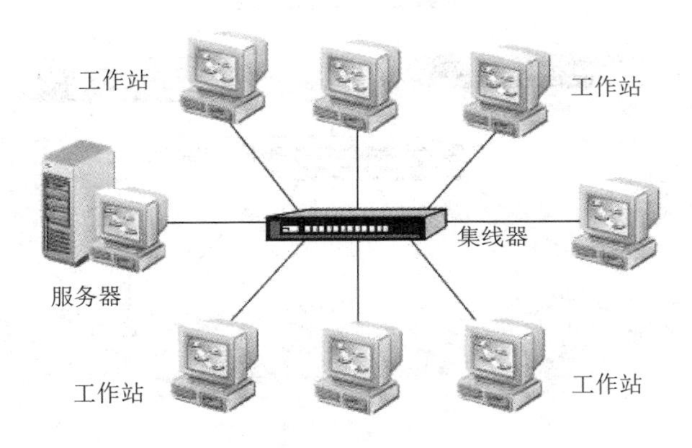

图 7-8　星型拓扑结构

（3）环型拓扑结构。环型结构也是通过总线把网络中的各个节点连接起来，与总线型结构的不同之处在于环型结构中的总线两端是连接在一起的。网络中各节点连接到一个闭合的环路上，信息沿环型线路单向传输，由目的站点接收，如图 7-9 所示。其特点是结构简单、传输距离远、传输延迟确定、可以使用光纤。环型网络结构适合那些数据不需要在中心主控机上集中处理，而主要在各自站点进行处理的情况，环型结构的优点是结构简单、成本低，缺点是环中任意一点的故障都会引起网络瘫痪，可靠性低。

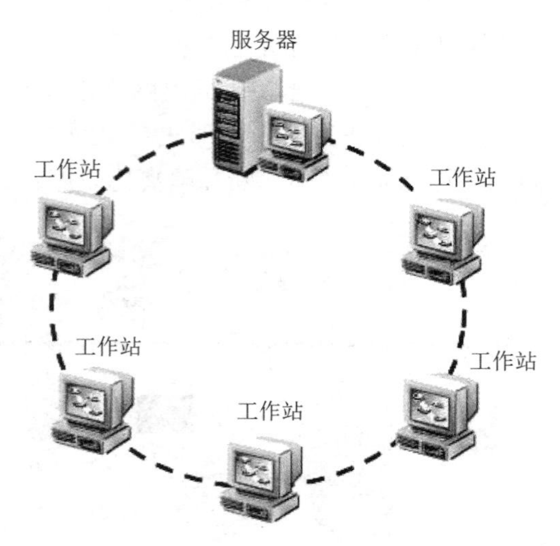

图 7-9 环型拓扑结构

（4）树型拓扑结构。树型结构是一种层次结构，节点按层次连接，像树木一样，不断分支，形成主干、分支、根节点、叶子节点等。信息交换主要在上、下节点之间进行，相邻节点或同层节点之间一般不进行数据交换，如图 7-10 所示。优点是连接简单、维护方便，缺点是资源共享能力较低、可靠性不高。树型拓扑结构可以看作是星型拓扑结构的一种扩展，主要适用于汇集信息的应用要求。

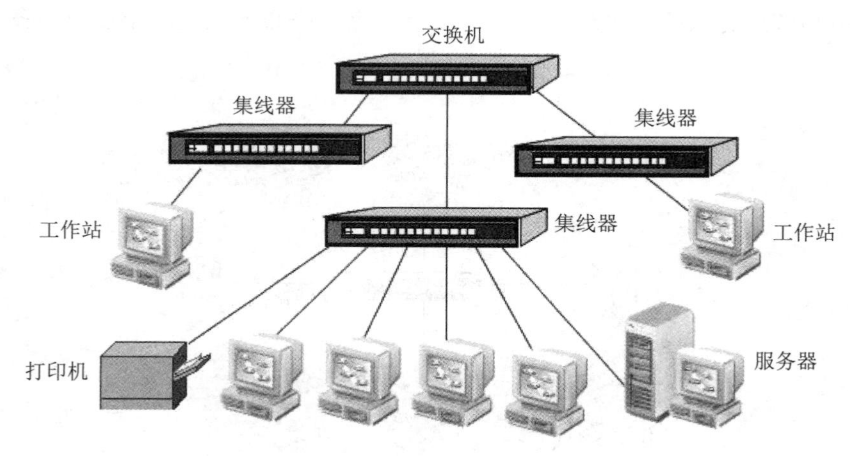

图 7-10 树型拓扑结构

（5）网状拓扑结构。网状结构又称为无规则结构，是指将各网络节点与通信线路互连成不规则的形状，每个节点至少与其他两个节点相连，或者说每个节点至少有两条链路与其他节点相连，如图 7-11 所示。从图中可以看出网状拓扑结构没有上述 4 种拓扑结构那么明显的规则，节点的连接是任意的，没有规律。优点是具有较高的可靠性、比较容易扩展，缺点是结构复杂，必须采用路由协议、流量控制等方法，广域网基本上采用网状拓扑结构。

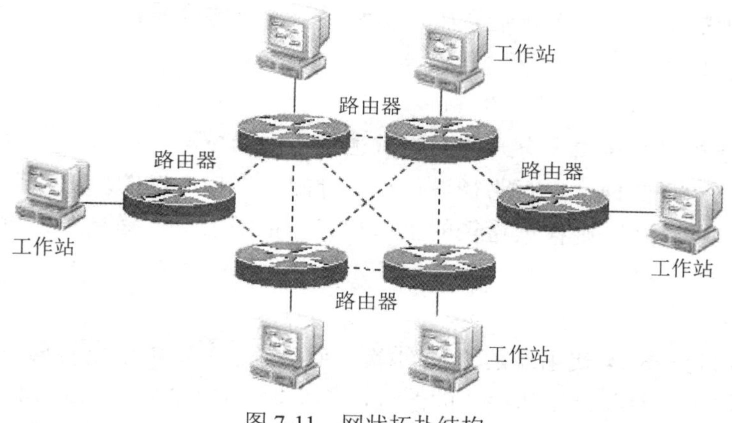

图 7-11　网状拓扑结构

7.1.7 网络硬件

与计算机系统类似，计算机网络系统由网络软件和硬件设备两部分组成。下面主要介绍常见的网络硬件设备。

1. 传输介质（Media）

传输介质是网络中数据传输的通道。传输介质分为两大类：有线介质和无线介质。有线介质包括双绞线、同轴电缆和光缆，其性能由低到高，价格由廉到贵；无线介质包括微波、卫星、激光和红外线等。局域网中常见的传输介质有同轴电缆、双绞线和光缆。

2. 网络接口卡（NIC）

网络接口卡（简称网卡）是构成网络必需的基本设备，主要用于计算机和网络的连接。它是一块插件板，使用时插到计算机主板的扩展槽中。网卡负责执行网络协议、实现物理层信号的转换等功能。还有一种网卡是无线网卡，无线网卡是终端无线网络的设备，是无线局域网的无线覆盖下通过无线连接网络进行上网使用的无线终端设备。具体来说，无线网卡就是使计算机可以利用无线来上网的装置。

3. 中继器

中继器又叫“放大器”，起放大信号的作用，解决线路太长而引起的信号衰减问题。因此，为了保证有用数据的完整性，并在一定范围内传送，要用中继器把所接收到的弱信号分离，并再生放大以保持与原数据相同。

4. 集线器

集线器是网络连接最常见的设备，也是局域网的基本连接设备。它通常用于“星型”网络组织的中心设备。它具备中继器的特点，端口比中继器更密集，因此又把集线器叫做端口更多的中继器。集线器是一种半双工（同一时间只能接收或发送数据，不能同时既接收又发送数据）、冲突型设备，共享带宽，放大信号的同时放大噪声，不隔离广播，不能成环，不安全，一般不建议使用。

5. 网桥

网桥是一个局域网与另一个局域网之间建立连接的桥梁。网桥是属于网络层的一种设备，它的作用是扩展网络和通信手段，在各种传输介质中转发数据信号，扩展网络的距离，同时有选择地将有地址的信号从一个传输介质发送到另一个传输介质，并能有效地限制两个介质系统中无关紧要的通信。

6. 路由器

路由器用于连接多个逻辑上分开的网络，也是实现局域网与广域网互连的主要设备。路由器用于检测数据的目的地址，对路径进行动态分配，根据不同的地址数据分流到不同的路径中。如果存在多余路径，则根据路径的工作状态和忙闲情况选择一条合适的路径，动态平衡通信负载。

7. 交换机

交换机是 20 世纪 90 年代出现的新型网络互连设备，主要用来组建局域网和局域网的互连。交换概念的提出是对共享工作模式的改进，而交换式局域网的核心设备是局域网交换机。共享式局域网在每个时间片上只允许有一个节点占用公用的通信信道，即它可以为接入交换机的任意两个网络节点提供独享的电信号通路。交换机支持端口连接的节点之间的多个并发连接，从而增大网络带宽，改善局域网的性能和服务质量。

8. 网关

网关的功能是将协议进行转换，将数据重新分组，以便在两个不同类型的网络系统之间进行通信，用于网关转换的应用协议有电子邮件、文件传输、远程工作站登录等。网关提供一个协议到另一个协议之间的转换功能，网关的结构、技术等都比较复杂，因此通常用计算机来作为网关。

9. 调制解调器

调制解调器是 PC 通过电话线接入因特网的必备设备，具有调制和解调两种功能。调制解调器分为外置和内置两种：外置调制解调器是在计算机机箱之外使用的，一端用电缆连接在计算机上，另一端与电话插口连接，优点是便于从一台设备移到另一台设备上去；内置调制解调器是一块电路板，插在计算机或终端内部，价格比外置调制解调器便宜，但是一旦插入机器就不易移动了。

7.1.8 网络软件

计算机网络的设计除了硬件，还必须要考虑软件，目前的网络软件都是高度结构化的。为了降低网络设计的复杂性，绝大多数网络都划分了层次，每一层都在其下一层的基础上，每一层都向上一层提供特定的服务。提供网络硬件设备的厂商很多，不同的硬件设备如何统一划分层次，并且能够保证通信双方对数据的传输理解一致，这些就要通过单独的网络软件——协议来实现。

通信协议就是指通信双方都必须要遵守的通信规则，是一种约定。假设，当人们见面，某一方伸出手时，另一方也应该伸手与对方握手以表示友好，如果后者没有伸手，则违反了礼貌规则，那么他们后面的交往可能就会出现问题。

计算机网络中的协议是非常复杂的，因此网络协议通常都按照结构化的层次方式来进行组织。1974 年，出现了 TCP/IP 参考模型，它是当前最流行的商业化协议，被公认为是当前的工业标准或事实标准。它将计算机网络划分为 4 个层次：应用层、传输层、网际层和网络接口层，如图 7-12 所示。

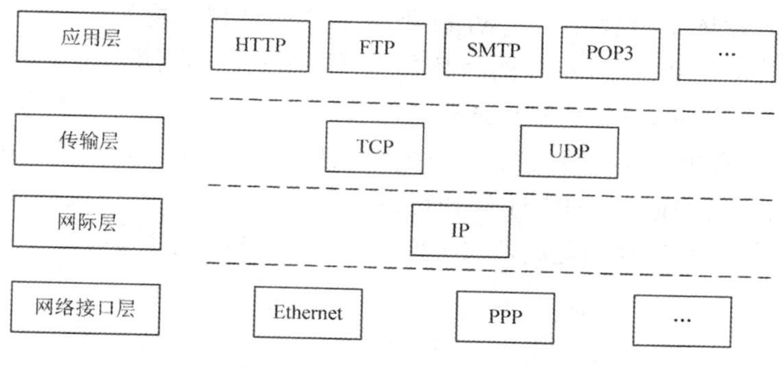

图 7-12 TCP/IP 参考模型

（1）应用层：负责处理特定的应用程序数据，为应用软件提供网络接口，包括 HTTP（超文本传输协议）、Telnet（远程登录）、FTP（文件传输协议）等协议。也就是说应用层负责传送各种最终形态的数据，是直接与用户打交道的层。

（2）传输层：为两台主机间的进程提供端到端的通信。主要协议有 TCP（传输控制协议）和 UDP（用户数据报协议）。TCP 协议提供的是一种可靠的、面向连接的数据传输服务；UDP 协议提供的是不可靠的、无连接的数据传输服务。也就是说传输层负责传送文本数据，主要协议是 TCP 协议。

（3）网际层：确定数据包从源端到目的端如何选择路由。主要协议有 IPv4（网际网协议版本 4）、ICMP（网际网控制报文协议）、IPv6（IP 版本 6）等。主要解决主机到主机的通信问题，负责相邻计算机之间的通信。也就是说网络层负责分配地址和传送二进制数据，主要协议是 IP 协议。

（4）网络接口层（主机至网络层）：规定了数据包从一个设备的网络层传输到另一个设备的网络层的方法。也就是说网络接口层负责建立电路连接，是整个网络的物理基础，典型的协议包括以太网、ADSL 等。

7.1.9 无线局域网

随着计算机硬件的快速发展，笔记本电脑、手机、PDA 等各种移动便携设备迅速普及，人们希望在家中或办公室里一边走动一边上网，而不是被网线牵在固定的书桌上。于是许多研究机构很早就开始为计算机的无线连接而努力，使它们之间可以像有线网络一样进行通信。因此，架设无线局域网就成为最佳解决方案。

无线局域网（Wireless Local Area Networks，WLAN）利用无线技术在空中传输数据、话音和视频信号，如图 7-13 所示。作为传统布线网络的一种替代方案或延伸，无线局域网把个人从办公桌解放了出来，使他们可以随时随地获取信息，提高了办公效率。

无线局域网是应用无线通信技术将计算机设备互联起来，构成可以互相通信和实现资源共享的网络体系。它的优点是能够方便地联网，因为 WLAN 可以便捷、迅速地接纳新加入的成员，而不必对网络的用户管理配置进行过多的变动；WLAN 在有线网络布线困难的地方比较容易实施，使用 WLAN 方案，则不必再实施打孔敷线作业，因而不会对建筑设施造成任何损害。

在无线局域网的发展中，Wi-Fi（Wireless Fidelity）由于具有较高的传输速度、较大的覆盖范围等优点，发挥了重要作用。Wi-Fi 不是具体的协议或标准，它是无线局域网联盟（WLANA）为了保障使用 Wi-Fi 标志的商品之间可以相互兼容而推出的。在如今许多的电子产品如笔记本电脑、手机、PDA 等上面都可以看到 Wi-Fi 的标志。针对无线局域网，IEEE（美国电气和电子工程师协会）制定了一系列无线局域网标准，即 IEEE 802.11 家族，包括 802.11a、802.11b、802.11g 等，802.11 现在已经非常普及了。随着协议标准的发展，无线局域网的覆盖范围更广，传输速率更高，安全性、可靠性等也大幅提高。

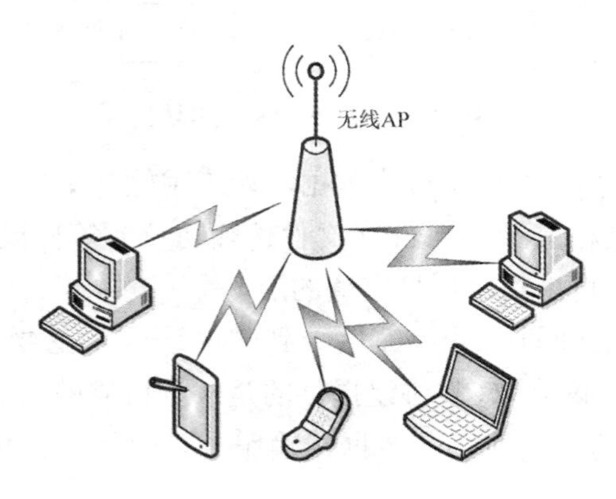

图 7-13　无线局域网示意图

最常见的 Wi-Fi 设备是无线路由器，通过路由器内置的 DHCP 客户端、网络地址转换（NAT）等能快速实现家庭无线网中的 Internet 连接共享。所有在同一个 Wi-Fi 下的设备实际上也是组成了一个无线局域网。

在实际应用中，连接并使用 WLAN 的方式特别简单，以家庭的 WLAN 为例，只需配置好无线接入设备，一般都是采用无线路由器，一个具备无线功能的设备如手机、笔记本电脑等，如果采用台式机等没有无线功能的设备，也只需外接一个无线网卡即可连接，连接后通过输入密码即可访问。

7.2　Internet 原理与技术

7.2.1　Internet 的产生与发展

Internet 的译名为因特网，又叫做国际互联网。它是由那些使用公用语言互相通信的计算机连接而成的全球网络，又是成千上万信息资源的总称。同时，Internet 是一个使世界上不同类型的计算机能交换各类数据的通信媒介。网络与网络之间以一组通用的协议相连，形成逻辑上的单一巨大国际网络。这种将计算机网络互相连接在一起的方法可称为“网络互联”。

Internet 起源于 20 世纪 60 年代的美国。1968 年，美国国防部高级研究计划局（ARPA）主持研制用于支持军事研究的计算机实验网 ARPANET，目的是将各地不同的主机以一种对等的通信方式连接起来，最初只有 4 台主机，此后大量的网络、主机与用户接入 ARPANET，很多地区性网络也接入进来，于是这个网络逐步扩展到其他国家与地区。

1985 年，美国国家科学基金会发现 Internet 在科学研究上的重大价值，利用 ARPANET

发展出来的 TCP/IP 通信协议建立名叫 NFSNET 的广域网，许多机构纷纷把自己的局域网并入 NSFNET。1989 — 1990 年，NSFNET 主干网成为 Internet 的主要部分，NSFNET 逐渐取代了 ARPANET 在 Internet 中的地位，1990 年，ARPANET 正式宣布关闭。随着 NSFNET 的建设和开放，网络节点数和用户数迅速增长，以美国为中心的 Internet 网络互联也迅速向全球发展，世界上的许多国家纷纷接入 Internet，使网络上的通信量急剧增大。在 20 世纪 90 年代以前，Internet 由美国政府资助，主要供大学和研究机构使用，但近年来该网络商业用户数量日益增加，逐渐从研究教育网络向商业网络过渡。

由此可以看出，因特网是通过路由器将世界不同地区、规模大小不一、类型不一的网络互相连接起来的网络，是一个全球性的计算机互联网络，因此也称为“国际互联网”，是一个信息资源极其丰富的世界上最大的计算机网络。

我国于 1994 年 4 月正式接入 Internet，从此中国的网络建设进入了大规模发展阶段。到 1996 年初，中国的 Internet 已经形成了中国科技网、中国教育和科研计算机网、中国公用计算机互联网和中国金桥信息网四大具有国际出口的网络体系。前两个网络主要面向科研和研究机构，后两个网络向社会提供 Internet 服务，以经营为目的，属于商业性质。

7.2.2 计算机网络体系结构

网络上的计算机之间是如何交换信息的呢？就像人们说话用某种语言一样，网络中的计算机交换信息时，从一台计算机发送数据到另一台计算机，必须两端都遵守相同的规范或者格式。这个实现网络通信必需的严格的约定通常被称为网络协议。为了降低网络协议的复杂性，网络通信按照分层的方式来组织，把一个庞大复杂的网络协议划分成若干较小的简单问题。在网络协议分层时，将相似的功能放在同一层中，相邻层通过接口进行信息交换。计算机网络的各个层次以及每层上的全部协议统称为计算机网络体系结构。事实上，网络体系结构不止一种，具体选择哪一种体系结构则要视具体情况而定，Internet 上的计算机使用的是 TCP/IP 协议模型。

1. OSI 参考模型

为了促进计算机网络的发展，国际标准化组织 ISO 于 1978 年在现有网络的基础上，提出了不基于具体机型、操作系统或公司的网络体系结构，称为开放系统互连参考模型（Open System Interconnection，OSI），该模型的设计目的是成为一个所有网络开发者都能实现的开放网络模型，用以克服使用众多私有网络模型所带来的困难和低效性。

OSI 模型将计算机网络体系结构分为 7 层，从下到上依次为物理层、数据链路层、网络层、传输层、会话层、表示层和应用层。两台都采用 OSI 模型的设备之间可以通信，而 OSI 参考模型中的每一层都只能与其相邻的上下层通信，如图 7-14 所示。在发送端，数据从应用层开始逐层向下传输；每经过一层，数据被分割或者重组，并加上该层的附加信息；直到底层物理层，才通过物理链路传输到接收端。而接收端则将数据从底层逐层传输到顶层，并恢复数据为原来的形式。因此，除了物理层之间有信息的传输，真正的通信只发生在同一台计算机的相邻上下层之间。

数据发送的时候就是从第 7 层将信息一步一步封装，每一层就像一个翻译，将信息进行翻译使得自己的下一层能够理解，最后翻译成物理上可以识别的 0、1 比特流，并传输；接收方进行解封装，解封装是封装的逆过程，从物理层的 0、1 比特流逐渐还原到第 7 层，成为人们可以理解的信息，于是一个网络通信过程就完成了。需要注意的是，每一层都完成它特定的功能，都为它的上一层提供服务，每一层都使用它下层提供的服务。

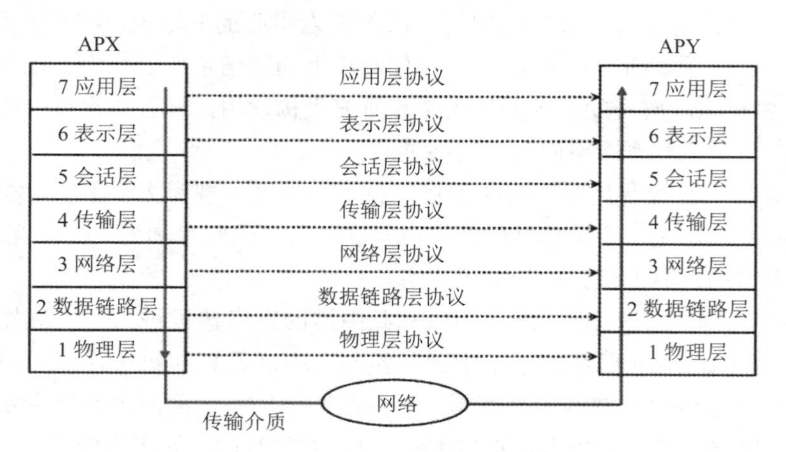

图 7-14　基于 OSI 模型的计算机之间通信

2. TCP/IP 协议

OSI 参考模型层次结构划分明晰，但却过于复杂，因此在实践中应用并不多。而真正得到广泛应用的是 TCP/IP 协议。TCP/IP（Transmission Control Protocol/ Internet Protocol，传输控制协议 / 互联网络协议）是迄今为止最成功的通信协议，它被用于构筑目前最大的开放互联网络系统 Internet，也是 Internet 最基本的协议。

TCP/IP 协议跟 OSI 模型一样，分为不同的层次，每一层负责不同的通信功能。但 TCP/IP 简化了层次结构设计，只有 4 层，从下到上分别为网络接口层（主机至网络层）、网络层、传输层和应用层。它的网络接口层涵盖了 OSI 参考模型的物理层和数据链路层，而应用层则涵盖了 OSI 参考模型上三层的功能，其余层与 OSI 参考模型一一对应，如图 7-15 所示。在 Internet 没有形成之前，各个地方已经建立了很多小型的网络，称为局域网，Internet 的中文意思是“网际网”,它实际上就是将全球各地的局域网连接起来而形成的一个“网之间的网（即网际网）”。然而，在连接之前各式各样的局域网却存在不同的网络结构和数据传输规则，将这些小网络连接起来后，各网之间要通过什么样的规则来传输数据呢？这就像世界上有很多国家，各个国家的人若都能说共同的语言（即世界语），这个问题不就解决了吗？TCP/IP 协议正是 Internet 上的“世界语”。

OSI 参考模型	TCP/IP 参考模型
应用层	应用层
表示层	
会话层	
传输层	传输层
网络层	网络层
数据链路层	网络接口层
物理层	

图 7-15　TCP/IP 参考模型和 OSI 参考模型的对比

TCP/IP 协议在因特网中能够迅速发展，不仅因为它最早在 ARPANET 中使用，由美国军方指定，更重要的是它恰恰适应了世界范围内的数据通信的需要。TCP/IP 是用于因特网计算机通信的一组协议，其中包括不同层次上的多个协议。图 7-15 中的网络接口层是最底层，包括各种硬件协议，面向硬件；应用层面向用户，提供一组常用的应用层协议，如文件传输协议 FTP、电子邮件发送协议 SMTP 等；传输层的 TCP 协议和网络层的 IP 协议是众多协议中最重要的两个核心协议。

（1）IP 协议。

IP（Internet Protocol）协议是 TCP/IP 协议体系中的网络层协议，它的主要作用是将不同类型的物理网络互联在一起。为了达到这个目的，需要将不同格式的物理地址转换成统一的 IP 地址，将不同格式的帧（物理网络传输的数据单元）转换成“IP 数据报”，从而屏蔽了下层物理网络的差异，向上层传输层提供 IP 数据报，实现无连接数据报传送服务；IP 的另一个功能是路由选择，简单地说，路由选择就是在网上从一端点到另一端点的传输路径的选择，将数据从一地传输到另一地。

（2）TCP 协议。

TCP（Transmission Control Protocol）即传输控制协议，位于传输层。TCP 协议向应用层提供面向连接的服务，确保网上所发送的数据报可以完整地接收，一旦某个数据报丢失或损坏，TCP 发送端可以通过协议机制重新发送这个数据报，以确保发送端到接收端的可靠传输。依赖于 TCP 协议的应用层协议主要是需要大量传输交互式报文的应用，如远程登录协议 Telnet、简单邮件传输协议 SMTP、文件传输协议 FTP、超文本传输协议 HTTP 等。

对于 Internet 来说，TCP 与 IP 两个协议缺一不可。只有两者协同工作，才能实现正确可靠而又高效的数据通信。

7.2.3　因特网中的客户机 / 服务器体系

计算机网络中的每台计算机都是“自治”的，既要为本地用户提供服务，也要为网络中其他主机的用户提供服务。因此，每台联网计算机的本地资源都可以作为共享资源提供给其他主机用户使用。而网络上大多数服务是通过一个服务器程序进程来提供的，这些进程要根据每个获准的网络用户请求执行相应的处理，提供相应的服务，以满足网络资源共享的需要，实质上是进程在网络环境中进行通信。

在因特网的 TCP/IP 环境中，联网计算机之间进程相互通信主要采用客户机 / 服务器（Client/ Server）模式，也简称 C/S 结构。在这种结构中，客户机和服务器分别代表相互通信的两个应用程序进程，所谓“Client”和“Server”并不是人们常说的硬件中的概念，特别要注意与通常称为服务器的高性能计算机区分开，如图 7-16 所示。C/S 结构的进程通信相互作用，其中客户机向服务器发出服务请求，服务器响应客户机的请求，提供客户机所需要的网络服务。

因特网中常见的 C/S 结构的应用有 Telnet 远程登录、FTP 文件传输服务、HTTP 超文本传输服务、电子邮件服务、DNS 域名解析服务等。

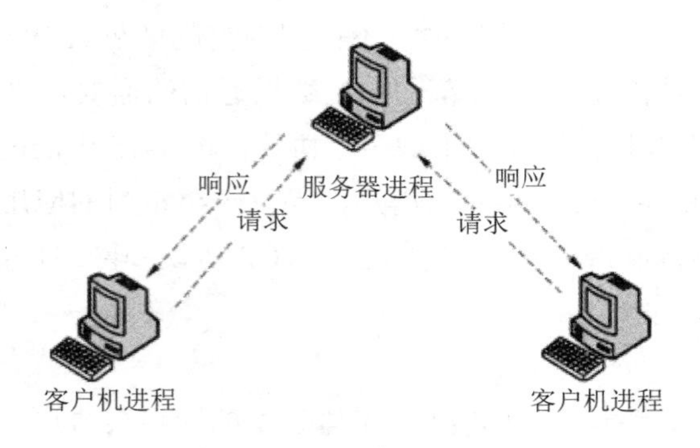

图 7-16 C/S 结构的进程通信示意图

7.2.4 因特网 IP 地址

在 Internet 上连接的所有计算机，从大型机到微型机都是以独立的身份出现的，我们称它为主机。为了实现各主机间的通信，每台主机都必须有一个唯一的地址，就好像每一个住宅都有唯一的门牌一样，才不至于在传输数据时出现混乱。在因特网通信中，可以通过 IP 地址和域名实现明确的目的地指向。

1. IP 地址

为了保证 IP 地址可以覆盖网上的所有节点，IP 地址的地址空间应当足够大。目前的 IP 地址（IPv4，IP 的第 4 个版本）由 32 个二进制位表示，每 8 个二进制位为一个位组（1 字节），整个 IP 地址空间占 4 字节。例如一个采用二进制形式的 IP 地址是：

00001010000110000000000000000011

为了便于管理、配置和记忆，将每个 IP 地址分为 4 段（一个字节为一段），每一段用一个十进制数来表示，段和段之间用圆点隔开，00001010 00011000 00000000 00000011 转换为十进制数 IP 地址为 10.24.0.3，IP 地址的这种表示法叫做“点分十进制表示法”，这显然比 1 和 0 容易记忆得多。IP 地址每个段的十进制数范围是 0 ～ 255。例如，202.205.16.23 和 10.2.8.11 都是合法的 IP 地址。一台主机的 IP 地址由网络号和主机号两部分组成，IP 地址结构如图 7-17 所示。

网络地址（网络号）	主机地址（主机号）

图 7-17 IP 地址结构

IP 地址表示了主机所在的网络，以及主机在该网络中的标识。显然，处于同一个网络的各个主机，其网络号是相同的。网络号用来表示 Internet 中的一个特定网络，主机号表示这个网络中的一个特定连接。所有的 IP 地址都由国际组织 NIC（Network Information Center）负责统一分配，目前全世界共有 3 个这样的网络信息中心。

- InterNIC：负责美国及其他地区。
- ENIC：负责欧洲地区。
- APNIC：负责亚太地区。

我国申请 IP 地址要通过 APNIC，APNIC 的总部设在澳大利亚布里斯班。申请时要考虑申请哪一类的 IP 地址，然后向国内的代理机构提出。

IP 地址采取层次结构，按逻辑网络结构进行划分。按照 IP 地址的逻辑层次来分，IP 地址可以分为 A、B、C、D、E 五类，如图 7-18 所示。A 类 IP 地址用于大型网络，B 类 IP 地址用于中型网络，C 类 IP 地址用于小规模网络，D 类 IP 地址用于多目的地址发送，E 类 IP 地址则保留为今后使用。

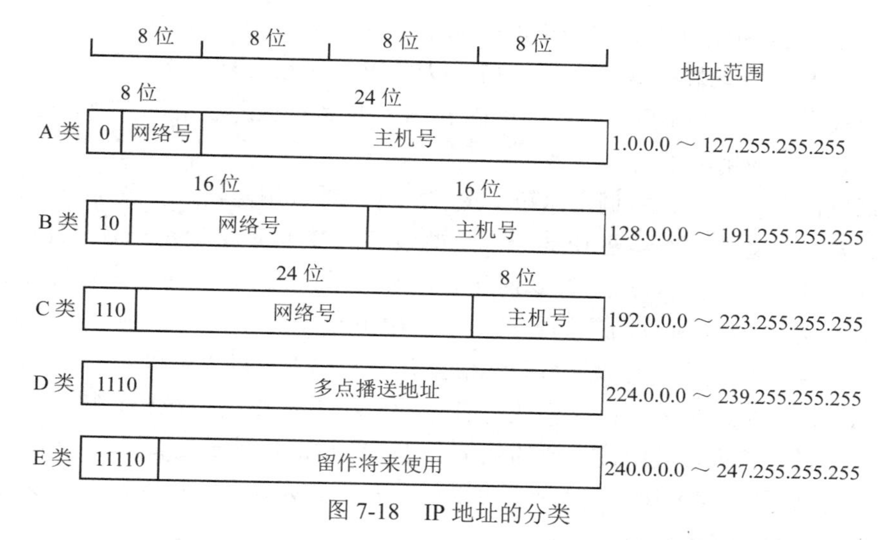

图 7-18　IP 地址的分类

（1）A 类地址。A 类地址的网络标识占 1 字节，网络中的主机标识占 3 字节，即高 8 位代表网络号，后 3 个 8 位代表主机号。A 类地址的特点是网络标识的第一个比特取值必须为“0”。A 类地址允许有 126 个网络，每个网络大约允许有 1670 万台主机，通常分配给拥有大量主机的网络，如主干网。

A 类 IP 地址的地址范围为 1.0.0.1 ～ 126.255.255.254，A 类 IP 地址的子网掩码为 255.0.0.0，每个网络支持的最大主机数为 $256^3-2=16777214$ 台。

注意：A 类网络地址 127 是一个保留地址，用于网络软件测试以及本地机进程间通信，叫做回送地址。无论什么程序，一旦使用回送地址发送数据，协议软件立即返回它，不进行任何网络传输。

（2）B 类地址。B 类地址的网络标识占 2 字节，网络中的主机标识占 2 字节。B 类地址的特点是网络标识的前两位取值必须为“10”。B 类地址允许有 16384 个网络，每个网络允许有 65533 台主机，适用于节点比较多的网络。

B 类 IP 地址的地址范围为 128.1.0.1 ～ 191.254.255.254，B 类 IP 地址的子网掩码为 255.255.0.0，每个网络支持的最大主机数为 $256^2-2=65534$ 台。B 类 IP 地址用于中等规模的网络。

（3）C 类地址。C 类地址的网络标识占 3 字节，网络中的主机标识占 1 字节。C 类地址的特点是网络标识的前 3 个比特取值必须为“110”，具有 C 类地址的网络允许有 254 台主机，适用于节点比较少的网络，如校园网。

C 类 IP 地址的地址范围为 192.0.1.1 ～ 223.255.254.254，C 类 IP 地址的子网掩码为 255.255.255.0，每个网络支持的最大主机数为 $256-2=254$ 台。

由于近年来因特网上的节点数量增长速度太快，IP 地址逐渐匮乏，很难达到 IP 设计初期希望给每一台主机都分配唯一 IP 地址的期望。因此在标准分类的 IP 地址上，又可以通过增加子网号来灵活分配 IP 地址，减少 IP 地址浪费。20 世纪 90 年代又出现了无类别域间路由技术与 NAT 网络地址转换技术等对 IPv4 地址进行改进的方法。

2. IPv4 与 IPv6

我们使用的第二代互联网 IPv4 技术，其核心技术属于美国。它的最大问题是网络地址资源有限，从理论上讲，可编址 1600 万个网络、40 亿台主机。但采用 A、B、C 三类编址方式后，可用的网络地址和主机地址的数目大打折扣，以致 IP 地址已分配完毕。其中北美占有约 30 亿个，而人口最多的亚洲却不到 4 亿个，中国 IPv4 地址数量也严重不足，极大地制约了中国及其他国家互联网的应用和发展。

随着物联网时代的到来，空调、冰箱、洗衣机等各种家用电器，以及工业、农业领域使用的传感器、数控设备等都将需要 IP 地址。这些设备的 IP 地址必须是一对一且长期有效的，这将会使全球对 IP 地址产生大量需求。这时候就需要采用新的标准和技术来拓展 IP 地址资源。

由此，为了解决 IPv4 协议面临的各种问题，IPv6 横空出世——IP 地址从原来的 4 段增加到了 8 段，这样一来，地址的数量得到成倍提升，号称“可以为全世界的每一粒沙子编上一个网址”。IPv6 协议具有新的协议格式、有效的分级寻址和路由结构、内置的安全机制、地址自动配置支持等特征，其中最重要的就是长达 128 位的地址长度。IPv6 地址空间是 IPv4 的 296 倍，能提供超过 3.4×10^{38} 个地址。可以说，有了 IPv6，在今后因特网的发展中，几乎可以不用再担心地址短缺的问题了。

目前，全球各国都在积极向 IPv6 网络迁移。我国自 2017 年 11 月发布《推进互联网协议第六版（IPv6）规模部署行动计划》以来，政府部门积极推动落地实施，产业链各环节通力协作、密切配合，在经历了 2018 年和 2019 年开拓进取、由点及面的深入推进之后，我国 IPv6 发展克服重重困难，从应用、网络基础设施、应用基础设施、终端、基础资源、用户数、流量等各个方面都取得了良好的成效，协同效应进一步增强，正进入良性发展阶段。截至 2020 年 1 月，全国 91 家省部级政府网站有 79 家支持 IPv6，占比 87%；96 家中央企业门户网站有 86 家支持 IPv6，占比 89%。我国 IPv6 活跃用户数达 2.7 亿，占互联网网民总数的 31%，相比行动计划实施前增长了近 100 倍。

3. 静态 IP 地址与动态 IP 地址

静态 IP 地址也可称为固定 IP 地址，是长期固定分配给一台计算机使用的 IP 地址，计算机每次登录网络的 IP 地址是相同的。一般是特殊的服务器才拥有固定 IP 地址。

动态 IP 地址是通过拨号上网或宽带上网由计算机系统自动分配给用户的 IP 地址，它是由 ISP 动态分配给用户的暂时的一个 IP 地址。采用动态 IP 地址上网，计算机每次登录网络的 IP 地址是不同的。动态 IP 地址需要专门的 DHCP 服务器来分配给各个主机。

4. 公有 IP 地址和私有 IP 地址

（1）公有 IP 地址。公有 IP 地址由 Inter NIC（Internet Network Information Center，因特网信息中心）负责。这些 IP 地址分配给注册并向 Inter NIC 提出申请的组织机构。通过它直接访问因特网。

公有 IP 地址的范围如下：

A 类的公有 IP 地址分为两段：1.0.0.0 ～ 9.255.255.255 和 11.0.0.0 ～ 126.255.255.255。

B 类的公有 IP 地址分为两段：128.0.0.0 ～ 172.15.255.255 和 172.32.0.0 ～ 191.255.255.255。

C 类的公有 IP 地址分为两段：192.0.0.0 ～ 192.168.255.255 和 192.169.0.0 ～ 223.255.255.255。

（2）私有 IP 地址。私有地址（Private Address，也可称为专网地址）属于非注册地址，专门为组织机构内部使用，它是局域网范畴内的，私有 IP 地址禁止出现在 Internet 中，在 ISP 连接用户的地方，将来自私有 IP 地址的流量全部阻止并丢掉。企业或家庭内部组建局域网用的 IP 地址一般都是私有 IP 地址。

私有 IP 地址的范围如下：

A 类：10.0.0.0 ～ 10.255.255.255。

B 类：172.16.0.0 ～ 172.31.255.255。

C 类：192.168.0.0 ～ 192.168.255.255。

7.2.5 域名和 DNS 工作原理

1. 域名

互联网使用 IP 地址来标识网络中的每台主机，但是 IP 地址并不适合人类记忆，人们也不习惯采用 IP 地址的通信。因此，互联网中提供了一套有助于记忆的符号名——域名。域名的实质就是用一组具有助记功能的英文字母代替的 IP 地址。

顾名思义，域表示了一个区域或者范围，域内可以容纳许多主机。因此，并非每一台接入因特网的主机都必须具有一个域名地址，但是每一台主机都必须属于某个域，即通过该域的服务器可以查询和访问到这一台主机。

为了便于记忆和理解，因特网域名的取值应当遵守一定的规则。第一级域名通常为国家名（例如 cn 表示中国，ca 表示加拿大，us 表示美国等）；第二级域名通常表示组网的部门或组织（例如，com 表示商业部门，edu 表示教育部门，gov 表示政府部门，mil 表示军事部门等）。二级域以下的域名由组网部门分配和管理。当某台主机成为域名服务器之后，它有权进行域内的进一步划分，产生新的子域。最终，若干级子域名的组合形成了一个完整的域名，标识了接入互联网并负责管理企业内若干台主机的一台服务器。因特网规定，每个子域可容纳的字符数应小于 63，整个域名的长度不超过 25 个字符。域名与标识计算机的 IP 地址一一对应，故域名在互联网上是唯一的，域名的一般形式为：

主机名 . 网络名 . 机构名 . 地理域名

例如清华大学的域名是 www.tsinghua.edu.cn。

其地理域名是 cn，表示这台主机在中国这个域；edu 表示该主机为教育领域的；tsinghua 是清华大学的网名；子域 www，表示该主机是 Web 服务器。

要登录清华大学网的 Web 服务器时，用户既可以使用它的域名，也可以使用它的 IP 地址，但域名显得更直观，也便于记忆。域名在命名时，为了避免重名，域名采用层次结构，各层次的子域名之间用圆点“.”隔开，从右至左分别是第一级域名（或顶级域名），第二级域名，……，直至主机名。其结构如下：

主机名 .……. 第二级域名 . 第一级域名

主机名是按照主机所提供的服务种类来命名的，例如提供 www 服务的主机，其主机名称为 WWW，提供 FTP 服务的主机，其主要名称为 FTP。同时因特网设立专门的机构来管理域名，并采用分级管理域名的方法，每一级的域名都各不相同。

互联网有关机构对顶级域名（最高层域名）进行命名和管理，这些顶级域名可分成两大类：一类是基于机构的性质；另一类按照表示地理位置名称来表征。

（1）顶级域名（国家顶级域名、组织机构域名）。组织机构域名也称为国际顶级域，例如表示工商企业的 .com、表示网络提供商的 .net、表示非盈利组织的 .org 等。常用的国际顶级域名见表 7-1。

表 7-1　常用的国际顶级域名

域名	含义	域名	含义	域名	含义
.com	公司和企业	.mil	军事部门	.jobs	人力资源管理者
.net	网络服务机构	.int	国际组织	.name	个人
.org	非盈利性组织	.museum	博物馆	.travel	旅游业
.edu	教育机构	.biz	公司和企业	.coop	合作团体
.gov	政府部门	.aero	航空运输企业	.info	各种情况
.pro	有证书的专业人员	.mobi	移动产品与服务的用户和提供者		

国家顶级域名，目前 200 多个国家都按照 ISO3166 国家代码分配了顶级域名，例如中国是 cn、美国是 us、日本是 jp 等，常用的国家顶级域名见表 7-2。

表 7-2　常用的国家顶级域名

域名	国家	域名	国家	域名	国家	域名	国家
CN	中国	DE	德国	SE	瑞典	CA	加拿大
UK	英国	IT	意大利	JP	日本	NL	荷兰
FR	法国	US	美国	CH	瑞士	KR	韩国
RU	俄罗斯	IN	印度				

（2）二级域名。二级域名是指顶级域名之下的域名，在国际顶级域名下，它是指域名注册人的网上名称，例如 ibm、yahoo、microsoft 等；在国家顶级域名下，它是表示注册企业类别的符号，例如 com、edu、gov、net 等。

（3）三级域名。三级域名用字母（A ～ Z，a ～ z）、数字（0 ～ 9）和连接符（—）组成，各级域名之间用实点（.）连接，三级域名的长度不能超过 20 个字符。

2. DNS 工作原理

IP 地址和域名地址都是表示主机的网络地址，实际上是一个事物的不同表示。用户可以使用主机的 IP 地址，也可以使用它的域名。从域名到 IP 地址或从 IP 地址到域名的转换由域名解析服务器（Domain Name Server，DNS）完成。

当用域名访问网络上的某个资源地址时，必须获得与这个域名相匹配的真正的 IP 地址，这时用户可以将希望转换的域名放在一个 DNS 请求信息中，并将这个请求发送给 DNS。DNS 从请求中取出域名，将它转换为对应的 IP 地址，然后在一个应答信息中将结果地址返回给用户。

Internet 中的整个域名系统是以一个大型的分布式数据库方式工作的，并不只有一个或几个 DNS 服务器。大多数具有 Internet 连接的组织都有一个域名服务器。每个服务器包含连向其他域名服务器的信息，这些服务器形成一个大的协同工作的域名数据库。这样，即使第一个处理 DNS 请求的 DNS 服务器没有域名和 IP 地址的映射信息，它依然可以向其他 DNS 服务器提出请求，无论经过几步查询，最终会找到正确的解析结果，除非这个域名不存在。域名地址必须经过域名服务器（DNS）将其转换成 IP 地址后才能被网络所识别。

7.2.6　Internet 接入方式

在 Internet 的发展过程中，接入 Internet 的方式也在不断发展变化中，常见的接入 Internet 的方式有很多种，每种方式都有各自的特点。

1. 普通电话拨号上网（PSTN 接入）

PSTN 接入方式，这是我国较早的上网方式，也是典型的窄带接入方式，目前我国农村地区和偏远地区还在使用这种方式上网。用户只要有一部普通电话，再加上一个调制解调器（市场上俗称“猫”）就可以实现拨号上网。上网速度理论上可以达到上行速度 33.6kb/s，下行速度 56kb/s。

2. 一线通接入（ISDN 接入）

ISDN 是综合业务数字网的简称，又称一线通，它是由电话综合数字网演变而来的。ISDN 有两个信道，可以全部用于接入互联网，也可以仅用一个信道接入。如果两个信道同时使用，则数据传输速率为 128KB/s。使用一个信道数据传输速率为 64KB/s，此时另外一个信道作为普通电话线使用。

3. ADSL 接入

ADSL 是不对称数字用户环路的简称，是目前电信系统所称的宽带网。它是利用现有的市话铜线进行数据信号传输的一种技术，下行速度在 1 ～ 9MB/s 之间，上行速率在 640KB/s ～ 1MB/s 之间，终端设备主要是一个 ADSL 调制解调器。目前 ADSL 是普通居民最常用的一种宽带接入方式。

4. 有线通

有线通也称为“广电通”，它直接利用现有的有线电视网络，并稍加改造，便可利用闭路线缆的一个频道进行数据传送，而不影响原有的有线电视信号传送，其理论传输速率可以达到上行 10MB/s、下行 40MB/s。设备方面需要一台 Cable Modem 和一台带 10/100Mb/s 自适应网卡的计算机。

5. 局域网接入

局域网接入也叫小区接入方式，这也是目前较普及的一种宽带接入方式。网络服务商采用光纤接入到楼（FTTB）或小区（FTTZ），再通过网线接入每个用户家中，为整栋楼或小区提供共享带宽。

6. 无线接入

无线网络，就是利用无线电波作为信息传输的媒介构成的无线局域网（WLAN），无线局域网不需要布线即能实现连网，因此为用户的使用提供了极大的便捷。它与有线网络的用途十分相似，最大的区别在于传输媒介的不同，利用无线电技术取代网线，可以和有线网络互为备份。

随着 4G、5G 手机的逐步普及，用 4G、5G 上网的人数迅速增多。4G、5G 手机融入了部分计算机的功能，使得无线上网变得更加方便快捷。

7.3 Internet 的服务与应用

Internet 是一个全世界最庞大的网络，所以 Internet 提供的服务也相对较多，同时还在不断出现新的应用。目前 Internet 最基本的服务包括 WWW、电子邮件、文件传输、远程登录等。

7.3.1 Internet 的服务

1. WWW 服务

WWW（World Wide Web）译为“万维网”，简称 Web 或 3W，它是 Internet 上应用最为广泛的服务。WWW 采用超文本和超媒体的方式为人们提供信息服务。

WWW 网站包含很多网页，又称 Web 页。网页是以超文本标记语言 HTML 和超文本传输协议 HTTP 为基础，建立在客户机 / 服务器模型上的，提供一致的用户界面、面向 Internet 服务的信息浏览系统。每个网页都有一个唯一的 URL 地址表示。通常，一个网站的首个 Web 页面称为主页，它主要表现该网站的特点和服务项目。与 WWW 相关的技术用语如下：

（1）网页（Webpage）。在 WWW 上显示的一种文档，网页可以有一屏或多屏，其中包括文本、图像、声音、动画、视频和对其他页的链接等。网页是使用 HTML 格式化的，用户通过浏览器看到的界面即为网页。

（2）超文本（Hypertext）和超链接（Hyperlink）。超文本是一种用户界面范式，用以显示文本及与文本之间相关的内容。超文本普遍以电子文档方式存在，其中的文字包含有可以链接到其他位置或者文档的连接，允许从当前阅读位置直接切换到超文本连接所指向的位置。

超链接是从一个网页指向一个目标的连接关系，这个目标可以是另一个网页，也可以是相同网页上的不同位置，还可以是一个图片、一个电子邮件地址、一个文件，甚至是一个应用程序。

WWW 使用的语言是超文本，超文本不但包含文本信息、图片和图形，甚至可以包含声音和动画，最主要的是其中还包含指向其他网页的链接，这种链接就称为超链接。超文本打破了顺序阅读文本的老规矩。通过把本机或远程服务器上的各种形式的超文本链接在一起而形成一个纵横交错的链接网，也构成了 WWW 的精髓。

如果一个多媒体文档中含有这种超链接，就称为“超媒体”，它是超文本的一种扩充，不仅包含文本信息，还包含诸如图形、声音、动画、视频等多种信息。由超链接相互关联起来的，分布在不同地域、不同计算机上的超文本和超媒体文档就构成了全球的信息网络，成为人类共享的信息资源宝库。

描述网络资源，创建超文本和超媒体文档需要用超文本标记语言（Hypertext Mark Language，HTML），它是一种专门用于 WWW 的编程语言。HTML 具有统一的格式和功能定义，生成的文档以 .htm 、.html 等为文件扩展名，主要包含文头（head）和文体（body）两部分。文头用来说明文档的总体信息，文体是文档的详细内容，为主体部分，含有超链接。所以可以说，超文本实现了 WWW 浏览信息的基础。

（3）统一资源定位器（Uniform Resource Locator，URL）。因特网上有很多主机，访问特定的主机是通过 IP 地址实现的。统一资源定位器是 WWW 用来描述 Web 页的地址和访问 Web 页时所采用的协议，其格式如下：

协议名称 ://IP 地址或域名 / 路径 / 文件名

它由双斜线分成两部分，前一部分指出访问方式，后一部分指明文件或服务所在服务器的地址及具体存放位置。

- 协议名称：服务方式或获取数据方式，如常见的 http、ftp 和 bbs 等。
- IP 地址或域名：所要链接的主机 IP 地址或域名。
- 路径和文件名：表示 Web 页在主机中的具体位置（如存放的文件夹和文件名等）。

例如中国教育和科研计算机网主页的 URL 为 http://www.edu.cn/news/today/index.shtml。

- http：表示向 Web 服务器请求将某个网页传输给用户的浏览器。
- www.edu.cn：表示主机域名，指的是提供此服务的计算机的域名。
- news/today：表示文件路径，指的是网页在 Web 服务器硬盘中所在的路径。
- index.shtml：表示文件名，指的是网页在 Web 服务器硬盘中的文件名。

（4）超文本传输协议。超文本传输协议（Hypertext Transfer Protocol，HTTP）是应用层的一个协议，是万维网生态系统的核心，是互联网上应用最为广泛的一种网络协议，所有的 WWW 文件都必须遵守这个标准。HTTP 最初的用途是传输文本和图像，但 Web 服务模型的发展需要大量与 Web 相关的协议和组件来建立运行于 Web 浏览器里的工具。设计 HTTP 最初的目的是提供一种发布和接收 HTML 页面的方法。利用该协议，可以使客户程序输入 URL，并从 Web 服务器检索文本、图形、声音以及其他数字信息。

（5）浏览器。浏览器是安装在用户端机器上用于浏览 WWW 页面文件的应用程序，是一种网络应用软件。网页是使用超文本标记语言写的，使用它能够把用这种语言描述的信息转换成便于理解的形式。此外，它还能把用户对信息的请求转换成网络上计算机能够识别的命令，起到用户与 WWW 之间的桥梁作用。

目前，比较流行的浏览器有 IE（Internet Explorer）和 Google Chrome。在这些浏览器中，可以根据输入的 URL 地址获得服务器上的相应信息。现今，用户浏览 Internet 信息和使用 Internet 资源时绝大多数都是通过浏览器来完成的。

2. 文件传输 FTP 服务

FTP（File Transfer Protocol，文件传输协议）用于在用户与文件服务器之间相互传输文件。FTP 服务是建立在此协议上的两台计算机间进行文件传输的过程。FTP 服务由 TCP/IP 协议支持，因而任何两台 Internet 中的计算机，无论地理位置如何，只要都装有 FTP 协议，就能在它们之间进行文件传输。通过该协议，用户可以很方便地连接到远程服务器上，查看和下载服务器上的文件。如果文件服务器授权允许用户可以对服务器文件进行管理，那么用户可以把本地计算机中的文件上传到文件服务器，并对服务器文件进行移动、删除、更名等编辑操作。同时，FTP 提供交互式的访问，允许用户指明文件类型和格式并具有存取权限，它屏蔽了各计算机系统的细节，因而成为计算机传输数字化业务信息的最快途径。

3. 电子邮件 E-mail 服务

电子邮件（E-mail）已成为 Internet 上使用最多和最受用户欢迎的信息服务之一，它是一种通过计算机网络与其他用户进行快速、简便、高效、价廉的现代通信的手段。只要是接入了 Internet 的计算机都能传送和接收邮件。

目前，电子邮件系统越来越完善，功能也越来越强，并已提供多种复杂通信和交互式的服务，其主要功能和特点是快速、简单、方便、便宜，并且可以一信多发，特别吸引人的是通过附件不但可以传送文本，还可以传送声音、图形、图像、动画等各种多媒体信息。此外，它还具有较强的邮件管理和监控功能，并向用户提供一些高级选项，如支持多种语言文本，设置邮件优先权、自动转发、邮件回执、短信到达通知、加密信件，以及进行信息查询等。

4. 远程登录 Telnet 服务

Telnet 是一个简单的远程终端协议，是 Internet 上最早使用的功能，它为用户提供双向的、面向字符的普通 8 位数据双向传输。Telnet 服务是指在此协议的支持下，用户计算机通过 Internet 暂时成为远程计算机终端的过程。用户远程登录成功后，可随意使用服务器上对外开放的所有资源。

7.3.2 Internet 的应用

1. 网上漫游

浏览 WWW 必须使用浏览器。下面以 Windows 系统上的 Internet Explorer 为例介绍浏览器的常用功能及操作方法。

（1）IE 浏览器界面。在 Windows 中集成了 Internet Explorer 浏览器。可以双击桌面上的 IE 图标或者单击“开始”→“所有程序”→ Internet Explorer 来启动它。在地址栏中输入要访问 Web 页的 URL 地址，如要访问中国教育和科研计算机网，则输入网址 http://www.edu.cn，然后回车即可打开如图 7-19 所示的 IE 浏览器界面。

图 7-19 IE 浏览器界面

（2）浏览器的基本设置。

1）设置主页。当用户经常性地访问一些网站时，就可以把这个网站的网址设置成主页，这样下次一打开 IE 即可看到该网站内容。具体设置如下：

①单击“工具”→“Internet 选项”命令，弹出“Internet 选项”对话框，如图 7-20 所示。

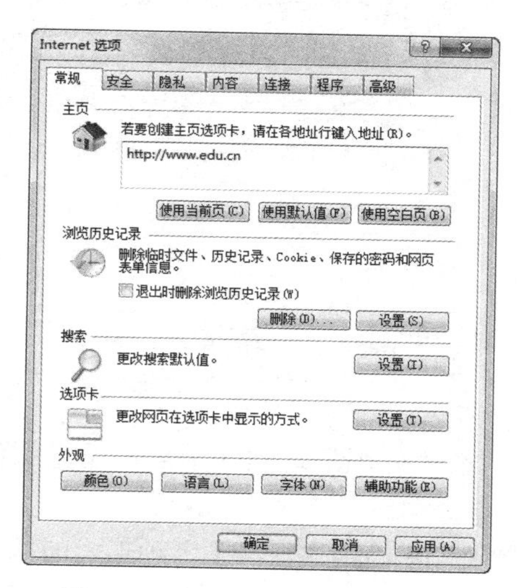

图 7-20　“Internet 选项”对话框

②在“常规”选项卡的地址栏中输入要设置成主页的网址，如要将中国教育和科研计算机网设为主页，则在地址栏中输入网址 http://www.edu.cn。选择“使用默认值”是恢复以前的默认设置；选择“使用空白页”是在打开 IE 时显示一个无内容的网页。

2）设置 Internet 临时文件夹。Internet 临时文件夹位于本机的硬盘上，在浏览 Web 页面时，一些临时文件包括网页和图片都存放在这里，由于 IE 可以从硬盘上直接打开已经查看过的网页，因此适当增加这个临时文件夹的容量可以快速显示以前访问过的 Web 页面。具体设置如下：

①单击“工具”→“Internet 选项”命令，弹出“Internet 选项”对话框。

②在“Internet 临时文件”选项区中单击“设置”按钮，弹出“设置”对话框。

③左右拖动“使用磁盘空间”下方的滑块改变临时文件的容量，然后单击“确定”按钮返回。

④单击“删除文件”按钮，弹出“删除文件”对话框，可以删除 Internet 临时文件夹中的所有内容，也可以删除所有脱机内容。

3）设置默认电子邮件和 HTML 文件编辑器。在 IE 中依据自己的喜欢和爱好设置默认的电子邮件，极大地方便了信件的收发与管理。下面以 Outlook Express 为例介绍设置过程。

①单击“工具”→“Internet 选项”命令，弹出“Internet 选项”对话框。

②选择“程序”选项卡，如图 7-21 所示。在“设置程序”列表中选择 Outlook Express，单击“确定”按钮完成设置。也可以设置其他的软件，如 Foxmail 等。

4）设置颜色、字体以及字体的大小和语言编码。在这里可以更改字体以及链接的颜色。使访问过的网页一目了然。

①单击“工具”→“Internet 选项”命令，弹出“Internet 选项”对话框。

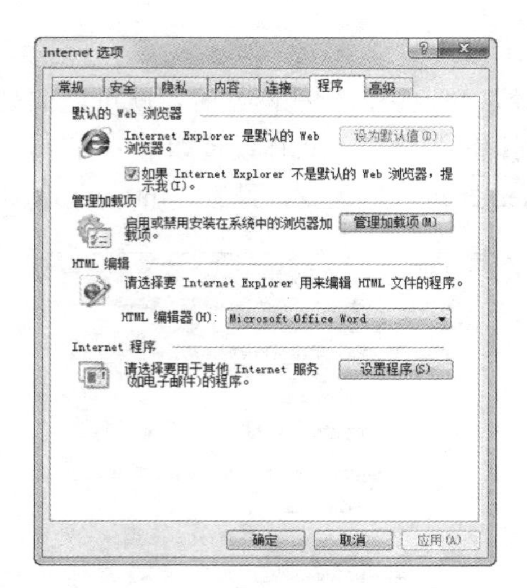

图 7-21 “程序”选项卡

②选择“常规”选项卡。在“外观”选项区中可以设置颜色、字体以及字体的大小和语言编码。

（3）在 Internet 中搜索信息。IE 为用户提供了多种形式的搜索，既可以搜索 Web 站点和 Internet 上的用户，也可以搜索当前 Web 页中的文本，还可以通过专门的搜索引擎搜索喜爱的信息。

单击“搜索”按钮，浏览器窗口左侧的“搜索栏”被打开。

在地址栏中键入要搜索的单词或短语，然后按回车键 IE 就会开始搜索。

注意：如果要在一页内搜索信息，可以单击“编辑”→“查找”命令，在弹出的“查找”对话框中输入要查找的内容。

2. 信息搜索

因特网就像一个浩瀚的信息海洋，如何在其中搜索到自己需要的有用信息是每个因特网用户要遇到的问题。利用 yahoo!、新浪等网站提供的分类站点导航是一个比较好的寻找有用信息的方法，但其搜索的范围还是太大，步骤也较多。最常用的方法是利用搜索引擎根据关键词来搜索需要的信息。

实际上，因特网上有不少好的搜索引擎，如百度（www.baidu.com）、谷歌（www.google.com）、搜狐（www.sohu.com）提供的搜索引擎搜狗（ww.sogou.com）等。这里以百度搜索引擎为例来介绍一些最简单的信息检索方法，以提高信息检索效率。

具体操作步骤如下：

（1）在 IE 的地址栏中输入 www.baidu.com 打开百度搜索引擎的页面，在文本框中输入关键词，如“计算机基础知识”。

（2）单击文本框后面的“百度一下”按钮开始搜索，最后得到搜索结果页面，如图 7-22 所示。

（3）在搜索结果页面中列出了所有包含关键词“计算机基础知识”的网页地址，单击某一项即可转到相应网页查看内容。

另外，从图 7-22 可以看到，关键词文本框上方除了默认选中的“网页”外，还有资讯、视频、图片、知道、文库、贴吧等标签。在搜索的时候，选择不同的标签就可以针对不同的目标进行搜索，大大提高了搜索效率。

图 7-22 搜索结果页面

其他搜索引擎的使用和百度搜索引擎的使用基本类似。

3. 使用 FTP 传输文件

前面简单介绍了 FTP（文件传输协议）的原理，它的应用也非常简单，这里主要介绍如何在 FTP 站点上浏览和下载文件。浏览器除了提供用户浏览网页的功能外，还可以让用户以 Web 方式访问 FTP 站点，如果访问的是匿名 FTP 站点，则浏览器可以自动匿名登录。

当要登录一个 FTP 站点时，用户需要打开浏览器，在地址栏中输入 FTP 站点的 URL 或 IP 地址。需要注意的是，因为要浏览的是 FTP 站点，所以 URL 的协议部分应该输入 ftp，例如一个完整的 FTP 站点 URL 如下（以宜宾学院某 FTP 站点为例）：

ftp://10.16.191.200/

使用 IE 浏览器访问 FTP 站点并下载文件的操作步骤如下：

（1）打开浏览器，在地址栏中输入要访问的 FTP 站点的地址，按回车键。

（2）如果该站点不是匿名站点，则会在“登录身份”对话框中提示输入用户名和密码，如图 7-23 所示；如果是匿名站点，IE 会自动匿名登录。登录成功后的界面如图 7-24 所示。

FTP 站点上的资源以链接的方式呈现，可以单击链接进行浏览。当需要下载某个文件时，可以使用前面介绍的方法，在链接上右击并选择“目标另存为”选项，然后即可下载到本地计算机上。

登录身份

服务器不允许匿名登录，或者不接受该电子邮件地址。

FTP 服务器: 10.16.191.200

用户名(U):

密码(P):

登录后，可以将这个服务器添加到您的收藏夹，以便轻易返回。

FTP 将数据发送到服务器之前不加密或编码密码或数据。要保护密码和数据的安全，请使用 WebDAV。

匿名登录(A)　保存密码(S)

登录(L)　取消

图 7-23　“登录身份”对话框

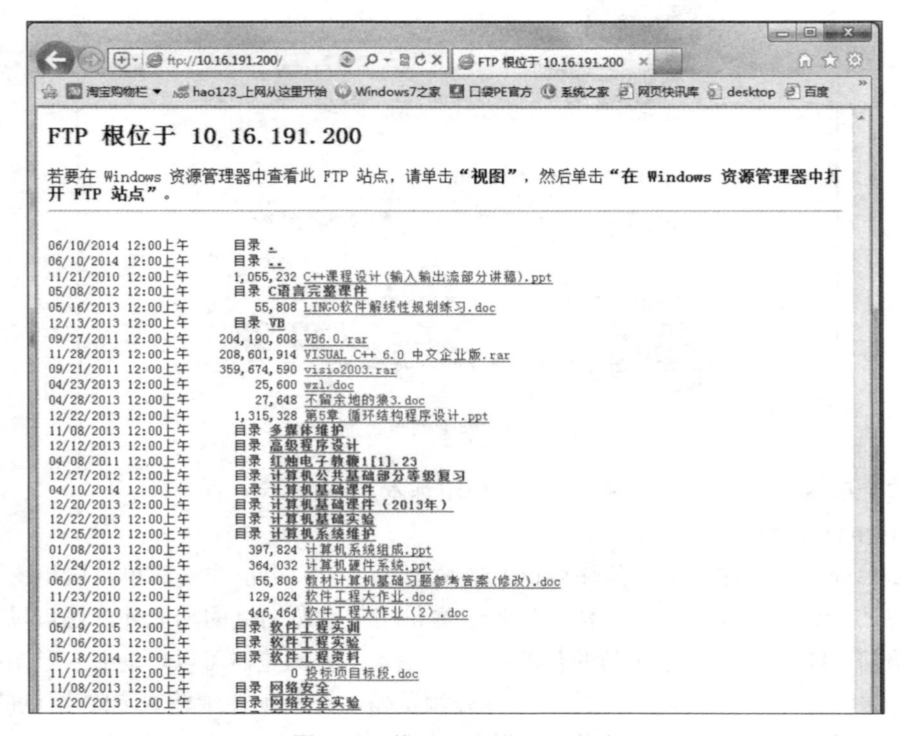

图 7-24　使用 IE 浏览 FTP 站点

还可以在 Windows 资源管理器中查看 FTP 站点，操作步骤如下：

（1）在“开始”按钮上右击并选择“打开 Windows 资源管理器”选项或在桌面上找到“计算机”图标并双击打开。

（2）在资源管理器的地址栏中输入 FTP 站点地址，按回车键。如图 7-25 所示，与访问本机的资源管理器一样，可以双击某个文件夹进入浏览。

（3）当有文件或文件夹需要下载时，可以在该文件或文件夹的图标上右击，在弹出的快捷菜单中选择“复制”或“复制到文件夹”选项，后面的操作过程与在计算机上对 Windows 进行文件的复制操作完全一样。

（4）复制完成后，用户到复制到的文件夹中查看即可看到文件已经被下载到本地磁盘中。

图 7-25　用 Windows 资源管理器访问 FTP 站点

4. 电子邮件

电子邮件是 Internet 上使用最广泛的服务之一。E-mail 以其低廉的成本、快捷的方式将信件送往世界各地的邮件服务器。通过 E-mail 可以将文本、声音、图片、影像等多媒体信息的文件转发给第三者或发送给多个接收者。

与通过邮局邮寄信件必须写明收件人的地址类似，要使用电子邮件服务，首先要拥有一个电子邮箱，每个电子邮箱应有一个唯一可识别的电子邮件地址。电子邮箱是由提供电子邮件服务的机构为用户建立的。任何人都可以将电子邮件发送到某个电子邮箱中，但是只有输入正确的邮箱用户名和密码才能查看到 E-mail 的内容。

（1）电子邮件地址的格式。在因特网中每个用户的邮箱都是全球唯一的邮箱地址，即用户的电子邮件地址。电子邮件地址由两部分组成：< 账号名 >+@+< 电子邮件服务器 >，中间用“@”分隔，字符“@”（读作“at”）。前一部分为用户在该邮件服务器中的账号，后一部分为邮件服务器的主机名或邮件服务器所在域的域名。例如 yb_zhang@sina.com.cn 就是一个电子邮件地址，它表示 sina.com.cn 邮件主机上有个名为 yb_zhang 的电子邮件用户。

用户收到的邮件是存放在邮件服务器中的，邮件服务器都是 24 小时工作。要收发邮件，必须先接通 Internet。连上网后，发信人可以随时发送邮件，收件人可以打开自己的信箱阅读邮件。因此，在因特网上收发电子邮件不受地域和时间的限制，双方并不需要同时在网上。

（2）电子邮件的格式。电子邮件由两部分组成：邮件头（又称信头）和邮件体（又称信体）。信头相当于信封，信体相当于信件内容。

1）信头。信头通常包括如下几项：

- 收件人：收件人的 E-mail 地址。也可一次发送到多人，多个收件人地址之间用分号（;）隔开。
- 抄送：表示同时可接到此信件的其他人的 E-mail 地址。
- 主题：类似一本书的章节标题，它概括描述邮件的主题，可以是一句话或一个词。

2）信体。信体就是收件人看到的正文内容，可以包含附件，如照片、音频、文档等文件都可以作为邮件的附件进行发送。

要使用电子邮件进行通信，每个用户必须有自己的邮箱。一般大型网站如新浪（www.sina.com.cn）、搜狐（www.sohu.com）、网易（www.163.com）等都提供免费邮箱。用户必须进行注册，注册成功后就可以登录此邮箱收发电子邮件了。

（3）Outlook 的使用。除了在 Web 页上进行电子邮件的收发，还可以使用电子邮件客户机软件。在日常应用中，使用后者更加方便，功能也更为强大。目前电子邮件客户机软件有很多，如 Foxmail、金山邮件、Outlook 等都是常用的收发电子邮件客户机软件。虽然各软件的界面各有不同，但其操作方式基本都是类似的。例如，要发电子邮件，就必须填写收件人的邮件地址、主题和邮件体。下面以 Microsoft Outlook 为例详细介绍电子邮件的撰写、收发、阅读、回复和转发等操作。

只要打开 Outlook Express 界面，Outlook Express 程序便自动与你注册的网站电子邮箱服务器联机工作，收下你的电子邮件。发信时，可以使用 Outlook Express 创建新邮件，通过网站服务器联机发送。另外，Outlook Express 在接收电子邮件时，会自动把发信人的邮箱地址存入“通讯簿”，供用户以后调用。当点击网页中的邮箱超链接时会自动弹出写邮件界面，该新邮件已自动设置好了对方（收信人）的邮箱地址和你的邮箱地址，只要写上内容，然后单击“发送”按钮即可。这些是最常用的 Outlook Express 功能。

在使用 Outlook Express 前，先要进行设置，即 Outlook Express 账户设置，如果没有设置过，自然不能使用。设置的内容是用户注册的网站电子邮箱服务器及用户的账户名和密码等信息。有些网站的电子邮箱服务器不支持 Outlook Express，这样做可能是为了让用户更多地点击这些网站或者是其他什么原因。下面介绍 Outlook 2010 的基本用法。

1）配置账户。首次启动 Outlook 会出现配置账户向导，这里可以先不管，直接单击“下一步”按钮，然后根据提示选择没有账户直接进入 Outlook，界面如图 7-26 所示。

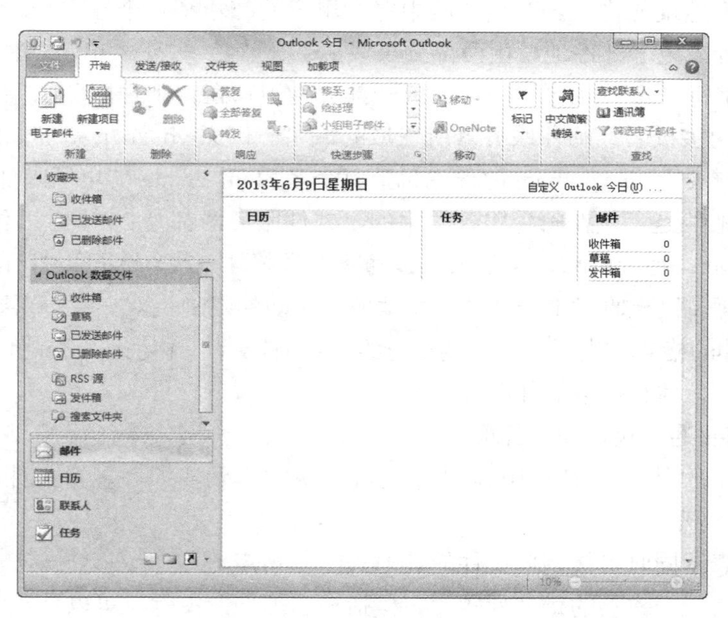

图 7-26　Outlook 2010 主界面

菜单栏中有文件、开始、发送 / 接收、文件夹、视图、加载项 6 个标签，每单击一个标签下面的功能区就显示与该标签相关的详细功能。

2）添加账户。

第一步：选择“文件”→“信息”，在右侧单击“添加账户”按钮，如图 7-27 所示。

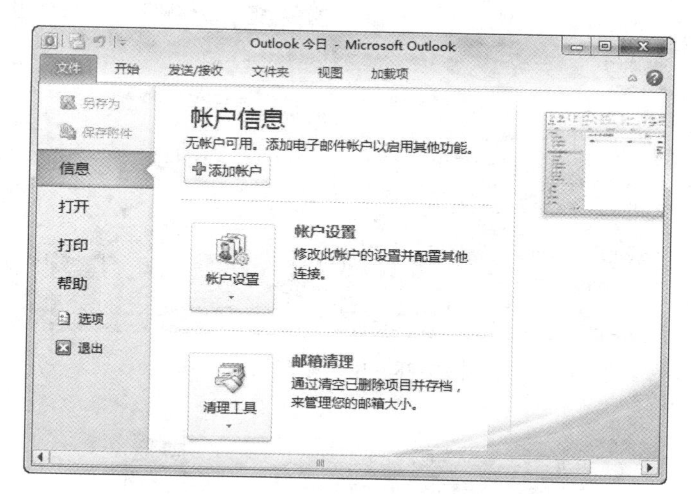

图 7-27　Outlook 账户添加窗口

第二步：在弹出的“添加新账户”对话框中选择“电子邮件账户”选项，再单击“下一步”按钮。

第三步：在弹出的对话框中选择“手动配置服务器设置或其他服务类型”选项，单击“下一步”按钮。

另外两个选项说明如下：

- “电子邮件账户”选项，需要输入您的姓名、电子邮件地址、密码、重复键入密码等选项，此时 Outlook 会自动为你选择相应的设置信息，如邮件发送和邮件接收服务器等。但有时候它找不到对应的服务器，那就需要手动配置了。
- “短信（SMS）”选项，需要注册一个短信服务提供商，然后输入供应商地址、用户名和密码（注册短信服务提供商）。

第四步：在弹出的对话框中选择“Internet 电子邮件”选项，单击“下一步”按钮。其中“Microsoft Exchange 或兼容服务”需要在“控制面板”里设置。

第五步：输入用户信息、服务器信息、登录信息，然后单击“测试账户设置”按钮进行测试，如图 7-28 所示。

注意：“登录信息”中，用户名是邮箱的用户名，如果要注册的电子邮箱账号为 ybxycy@126.com，那么这里的用户名部分就应该填写 ybxycy，密码部分填写该邮箱的登录密码。

如果测试不成功（前提是用户信息、服务器信息、登录信息正确），则单击“其他设置”按钮，弹出“Internet 电子邮件设置”对话框，如图 7-29 所示。在其中选择“发送服务器”选项卡，选中“我的发送服务器（SMTP）要求验证”复选项，单击“确定”按钮返回“添加新账户”对话框。在其中再次单击“测试账户设置”按钮，此时测试成功，单击“下一步”按钮会测试账户设置，成功后单击“完成”按钮，完成账户设置，如图 7-30 所示。

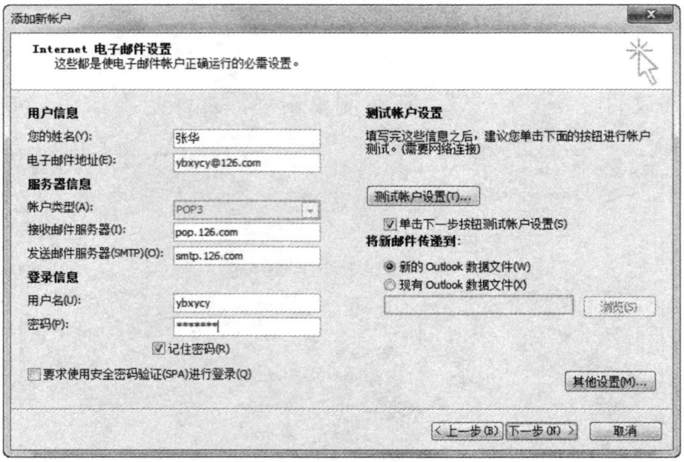

添加新帐户
Internet 电子邮件设置
这些都是使电子邮件帐户正确运行的必需设置。
用户信息
您的姓名(Y):
张华
电子邮件地址(E):
ybxycy@126.com
服务器信息
帐户类型(A):
POP3
接收邮件服务器(I):
pop.126.com
发送邮件服务器(SMTP)(O):
smtp.126.com
登录信息
用户名(U):
ybxycy
密码(P):
记住密码(R)
要求使用安全密码验证(SPA)进行登录(Q)
测试帐户设置
填写完这些信息之后，建议您单击下面的按钮进行帐户测试。(需要网络连接)
测试帐户设置(T)...
单击下一步按钮测试帐户设置(S)
将新邮件传递到:
新的 Outlook 数据文件(W)
现有 Outlook 数据文件(X)
浏览(S)
其他设置(M)...
< 上一步(B)
下一步(N) >
取消

图 7-28　用户账户设置

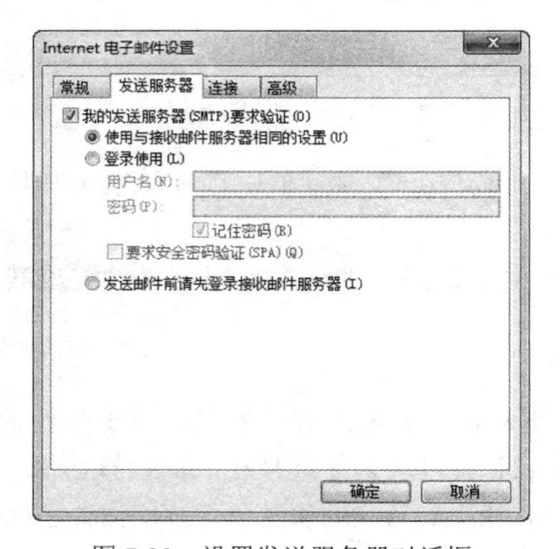

Internet 电子邮件设置
常规
发送服务器
连接
高级
我的发送服务器(SMTP)要求验证(O)
使用与接收邮件服务器相同的设置(U)
登录使用(L)
用户名(N):
密码(P):
记住密码(R)
要求安全密码验证(SPA)(Q)
发送邮件前请先登录接收邮件服务器(I)
确定
取消

图 7-29　设置发送服务器对话框

添加新帐户
祝贺您!
您已成功地输入了设置帐户所需的所有信息。
要关闭向导，请单击“完成”。
添加其他帐户(A)...
< 上一步(B)
完成

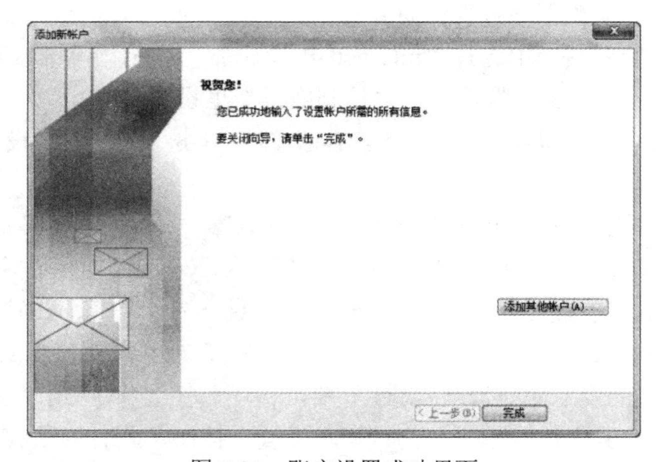

图 7-30　账户设置成功界面

3）发送邮件。上述设置完成后，即可进行邮件的收发，若要发送一份新邮件，单击“新建电子邮件”按钮，将打开撰写邮件的窗口，在“收件人”文本框中输入接收邮件者的 E-mail 地址，在“主题”文本框中输入邮件的标题，在最下面的文本框中输入邮件的正文，如图 7-31 所示。邮件撰写完成后，单击“发送”按钮，即可把邮件发送给对方。

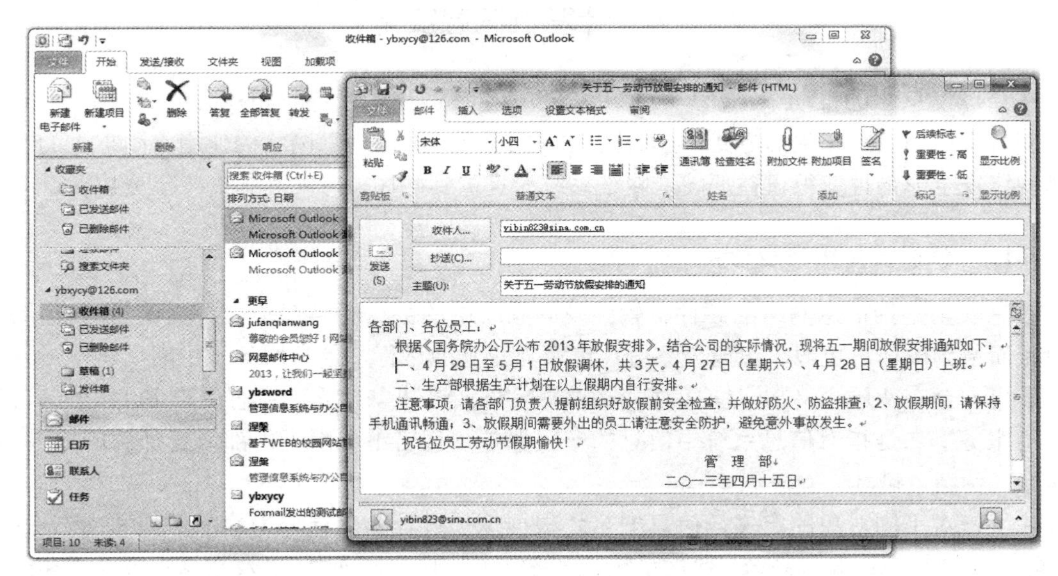

图 7-31　撰写和发送新邮件

7.3.3　流媒体

在因特网上浏览、传输音 / 视频文件，可以采用前面介绍的 FTP 下载等方式，先把文件下载到本地硬盘里，然后打开播放。但是一般的音 / 视频文件都比较大，需要本地硬盘留有一定的存储空间，而且由于网络带宽的限制，下载时间也比较长。

流媒体方式提供了另一种在网上浏览音 / 视频文件的方式。流媒体是指采用流式传输的方式在因特网上播放的媒体格式。流式传输时，音 / 视频文件由流媒体服务器向用户计算机连续、实时地传送。用户不必等到整个文件全部下载完毕，而只需要经过几秒或很短时间的启动延时即可进行观看，即“边下载边播放”，这样当下载的一部分播放时，后台也在不断下载文件的剩余部分。流媒体方式不仅使播放延时大大缩短，而且不需要本地硬盘留有太大的缓存容量，避免了用户必须等待整个文件全部从因特网上下载完成之后才能播放的缺点。

因特网的迅猛发展、多媒体的普及都为流媒体业务创造了广阔的市场前景，流媒体日益流行。如今，流媒体技术已广泛应用于多媒体新闻发布、在线直播、网络广告、电子商务视频点播、远程教育、远程医疗、网络电台、实时视频会议等方方面面。

目前的流媒体格式有很多，如 .asf、.rm、.ra、.mpg、.flv 等，不同格式的流媒体文件需要不同的播放软件来播放。常见的流媒体播放软件有 RealNetworks 公司出品的 RealPlayer、微软公司的 Media Player、苹果公司的 QuickTime 和 Macromedia 的 Shockwave Flash。其中 Flash 流媒体技术使用矢量图形技术，文件下载播放速度明显提高。

越来越多的网站提供了在线欣赏音 / 视频的服务，如新浪播客、优酷等。优酷网之类的视频共享网站不仅提供了浏览播放的功能，还包括上传视频、收藏夹、评论、排行榜等多种互动功能，吸引了大批崇尚自由创意、喜欢收藏或欣赏在线视频的网民。

7.4 计算机信息安全

在全球信息化的推动下，信息技术和信息产业渗透到各行各业和社会生活当中，正在逐渐改变着人们的生产和生活方式，推动社会的进步。但是，在信息网络的作用不断扩大的同时，信息网络安全形势也变得日益严峻，网络系统一旦遭到破坏，影响和损失将十分巨大。

7.4.1 信息安全概念及要素

信息安全是指信息网络的硬件、软件及其系统中的数据受到保护，不因偶然的或者恶意的原因而遭到破坏、更改、泄露，系统连续可靠正常地运行，信息服务不中断。

信息安全有两层含义：一是对信息系统本身的安全保护，使它为所有用户提供安全、可靠、高效的服务；二是指对信息系统中信息的安全保护，使它不会因为内部或者外部的原因而遭到泄露、伪造、破坏。

除了针对不同对象的定义，信息安全还根据保护过程的差异分为静态保护和动态保护两种，静态保护是使计算机系统、数据系统、网络资源等软件、硬件，以及数据不被泄露和破坏。动态保护增加了对整个系统在连续运行过程中的保障。

信息安全本身包括的范围很大，大到国家军事、政治等机密安全，小到如防范商业企业机密泄露、防范青少年对不良信息的浏览、个人信息的泄露等。

信息安全要素一般包括信息的保密性、信息的完整性、信息的可用性、信息的可靠性和信息的不可抵赖性。

（1）信息的保密性：是指确保信息不暴露给未授权的实体或进程，即信息的内容不会被未授权的第三方所知。这里所指的信息不但包括国家秘密，而且包括各种社会团体、企业组织的工作秘密及商业秘密、个人的秘密和个人私密（如浏览习惯、购物习惯）。防止信息失窃和泄露的保障技术称为保密技术。

（2）信息的完整性：是指信息不被偶然或蓄意地删除、修改、伪造、乱序、重放、插入等破坏的特性。只有得到允许的人才能修改实体或进程，并且能够判别出实体或进程是否已被篡改。即信息的内容不能被未授权的第三方修改。信息在存储或传输时不被修改、破坏，不出现信息包的丢失、乱序等。

（3）信息的可用性：是指得到授权的实体在需要时可访问资源和服务。可用性是指无论何时，只要用户需要，信息系统必须是可用的，也就是说信息系统不能拒绝服务。网络最基本的功能是向用户提供所需的信息和通信服务，而用户的通信要求是随机的、多方面的（话音、数据、文字和图像等），有时还要求时效性。网络必须随时满足用户通信的要求。攻击者通常采用占用资源的手段阻碍授权者的工作。可以使用访问控制机制阻止非授权用户进入网络，从而保证网络系统的可用性。增强可用性还包括如何有效地避免因各种灾害（战争、地震等）造成的系统失效。

（4）信息的可靠性：是指系统在规定条件下和规定时间内完成规定功能的概率。可靠性是网络安全最基本的要求之一，网络不可靠，事故不断，也就谈不上网络的安全。目前，对于网络可靠性的研究基本上偏重于硬件可靠性方面。研制高可靠性元器件设备，采取合理的冗余备份措施仍是最基本的可靠性对策，然而，有许多故障和事故则与软件可靠性、人员可靠性和环境可靠性有关。

（5）信息的不可抵赖性：是面向通信双方（人、实体或进程）信息真实同一的安全要求，它包括收、发双方均不可抵赖。一是源发证明，它提供给信息接收者以证明，这将使发送者谎称未发送过这些信息或者否认它的内容的企图不能得逞；二是交付证明，它提供给信息发送者以证明，这将使接收者谎称未接收过这些信息或者否认它的内容的企图不能得逞。

7.4.2　信息安全威胁与防范

1．信息安全威胁

信息安全所面临的威胁来自很多方面，这些威胁大致可分为以下几个方面：

（1）信息泄露：信息被泄露或透露给某个非授权的实体。

（2）破坏信息的完整性：数据被非授权地增删、修改或破坏而受到损失。

（3）非法使用（非授权访问）：对信息或其他资源的合法访问被无条件地阻止，某一资源被某个非授权的人或以非授权的方式使用。

（4）窃听：用各种可能的合法或非法手段窃取系统中的信息资源和敏感信息。例如对通信线路中传输的信号搭线监听，或者利用通信设备在工作过程中产生的电磁泄露截取有用信息等。

（5）假冒：通过欺骗通信系统（或用户）达到非法用户冒充成为合法用户，或者特权小的用户冒充成为特权大的用户的目的。黑客大多是采用假冒攻击。

（6）陷阱：在某个系统或某个部件中设置的“机关”，使得在特定的数据输入时允许违反安全策略。

（7）抵赖：这是一种来自用户的攻击，比如否认自己曾经发布过某条消息、伪造一份对方来信等。

（8）计算机病毒以及木马：在计算机系统运行过程中能够实现传染和侵害功能的程序。

这些威胁来自的攻击可以分为被动攻击和主动攻击。

被动攻击是指在不干扰网络信息系统正常工作的情况下，进行侦听、截获、窃取、破译和业务流量分析、电磁泄露等。被动攻击通常在传输过程中进行偷听或监视，目的是从传输中获得信息，这种攻击非常难以检测到，因为它们不会导致数据有任何改变。

主动攻击是指以各种方式有选择地破坏信息，如修改、删除、伪造、添加、重放、乱序、冒充、制造病毒等。

被动攻击因对传输的信息没做任何修改而难以检测，所以防范这种攻击的重点在于预防而非检测。对于主动攻击，要绝对防止它是十分困难的，需要随时随地对通信设备和通信线路进行物理保护，所以防范这种攻击的主要措施是检测，以及对攻击造成的破坏进行恢复，检测具有某种威慑效应，它对防止攻击能起到一定的作用。

2．信息安全技术

（1）数据加密。数据加密是指通过加密算法和加密密钥将明文转变为密文，而解密是通过解密算法和解密密钥将密文恢复为明文。数据加密目前仍是计算机系统对信息进行保护的一种最可靠的办法。它利用密码技术对信息进行加密，实现信息隐蔽，从而起到保护信息安全的作用。

（2）数字签名。数字签名（又称公钥数字签名、电子签章）是以电子方式存储签名信息，在数字文档上进行身份验证的技术。它使用公钥加密领域的技术实现，是用于鉴别数字信息的方法。一套数字签名通常定义两种互补的运算，一个用于签名，另一个用于验证。数字签名不是指将你的签名扫描成数字图像，或者用触摸板获取的签名，更不是你的落款。数字签名了的文件的完整性是很容易验证的（不需要骑缝章、骑缝签名），而且数字签名具有不可抵赖性（不需要笔迹专家来验证）。

（3）数字证书。认证就是指用户必须提供他是谁的证明。认证的标准方法就是弄清楚他是谁，他具有什么特征，他知道什么可用于识别他的东西。比如说，系统中存储了他的指纹，他接入网络时就必须在连接到网络的电子指纹机上提供他的指纹。网络通过用户拥有什么东西来识别的方法，一般是用智能卡或其他特殊形式的标志，这类标志可以从连接到计算机上的读出器读出来。至于说到“他知道什么”，最普通的就是口令。更保密的认证可以是几种方法组合而成。例如用 ATM 卡和 PIN 卡。为了解决安全问题，一些公司和机构正千方百计地解决用户身份认证问题，主要有以下几种认证办法：

- 双重认证。如意大利一家电信公司正采用“双重认证”办法来保证用户的身份证明。也就是说他们不是采用一种方法，而是采用有两种形式的证明方法，这些证明方法包括令牌、智能卡和仿生装置，如视网膜或指纹扫描器。
- 数字证书。这是一种检验用户身份的电子文件，也是企业现在可以使用的一种工具。这种证书可以授权购买，提供更强的访问控制，并具有很高的安全性和可靠性。
- 智能卡。这种解决办法可以持续较长的时间，并且更加灵活，存储信息更多，并具有可供选择的管理方式。
- 安全电子交易（SET）协议。这是迄今为止最为完整最为权威的电子商务安全保障协议。

7.4.3 计算机病毒及其防治

随着计算机应用的快速发展与普及，计算机病毒也悄然出现，并迅速传播开来，从而不断带来一次又一次的灾难。

1. 计算机病毒的定义

20 世纪 80 年代初，Fred Cohen 博士研制出了一种在运行过程中可以自我复制的破坏程序，这种程序被命名为计算机病毒（Computer Virus）。那么究竟什么是计算机病毒呢？

1994 年发布的《中华人民共和国计算机信息系统安全保护条例》对计算机病毒的定义是“计算机病毒，是指编制或者在计算机程序中插入的破坏计算机功能或者毁坏数据，影响计算机使用，并能够自我复制的一组计算机指令或者程序代码”。可见，计算机病毒是指一种人为制造的、隐藏在计算机系统数据资源中，能够通过自我复制进行传播的程序。其实质是一种特殊的计算机程序，具有破坏计算机软件功能或者数据的能力。

计算机病毒就像生物病毒一样，有独特的复制能力。计算机病毒可以很快地蔓延，又常常难以根除。它们能把自身附着在各种类型的文件上，当文件被复制或从一个用户传送到另一个用户时，它们就随同文件一起蔓延开来。一些计算机病毒还具有感染程序后，该程序就变成传送病毒的载体的特点。

2. 计算机病毒的特征

随着计算机技术的高速发展，计算机病毒也得到了最广泛的发展，到目前为止，计算机病毒（包括各种木马）已经多达数十万种，加上各种病毒所表现出来的变种数目，病毒的种类将更多。但对于所有的计算机病毒而言，它们都具有如下一些共同的特征：

（1）寄生性。它是指计算机病毒具有的依附于其他程序而寄生的能力。计算机病毒一般不能单独存在，在发作前常寄生于其他程序或文件中，进行自我复制、备份。

（2）传染性。它是指计算机病毒具有很强的自我复制能力，能在计算机运行过程中不断再生、变种并感染其他未染毒的程序。

只要一台计算机染毒，计算机病毒就可以通过 U 盘、计算机网络等各种可能的渠道传染到其他的计算机，是否具有传染性是判别一个程序是否为计算机病毒的最重要条件。

（3）潜伏性。病毒程序的发作需要一定条件，在这些条件满足之前，病毒可在程序中潜伏、传播。在条件具备时再产生破坏作用或干扰计算机的正常运行。比如在某个特定的日子，如节日或者星期几，像定时炸弹一样按时爆发，让它什么时间发作都是预先设计好的。如 1999 年破坏 BIOS 的 CIH 病毒就在每年的 4 月 26 日爆发。

（4）隐蔽性。计算机病毒是一种可以直接或间接运行的精心炮制的程序，一般的病毒仅在数 KB 左右，它经常用附加或插入的方式隐藏在可执行程序或文件中，不易被发现，从而使用户对计算机病毒失去应有的警惕。

病毒自身一旦运行后，就会自己修改自己的文件名并隐藏在某个用户不常去的系统文件夹中，这样的文件夹通常有上千个系统文档，如果凭手工查找很难找到病毒。而病毒在运行前的伪装技术也不得不让我们关注，将病毒和一个吸引人的文档捆绑合并成一个文档，那么正常运行吸引他的文档时，病毒也在操作系统中悄悄地运行了。

（5）破坏性。计算机病毒发作时主要表现为占用系统资源、干扰运行、破坏文件或数据，严重的能破坏整个计算机系统或损坏部分硬件，甚至还会造成网络瘫痪，后果极其严重且危险。这是计算机病毒的主要特征。

3. 计算机病毒的分类

按照病毒程序的寄生方式和对系统的侵入方式可将计算机病毒分为以下几类：

（1）系统引导型病毒：该病毒寄生于磁盘上，用来引导系统的引导区（BOOT 区或硬盘主引导区），借助于系统引导过程进入系统。

（2）文件外壳型病毒：该病毒寄生于程序文件的前面或后面，当装入程序文件并执行该程序时，病毒程序进入系统并首先被执行。

（3）混合型病毒：混合型病毒在寄生方式、进入系统方式和传染方式上，兼有系统引导型病毒和文件外壳型病毒两者的特点。

（4）目录型病毒：它通过装入与病毒相关的文件进入系统。它所改变的只是相关文件的目录项，而不改变相关文件。

（5）宏病毒：Windows Word 宏病毒是利用 Word 提供的宏功能，将病毒程序插入到带有宏的 DOC 文件或 DOT 文件中。

（6）网络病毒：网络病毒大多通过电子邮件传播，破坏具有特定扩展名的文件，并使邮件系统变慢，甚至引起网络瘫痪。

4. 计算机病毒的表现形式

由于计算机病毒的数量非常多，而其表现形式也多种多样，下面列举一些常见计算机病毒的表现形式。

计算机病毒虽然很难检测，但是只要细心留意计算机的运行状况，还是可以发现计算机感染病毒的一些异常情况的。例如：

（1）系统启动明显变慢或系统不能成功启动。

（2）系统的内存空间明显变小。

（3）系统运行时经常出现突然死机或重启现象，系统运行速度明显变慢。

（4）发现可执行文件的大小发生变化。

（5）程序或数据突然丢失，文件名不能辨认。

（6）发现不知来源的隐藏文件。

（7）显示器上经常出现一些莫名其妙的信息或异常现象。

（8）磁盘的卷标被改写或磁盘被格式化。

（9）用户访问设备（如打印机）运行驱动程序后出现异常情况，如打印机不能联机或打印符号异常等。

5. 计算机病毒的清除

如果发现计算机有感染病毒的迹象，一定要及时进行处理，以免造成损失。清除病毒的方法有两类：一是手工清除，二是借助反病毒软件清除。

对于一般的用户，如果知道了病毒的名称，就可以通过网络查找相应的手工清除方法，通常按照说明就可以完成对病毒的彻底清除。如果不清楚具体的病毒名称，应用杀毒软件是简单方便的选择。目前较流行的杀毒软件有瑞星、诺顿、卡巴斯基、金山毒霸、江民杀毒软件等。

6. 计算机病毒的预防

计算机感染病毒后，用反病毒软件检测和消除病毒是被迫的处理措施。已经发现相当多的病毒在感染之后会永久性地破坏被感染程序，如果没有备份将不易恢复。所以，我们要有针对性地防范。所谓防范，是指通过合理、有效的防范体系及时发现计算机病毒的侵入，并能采取有效的手段阻止病毒的破坏和传播，保护系统和数据安全。

计算机病毒主要通过移动存储设备和计算机网络两大途径进行传播，预防计算机病毒的一些简单易行的措施具体归纳如下：

（1）专机专用。

（2）经常对重要文件进行备份。

（3）对系统盘和文件写保护。

（4）分类管理数据。

（5）对压缩文件，在解压前后都应进行检测。

（6）对来历不明的软件及邮件的附件应先检查后使用。

（7）定期检查系统。

（8）不使用非原始系统盘引导计算机。

（9）不在系统引导盘上存放有用的程序和数据。

（10）建议把可执行的文件赋予“只读”属性。

（11）严禁在计算机上玩游戏及拷入游戏盘。

（12）定期使用反病毒软件对硬盘进行检查。

（13）安装防病毒卡，以防止病毒的侵害。

7.4.4 大学生与网络安全

1. 大学生上网聊天交友的注意事项

在网络这个虚拟世界里，一个现实的人可以以多种身份出现，也可以以多种不同的面貌出现，善良与丑恶往往结伴而行。由于受到沟通方式的限制，人与人之间缺乏多方面、真切的交流，唯一的交流方式就是电子文字，而这些往往会掩盖了一个人原本应显现出来的素质，为一些居心叵测者提供了可乘之机，因此，大学生在互联网上聊天交友时，必须坚持慎重的原则，不要轻易相信他人。

（1）在聊天室或上网交友时，尽量使用虚拟的 E-mail 或 ICQ、OICQ 等方式，尽量避免使用真实的姓名，不轻易告诉对方自己的电话号码、住址等有关个人的真实信息。

（2）不轻易与网友见面。许多大学生与网友沟通一段时间后，感情迅速升温，不但交换真实姓名、电话号码，而且还有一种见面的强烈欲望。

（3）与网友见面时，要有自己信任的同学或朋友陪伴，尽量不要一个人赴约，约会的地点尽量选择在公共场所、人员较多的地方，尽量选择在白天，不要选择偏僻、隐蔽的场所，否则一旦发生危险情况时会得不到他人的帮助。

（4）在聊天室聊天时，不要轻易点击来历不明的网址链接或来历不明的文件，往往这些链接或文件会携带聊天室炸弹、逻辑炸弹，或带有攻击性质的黑客软件，造成强行关闭聊天室、系统崩溃或被植入木马程序。

（5）警惕网络色情聊天和反动宣传。聊天室里汇聚了各类人群，其中不乏好色之徒，言语间充满挑逗，对不谙男女事故的大学生极具诱惑力，或在聊天室散布色情网站的链接，换取高点击率，对大学生的身心造成伤害。也有一些组织或个人利用聊天室进行反动宣传、拉拢、腐蚀，这些都应引起大学生朋友的警惕。

2. 大学生在浏览网页时的注意事项

浏览网页是上网时做得最多的一件事，通过对各个网站的浏览，可以掌握大量的信息，丰富自己的知识、经验，但同时也会遇到一些尴尬的情况。

（1）在浏览网页时，尽量选择合法网站。互联网上的各种网站数以亿计，网页的内容五花八门，绝大部分内容是健康的，但许多非法网站为达到自身的目的，不择手段，利用人们好奇、歪曲的心理，放置一些不健康，甚至是反动的内容。合法网站则在内容的安排和设置上大都是健康的、有益的。

（2）不要浏览色情网站。大多数国家都把色情网站列为非法网站，在我国则更是扫黄打非的对象，浏览色情网站会给自己的身心健康带来伤害，长此以往还会导致走向性犯罪的道路。

（3）浏览 BBS 等虚拟社区时，有些人喜欢在网上发表言论，有的人喜欢发表一些带有攻击性的言论，或者反动、迷信的内容。有的人是好奇，有的人是在网上打抱不平，这些容易造成自己 IP 地址的泄露，受到他人的攻击，更主要的是稍不注意就会触犯法律。

3. 大学生在进行网络购物时的注意事项

随着信息技术的发展，电子商务进入人们的日常生活中，人们对网络的依赖正在逐渐增强，网络购物也成为一种时尚，但也有人在网上购买的是刻录机，邮到的却是乌龙茶，网络上大卖的 MP3 随身听，结果却是一场空。因此在进行网上购物时应注意如下几方面的问题：

（1）选择合法的、信誉度较高的网站交易。网上购物时必须对该网站的信誉度、安全性、付款方式，特别是信用卡付费的保密性进行考察，防止个人账号、密码遗失或被盗，造成损失。

（2）一些虚拟社区、BBS 里面的销售广告只能作为一个参考，特别是进行二手货物交易时，更要谨慎，不可贪图小便宜。

（3）避免与未提供足以辨识和确认身份资料（缺少登记名称、负责人名称、地址、电话）的电子商店进行交易，若对该商店感到陌生，可通过打电话或询问当地消费团体获得电子商店的信誉度等基本资料。

（4）若网上商店所提供的商品与市价相距甚远或明显不合理时，要小心求证，切勿贸然购买，谨防上当受骗。

（5）消费者进行网上交易时，应打印出交易内容和确认号码的订单，或将其存入计算机，妥善保存交易记录。

4. 如何避免遭遇网络陷阱，防止网络欺骗

在网络这个虚拟世界里，一些网站或个人为达到某种目的，往往会不择手段，套取网民的个人资料，甚至是银行账号、密码。

（1）不要轻易相信互联网上中奖之类的信息，某些不法网站或个人利用一些人贪图小便宜的心理，常常通过向网民公布一些诸如 E-mail、ICQ、OICQ 号码中奖，然后通过要求中奖人邮寄汇费、提供信用卡号或个人资料等方式套取个人钱物、资料等。

（2）不要轻易相信互联网上来历不明的测试个人情商、智商、交友之类的测试软件，这类软件大多要求提供个人真实的资料，往往这就是一个网络陷阱。

（3）不要轻易将自己的电话号码、手机号码在网上注册，一些网民在注册成功后，不但要缴纳高额的电话费，而且会受到一些来历不明的电话、信息的骚扰。

（4）不要轻易相信网上公布的快速致富的窍门，“天下没有免费的午餐”，一旦相信这些信息，绝大部分都会赔钱，甚至血本无归。

5. 提高法律意识，预防网络犯罪

网络在为人们带来巨大便利的同时，一些不法分子也看准了这一点，利用网络频频作案，近些年来，网上犯罪不断增长。一位精通网络的社会学家说：“互联网是一个自由且身份隐蔽的地方，网络犯罪的隐秘性非一般犯罪可比，而人类一旦冲破了某种束缚，其行为可能近乎疯狂，潜伏于人心深处的邪恶念头便会无拘无束地发泄。”一些大学生朋友学习了计算机知识后，急于寻找显示自己才华的场所，会在互联网上一显身手，寻找一些网站的安全漏洞进行

攻击，肆意浏览网站内部资料、删改网页内容，在有意无意间触犯了法律，追悔莫及。也有的同学依仗自己技术水平高人一等，利用高科技的互联网从事违法活动，最终走上一条不归路。

（1）正确使用互联网技术，不要随意攻击各类网站，一则会触犯相关法律，二则可能会引火上身，被他人反跟踪、恶意破坏、报复，得不偿失。

（2）不要存在侥幸心理，自以为技术手段如何高明。互联网技术博大精深，没有完全掌握全部技术的完人，作为一名大学生更要时刻保持谦虚的态度，不在互联网上炫耀自己或利用互联网实施犯罪活动。

习题 7

一、选择题

1．TCP 协议称为（　）。

A．网际协议　　B．传输控制协议

C．Network 内部协议　　D．中转控制协议

2．中国的顶层域名为（　）。

A．CH　　B．CN　　C．CHI　　D．CHINA

3．关于发送电子邮件的说法不正确的是（　）。

A．可以发送文本文件　　B．可以发送非文本文件

C．可以发送所有格式的文件　　D．只能发送超文本文件

4．在计算机网络中，通常把提供并管理共享资源的计算机称为（　）。

A．服务器　　B．工作站　　C．网关　　D．网桥

5．计算机“局域网”的英文缩写为（　）。

A．WAN　　B．CAM　　C．LAN　　D．WWW

6．ISDN 的含义是（　）。

A．计算机网　　B．广播电视网

C．综合业务数字网　　D．同轴电缆网

7．B 类 IP 地址前 16 位表示网络地址，按十进制来看也就是第一段（　）。

A．大于 192，小于 256　　B．大于 127，小于 192

C．大于 64，小于 127　　D．大于 0，小于 64

8．在 URL 服务器中，文件传输服务器类型表示为（　）。

A．http　　B．ftp　　C．telnet　　D．mailto

9．http 是（　）。

A．高级程序设计语言　　B．域名

C．超文本传输协议　　D．网址

10．启动 Internet Explorer 就自动访问的网址，可以在（　）设置。

A．“Internet 选项”对话框“常规”选项卡中的地址栏

B．“Internet 选项”对话框“安全”选项卡中的地址栏

C．“Internet 选项”对话框“内容”选项卡中的地址栏

D．“Internet 选项”对话框“连接”选项卡中的地址栏

11．在 Outlook Express 中发送一个图片文件的方式是（ ）。

A．把图片粘贴在电子邮件内容后　　B．把图片粘贴在电子邮件内容前

C．把图片粘贴在电子邮件内容中　　D．把图片作为电子邮件的附件

12．以下关于进入 Web 站点的说法中正确的是（ ）。

A．只能输入 IP　　B．需要同时输入 IP 地址和域名

C．只能输入域名　　D．可以输入 IP 地址或域名

13．下列 IP 地址中（ ）是 E 类 IP 地址。

A．202.115.148.33　　B．126.115.148.33

C．191.115.148.33　　D．240.115.148.33

14．Internet 中 DNS 是指（ ）。

A．域名服务系统　　B．发信服务系统

C．收信服务系统　　D．电子邮箱服务系统

15．某用户的 E-mail 地址是 Lu-sp@online.sh.cn，那么它发送电子邮件的服务器是（ ）。

A．online.sh.cn　B．Internet　C．Lu-sp　D．lwh.com.cn

16．匿名 FTP 服务的含义是（ ）。

A．在 Internet 上没有地址的 FTP 服务

B．允许没有账号的用户登录到 FTP 服务器

C．发送一封匿名信

D．可以不受限制地使用 FTP 服务器上的资源

17．下列叙述中，错误的是（ ）。

A．发送电子邮件时，一次发送操作只能发送给一个接收者

B．收发电子邮件时，接收方无需了解对方的电子邮件地址就能发回邮件

C．向对方发送邮件时，并不需要对方一定处于开机状态

D．使用电子邮件的首要条件是必须有一个电子邮箱

18．关于 TCP/IP 的说法中（ ）是不正确的。

A．TCP/IP 协议定义了如何对传输的信息进行分组

B．IP 协议是专门负责按地址在计算机之间传递信息的

C．TCP/IP 协议包括传输控制协议和网际协议

D．TCP/IP 协议是一种计算机编程语言

19．数据传输速率的单位 Mb/s 指的是（ ）。

A．每秒传输多少兆字节　　B．每分传输多少兆字节

C．每秒传输多少兆位　　D．每分传输多少兆位

20．调制解调器（Modem）的作用是（ ）。

A．将计算机的数字信号转换成模拟信号

B．将模拟信号转换成计算机的数字信号

C．将计算机数字信号与模拟信号互相转换

D．为了上网与接电话两不误

21．下列情况中，破坏了数据保密性的攻击是（　）。

A．假冒他人地址发送数据　　B．不承认做过信息的递交行为

C．数据在传输中途被篡改　　D．数据在传输中途被窃听

22．使用大量垃圾信息占用带宽（拒绝服务）的攻击破坏的是（　）。

A．保密性　　B．完整性　　C．可用性　　D．可靠性

23．计算机安全不包括（　）。

A．实体安全　　B．系统安全　　C．环境安全　　D．信息安全

24．计算机病毒是指能够侵入计算机系统并在计算机系统中潜伏、传播、破坏系统正常工作的一种具有繁殖能力的（　）。

A．指令　　B．程序　　C．设备　　D．文件

25．对计算机病毒的叙述中正确的是（　）。

A．不破坏数据，只破坏文件　　B．有些病毒无破坏性

C．破坏 EXE 文件　　D．都具有破坏性

26．计算机病毒不具备（　）。

A．传染性　　B．寄生性

C．免疫性　　D．潜伏性

27．计算机一旦染上病毒，就会（　）。

A．立即破坏计算机系统

B．立即设法传播给其他计算机

C．等待时机，等激发条件具备时才执行

D．只要不读写磁盘就不会发作

28．下列不是计算机病毒特征的是（　）。

A．破坏性和潜伏性　　B．传染性和隐蔽性

C．寄生性　　D．多样性

29．计算机病毒的传播途径不可能是（　）。

A．计算机网络　　B．纸质文件

C．磁盘　　D．感染病毒的计算机

30．下面对产生计算机病毒的原因不正确的说法是（　）。

A．为了表现自己的才能而编写的恶意程序

B．有人在编写程序时由于疏忽而产生了不可预测的后果

C．为了破坏别人的系统有意编写的破坏程序

D．为了惩罚盗版有意在自己的软件中添加了恶意的破坏程序

31．计算机病毒是（　）。

A．通过计算机键盘传染的程序

B．计算机对环境的污染

C．非法占用计算机资源进行自身复制和干扰计算机正常运行的一种程序

D．既能够感染计算机也能够感染生物体的病毒

32．对已感染病毒的磁盘应当采用的处理方法是（ ）。

A．不能使用只能丢掉　　B．用杀毒软件杀毒后继续使用

C．用酒精消毒后继续使用　　D．直接使用，对系统无任何影响

二、填空题

1．FTP 是 ________，它允许用户将文件从一台计算机传输到另一台计算机。

2．根据网络覆盖范围的大小，计算机网络可分为 ________、广域网和城域网，Internet 是 ________ 网。

3．IP 地址是 ________ 一组的二进制数字组成。

4．IP 地址的每个字节的数据范围为 ________。

5．Web 上每一个页都有一个独立的地址，这些地址称为统一资源定位器，即 ________。

6．IP 地址是一串很难记忆的数字，于是人们发明了 ________，给主机赋予一个用字母代表的名字，并进行 IP 地址与名字之间的转换工作。

7．WWW 浏览器使用的应用协议是 ________。

8．域名地址中若有后缀 .gov，说明该网站是 ________ 创办的。

9．域名地址中若有后缀 .deu，说明该网站是 ________ 创办的。

10．HTML 文档又称为文档，它由 ________、图形、________ 等组成。

11．域名 indi.shcnc.ac.cn 中表示主机名的是 ________。

12．IP 地址的 C 类地址的第一字节的范围是 ________。

三、简答题

1．计算机网络的拓扑结构有哪些，分别有什么特点？

2．简述电子邮件的发送、接收过程。

3．TCP/IP 协议模型和 OSI 模型有何异同？

4．Internet 接入方式有哪些？

5．简述计算机病毒及计算机病毒的特征。